# 极复杂水文地质条件下"三软"煤层安全高效开采的关键技术

李延河 刘宝敏 杨玉中 著

科学出版社
北京

## 内 容 简 介

本书针对极复杂水文地质条件下"三软"煤层安全高效开采的技术难题，综合运用理论分析、数值模拟、地质勘探和现场试验相结合的方法，对制约安全高效开采的关键技术进行深入而系统的研究，为煤矿安全高效生产提供理论和技术支撑。

本书主要内容包括：大流量底板承压水治理综合技术、"三软"煤层深孔注水机理及技术、"三软"煤层沿底托顶煤快速掘进支护及补强加固综合技术、破碎顶板大断面巷道快速掘进的浅固深注技术、"三软"煤层综采放顶煤技术以及条件复杂矿井管理体系优化技术。

本书可作为矿业工程、安全科学与工程以及地质工程等专业研究生教材和高年级本科生参考教材，亦可作为采矿工程专业研究人员、安全管理人员、现场生产技术人员和研究人员的参考教材及参考书。

---

**图书在版编目(CIP)数据**

极复杂水文地质条件下"三软"煤层安全高效开采的关键技术/李延河，刘宝敏，杨玉中著. —北京：科学出版社，2018.8
ISBN 978-7-03-058052-8

Ⅰ. ①极… Ⅱ. ①李… ②刘… ③杨… Ⅲ. ①水文地质条件-影响-三软煤层-煤矿开采-研究 Ⅳ. ①TD823.2

中国版本图书馆 CIP 数据核字(2018)第 132904 号

责任编辑：朱晓颖　张丽花 / 责任校对：郭瑞芝
责任印制：吴兆东 / 封面设计：迷底书装

*科学出版社* 出版
北京东黄城根北街 16 号
邮政编码：100717
http://www.sciencep.com

*北京建宏印刷有限公司* 印刷
科学出版社发行　各地新华书店经销

\*

2018 年 8 月第　一　版　　开本：787×1092　1/16
2019 年 2 月第二次印刷　　印张：17 1/2
字数：448 000

**定价：108.00 元**
(如有印装质量问题，我社负责调换)

# 前　　言

　　安全生产事关人民群众生命财产安全，事关改革开放、经济发展和社会稳定大局，事关党和政府的形象与声誉。因此，安全生产历来受到各级政府的高度重视。煤炭工业是关系国家经济命脉和能源安全的重要基础产业，在未来相当长时期内，煤炭作为我国主体能源的地位不会发生根本性改变。但我国煤炭资源赋存条件千差万别，地质条件简单的矿井数量不多，部分矿井深受底板承压水的威胁，部分矿井受滑动构造的影响，还有部分矿井受其他致灾因素的影响，导致矿井生产的效率不高，而且安全性不能得到有效保障。

　　河南平禹煤电公司一矿（以下简称"平禹一矿"）属低瓦斯矿井，水文地质条件为极复杂型，所采 $二_1$ 和 $二_3$ 煤层均属"三软"煤层。平禹一矿自建矿以来共发生 49 次突水，造成 4 次淹井和淹采区事故。随着开采深度的增加，底板大流量高承压水害威胁突出，水害防治的难度大；"三软"煤层由于受滑动构造的影响，煤体强度低，巷道变形严重，需要反复维修；回采工艺落后，生产效率低下。因此，针对该矿面临的技术难题进行攻关，突破矿井安全生产的"瓶颈"，对实现安全高效生产意义重大。

　　根据该矿地质条件和煤层赋存条件，运用理论分析、数值模拟、地质勘探和现场试验相结合的方法，对制约该矿安全高效开采的关键技术进行研究，研究内容主要包括：大流量底板承压水治理综合技术、"三软"煤层深孔注水机理及技术、"三软"煤层沿底托顶煤快速掘进支护及补强加固综合技术、破碎顶板大断面巷道快速掘进的浅固深注技术、"三软"煤层综采放顶煤技术、条件复杂矿井管理体系优化技术。

　　通过近几年的研究及现场应用，课题组取得了如下主要成果：

　　(1) 大流量底板承压水综合治理技术——浅部帷幕注浆、中部疏水降压、局部注浆加固技术，成功解决了困扰该矿多年的水害威胁。浅部帷幕注浆技术人为形成隔水边界；寒武系灰岩溶水疏水降压，消除了突水隐患；对工作面底板实施注浆加固技术处理，$二_1$-13091 等 6 个工作面实现了带压安全回采。

　　(2) 煤层深孔注水技术，提高了煤体强度，成功解决了"三软"煤层片帮、冒顶的难题；提高了煤层的含水率，降尘率达到了 63.3%。

　　(3) "三软"煤层沿底托顶煤快速掘进支护及补强加固综合技术——煤巷帮锚索补强加固、钢丝绳加固顶板、注浆锚索加固和掘进期间超前煤层深孔高压注水辅助技术，成功解决了"三软"煤层巷道支护难、掘进慢的难题，掘进效率提高了 175%。

　　(4) 破碎顶板大断面巷道快速掘进的浅固深注技术使得 $二_1$-15040 切眼得到了有效支护，为综采设备的安装奠定了良好的基础。

　　(5) 综采放顶煤工艺在底板承压水上"三软"煤层中的应用技术，成功解决了带压高效开采的难题，实现了高效生产，单个工作面年度多回采煤炭 36 万 t。

　　(6) 管理体系的综合优化，使得安全生产形势持续稳定，主要经营指标超额完成，现场管理水平得到有效提高，劳动工效得到大幅提高，吨煤成本得到有效控制。

本书由平禹一矿的李延河矿长、刘宝敏总工程师和河南理工大学的杨玉中教授共同主笔，全书由杨玉中教授统稿。在项目研究和成书的过程中，得到了国家自然科学基金项目(51674102)的资助，河南理工大学的吴立云副教授、博士研究生庞龙龙、平禹一矿的杨宽辉副总工程师等人也做了大量的工作，作者在此一并表示衷心的感谢。此外还特别感谢科学出版社对本书出版的大力支持和帮助！对有益于本书编写的所有参考文献的作者表示真诚的感谢！

由于作者的水平和时间所限，书中不当及疏漏之处在所难免，敬请广大读者不吝指正！

作　者

2018 年 2 月

# 目 录

第1章 绪论 ········································································································ 1
  1.1 研究目的及意义 ························································································ 1
  1.2 国内外研究现状 ························································································ 1
    1.2.1 底板突水机理研究现状 ······································································ 1
    1.2.2 巷道支护理论与技术发展现状 ··························································· 5
    1.2.3 "三软"煤层巷道支护理论与技术发展现状 ······································· 11
    1.2.4 "三软"煤层开采技术研究现状 ······················································· 12
  1.3 研究的主要内容和技术路线 ···································································· 14
    1.3.1 研究的主要内容 ··············································································· 14
    1.3.2 技术路线 ·························································································· 14

第2章 矿井概况及存在问题分析 ···································································· 16
  2.1 矿井位置和范围 ······················································································ 16
  2.2 矿井自然地理概况 ·················································································· 16
    2.2.1 气象 ·································································································· 16
    2.2.2 水文 ·································································································· 17
    2.2.3 地形地貌 ·························································································· 19
    2.2.4 地表水 ······························································································ 20
    2.2.5 地震 ·································································································· 20
  2.3 矿井地质概况 ·························································································· 21
    2.3.1 矿区地层概述 ·················································································· 21
    2.3.2 矿井地层 ·························································································· 23
    2.3.3 矿区区域构造 ·················································································· 24
    2.3.4 矿井地质构造 ·················································································· 25
    2.3.5 矿区水文地质 ·················································································· 29
    2.3.6 矿井水文地质 ·················································································· 56
    2.3.7 矿井工程地质条件 ··········································································· 61
    2.3.8 含煤地层及顶底板 ··········································································· 61
    2.3.9 矿井瓦斯 ·························································································· 64
    2.3.10 煤尘爆炸性及煤的自燃 ·································································· 73
    2.3.11 地温 ································································································ 73
  2.4 矿井建设、生产情况 ·············································································· 74
    2.4.1 煤矿及周边老窑、老空区分布情况 ················································· 74
    2.4.2 矿井生产情况 ·················································································· 75

2.5 矿井存在问题分析 76

# 第3章 大流量底板承压水治理技术 78

## 3.1 矿井水害分析 78
### 3.1.1 平禹一矿历年水害分析 78
### 3.1.2 矿井充水因素分析 83

## 3.2 矿井前期帷幕注浆 98
### 3.2.1 Ⅰ期堵源截流 98
### 3.2.2 疏放水试验 100
### 3.2.3 Ⅱ期堵源截流 105
### 3.2.4 堵源截流实施效果 108

## 3.3 煤层底板灰岩承压水的疏放 108
### 3.3.1 疏放寒灰水可行性分析 108
### 3.3.2 岩溶水补给量的均衡计算 111
### 3.3.3 疏放寒灰水的矿井涌水量预测 114
### 3.3.4 疏水降压前期准备工作 122
### 3.3.5 寒灰水的疏放 125

## 3.4 底板注浆加固改造技术 129
### 3.4.1 底板注浆加固改造机理 129
### 3.4.2 底板注浆加固技术 137
### 3.4.3 工作面底板注浆加固改造技术的应用 139
### 3.4.4 二$_1$-13110 工作面带压开采参数计算 156

## 3.5 结果分析 157

## 3.6 矿井排水的资源化利用 158
### 3.6.1 矿井排水资源化利用的必要性和可行性 158
### 3.6.2 矿井排水的水质评价 159
### 3.6.3 矿井排水的可利用量评价 166
### 3.6.4 矿井排水的资源化利用途径 167

# 第4章 "三软"煤层深孔注水技术 170

## 4.1 煤层注水除尘及固结的微观机理 170
### 4.1.1 煤层注水除尘机理 170
### 4.1.2 煤层注水对软煤固结的微观机理 171

## 4.2 注水设备及参数设计 177
### 4.2.1 打钻、封孔、注水设备 177
### 4.2.2 钻孔参数 178

## 4.3 施工组织 179

## 4.4 效果分析 180

# 第5章 "三软"煤层沿底托顶煤快速掘进支护技术 ... 182
## 5.1 数值模拟软件简介 ... 182
## 5.2 试验工作面的基本概况 ... 182
### 5.2.1 工作面概况 ... 182
### 5.2.2 工作面地质情况 ... 184
## 5.3 巷道支护数值模拟分析 ... 184
### 5.3.1 数值模拟方案确立 ... 184
### 5.3.2 巷道不同支护方式数值模拟 ... 186
## 5.4 巷道支护设计 ... 191
### 5.4.1 巷道断面规格 ... 191
### 5.4.2 巷道支护方式 ... 191
## 5.5 掘进工作面支护综合补强技术 ... 193
### 5.5.1 锚索加固支护技术 ... 194
### 5.5.2 钢丝绳加固顶板技术 ... 194
### 5.5.3 注浆锚索加固技术 ... 195
## 5.6 掘进工作面正前深孔注水技术 ... 200
### 5.6.1 施工组织 ... 200
### 5.6.2 注水孔参数 ... 200
### 5.6.3 注水系统及注水设备 ... 200
## 5.7 沿底托顶煤快速掘进支护效果分析 ... 201

# 第6章 破碎顶板大断面巷道快速掘进的浅固深注技术 ... 202
## 6.1 浅部注胶加固技术 ... 202
### 6.1.1 施工方案 ... 202
### 6.1.2 施工参数 ... 202
### 6.1.3 施工步骤 ... 203
### 6.1.4 施工安全技术措施 ... 204
## 6.2 锚注一体化支护技术 ... 205
### 6.2.1 锚注一体化支护机理 ... 205
### 6.2.2 锚注一体化支护技术的优点 ... 206
### 6.2.3 锚注一体化支护结构特征 ... 210
### 6.2.4 锚注一体化支护材料 ... 211
### 6.2.5 锚注一体化注浆工艺参数 ... 212
## 6.3 使用效果 ... 215

# 第7章 "三软"煤层综采放顶煤技术 ... 216
## 7.1 综采放顶煤采煤法 ... 216
### 7.1.1 综采放顶煤基本特点及适用条件 ... 217
### 7.1.2 矿压显现特点及顶煤破碎机理 ... 218

### 7.1.3 放顶煤工艺特点 ............................................................................................................ 219
## 7.2 综采放顶煤技术 .................................................................................................................. 222
### 7.2.1 采煤方法 ........................................................................................................................ 222
### 7.2.2 采煤工艺 ........................................................................................................................ 222
### 7.2.3 机电设备配置 ................................................................................................................ 226
## 7.3 工作面顶板控制 .................................................................................................................. 229
### 7.3.1 二$_1$-13110 综放工作面支护设计 ................................................................................ 229
### 7.3.2 工作面顶板控制技术 .................................................................................................... 230
## 7.4 端头及两巷超前顶板控制 .................................................................................................. 233
### 7.4.1 端头支护 ........................................................................................................................ 233
### 7.4.2 机、风两巷支护 ............................................................................................................ 233
### 7.4.3 机、风两巷质量控制标准 ............................................................................................ 234
### 7.4.4 机、风两巷支架的回撤 ................................................................................................ 234
### 7.4.5 备用材料的管理 ............................................................................................................ 235
## 7.5 综放工作面生产系统 .......................................................................................................... 235
### 7.5.1 运输系统 ........................................................................................................................ 235
### 7.5.2 液压系统 ........................................................................................................................ 235
### 7.5.3 供电系统 ........................................................................................................................ 236
## 7.6 综采放顶煤技术效益分析 .................................................................................................. 237

# 第 8 章 管理体系优化技术 ........................................................................................................ 238
## 8.1 四优化一提升 ...................................................................................................................... 238
## 8.2 安全精细化管理 .................................................................................................................. 240
### 8.2.1 "四位一体"安全管控体系 ........................................................................................ 240
### 8.2.2 安全生产标准化管理 .................................................................................................... 250
### 8.2.3 安全绩效考核评价 ........................................................................................................ 253
## 8.3 坚持正规循环作业 .............................................................................................................. 254
### 8.3.1 正规循环作业的意义 .................................................................................................... 255
### 8.3.2 采煤、掘进(开拓)工作面正规循环作业标准 ............................................................ 255
### 8.3.3 实现正规循环作业的管理措施 .................................................................................... 256
### 8.3.4 正规循环作业考核办法 ................................................................................................ 257
### 8.3.5 实施正规循环作业的效果 ............................................................................................ 257
## 8.4 经营精细化管理 .................................................................................................................. 258
### 8.4.1 刚性的经营管理考核体系 ............................................................................................ 258
### 8.4.2 人力资源优化 ................................................................................................................ 258
### 8.4.3 严格控制经营重点 ........................................................................................................ 259
## 8.5 管理体系优化的成效 .......................................................................................................... 261

# 第 9 章 研究成果与效果 ............................................................................................................ 262
## 9.1 研究的主要成果 .................................................................................................................. 262

9.2 研究的创新点 ………………………………………………………………… 263
9.3 取得的效益 …………………………………………………………………… 263

**参考文献** …………………………………………………………………………… 265

# 第1章 绪　　论

## 1.1　研究目的及意义

煤炭工业是关系国家经济命脉和能源安全的重要基础产业,在未来相当长时期内,煤炭作为我国主体能源的地位不会发生根本性改变。煤炭的安全开采是我国社会稳定、经济发展的重要保证之一。

随着采煤技术水平的不断提高和开采装备的不断完善,煤炭的开发力度也在逐年加大,矿井的开采逐步向深处转移,由此产生的制约煤矿安全高效开采的因素也日益复杂,如高地应力、动压影响、地质构造、成岩作用及岩体成分等。在这些因素的影响下,围岩节理裂隙发育、松散破碎、泥化易风化、变形强烈、破坏范围大,呈流变形态;巷道冒顶、片帮及底板高承压水的突出问题已经严重制约和影响了高产高效矿井的建设。

平禹一矿年核定生产能力 150 万 t,属低瓦斯矿井,水文地质条件为极复杂型,所采$二_1$和$二_3$煤层均属"三软"煤层。随着开采深度的不断延伸,矿井地质条件更加复杂化,生产过程中安全问题较为突出,底板大流量高承压水害威胁突出,水害防治的难度大,治理的周期长,工作面接替矛盾更加凸显;"三软"煤层由于受滑动构造的影响,煤体流变现象非常明显,煤体强度低,长期以来井下掘进巷道支护效果不理想,巷道断面收缩、变形严重,重复维修形成恶性循环,影响正常使用;回采工艺落后、规模小、效率低、安全状况不稳定等因素,严重威胁着煤炭资源的安全高效开采。

综上所述,针对平禹一矿开采过程中所面临的底板承压水威胁、巷道围岩控制难和工作面回采工艺落后等问题,急需对底板承压水上安全开采新技术,"三软"煤层条件下煤巷安全快速掘进及补强加固支护措施,综采放顶煤工艺在"三软"煤层中的回采工艺、采煤工序和实践操作应用技术进行深入研究,突破矿井发展生存的"瓶颈",实现高产高效矿井发展之路。

## 1.2　国内外研究现状

### 1.2.1　底板突水机理研究现状

煤层底板突水影响因素众多,不同的影响因素组合使得不同矿井突水机理不尽相同。长期以来,国内外学者对煤层开采底板突水机理做了大量的研究工作,取得了卓有成效的研究成果,极大地提高了我国矿井水害防治理论和技术。

1. 国外研究现状

国外对煤矿底板岩层变形破坏特征和突水机理的研究已有 100 多年的历史,尤其是匈牙利、俄罗斯等受底板岩溶水影响较大的国家,在底板岩层应力场、变形破坏特征及突水机理研究、探测防治等方面,取得了巨大的成就,积累了丰富的经验。

匈牙利学者弗伦斯在1944年研究底板突水问题时,认识到煤层底板突水与隔水层厚度和含水层水压都相关,并首次提出了相对隔水层的概念。

苏联学者斯列萨列夫(1983)根据静定梁和强度理论推导了底板抵抗一定静水压力的安全厚度。由于该方法涉及底板突水影响因素较少,在应用过程中具有一定的局限性,尤其是随着煤层开采深度的增加,预测精度偏低。Mironenko 和 Strelsky(1993)则通过研究认为:矿井突水过程是地下水和地下岩体结构在采动影响下的复杂作用过程,据此提出了防治矿井突水和岩体破坏的方法等。

波兰学者 Motyka 和 Bosch(1985)通过对奥尔库什矿区大量底板钻孔资料进行调查,查明了该区岩溶发育规律,同时认识到造成矿井突水灾害最直接的原因是采动裂隙导通了岩溶含水层,这为底板高压水突入矿井创造了条件。

意大利学者 Sammarco(1986)在对意大利采矿活动的研究中发现:矿井突水常伴随水位和瓦斯浓度的急剧变化等前兆,并通过对这些征兆的监测实现对矿井突水进行提前预报。

南斯拉夫学者 Kuscer(1991)也发现矿井突水前后地下水动态的变化,提出用地下水动态进行突水预测的设想。

伴随计算机技术的迅猛发展,学者 Charlez(1991)、Valko 和 Economides(1994)、Noghabai(1999)、Bruno 等(2001)根据岩石材料弹塑性的性能,按照弹塑性力学、断裂力学和损伤力学理论进行数值模拟分析,学者 Veatch(1983a;1983b)、Gidley 等(1989)及 Murdoch 和 Slack(2002)等对矿井突水的动水压力作用和水压致裂机理进行了渗流-损伤耦合、渗流-应力演化的模拟,进而形象地描述与研究了底板突水过程和突水机理。

总之,国外的相关研究经验及成果对于我国解决底板水害问题,提供了较好的理论基础和可以借鉴的方法手段。

2. 国内研究现状

与国外相比,我国对底板突水问题的研究相对较晚,起步于20世纪60年代。从80年代开始,随着各矿区开采水平不断延伸,突水事故不断发生,我国对煤层底板突水机理及预测预报的研究越来越重视。在国家、部门、地区、企业组织的科研攻关和技术研究中,许多研究人员纷纷加入了该研究领域,研究成果主要体现在采后煤层底板应力和位移的变化规律、底板破坏特征和突水机理等方面,形成了自己的特色。

1)突水系数法

1964年,为了解决焦作矿区底板水害问题,煤炭工业部组织了焦作水文地质会战,根据焦作、井陉、淄博和峰峰等大水矿区的煤层底板含水层水压和隔水层厚度进行统计,我国首次采用突水系数法进行煤层底板突水预测。突水系数就是单位底板岩层厚度所能承受的水压值,即

$$T_S = P/M \tag{1-1}$$

式中,$T_S$ 为突水系数,MPa/m;$P$ 为底板承压水压力,MPa;$M$ 为底板岩层厚度,m。

在之后的实际应用过程中发现突水系数法公式存在着一些缺陷,曾多次考虑底板突水的

影响因素，对突水系数法公式进行了多次修改。2009年《煤矿防治水规定》又将公式进行了调整，改回了最初的表达式。主要原因是公式修订的过程中仅将公式进行了修改，而未对临界突水系数值进行相应改变，造成评价结果偏于保守。

2）强渗通道学说

中国科学院地质研究所许学汉和王杰(1991)等认为强渗通道有两种：一是底板固有天然通道，采掘沟通这种通道则发生突水；二是完整底板在矿压和水压的联合作用下底板的薄弱带发生破坏，形成突水通道而发生突水。突水通道的存在及产生是煤层底板突水的关键因素。

3）零位破坏与原位张裂理论

煤炭科学研究总院北京开采所王作宇等(1993,1994)提出了零位破坏与原位张裂理论。该理论认为被开采的煤层在矿压与水压的联合作用下，工作面相对于底板的影响范围在水平方向上分为三段：超前压力压缩段（Ⅰ段）、卸压膨胀段（Ⅱ段）和采后压力压缩稳定段（Ⅲ段）。在垂直方向上同样分为三带：直接破坏带（Ⅰ带）、影响带（Ⅱ带）、微小变化带（Ⅲ带），如图1-1所示。

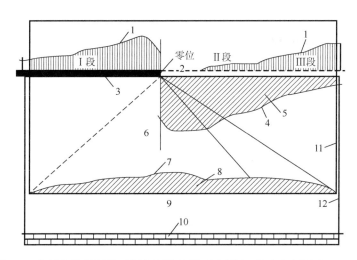

图1-1 底板岩体的零位破坏与原位张裂示意图(王作宇和刘鸿泉，1993)

1-应力分布；2-采空区；3-煤层；4-零位破坏线；5-零位破坏带；6-空间剩余完整岩体(上)；7-原位张裂线；8-原位张裂带；9-空间剩余完整岩体(下)；10-含水层；11-采动应力场空间范围；12-承压水运动场空间范围

随着工作面的推进，底板逐步由超前压力压缩状态过渡为卸压膨胀状态，其超前压力压缩段岩体整个结构呈现上半部受水平挤压、下半部受水平张拉的状态，因而在其中部附近底面上的原岩节理、裂隙等不连续面就产生岩体的原位张裂。煤层底板岩体移动的破坏即零位破坏，底板岩体的内摩擦角是影响零位破坏的基本因素，王作宇等(1994)进一步引用塑性滑移线场理论分析了采动底板的最大破坏深度。

4）板壳模型理论

煤炭科学研究总院张金才等(1997)认为底板岩层由导水裂隙带和底板隔水带组成，并运用弹塑性力学理论和相似材料模拟试验来研究底板突水机制，采用半无限体一定长度上受均匀竖向载荷的弹性解，结合Mohr-Coulomb强度理论和Griffith强度理论分别求得了底板采动的最大破坏深度。在此基础上，将底板隔水带看作四周固支、受均布载荷作用的弹性薄板，然后采用弹塑性理论分别得到了以底板岩层抗剪及抗拉强度为基准的预测底板所能承受极限水压力的计算公式。然而，一般情况下，底板隔水层不满足薄板厚宽比小于1/8的条件，只有隔水层较薄时方能适用，另外，该理论并未考虑采动时底板的破坏深度和承压水的导升高度及渗流作用。

5) 下三带理论

山东矿业学院李白英(1999)提出下三带理论，认为煤层底板自上而下存在着三个带：Ⅰ底板破坏带、Ⅱ完整岩层带、Ⅲ承压水导升带，如图1-2所示。底板破坏带是指由于在采动矿压的作用下，底板岩体连续性遭到破坏，导水性发生明显改变的层带；承压水导升带是指含水层中的承压水沿底板中的裂隙或断裂破碎带上升的层带，有时称为原始导水带，由于裂隙发育的不均匀性，故导升带的上界是参差不齐的，有的矿区也许无原始导升带存在，承压水导升是否成带的问题并未解决；完整岩层带位于两者之间，其保持着采前岩层的连续性和阻水性，它是阻抗底板突水的最关键因素。该理论基于大量底板实测资料，揭示了底板突水的内在规律，对底板突水预测与安全开采评价具有重要的意义。

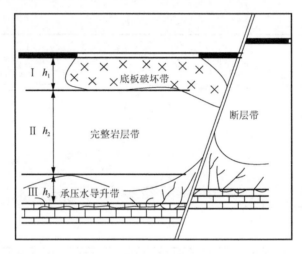

图1-2 下三带示意图(李白英，1999)

6) 突水优势面理论

高延法等(1999)提出了含煤地层构造最易突水的薄弱区是控制突水的关键因素，即突水优势面理论。在平面上煤层底板带压区域存在最易发生突水的危险面-优势面。

7) 递进导升学说

煤炭科学研究总院西安分院王经明(1999)通过现场监测发现底板承压水在采动矿压和底板含水层水压力的联合作用下，沿隔水层裂隙向上逐渐导升，认为当其与矿压破坏带沟通时会发生突水。

8) 关键层理论

中国矿业大学钱鸣高等(2003)认为在矿压破坏带与底板含水层之间存在一承载能力最强的岩层——关键层，推导了完整底板和有断层破断的条件下的突水准则，如图1-3所示。认为将完整底板、断层底板关键层分别视作四边固支的矩形薄板和三边固支一边简支的矩形薄板，依据弹塑性理论通过求解关键层在水压等作用下的极限破断跨距，判断底板突水危险性。关键层理论抓住了煤层底板层状结构特征，不仅给出了底板突水的力学判据，而且能够判断底板断裂、突水的准确位置，对隔水层较薄煤层底板突水评价具有一定的适用性。浦海(2007)将该理论应用到保水采煤中，白海波(2008)将奥陶系顶部岩层作为隔水关键层，扩大了关键层理论的应用范围。

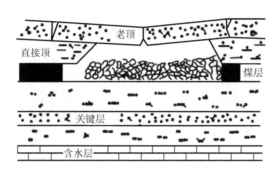

图 1-3　采场结构和关键层示意图

9) 岩、水、应力关系理论

煤炭科学研究总院西安分院王成绪和王红梅(2004)提出了岩、水、应力关系理论。该理论综合考虑了岩石、水压及地应力的影响，认为底板突水是岩(底板隔水层岩体)、水(底板承压水)、应力(采动应力和地应力)共同作用的结果。采动矿压使底板隔水层出现一定深度的导水裂隙，降低了岩体强度，削弱了隔水性能，造成了底板渗流场重新分布，当承压水沿导水裂隙进一步侵入时，岩体受水软化导致裂缝继续扩展，直至两者相互作用的结果增强到底板岩体的最小主应力小于承压水水压时，便产生压裂扩容，发生突水。

上述学者从不同角度、利用不同的方法对煤层底板突水机理进行了深入的研究，为我国受底板水害的矿井提供了宝贵的理论与经验，使得我国矿井水害防治理论研究水平处于世界前沿，但由于煤层底板突水机理极其复杂，至今其仍为国内外一个重要的研究课题。

### 1.2.2　巷道支护理论与技术发展现状

#### 1. 锚杆支护理论的研究现状

我国在 1956 年开始使用锚杆支护，锚杆支护机理研究随着锚杆支护实践在不断发展，该领域学者已经取得了大量研究成果(侯朝炯等，1989，1999；陈炎光和陆士良，1994；陆士良等，1998；康红普和王金华，2007)。

1) 悬吊理论

悬吊理论认为锚杆支护的作用就是将巷道顶板较软弱岩层悬吊在上部稳固的岩层上，在预加张紧力的作用下，每根锚杆承担其周围一定范围内岩体的重量，锚杆的锚固力应大于其所悬吊的岩体的重力，如图 1-4 所示。

悬吊理论是最早的锚杆支护理论，认为锚杆支护作用是将顶板下部不稳定松散破碎岩层悬吊在上部稳定岩层中，在比较软弱的围岩中，巷道开掘后应力重新分布，出现松动破碎区，在其上部形成自然平衡拱，锚杆的作用是将下部松动破碎的岩层悬吊在自然平衡拱上。悬吊理论具有直观、易懂及使用方便等特点，应用比较广泛，在采深较浅、地应力不高、没有明显构造应力影响的区域使用最多。悬吊理论能较好地解释锚固顶板范围内有坚硬岩层时的锚杆支护。但跨度较大的软岩巷道中，自然平衡拱高往往超过锚杆长度，悬吊作用难以解释锚杆支护获得成功的原因。

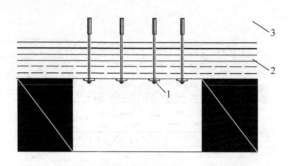

图 1-4　悬吊理论示意图
1-锚杆；2-松散破碎岩层；3-稳定岩层

2) 组合梁理论

组合梁理论认为，端部锚固锚杆提供的轴向力将对岩层离层产生约束，并且增大了各岩层间的摩擦力，与锚杆杆体提供的抗剪力一同阻止岩层间产生相对滑动，如图 1-5 所示。

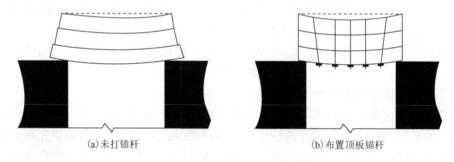

(a) 未打锚杆　　　　　　　　(b) 布置顶板锚杆

图 1-5　顶板锚杆的组合梁作用

对于全长锚固锚杆，锚杆和锚固剂共同作用，明显改善了锚杆受力状况，增加了控制顶板离层和水平错动的能力，效果优于端部锚固锚杆。从岩层受力角度考虑，锚杆将各个岩层夹紧形成组合梁，组合梁厚度越大，梁的最大应变值越小，其充分考虑了锚杆对离层及滑动的约束作用。组合梁理论适用于若干层状岩层组成的巷道顶板。

德国 Jacobin 等于 1952 年提出组合梁作用理论，其实质是通过锚杆的径向力作用将叠合梁的岩层挤紧，增大层间的摩擦力，同时锚杆的抗剪能力也阻止层间错动，从而将叠合梁转化为组合梁。组合梁理论能较好地解释层状岩体锚杆的支护作用，但难以用于锚杆支护设计。在组合梁的设计中，难以准确反映软弱围岩的情况，将锚固力等同于框式支架的径向支护力是不确切的。

3) 减跨理论

减跨理论建立在悬吊理论及组合梁理论的基础上，该理论认为：锚杆末端固定在稳定岩层内，穿过薄层状顶板，每根锚杆相当于一个铰支点，将巷道顶板划分成小跨，从而使顶板挠度降低。减跨理论作用原理如图 1-6 所示。

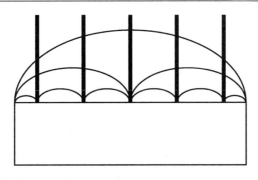

图 1-6 减跨理论作用原理

减跨理论认为，锚杆固定在稳定岩层内，距离巷道顶面较远，其对巷道顶板的悬吊作用并不像简支梁的支点那样，垂直位移为 0，由于锚杆要随围岩一起变形，锚杆及围岩的变形是一个相互影响的过程，因而其悬吊点实际上是一个有一定位移量的弹性铰支座。应在考虑锚杆变形的基础上进行更进一步的深入研究。

4) 组合拱理论

组合拱理论认为，在沿拱形巷道周边布置锚杆后，在预紧锚固力的作用下，每根锚杆都有一定的应力作用范围，只要取合理的锚杆间距，其应力作用范围会相互重叠，从而形成一个连续的挤压加固带，即厚度较大的组合拱，该加固带的厚度是普通砌碹支护厚度的数倍。故能更为有效地抵抗围岩应力，减少围岩变形，其支护效果明显优于普通砌碹支护。

组合拱理论认为，在软弱、松散、破碎的岩层中安装锚杆，形成图 1-7 所示的承载结构，假如锚杆间距足够小，每根锚杆共同作用形成的锥体压应力相互叠加，在岩体中产生一个均匀压缩带，承受破坏区上部破碎岩体的载荷。锚杆支护的作用是形成较大厚度和较大强度的组合拱，拱内岩体受径向和切向应力约束，处于三向应力状态，岩体承载能力大大提高，组合拱厚度越大，越有利于围岩的稳定。组合拱理论充分考虑了锚杆支护的整体作用，在软岩巷道中得到较为广泛的应用。

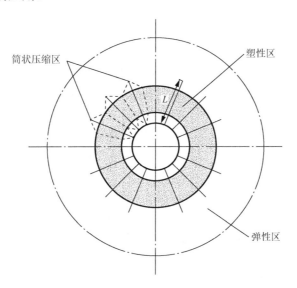

图 1-7 锚杆的组合拱理论示意图

2. 锚杆支护技术的研究现状

锚杆支护作为一种插入围岩内的巷道支护方式，不仅能给巷道围岩表面施加托锚力，起到支护作用，还能给锚固岩体施加约束围岩变形的锚固力，使被锚固岩体强度得到提高，起到加固围岩的作用。

当前，锚杆支护已经被认为是非常有效和经济的支护方式，广泛应用在采矿、隧道、公路、铁路、大坝基础等方面。世界上主要产煤国家的锚杆支护技术的发展过程概括如下。

1872年，英国北威尔士采石场第一次应用了锚杆，挪威A/Ssulit Jelma煤矿最先采用锚杆支护，他们把锚杆支护称为"悬岩的缝合"（李桂臣，2008）。美国是世界上最早将锚杆作为唯一煤矿顶板支护方式的国家。1943年美国开始有计划、系统地使用锚杆，1947年锚杆受到普遍欢迎，20世纪50年代初，发明了世界上第一个涨壳式锚头；60年代末，发明树脂锚固剂，锚杆使用的相当一部分都是以树脂锚固剂全长胶结的形式；70年代末，首次将涨壳式锚头与树脂锚固剂联合使用，使得锚杆具有很高的预拉力，达到杆体本身强度的50%~75%。

澳大利亚主要推广全长树脂锚固锚杆，强调锚杆强度要高。其将地质调研、设计、施工、监测、信息反馈等相互关联、相互制约的各个部分作为一个系统工程进行考察，使它们形成一个有机的整体，形成了锚杆支护系统的设计方法。

英国从1952年大规模使用机械式锚杆，但最终证明英国较软弱的煤系地层不适宜用机械式锚杆。到20世纪60年代中期，英国逐渐开始不使用锚杆支护技术。1987年，由于煤矿亏损，煤矿私有化。随后，英国煤炭公司参观澳大利亚煤矿，引进澳大利亚成套锚杆支护技术，并在全行业重新推广。

德国自20世纪80年代以来，由于采深加大，U型钢支架支护费用高，巷道维护日益困难，开始使用锚杆支护。80年代初期，锚杆支护在鲁尔矿区试验成功，现已应用到千米的深井巷道中，取得了许多有益的经验。

波兰没有一个煤矿将锚杆支护用作永久顶板支护技术，所有井工矿采用U型钢支架。由于缺乏操作经验、作业标准，加上地质条件差，波兰向锚杆支护技术的转变过程比较缓慢。

俄罗斯在采区巷道支护中同时发展各类支护方式，锚杆支护发展引人瞩目，研制了多种类型的锚杆，在库兹巴斯矿区巷道支护所占比重已达50%以上。由于缺乏资金，对现代化锚杆支护设备的维护和改进工作进展非常缓慢。

南非大部分井工矿煤层是硬砂岩顶板，开采条件良好，采用了不同的顶板锚杆安装形式，锚杆安装作业并不构成采煤作业的"瓶颈"，为了阻止顶板岩层的局部冒落，一些煤矿安装了严格的顶板岩层监控系统。

法国20世纪60年代中后期引进商品化的全长锚固锚杆，由于发生了严重的坍塌事故，其对锚杆支护进行了深入研究，煤巷锚杆支护技术发展迅速，1986年其比重已占到50%。

印度大多数井工矿采用锚杆支护方式，主要是点锚固锚杆或承载能力为60~80kN的水泥锚杆，同时全脂锚杆也已得到使用。

我国煤矿自1956年开始使用锚杆支护，最初在岩巷中发展迅速，20世纪60年代进入采区煤巷，80年代开始把锚杆支护作为行业重点攻关方向，并在"九五"期间形成了成套高强螺纹钢树脂锚杆支护技术，基本解决了煤矿Ⅰ类、Ⅱ类、Ⅲ类顶板支护问题，在部分更复杂条件下也取得了成功，据统计，2006 年国有大中型煤矿锚杆支护率已达到 65%，有些矿区超过了 90%，锚杆支护技术水平大大提高。但是，这期间形成的锚杆支护技术在赋存广泛的Ⅳ类、Ⅴ类巷道中使用时存在两个缺陷：①围岩变形剧烈，断面得不到有效控制；②局部冒顶现象常有发生，锚杆锚固区内离层、甚至锚杆锚固区整体垮冒等恶性事故时有发生。原因在于：①对顶板离层垮冒的失稳机理认识不清，巷道围岩控制理论没有突破；②支护方法没有创新，支护手段较单一。煤巷锚杆支护万米冒顶率 3%~5% 和 3 万~5 万 m 一次死亡事故制约着该技术的进一步推广。

杨双锁和曹建平（2010）对锚杆受力演化机理进行了探讨，提出了锚固体第 1、第 2 临界变形概念；揭示了锚杆轴向锚固力随着锚固体变形而演变的三阶段特征，即锚固力强化变形阶段、锚固力保持恒定的变形阶段和锚固力弱化变形阶段。变形量小于第 1 临界变形时，锚固力随变形量增加而增强；变形量介于第 1、第 2 临界变形时，随着变形量增加，整体锚固力保持最大而黏锚力分布发生转移；变形量大于第 2 临界变形后，锚固力随变形量增加而衰减；第 2 临界变形量与锚固长度成正比，不同变形特征的巷道应采用不同的锚固长度，使锚杆在围岩变形过程中尽量保持在锚固力演变的第 2 阶段；提出了确定锚固长度时应考虑巷道变形量的观点。

康红普等（2010）在分析锚杆支护作用机制的基础上，提出高预应力、强力支护理论，强调锚杆预应力及其扩散的决定性作用；指出对于复杂困难巷道，应尽量实现一次支护就能有效控制围岩变形与破坏；研究开发出煤矿锚杆支护成套技术，包括巷道围岩地质力学测试技术、动态信息锚杆支护设计方法、高强度锚杆与锚索支护材料、支护工程质量检测与矿压监测技术，以及锚固与注浆联合加固技术；此成套技术成功应用于千米深井巷道、软岩巷道、强烈动压影响巷道、大断面开切眼、深部沿空掘巷与留巷、采空区内留巷及松软破碎硐室加固。实践表明，采用高预应力、强力锚杆支护系统，必要时配合注浆加固，能够有效控制巷道围岩的强烈变形，并取得良好的支护效果。

3. 锚索支护技术的发展概况

自从 1934 年阿尔及利亚的 Coyne 工程师首次将锚索加固技术应用于水电工程的坝体加固并取得成功，并随着高强钢材和钢丝的出现、钻孔灌浆技术的发展，以及对锚索技术研究的深入和对锚固技术认识的逐步提高，预应力锚索加固技术已广泛应用于各个工程领域，并成为岩土工程技术发展史上的一个里程碑。

近年来，英国、澳大利亚等采矿业较发达的国家，注重锚索技术的应用和发展，在较差的围岩条件下，为提高支护强度和效果，通常采用锚索做加强支护。在交叉点、断层带、破碎带和受采动影响难以支护的巷道中，都采用锚索做加强支护。

我国的锚索加固技术始于 20 世纪 60 年代，1964 年梅山水库在右岸坝基的加固中首次成功地应用了锚索加固技术。目前，锚喷技术已经成为我国煤矿巷道支护的主要形式之一。而预应力锚索在锚固技术中也占有重要地位，已从原来的岩巷扩展应用于煤巷。尤其是在深井煤巷、围岩松散或受采动影响大的巷道、大硐室、切眼、交叉点及构造带等需要加大支护长度和提高支护效果的地方，采用预应力锚索是行之有效的方法。

随着高产高效工作面，特别是综放的发展，煤层巷道中采用锚杆支护成为其重要的技支柱。但由于综放面回采巷道断面大、围岩松软变形大，采用单一的锚杆支护已难以适应。在煤层巷道中采用锚杆与锚索联合支护，变得越来越普遍。锚索是采用有一定弯曲柔性的钢绞线通过预先钻出的钻孔以一定的方式锚固在围岩深部，外露端由工作锚通过压紧托盘对围岩进行加固补强的一种手段。作为一种新型可靠有效的加强支护形式，锚索在巷道支护中占有重要地位。其特点是锚固深度大、承载能力高，将下部不稳定岩层锚固在上部稳定的岩层中，可靠性较大；可施加预应力，主动支护围岩，因而可获得比较理想的支护加固效果，其加固范围、支护强度、可靠性是普通锚杆支护所无法比拟的。

锚索除具有普通锚杆的悬吊作用、组合梁作用、组合拱作用、楔固作用外，与普通锚杆不同的是对顶板进行深部锚固而产生强力悬吊作用。

4. 棚式支护技术的发展现状

由于煤矿井下地质条件相当复杂，巷道支护结构承受的载荷以及载荷分布不断变化，特别是一些围岩变形量较大的巷道，如受采动影响巷道、软岩巷道、深井巷道、位于断层破碎带的巷道，巷道支护工作难度很大。由于棚式支护技术具有优良的力学性能、优越的几何参数、合理的断面形状等优点，因而现场仍然应用十分广泛。

1932 年，德国在井下开始使用 U 型钢可缩性支架。1965～1967 年，德国煤炭主要产地鲁尔矿区可缩性拱形支架仅占 27%，1972～1977 年已达 90%，并已系列化。1953 年，英国煤矿金属支架比重已占 72%。波兰有 66 个煤矿，使用金属支架支护的巷道占 95% 以上。苏联 1978 年拱形金属支架占 57.2%，主要用于采区内的巷道，1980 年已占到全部井下巷道的 62%。

国外巷道棚式支护技术发展的特点：①由木支架向金属支架发展，由刚性支架向可缩性支架发展；②重视巷旁充填和壁后充填，完善拉杆、背板，提高支护质量；③由刚性梯形支架向拱形可缩性支架发展，同时研制与应用非对称形可缩性支架。

我国巷道棚式支护技术也取得了很大发展：①支架材料主要有矿用工字钢和 U 型钢，并已形成系列；②发展了力学性能较好、使用可靠、方便的连接件；③研究、设计了多种新型可缩性金属支架；④提出了确定巷道断面和选择支架的方法；⑤改进支架本身力学性能，重视实际使用效果；⑥建立了巷道支架整架试验台；⑦随着可缩性金属支架用量的增加，支架的成形、整形以及架设机械化有了新的发展。

5. U 型钢支架支护技术的发展现状

U 型钢可缩性支架于 1932 年最早从德国发展起来。当时采用的型钢为异型钢，以后在型钢截面形状与尺寸方面几经改进和优化，有效避免了型钢搭接部位处拉断破坏。同时，支架连接件也不断改进，德国也成为巷道以 U 型钢可缩性钢支架支护为主的国家之一。经常使用的 U 型钢有 13kg/m、16kg/m、21kg/m、25kg/m、29kg/m、36kg/m、44kg/m 七种规格。U 型钢支架在英国、波兰、苏联等也得到了广泛的应用。

20 世纪 60 年代初期，我国开滦、淮南等矿务局也使用了 U 型钢可缩性金属支架。60 年代中期发展缓慢，直到 70 年代后期，U 型钢可缩性金属支架才有了较快的发展。在开滦矿务局，采准巷道基本上使用了可缩性金属支架，支护巷道达 38 万多米。1983 年的比重已占当年全部掘进巷道支架的 73%。为了提高 U 型钢可缩性支架的质量，改善受力状态和整体稳定性,德国在钢的热处理、钢筋网背板、拉杆以及棚架壁后充填等配套技术与措施等方面进行了大量的研究。各种 U 型钢可缩性金属支架一般要经过调质处理,调质处理使型钢成本增加不到 10%,在延伸率保持 16%左右时,可以大幅度提高型钢强度性能,其中,屈服极限提高 48.5%左右,达到 490~529MPa,抗拉强度极限提高 18%左右,达到 650MPa 左右。

### 1.2.3 "三软"煤层巷道支护理论与技术发展现状

1. "三软"煤层巷道控制理论研究现状

李金奎等(2009)对"三软"煤层巷道锚网喷联合支护进行了数值模拟研究,指出"三软"煤层巷道锚网喷联合支护,有效地改善了围岩的应力状态,降低了顶板与两帮收敛的速度和位移,两帮锚杆承载明显大于顶板锚杆,底角锚杆最大,应确保底角锚杆的锚固效果,以限制底板和两帮的变形。

张国锋等(2011)对巨厚煤层"三软"回采巷道恒阻让压互补支护技术进行了研究,提出采用恒阻大变形锚杆初次支护,将集中应力转移到深部,调动深部围岩承载能力,形成稳定的塑性承载圈,将围岩变形控制在合理范围内。

曹树刚等(2011)对近距离"三软"薄煤层群回采巷道围岩控制进行研究时指出:"三软"薄煤层群开采时,围岩应力变化特征较复杂,上层煤层开采对下层煤层产生了多重扰动,导致"三软"条件下的大部分回采巷道支护困难,为此提出了"定荷载"的围岩控制原则,注重支护系统的整体性,必要时采取补强措施。

王勇(2012)对"三软"倾斜煤层沿空留巷巷旁支护技术进行研究时提出了在"三软"煤层条件下的三种巷旁支护方式——矸石装袋堆码、砌筑混凝土预制块墙支护和柔模泵送矸石混凝土支护,利用矿山废弃矸石进行巷旁支护填充,降低填充成本,实现资源的综合利用。

张农等(1999)对深井"三软"煤巷锚杆支护技术的研究中提出了加固帮角控制围岩稳定、高阻让压支护限制围岩变形和强化顶板保证安全的支护原理。

贾明魁和马念杰(2003)对深井"三软"煤层窄煤柱护巷锚网支护技术进行了研究,指出了锚杆、金属网、钢带、锚索等构件的共同组合,使被锚固的岩层形成一个整体承载结构,提高了岩层的自承和承载能力,可为类似条件下的矿井提供借鉴。

徐金海和诸化坤(2004)在分析"三软"煤层极不稳定煤巷矿压特点的基础上,研制了适应两帮大变形的可缩性工字钢支架、适应两帮及顶底严重变形特别是底鼓的 29U 可缩性环形支架,设计了锚架注联合支护的参数与工艺。

孟宪义等(2011)通过对"三软"煤层回采巷道钻孔卸压参数进行研究,提出钻孔卸压与 U 型钢支架耦合支护技术。

刘倡清和冯晓光(2012)通过对"三软"厚煤层顺槽支护技术进行研究,提出在"三软"煤层巷道中,实施一次锚杆+金属网+钢筋梯梁和二次锚索关键部位补强的支护方案。

侯朝炯和勾攀峰(2000)研究了巷道锚杆支护对锚固范围岩体峰值强度和残余强度的强化作用以及对锚固体峰值强度前后 $E$、$c$、$\varphi$ 等力学参数的改善,提出了锚杆支护围岩强度强化理论。

柏建彪等(2001)提出运用注浆机锚杆支护控制巷道围岩稳定、加强顶板支护强度、充分利用围岩自身承载能力的支护原理,研究了合理的注浆、锚杆支护技术。

李新德(2001)等研究了锚杆支护在"三软"沿空煤巷中的应用,研究表明锚杆支护在该类巷道支护中能有效地控制巷道顶底板及两帮的移近量,满足生产需要,取得了显著的经济效益。

丁开舟等(2006)应用新技术、新材料、新工艺,解决"三软突出危险"煤层复合顶板巷道支护难题,同时研究了高强度锚杆支护的科学施工方法与管理措施。

负东风等(2010)对大倾角突出煤层厚层软顶风巷支护为研究对象,确定"锚杆锚索+大托盘+金属网+W 型钢带+喷浆"联合支护和"管棚+注浆"超前支护方案,减少了巷道维修工作量,加快了掘进速度,取得了良好的技术经济效果,为采面安全高效生产创造了有利条件。

李元等(2011)、刘刚等(2012)和龙景奎等(2012)对"三软"巷道支护提出了协同支护理论,研究了锚杆-锚索协同支护机理。

2. "三软"煤层巷道支护技术发展现状

对于"三软"煤层巷道支护,各个矿根据不同的煤层赋存情况而采用不同的支护方式,大致有以下几种。

(1)棚架支护。棚架的种类有工字钢梯形棚、槽钢棚和 U 型钢棚等。

(2)锚喷支护。实践证明锚喷支护在"三软"煤层中是成功的。锚喷支护要根据矿压观测资料进行施工,要根据巷道掘进所形成的松动圈深度、围岩的自稳期、围岩的工程稳定性分类等确定锚喷支护的相关参数,如锚杆的长度、密度、托板的尺寸、材质、喷层厚度等。

(3)锚喷联合支护。随着开采深度的增加,矿压增大,仅靠单一的锚喷支护和传统的施工方法已不能满足支护的要求,这就需要几种支护方法联合支护。目前,锚喷联合支护已经成为"三软"煤层的主要支护形式,并在实际应用中取得了理想的效果。

(4)锚、网、喷支护。该支护形式适用于比较稳定的岩层,其断面形状一般为直墙半圆拱。

(5)锚、网、喷、梁支护。该支护形式比较适用于顶板压力相对较大、顶板易发生下沉或出现破碎变形的巷道,其支护方法是在用锚网支护后,再在顶板增加弧形锚梁,然后喷射混凝土。

(6)煤巷注浆加固支护。极软煤层巷道掘进后,产生破裂区和塑形区,使煤层的承载能力大大降低,通过注入高水速凝材料充填破碎围岩的裂隙,加上注浆材料的黏结作用,可显著提高固结体的强度和刚度,围岩的破坏由原来强度较低的弱面、裂隙控制转变为由强度较高的固结体控制。

综上所述,煤矿巷道在支护理论和支护技术上都进行了深入的研究,并取得了丰厚的研究成果,对于"三软"煤层条件下煤巷沿底托顶安全快速掘进支护及补强加固支护技术、深孔注水技术在煤巷沿底托顶煤施工中的相互作用关系,还需进行深入研究。

#### 1.2.4 "三软"煤层开采技术研究现状

"三软"煤层采场矿山压力控制研究一直是一个难题,在生产实践中没有得到很好的解决,存在的主要问题是"三软"煤层支撑体系的整体刚度不够。无论是炮采、普采还是综采都存在采场矿压显现过于激烈,顶底板相对移近量过大、煤壁片帮严重、支撑体系不稳定、顶板事故偏多等缺陷,严重威胁到矿井的安全生产。如何解决"三软"煤层顶板控制问题,是煤矿安全生产面临的一个难题。开展这方面的研究必须通过大量的矿压观测和支护优化实践来寻求一整套采场支护优化方案,有效解决生产中所存在的问题,改善采矿支护状况,提高顶煤放出率,实现高产高效(张光耀等,2005;乔庆煌和朱应江,2005)。

法国东部的布朗齐矿主采煤层为松软煤层,煤层平均厚度8m,煤层倾角最大达45°,顶板破碎严重。经过多年的努力,该矿形成了一套完整的放顶煤开采工艺,采用四支柱放顶煤液压支架支护和平行双刨煤机落煤、放煤的全新方式,取得了良好的效果。

我国徐州矿区权台矿3煤层属于典型的"三软"煤层,在无法采用大采高一次采全厚的情况下,运用综合机械化放顶煤技术,并取得了成功。采取综放两巷全煤巷方式跟顶布置,推进过程中,采取支架由跟顶逐渐过渡到跟底的回采方式,工作面下刹过程中顶煤厚度达到1m以上时,才能进行放顶煤工作。

豫西煤田过去常采用分层开采、"滚帮式"非正规采煤法和炮采放顶煤等传统采煤方法,单产、回采率和工作效率较低,无法达到较高的经济效益。经过多年的探索和实验,豫西地区矿井逐渐形成了以π型梁炮采和综采放顶煤为主的采煤方法。

我国研究综采技术起步较早,该技术对提高回采工作面单产、提高回采速度、提高煤炭企业经济效益作出了重大贡献。但"三软"煤层采场顶板控制和回采工艺所存在的问题一直没有得到有效解决,开展这方面的研究是当务之急(杨振复和罗恩波,1995;靳钟铭,2000)。

"三软"煤层的顶底板抗压强度较低,直接顶岩层裂隙发育、破碎程度较大,抗压强度低,出现冒落现象严重;煤质较软,节理发育与煤层不稳定使煤壁极易产生片帮,煤壁片帮和梁端冒顶又相互诱发;底板岩层含有大量的膨胀性黏土矿物,如蒙脱石、伊利石和高岭土等,造成岩层揭露后极易风化潮解、膨胀。所以采工作面顶板控制十分困难。

长期以来,针对"三软"煤层回采工作面的煤壁片帮、端面冒落、支柱钻底、台阶下沉等问题,各个矿区逐渐形成了一套适应自身矿井特点的"三软"煤层顶板治理方法。对顶板的管理本着"支、护、稳、让"兼顾,以"护"为主的原则,主要措施如下:①加强护顶。控制"三软"煤层顶板,首要问题就是支护,减少空顶时间。此外还需要解决顶板破碎、容易冒漏的问题,在煤层上方铺设足够强度的金属网或者塑料网,同时增大支护强度,将顶板充分护住。保证顶板的完整性,是控制顶板破碎冒漏的关键。②提高支柱初撑力。"三软"煤层回采工作面的支护系统整体刚度不够造成煤壁片帮、台阶下沉、端面冒落等现象,顶板下沉量过大使得煤体支撑顶板的弹塑性区向深处前移,加剧了煤壁片帮,并引起端面冒落及直接顶在工作面控制区域内切断,造成台阶下沉。

目前,国内外对于"三软"煤层的开采和控制技术的研究已经取得了大量的成果。但目前还没有一个完整的理论来确定开采后的影响程度及具体的顶板控制技术,其不足之处概括起来有两方面:①"三软"煤层采场顶板控制效果不理想,顶板控制方法不合理,没有得出一套系统的顶板控制方法。煤质极其松软、易片帮、工作面顶板松软破碎、极易冒落等因素,造成选择合理的采煤工艺参数不太容易;顶板皆松软,煤质松软,当矿压较大时,支柱穿顶、插底情况和煤壁片帮现象严重,影响矿井的安全高效回采。②回采工作面的上覆岩层移动规律、围岩应力分布状况、矿山压力显现规律没有彻底掌握。因此需要对"三软"煤层开采条件下，综采放顶煤的回采工艺、采煤工序和实践操作应用技术进行深入研究，同时，探索深孔注水技术应用于综采放顶煤工作面回采过程时的煤尘治理、防片帮等配套技术，从而总结出综采放顶煤回采工艺成套技术，最终实现安全、高产、高效。

## 1.3 研究的主要内容和技术路线

### 1.3.1 研究的主要内容

根据平禹一矿地质条件和煤层赋存条件，在分析国内外研究现状的基础上，拟研究的主要内容包括以下几个方面。

(1)大流量底板承压水治理综合技术。在查明矿井水文地质边界条件和大型断层水文地质性质的基础上确定补给通道，设计帷幕注浆截流方案，注浆形成隔水边界；在此基础上，开展对寒灰水的疏水降压设计，通过疏水降压，降低寒灰水水位和水压；理论研究底板承压水区域煤层底板注浆加固机理，优化底板注浆加固参数，优化"三软"煤层采煤工作面底板注浆加固设计方案，形成"三软"煤层底板承压水治理的综合技术体系。

(2)"三软"煤层深孔注水机理及技术。理论分析"三软"煤层注水除尘及对煤体固结的微观机理，探索深孔注水在采掘工作面生产过程中的防片帮、冒顶技术和煤尘治理技术。

(3)"三软"煤层沿底托顶煤快速掘进支护及补强加固综合技术。研究"三软"煤层煤巷沿底托顶煤施工安全快速掘进支护方案；研究顶板上绳加固设计方案、煤巷帮锚索补强加固设计方案、注浆锚索加固技术及设计方案、掘进期间超前煤层深孔高压注水辅助技术，形成"三软"煤层沿底托顶煤快速掘进的综合支护技术。

(4)破碎顶板大断面巷道快速掘进的浅固深注技术。研究"三软"煤层破碎顶板大断面巷道支护的浅部注胶加固技术，深部采用锚注一体化技术进行加固支护，从而形成浅固深注综合支护技术，以有效控制巷道变形量，保证安全高效生产。

(5)"三软"煤层综采放顶煤技术。主要研究在底板承压水上"三软"煤层综采放顶煤工艺、工作面顶板控制技术、端头及两巷超前顶板控制技术，形成承压水上"三软"煤层综采放顶煤回采成套技术，以实现高效生产。

(6)管理体系综合优化技术。研究开展"四优化一提升"活动，构建风险分级管控、闭环隐患排查治理、安全达标创建和安全异常信息管理相结合的"四位一体"安全管控体系，全面提高安全生产标准化管理水平；构建完善安全绩效考核评价体系；研究开展正规循环作业，科学组织生产；大力推行精细化管理，提高经济效益。

### 1.3.2 技术路线

根据平禹一矿地质条件和煤层赋存条件，结合该矿开采过程中所面临的关键性问题，通过理论分析、数值模拟和现场实践的方法，系统研究极复杂水文地质条件下"三软"煤层安全高效开采的关键技术，并将研究结论在平禹一矿进行应用，达到了预期的效果。研究的技术路线如图1-8所示。

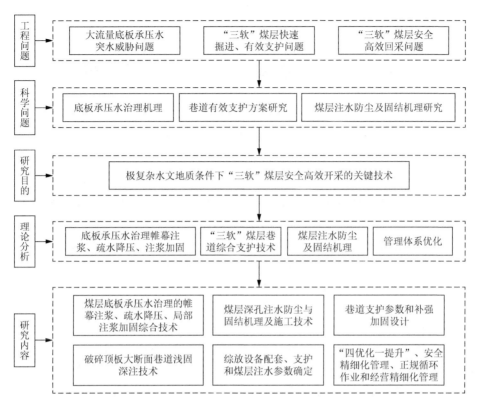

图 1-8 技术路线图

# 第 2 章　矿井概况及存在问题分析

## 2.1　矿井位置和范围

矿井位于禹州市北 10km，行政区隶属朱阁、古城两镇。郑(州)南(阳)公路经矿区中部通过，郑(州)尧(山)高速公路在矿区东部经过，许(昌)登(封)高速公路在矿区南部经过，交通便利。地理坐标：东经 113°29′07″～113°34′04″，北纬 34°11′33″～34°13′22″。该矿区为北西—南东走向，呈带状分布，东西长约 8km，南北宽(0.35～2.40)km，面积为 11.043km²。禹州市东南距许昌市约 37km，南距平顶山市 60km，北东经矿区至郑州市 80km，北西经登封市至洛阳市 160km；新郑市—禹州市的公路从矿区内通过，许昌市—登封市的公路从矿区西南约 12km 处经过，矿区公路与其相通；地方铁路专线有禹州市神垕镇至许昌市铁路、平顶山市至禹州市铁路，交通较为方便。

2011 年 3 月 23 日，河南省国土资源厅向河南平禹煤电有限责任公司颁发采矿许可证，证号：C4100002011031120108937；经济类型：有限责任公司；开采矿种：煤；开采方式：地下开采；生产规模：60 万 t/年；矿区面积：11.0430km²；有效期限：贰拾年，自 2011 年 3 月至 2031 年 3 月；开采深度：-800m～-25m 标高。

## 2.2　矿井自然地理概况

禹州市东部是许昌县、长葛市，北部及西北部是汝州市、登封市，东南部和西南部是襄城县、郏县，北部和东北部是新密市、新郑市。禹州市地势总体上由西北向东南倾斜，中部为横贯西北—东南的颍河平原，北部为太室山脉(具茨山脉)，南部为箕山山脉(大鸿寨山脉)。山区是颍河流域地表水的源头所在，山区大气降水是禹州市地表水和地下水的重要补给来源。

### 2.2.1　气象

禹州市多年平均降水量为 651mm，年最大降水量为 1143.7mm(1964 年)，年最少降水量为 441.2mm(1966 年)，相差 702.5mm。受季风气候影响，降水四季分配不均，夏季(6～8 月)雨水最为集中，多年平均达 353mm，占年平均降水量的 54%，其中 7、8 两个月平均 300mm，占年平均降水量的 46%；秋季和春季平均降水量分别为 151mm 和 122mm，占年平均降水量的 23%和 19%；冬季雨雪稀少，平均降水量仅 25mm，占年平均降水量的 4%。据 1957～1979 年暴雨统计，禹州市共出现 46 次暴雨，平均每年发生两次，最多的年份有 4 次，大暴雨出现过 4 次，平均每 5 年左右一遇。最大一次大暴雨发生在 1967 年 7 月 11 日，日降雨量达到 226.1mm，另外一次出现在 1963 年 8 月 2 日，日降雨量为 213.5mm。根据《白沙灌区水资源综合评价与合理开发利用研究报告》，降水量在空间的分布，自西部山区向东部平原呈递减趋势。神垕、鸠山一带较禹州市区、古城一带多 100mm 左右，白沙灌区年降水量 600~670mm。禹州市年均降水量等值线图如图 2-1 所示。

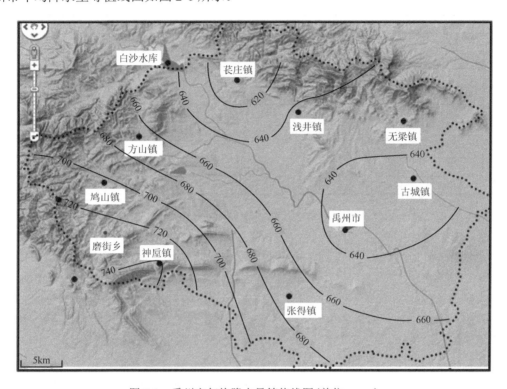

图 2-1 禹州市年均降水量等值线图（单位：mm）

## 2.2.2 水文

颍河发源于河南省西部伏牛山山脉嵩山东麓，流经河南省的登封、禹州、许昌、周口、项城、沈丘等地后，进入安徽省界首市，流经太和县、颍上县等，于颍上县鲁口镇注入淮河。全长 557km，流域面积为 36728km²。颍河有三源，正源在登封市嵩山西南，北源在新密市圣水峪，南源在鲁山县摩达岭，三源在周口市相汇后东南流过沈丘后入安徽省，至颍上县鲁口镇入淮河。登封境内颍河两侧发育有多条季节性羽状溪流，有后河、石淙河、麻河、土堂河、白降河等，各支流年平均流量为 0.05~0.2m³/s。据登封邻城水文站资料，颍河多年平均径流量为 0.9461 亿 m³，最大流量为 5131m³/s（1956 年 6 月），最少流量为 0（断流，1988 年 6 月 8 日）。颍河自西北向东南贯穿全禹州中部，流经花石、顺店、火龙、朱阁、褚河、范坡等乡镇，在范坡乡董庄村流入襄城县境。在禹州境内流程 59.5km，流域面积 910km²，常年有水，最大洪水流量 2230m³/s。颍河支流主要有磨河、龙潭河、书堂河、扒村河、九龙河、潘家河、涌泉河、小泥河、清泥河，其中磨河和涌泉河有时连续数年不断流，其余河流经常断流，河流的水文特征如表 2-1 所示。

表 2-1　禹州境内河流水文特征表

| 名称 | | 流域面积/km² | | | | 河长/km | 1979 年实测流量/(m³/s) |
|---|---|---|---|---|---|---|---|
| | | 山地 | 岗地 | 平原 | 小计 | | |
| 干河 | 颖干 | 18 | 121.9 | 168.1 | 308 | 59.5 | 2.617 |
| 支流 | 磨河 | 29 | | 6.6 | 35.6 | 11.5 | 0.218 |
| | 龙潭河 | 41.8 | 27.5 | 8.3 | 77.6 | 19.5 | |
| | 书堂河 | 41.8 | 27.5 | 8.3 | 77.6 | 19.5 | 0.316 |
| | 扒村河 | 28 | 30.2 | 11.5 | 69.7 | 21.9 | 0.104 |
| | 九龙河 | | 11.1 | 3.1 | 14.2 | | 0.046 |
| | 潘家河 | 54.9 | 5.2 | 16.5 | 76.6 | 16.5 | 0.08 |
| | 涌泉河 | 143 | 30 | 15.7 | 188.7 | 32 | 0.045 |
| | 小泥河 | | 27.7 | 64.3 | 92 | 16.5 | 0.015 |
| | 清泥河 | 76.8 | 48.3 | 67.6 | 192.7 | 10 | 0.327 |

白沙水库位于禹州市与登封市交界处花石镇白北村北，距下游禹州市 30km，是颖河上游第一座大Ⅱ型水库，兴建于 1951 年，1956～1957 年进行扩建，2003～2006 年进行除险加固，其示意图如图 2-2 所示。水库控制流域面积 985km²，占颖河流域面积 7230km² 的 13.6%，总库容 2.78 亿 m³，功能以防洪、灌溉为主。大坝为黏土心墙卵石壳坝，填土以粉质黏土为主，最大坝高 48.4m，坝顶宽 6.5m，坝顶长 1330m，坝顶标高 236.3m，防浪墙标高 237.5m。坝基为砂卵石透水层，基岩为弱风化石英砂岩。目前水库设计洪水标准为 100 年一遇，设计洪水位为 233.8m；校核洪水标准为 2000 年一遇，校核洪水位为 235.3m。水库下游白沙灌区有南、北、东、新北干四条干渠。四条干渠总长 99.25km；支渠 8 条，总长 49.49km；斗渠 143 条，总长 229km，灌区设计灌溉面积 30.3 万亩(1 亩≈666.67m²)，有效灌溉面积 20.415 万亩。

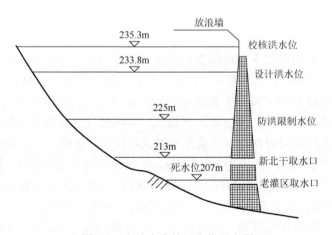

图 2-2　白沙水库特征水位示意图

纸坊水库建在淮河流域颖河支流涌泉河上，位于禹州市西 26km 的方山镇煤窑沟村。水库坝址上游干流长 18.84km，控制流域面积 138.3km²，总库容 4425.5 万 m³，是一座以防洪、灌溉为主要功能的中型水库。

白沙灌区内有小Ⅰ型和小Ⅱ型水库 9 座，其中橡胶坝位于颖河河道上，其余分布在灌区北部的新北干区，总库容 1424 万 m³。各水库库容是：橡胶坝 450 万 m³、牛头水库 410 万 m³、郑湾水库 434 万 m³、磨河水库 14 万 m³、烈江波水库 25 万 m³、共青泉水库 54 万 m³、大陈水库 14 万 m³、犊水沟水库 12 万 m³、赤水河水库 11 万 m³。

根据河南省地质矿产勘查开发局水文地质三队 1984 年完成的《白沙灌区水资源综合评价与合理开发利用研究报告》，颍河在禹州境内除下游局部地段补给浅层地下水外，大部分河段常年排泄地下水；磨河在枯水季节排泄山区基岩地下水，在汛期补给地下水；涌泉河与地下水没有明显补排关系，在汛期补给地下水；其他河流在山区排泄地下水，在灌区补给地下水。

### 2.2.3 地形地貌

禹州处于伏牛山余脉与豫东南平原的交接部位，整个地势由西北向东南逐渐降低。北部、西部及西南部为中低山及丘陵区，中部和东南部为颍河冲积平原。西部山区最高标高为 1150.6m（大鸿寨山），北部最高标高为 788m，南部最高标高为 310m，东部平原区最高标高为 92.3m（范坡乡新前一带）。地貌类型主要有山地、丘陵、岗地和冲积平原，其中山地面积 207.4km²，占禹州总面积的 13.9%，丘陵面积 219.3km²，占总面积的 14.7%，岗地面积 456.6km²，占总面积的 30.6%，平原面积 608.7km²，占总面积的 40.8%。地形地貌如图 2-3 所示。各地貌单元地貌特征描述如下。

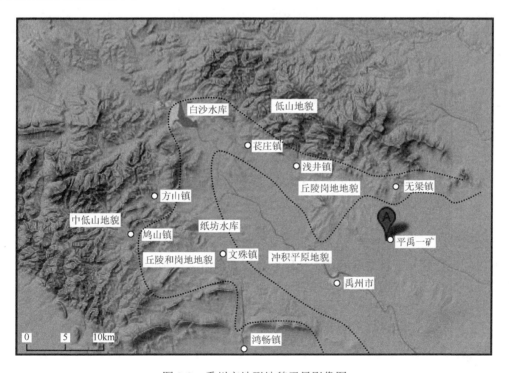

图 2-3 禹州市地形地貌卫星影像图

1. 中低山地貌

禹州西北部属于伏牛山余脉的具茨山系，自禹州市苌庄镇北部的荟萃山起首，蜿蜒向东南方向延伸，绵延长度 40km。山峰海拔多在 500～780m，主要山峰有荟萃山、寨山、函岭山、观北岭、青龙山、楼铧山、石牛山、老山坪等。山体多由震旦系千枚岩、片岩、石英砂岩构成，山前出露地层为寒武系和奥陶系灰岩。山势陡峻，山坡坡度大于 35°，局部近于直立。

禹州西部和西南部属于伏牛山余脉的箕山山系，自方山镇的五旗山起首，经方山镇、鸠山镇、磨街乡、文殊镇、神垕镇、鸿畅镇，在梁北镇的柏山消失，绵延长度 40km。海拔 500～700m，海拔 500m 以上的山峰有太平寨山、大石坡寨山、西大洪寨山、海眼寺嘴、沙古堆、磨盘山、鸠山、金山岭、银垌山、凤阳山、牛头山、大刘山等。构成山体的地层多为寒武系和奥陶系灰岩，局部为震旦系石英砂岩和古老变质岩。山势坡陡，坡度一般在 25°，局部大于 45°。地表岩溶发育，石芽、溶沟、溶洞地貌类型普遍发育。

2. 丘陵和岗地地貌

呈条带状分布于近山前地带，海拔在 100～300m，地形坡度在 10°～25°。西部分布在三峰山、角子山至鸿畅、文殊一带的地区，北部分布在玩花台、大木厂连线以南地区，地表出露地层主要为二叠系和三叠系泥岩，除山顶顶部有零星基岩出露外，其余地表均被黄土覆盖，冲沟发育，水土流失严重。

在丘陵与平原之间分布许多对高度为 50m、坡度在 10°～5°的隆起地形。按堆积物成因类型岗地分为剥蚀残型岗地、坡洪积型岗地、冲洪积型岗地。北部分布在无梁镇与古城镇之间以及浅井镇、苌庄镇的南部、朱阁镇大部地区，南部分布在方岗、文殊、鸿畅、张得、小吕、范坡等地，地形坡度缓，沟谷切割微弱，没有明显的走向，地表被厚层冲洪积物碎石土或黄土状土覆盖。

3. 冲积平原

禹州中部为颍河带状冲积平原，地形平坦，地面海拔由山前的 100m，向东南逐渐降至 92m，地面坡降为 5‰左右。颍河两岸发育有河流阶地，阶地高出河谷 4～6m，由古颍河多次泛滥冲洪积作用而成，地面坡降为 3.8‰。这里土地肥沃，地下水丰富，且有较好的补给条件，是高产农业区和水源地。

## 2.2.4 地表水

矿区处在丘陵与平原的过渡地带，矿区范围内没有大的地表水体，冲沟是区内排泄地表水的主要途径，仅丰水期形成地表径流，靛池李村西北的冲沟内建筑蓄洪土坝（桐树张水库）及黑马水库等，均为小型塘坝，水量有限，旱季水量无几，井田以南 7km 处的颍河为常年性河流，但距矿区较远，且自上游的白沙镇和禹州市北关筑坝蓄水以来，下游几乎断流。

## 2.2.5 地震

根据禹州市地震办公室提供的资料，公元前 5 年至 1949 年发生地震 13 次，其中大震 3 次。中华人民共和国成立后，成立了禹州市地震观测台，1966～1980 年先后测到地震 10 次，其中 2 级以上 7 次，详见表 2-2。

表 2-2 历年地震记录表

| 日期 | 地震记录 |
| --- | --- |
| 公元前 5 年(汉哀帝二年) | 遭大水,常发生地震 |
| 1343 年(元顺帝至正三年) | 地动 |
| 1465 年(明宪宗成化元年) | 地动,连续 23 天 |
| 1522 年(明世宗嘉靖元年) | 地动有声 |
| 1555 年(明世宗嘉靖三十四年) | 地动有声 |
| 1697 年(清圣祖康熙三十六年) | 夏地震,六月大水,八月蝗虫 |
| 1755 年(清高宗乾隆二十年) | 地震 |
| 1805 年(清仁宗嘉庆十年) | 地震 |
| 1817 年(清仁宗嘉庆二十二年) | 地震 |
| 1820 年(清仁宗嘉庆二十五年) | 夏地震,秋又震,声如雷鸣 |
| 1827 年(清宣宗道光七年) | 春地震有声,秋又发大水 |
| 1830 年(清宣宗道光十年) | 春旱,地震有声 |
| 1920 年 10 月 9 日(民国九年) | 地震 |
| 1966 年 | 地震,门窗有响声 |
| 1972 年 7 月 18 日 | 双庙乡发生 2.2 级地震 |
| 1975 年 10 月 26 日 | 褚河乡沈庄发生 1.3 级地震 |
| 1976 年 12 月 8 日 | 顺店连续发生 1.8~2.6 级地震 |
| 1976 年 12 月 26 日 | 鸠山发生 1.5~2.2 级地震 |
| 1977 年 5 月 5 日 | 朱阁镇刘冲发生 2 级地震 |
| 1978 年 6 月 2 日 | 浅井镇张村发生 2 级地震 |
| 1978 年 6 月 5 日 | 新乡市汲县发生 4.5 级地震,本市有感 |
| 1979 年 11 月 24 日 | 浅井镇河东村发生 1.3 级地震 |
| 1980 年 1 月 20 日 | 苌庄镇苌庄发生 2.5 级地震 |

根据国家质量技术监督局发布的中华人民共和国国家标准《中国地震动参数区划图》(GB 18306—2015),禹州市附近的地震动峰值加速度 $g$ 为 $0.05\mathrm{m/s^2}$,对应的基本烈度为Ⅵ度。

## 2.3 矿井地质概况

### 2.3.1 矿区地层概述

禹州矿区地层区划属于华北地层区,豫西分区嵩箕小区。区内地层出露比较齐全,主要发育地层为太古界,元古界,古生界寒武系、奥陶系、石炭系和二叠系,新生界古近系、新近系和第四系,其中石炭-二叠系为主要含煤地层,下二叠统山西组的二$_1$煤层为本区主要可采煤层。由老至新简述如下。

1)太古界登封群(Ar)

主要出露于禹州鸠山、登封、汝州接壤的大鸿寨山区,是本区最古老的地层。主要为片麻岩、片岩和混合岩,总厚度大于 1145m。

2)元古界(Pt)

出露于禹州西部与西北部的具茨山、箕山一带,包括古元古界嵩山群和新元古界震旦系。

嵩山群自下而上分为嵩山组、五指岭组、届坡组和花峪组，主要为石英岩、石英片岩和千枚岩等，厚度为1739～3100m。震旦系自下而上分为马鞍山组和罗圈组，主要为紫红色中厚层粗粒石英砂岩和粉砂岩等，底部有砾岩，厚度约190m。

3) 古生界寒武系($\epsilon$)

主要分布于禹州北部、西部及西南部低山丘陵地带，地层总厚度631～1050m，分下统、中统、上统。

(1) 下统($\epsilon_1$)。

下统分辛集组和馒头组，总厚度100～233m。辛集组底部为紫红色页岩，中上部为灰色致密灰岩；馒头组由紫色紫红色页岩夹薄层灰岩组成。

(2) 中统($\epsilon_2$)。

中统包括毛庄组、徐庄组和张夏组，以鲕状灰岩和白云岩为主，厚259～448m。

毛庄组($\epsilon_2m$)：下部为紫红色和绿色泥岩，夹薄层泥灰岩；上部为中厚层鲕状灰岩，夹薄层状紫色泥岩和浅灰色薄层灰岩，厚30m。

徐庄组($\epsilon_2x$)：下部为紫色页岩和细粒海绿石砂岩互层，中上部为黄绿色页岩与泥质条带鲕状灰岩互层，局部见有竹叶状灰岩，厚105m。

张夏组($\epsilon_2zh$)：为一套厚层、巨厚层鲕状灰岩，底部稍含泥质和泥质条纹，顶部为白云岩和鲕状白云岩，厚120m。

(3) 上统($\epsilon_3$)。

崮山组($\epsilon_3g$)：下部岩性主要为浅灰色中厚层状白云质灰岩夹鲕状白云岩，上部岩性为灰-深灰色厚-巨厚层状白云质灰岩。与下伏地层张夏组整合接触。一般厚86～189m，平均厚91m。

长山组($\epsilon_3ch$)：由浅灰-灰色，薄-中厚层白云质灰岩、泥灰岩组成，局部夹泥质条带，含燧石结核。一般厚109～213m，平均厚128m。

4) 古生界奥陶系(O)

呈条带状出露于禹州北部和西北部的近山前地带，仅见中统，上统缺失。岩性底部为薄层砂页岩与泥灰岩互层，中部为厚层灰岩夹页岩，顶部为厚层状灰岩。与下伏寒武系呈不整合接触。总厚度为0～42m。

5) 古生界石炭系(C)

分布在中低山和丘陵交接部位，在煤矿区有钻孔揭露。总厚度为70～90m。岩性底部为灰-深灰色具鲕状及豆状结构的铝质岩、铝质泥岩，中上部为一套海陆交互相沉积地层，由薄煤层、砂岩、泥岩和灰岩组成，共含灰岩11层，常见8层灰岩，含煤线11层。按岩性组合特征划分为四段。

(1) 底部铝土泥岩段：上界至一$_1$煤底面，厚度变化较大，一般在2～20m，平均厚度为10m，主要岩性为铝土矿和铝质泥岩，底部为薄层紫红色黄铁矿。

(2) 下部灰岩段：上界至$L_4$灰岩顶界面，由4层深灰色中厚层状石灰岩(自下至上依次为$L_1$、$L_2$、$L_3$、$L_4$)、4层煤(自下至上依次为一$_3$、一$_4$、一$_5$、一$_6$)组成，其中$L_1$和$L_2$灰岩常合并为1层($L_{1-2}$)，全区发育，厚度稳定，厚6.9m。本段厚11～16m，平均13m。

(3) 中部砂泥岩段：自$L_4$灰岩顶界面至$L_7$灰岩底界面，由深灰色泥岩、砂质泥岩、中粗粒砂岩组成，夹2层薄层灰岩($L_5$、$L_6$)和7层不可采煤线。其中$L_5$普遍发育。本段厚20～

36m，平均 24m。

（4）上部灰岩段：自 $L_7$ 灰岩底界面至山西组底界，以深灰色-灰色石灰岩（$L_7$～$L_{11}$）为主，夹薄层泥岩、细粒砂岩及 6 层不可采煤层。其中 $L_8$、$L_9$ 灰岩普遍发育。本段厚 20～37m，平均 27m。

6）古生界二叠系（P）

分布于禹州北部、西部和南部，出露面积不大，总厚度 657m。岩性为砂岩、泥岩，含煤数十层，其中二$_1$煤全区可采，平均厚度 5.69m，二$_3$煤大部分可采，平均厚 1.25m。

7）新生界古近系和新近系（E+N）

古近系陈宅沟组为砖红色中厚层长石石英砂岩、长石砂岩和泥岩、砂质泥岩及粉砂岩，底部为砂砾石。新近系洛阳组为淡水湖积泥灰岩、泥岩。地表没有出露，厚度不详。

8）新生界第四系（Q）

全新统地层普遍发育，缺失下更新统，西部厚度小，向东厚度逐渐增大。

（1）中更新统（$Q_2$）：出露在丘陵岗地地貌单元上，成因以坡洪积、冲洪积、冲积为主。岩性主要为黄棕、棕黄色、黄色黄土状亚黏土、亚砂土及中细砂、砂砾石层。由山区向平原颗粒逐渐变细，砂层变薄，底板埋深 50～80m，厚度为 7～18m。

（2）上更新统（$Q_3$）：主要由冲洪积和冲积物构成。全区普遍发育，岩性以灰黄色、土黄色黄土状亚砂土为主，夹砂砾石层，垂直节理发育。顶板埋深 10～15m，厚度一般为 18～25m。

（3）全新统（$Q_4$）：主要分布在颍河河床和阶地上，岩性为砾石、砂、粉砂及粉土，具有二元结构，厚度为 5～20m。

## 2.3.2 矿井地层

矿井范围内除大武庄一带基岩有零星出露外，地表大面积被新近系和第四系地层掩盖。据基岩出露和钻孔揭露，发育地层有上寒武统崮山组、长山组、凤山组；中奥陶统马家沟组；中石炭统本溪组；上石炭统太原组；下二叠统山西组、下石盒子组，上二叠统上石盒子组、石千峰组；新近系，以及第四系，现由老至新分述如下。

1）寒武系（∈）

（1）崮山组（$\epsilon_3 g$）。底部为深灰色厚层状白云岩，中部为浅灰-深灰色厚层状鲕状白云质灰岩与灰色厚层状灰质白云岩互层，顶部为厚层状泥质条带灰质白云岩，厚 109m。

（2）长山组（$\epsilon_3 ch$）。下部为浅灰色中厚层状细晶质白云岩，上部为浅灰色结晶白云质灰岩，夹绿灰色泥质条带，厚 45m。

（3）凤山组（$\epsilon_3 f$）。为浅灰色结晶白云质灰岩，顶部含灰白色燧石团块及条带，夹灰质白云岩，下部夹薄层泥岩，厚 38m。

2）中奥陶统马家沟组（$O_2 m$）

上部为隐晶灰色灰岩，中下部为浅灰色隐晶白云质灰岩，底部为薄层状灰绿色泥岩。3058 孔穿见，厚 12.56m。据 1984 年 8 月槽探揭露，在西南仅存厚 0.50～1.50m 黄绿色泥岩，表明奥陶系地层基本全被剥蚀。

3）石炭系（C）

（1）本溪组（$C_2 b$）。中上部为绿灰-灰白色、下部紫红色的铝土页岩及铝质泥岩，富含黄铁矿晶体，具鲕状、豆状和团块结构，局部呈层状，偶见波状及变形层理。底部含薄层紫红色赤铁矿。本组厚度为 2~20m，平均 10m，以滨海潟湖相沉积为主。本溪组与下伏上寒武统凤山组或中奥陶统马家沟组为平行不整合接触。

(2) 太原组（$C_3t$）。区内主要含煤地层之一，由灰、深灰色中-厚层状石灰岩，深灰色泥岩，砂质泥岩，砂岩，煤层组成，厚 51~79m，平均 64m。共含煤 16 层，仅下部的一$_6$煤层偶尔可采，其他煤层均不可采。与下伏本溪组为整合接触。

4）二叠系（P）

(1) 下统山西组（$P_1sh$）。自硅质泥岩顶或菱铁质泥岩顶至砂锅窑砂岩底，为一套由灰-黑灰色泥岩、砂质泥岩、粉砂岩中细粒砂岩及煤层等组成的含煤地层，即二煤组。厚 71~83m，平均 75m，与下伏太原组为整合接触。

(2) 下统下石盒子组（$P_1x$）。由灰色泥岩、砂质泥岩、铝土质泥岩及煤层等组成，厚 257~376m，平均厚度为 300m，与下伏山西组为整合接触。据其沉积特征可分为三、四、五、六 4 个煤段。

(3) 上统上石盒子组（$P_2sh$）。据区内钻孔揭露，按其沉积特征可分为七、八、九 3 个煤段，厚 238.0~315.0m，平均 266.0m，与下伏下石盒子组为整合接触。

(4) 上统石千峰组（$P_2sh$）。底部为灰白色，厚-巨厚层状粗粒长石石英砂岩，局部夹含砾砂岩及砂质泥岩，具大型板状交错层理，坚硬，节理发育，硅质胶结，底部含石英细砾，平均厚 80m，层位稳定，是煤系上覆的良好标志层，俗称平顶山砂岩段。下部为暗色泥岩、砂质泥岩，具绿斑，夹绿灰色粉砂岩。中部为灰白-浅灰色中粒砂岩，成分以石英为主，次为长石、岩屑，硅泥质胶结。上部以紫红色泥岩、砂质泥岩为主，夹灰绿色粉砂岩。本段厚 143.30m。

5）新近系和第四系（N+Q）

主要由棕黄、灰褐色砂质黏土夹黏土组成，夹砂砾及细、中砂、姜状钙质结核。厚 0~491.50m，平均厚 139.27m，且由北向南、自西而东逐渐增大。与下伏各时代地层为角度不整合接触。

### 2.3.3 矿区区域构造

禹州矿区主体构造形态呈宽缓的北西走向的背、向斜，背、向斜被不同期次、不同方向的断裂构造叠加破坏。呈北西—南东向展布其荟萃山—凤后岭背斜，轴部由古元古界嵩山群五指岭组、震旦系马鞍山组等地层组成，南西翼倾角一般为 10°~35°，因受北东—南西向、北西西—南东东向二组断层切割，古生代和中生代地层成为菱形和三角形，组成镶嵌构造；白沙向斜北翼即荟萃山—凤后岭背斜的南西翼，其南西翼在向斜北西端为二叠系、石炭系、奥陶系和上寒武统地层，向东和南东倾斜，倾角一般为 5°~15°。矿区断层有北西西、北西和北东向三组，其中以北西西向为主，多组成阶梯状形态，为区域主干断裂，对含煤地层的赋存起区域的控制作用，北西和北东向断层多集中分布于背、向斜轴部和主干断层转折部位。北西向断层规模大，断距大，延伸长，往往构成矿区边界。北东向断层对破坏了煤系地层的连续性，北东向断层切割北西向断层。北西向断层在新生代具有继承性活动，造成断陷盆地和隆起，呈条带状地堑、地垒相间分布的构造格局。禹州煤田区域构造纲要如图 2-4 所示。

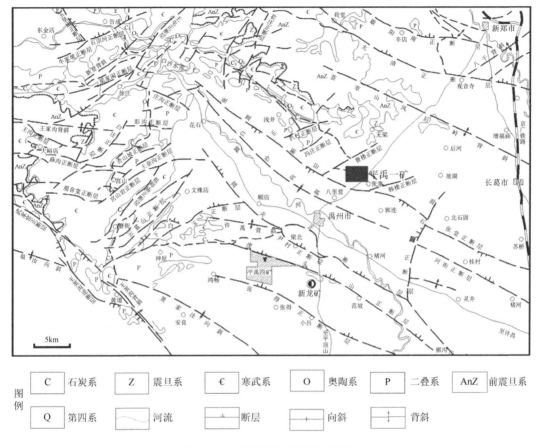

图 2-4 禹州煤田区域构造纲要图

## 2.3.4 矿井地质构造

1. 断层及发育特征

1) 断层

平禹一矿位于禹州矿区的东北部,荟萃山—凤后岭背斜南西翼的中段。构造形态为单斜,地层走向总体为 90°~125°,倾向 180°~215°,地层倾角在浅部为 8°~25°,深部为 25°~53°。沿走向有小的缓波状起伏,区内发育断裂 26 条,其中落差≥100m 的 7 条,落差 50~100m 的 2 条,落差 30~50m 的 2 条,落差＜30m 的 15 条。断层按走向分为北西(NW)、北东(NE)、东西(EW)三组,其中以北西向为主,以正断层为主。区内落差≥100m 的断层绝大多数分布于矿区边界附近,如图 2-5 所示。

区内落差 30m 以上的主要断层有 11 个,其中北西向 7 个,1 个为逆断层,其余均为正断层;北东向 1 个,为正断层;东西向 3 个,均为正断层,如表 2-3 所示。

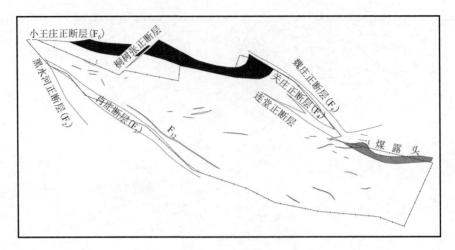

图 2-5 平禹一矿构造纲要图

2) 断层发育特征

区内断层具有多期活动特征，按走向分为北西向、北东向、东西向三组，其中北西向断层发育，落差 100m 以上断层较多；东西向断层较发育，100m 以上断层 1 条，30～100m 断层 2 条，30m 以下断层 8 条；北西向断层 1 条。

100m 以上断层均分布于井田边界附近，井田内最大断层落差 50m，多数为 3～20m 小断层。

区内断层以张性正断层为主，逆断层只有 1 条。张性正断层断层带一般较宽，角砾棱角状。

在平面上沿主干线断层走向常见分叉现象，发育一系列低序次断层，断层的分叉现象在剖面上也常出现。

区内层间滑动比较强烈，在矿井和钻孔岩心中可见二$_1$煤层及其顶底板附近滑面，擦痕普遍发育，煤的原生结构遭到破坏，呈粉状、鳞片状，具褶曲流变现象，煤层厚度也遭受不同程度改造。另外，受派生小型断层和不协调褶曲的控制，局部出现薄煤带或厚煤带。

2. 陷落柱

根据三维地震资料，于 3005 孔北部存在一个陷落柱，陷落柱呈 NW—SE 向短条带状分布，长 220m、宽 20～45m，平面面积约 7000m$^2$。

平禹一矿目前共发现陷落柱 1 个，大中型断层 11 个(落差大于 30m)，以正断层为主，大型断层(落差大于 100m)绝大部分位于矿区边界。总体上为一向南西倾斜的单斜构造，单次级褶曲不发育，地层走向总体为 90°～125°，倾向 180°～215°，地层倾角在浅部为 8°～25°，深部为 25°～53°。沿走向有小的缓波状起伏。根据掘进和回采揭露情况，小断层不发育。平禹一矿矿井范围内尚未发现岩浆岩。根据《煤矿地质工作规定》的要求，平禹一矿地质构造类型定为中等。

表 2-3 平禹一矿断层一览表

| 组别 | 断层编号 | 断层名称 | 力学性质 | 位置 | 区内延展长/km | 走向/(°) | 倾向 | 倾角/(°) | 落差/m | 断层存在依据 | 查明程度 |
|---|---|---|---|---|---|---|---|---|---|---|---|
| NW | F2 | 黑木河正断层 | 张性 | 西南边界 | 4.1 | 125~150 | SW | 60~65 | 400~580 | 西经区外近岗,延入区内,古刘向东南方向延伸。补充勘探二维地震测线296、-297、-299、301、302、303线 | 基本查明 |
| | F3 | 肖庄正断层 | 张性 | 西部 | 4.5 | 110~150 | NE | 55~75 | 0~350 | 2991孔462.70~500.82m为破碎带,缺失P₁x中下部至t₃f地层约340m；3007孔440m见断层带,缺失P₁x中下部至t₃f地层约170m；3057孔873.01~905.37m为断层泥,P₁x中下部与t₃f地层接触,缺失P₁x中下部至C₂b地层约250m；三维地震测线WIL1~12线计12条测线控制 | 查明 |
| | F5 | 魏庄正断层 | 张性 | 东北部边界 | 3.0 | 90~145 | NE | 60~70 | 100~520 | CK12孔415.80m见到断层破碎岩,缺失P₁x中下部地层约130m,三维地震测线EIL2~5、EXL5线控制,三维地震测线307N、307、309、310、311、312、-314、-315线控制 | 查明 |
| | F4 | 关庄正断层 | 张性 | 东北部边界 | 1.2 | 137 | NE | 65~70 | 0~140 | 3104孔401.67m为断层角砾岩,中部地层C₃t中下部地层接触,缺失P₁x底部至C₃t中部地层130m,三维地震测线EIL2、EIL3线控制 | 查明 |
| | F19 | 连堂正断层 | 张性 | 东北部边界 | 1.7 | 125 | NE | 45~65 | 0~135 | 3109孔275.45m见破碎带,P₁x中下部与P₂sh破碎带,3104孔422.6m为断层泥,C₃t上部与t₃ch灰岩接触,缺失地层135m。三维地震测线EIL2、EIL3、EIL5线控制 | 查明 |
| | F35 | | 张性 | 连堂正断层北 | 0.35 | 125 | NE | 70 | 0~20 | 3109孔228.72m见破碎带,缺失P₁x中下部地层170m | 查明 |
| | F12 | 陈庄逆断层 | 张性 | 西南部边界 | 2.3 | 125~145 | NE | 55~60 | 0~30 | 3057孔343.16m见破碎带,P₂sh中部地层重复25m,三维地震测线WIL7~12线控制 | 303线以西已查明,以东未控制 |
| | DF3 | | 张性 | 312勘探线 | 0.5 | 110~135 | SW | 78 | 0~30 | 三维地震测线EIL3、EIL4、EXL5控制 | 查明 |
| | F27 | | 张性 | 东部边界 | 0.5 | 150 | NE | 70 | 25 | 3152孔358.20m见破碎带,缺失P₁x底部地层25m | 基本查明 |
| | DF11 | | 张性 | 西部边界 | 0.15 | 150 | EN | 70 | 0~10 | 三维地震测线WIL3、WIL4、WXL3线控制 | 查明 |
| | F30 | | 张性 | 西部边界 | 0.25 | 110 | SW | 70 | 0~25 | 三维地震测线WIL1、WIL2、WXL2线控制 | 查明 |
| | DF7 | | 张性 | 东北部边界 | 0.10 | 110 | SW | 70 | 0~5 | 三维地震测线EIL3线控制 | 查明 |
| | DF10 | | 张性 | 东北部边界 | 0.10 | 110 | NE | 65 | 0~3 | 三维地震测线EIL3、EIL2、EXL5控制 | 查明 |

续表

| 组别 | 断层编号 | 断层名称 | 力学性质 | 位置 | 区内延展长/km | 走向/(°) | 倾向 | 倾角/(°) | 落差/m | 断层存在依据 | 查明程度 |
|---|---|---|---|---|---|---|---|---|---|---|---|
| EW | F34 | | 张性 | 东南部边界 | 1.50 | 77~98 | S | 65~70 | 300~350 | 314勘探线3148与31410孔相距324m,而Q+R深度相差476.55m 315勘探线3155与3152Q+R深度相差228.7m | 基本查明 |
| | F11 | 靛池李正断层 | 张性 | 靛池李村 | 0.55 | 80 | S | 45~60 | 0~50 | 3031孔296.4m见断层角砾岩,$P_1x$底部与$P_1sh$中部地层接触,缺失地层50m, 3035孔387.10m遇见破碎带,缺失$P_1sh$中下部地层50m | 查明 |
| | F26 | 靛池李北正断层 | 张性 | 靛池李村 | 0.20 | 80 | S | 60 | 0~10 | 12011采区控制 | 查明 |
| | F14 | | 张性 | 矿区中部 | 0.60 | 93 | S | 70 | 0~6 | 三维地震测线D4、D5、D6,L3线控制 | 查明 |
| | DF4 | | 张性 | 矿区东部 | 0.17 | 85 | S | 70 | 0~8 | 三维地震测线EIL6、EXL2线控制 | 查明 |
| | DF5 | | 张性 | 矿区东部 | 0.26 | 105 | S | 70 | 0~9 | 三维地震测线EIL5、EXL3线控制 | 查明 |
| | DF6 | | 张性 | 矿区东部 | 0.09 | 105 | S | 70 | 0~5 | 三维地震测线EIL5、EXL4线控制 | 查明 |
| | DF8 | | 张性 | 矿区东部 | 0.14 | 92 | S | 70 | 0~6 | 三维地震测线EIL1、EIL2、EXL5线控制 | 查明 |
| | DF9 | | 张性 | 矿区东部 | 0.10 | 95 | S | 70 | 0~4 | 三维地震测线EIL1、EXL5线控制 | 查明 |
| | DF1 | | 张性 | 西部边界 | 0.14 | 95 | S | 70 | 0~10 | 三维地震测线WIL2、WIL3、WXL3线控制 | 查明 |
| | DF2 | | 张性 | 西部边界 | 0.21 | 100 | S | 70 | 0~10 | 三维地震测线WIL2、WIL3、WXL3线控制 | 查明 |
| | DF12 | | 张性 | 北边界东段 | | 75~104 | S | 70 | 0~50 | CK7孔276.35m遇断层二,$P_1sh$与$C_3t$中部地层接触,缺失地层50.0m,井检孔284.25m遇破碎带,缺失二$_1$煤层上部地层10m,三维地震测线EII.2~5、EXL5、EXL4线控制 | 查明 |
| NE | F6 | 小王庄正断层 | 张扭性 | 西部边界 | 0.20 | 63~90 | NW | 65 | 50~150 | 朱1孔117.78m见破碎带,$P_1x$底部地层与二$_1$煤层位接触,煤层短薄,缺失地层130.0m | 基本查明 |

注:表中"倾向"一列中S代表南;N代表北;E代表东;W代表西。

### 2.3.5 矿区水文地质

1. 地下水的储存与分布

禹州矿区岩溶裂隙水水文地质柱状图如图 2-6 所示。根据储水介质类型及含水层的地质时代，矿区地下水可以分为基岩裂隙水、碳酸盐岩类岩溶水、碎屑岩类孔隙裂隙水和松散岩类孔隙水四个类型，分述如下。

1) 基岩裂隙水

赋存于震旦系及下伏老地层岩石裂隙中，含水岩层主要为片岩类、片麻岩类、花岗岩、石英砂岩等，厚度大于 1000m。主要分布于嵩山、箕山两背斜轴部的中低山区，出露面积 218km²。岩石坚硬，构造裂隙较发育，浅部发育大量的风化裂隙，发育深度在 30～50m，接受大气降水的补给，在地形低洼或沟谷两岸山坡等处，以泉形式排泄于地表。泉水流量 0.14～5.366L/s。泉水水质好，水化学类型多为 $HCO_3$-Ca·Mg 型，溶解性总固体(TDS) 0.19～0.27g/L。

2) 碳酸盐岩类岩溶水

岩溶水是本区地下水资源的重要组成部分，也是各煤矿充水的重要水源。含水层组由寒武系凤山组和崮山组白云质灰岩、白云岩，以及张夏组、徐庄组灰岩组成，其次为奥陶系灰岩，总厚度达 860m。广泛出露于苌庄—蔡寺以北山麓地带、方山—鸠山以西地区、文殊西—磨街一带，出露面积达 400km²，在近山前地区的矿区，埋藏于石炭-二叠系和新生界地层之下，面积达 840km²。岩溶裂隙普遍发育，富含岩溶水，是本区最富水的含水层，也是山区居民生活用水的主要开采层位。

(1) 下寒武统灰岩岩溶裂隙含水层组。

含水层为寒武系底部的辛集组地层，主要岩性为泥灰岩，中下部夹厚层状石灰岩、白云质灰岩，厚 50～110m，岩溶发育一般。在白坪井田以南地表见一溶洞(称老虎洞)，洞高 8～10m，长约 30m，标高为 600m。泉水出露很少，根据登封白坪井田资料，水温为 16～19℃，TDS 为 0.266～0.343g/L，水化学类型为 $HCO_3$-Ca 型及 $HCO_3$-Ca·Mg 型。

(2) 中寒武统灰岩岩溶裂隙含水层。

由中寒武统张夏组鲕状灰岩、白云质灰岩组成，厚度为 60～220m。岩溶发育强烈，富含岩溶水。岩溶发育，泉水出露较多，如禹州西部纸坊水库附近的柏树咀泉，泉出露标高 280m，泉水流量 0.1m³/s，登封电厂供 4 孔深度 89.12～106.90m 见岩溶带，溶洞高分别为 3.40m、1.80m、0.70m，标高 192.35～210.15m。钻孔单位涌水量 0.0694～4.44L/(s·m)，水位标高 226.23～394.23m。水质良好，硬度和 TDS 低，水化学类型为 $HCO_3$-Ca·Mg 型，TDS 为 0.255～0.286g/L。

(3) 上寒武统灰岩岩溶裂隙含水层。

由上寒武统崮山组和长山组厚层-薄层状白云质灰岩组成，平均厚 252m。岩溶发育，地表见有大量溶沟、溶槽和溶洞，出露有岩溶大泉。登封徐庄镇东北崮山组地层白云质灰岩中发育有溶洞(前鱼洞和后鱼洞)，洞高 5～8m，洞长大于 60m。在地形低洼处，出露较多的泉水，流量 0.199～4.77L/s。西部暴雨山的妙水寺泉和纸坊泉历史上流量分别为 40L/s、7.5L/s，钻孔单位涌水量 0.00479～1.863L/(s·m)，水位标高 229.07～459.38m，TDS 0.252～0.341g/L，水化学类型为 $HCO_3$-Ca 和 $HCO_3$-Ca·Mg 型。

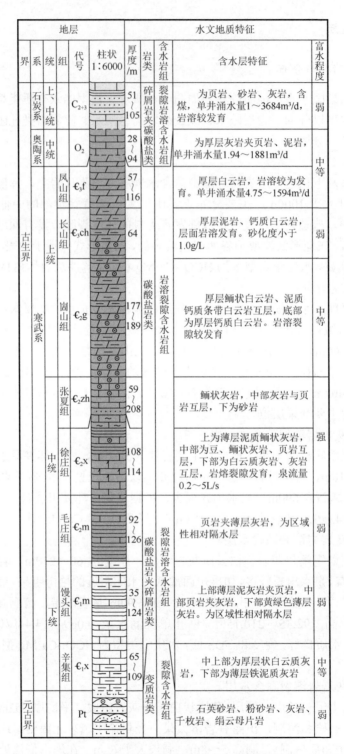

图 2-6　禹州矿区岩溶裂隙水水文地质柱状图

(4) 中奥陶统灰岩岩溶裂隙含水层。

呈窄条状分布在方山王家庄背斜以北及芢庄至浅井一线，其余地区缺失，岩溶裂隙发育，富水性好。平禹井田勘探孔没有揭露，缺失奥陶系灰岩。新郑赵家寨井田（辛店镇）有 82 孔揭露（穿）该层，占总孔数的 47.40%，揭露厚度 25.33~79.95m，平均厚度 54.70m。该层上段为厚层状灰岩，下段夹泥质灰岩。82 个勘探孔中 10 个孔钻进至该层位时遇溶洞或岩溶裂隙，洞高 0.2~3.0m，多由铝土质泥岩或黏土充填，钻孔漏水量 0.35~36.96m³/h。断裂带附近岩溶裂隙发育，发育标高为 -542.71~-225.71m。根据区域水文地质调查资料，登封石羊关泉（断层泉）出露于该层位，历史最大流量为 290.70L/s，钻孔单位涌水量 0.198~65.623L/(s·m)。当与下伏上寒武统灰岩一起揭露时，水量极丰富。如登封电厂水源勘探供 1、供 7 孔单位涌水量分别达 65.623L/(s·m) 和 29.35L/(s·m)，水位标高 215.00~228.60m。邙城井田水文地质条件相对复杂，与煤层底板奥陶系灰岩岩溶发育和富水有关。水化学类型为 $HCO_3$-Ca·Mg 型，溶解性总固体 0.249~0.305g/L。

断层将禹州矿区内寒武-奥陶系灰岩切割成若干个构造断块，各构造断块岩溶水相对独立，富水性和导水性也非常不均匀。在张堂断层以北寒武-奥陶系灰岩出露区，水位标高 190~227m，调查的 10 口机井单位涌水量为 0.597~3.486L/(s·m)，最大的 ZK614 为 45.878L/(s·m)，渗透系数为 0.785~1.130m/d。在禹州西部的方山—鸠山一带，水位标高 222~309m，调查的 4 口机井单位涌水量一般为 0.705~1.169L/(s·m)，渗透系数为 0.727~1.689m/d。在禹州西南部的文殊—磨街一带，水位标高 245~247m，调查的 4 口机井单位涌水量为 0.185~0.423L/(s·m)，渗透系数为 0.205~0.454m/d。在禹州南部的神垕—杨店一带，水位标高 135.21~284.08m，调查的 3 个灰岩抽水钻孔，单位涌水量为 0.214~0.473L/(s·m)，抽水孔单位涌水量为 0.096~1.867L/(s·m)，渗透系数为 0.181~0.491m/d。

(5) 石炭系太原组下段灰岩（$L_{1-4}$）含水层。

由石炭系太原组 $L_1$~$L_4$ 灰岩构成，其中 $L_1$~$L_3$ 灰岩较发育，层位稳定，平均厚 13.5m。白坪和邙城井田揭露该含水层钻孔 174 个，其中见溶洞 12 孔，占 6.9%，溶洞高 0.20~3.13m。据钻孔抽水资料，单位降深涌水量为 0.0048~0.664L/(s·m)，富水性较差。岩溶裂隙发育不均，如白坪井田 100 勘探线以东岩溶裂隙较发育，钻孔见溶洞，富水性较好，西部以溶隙发育为主，富水性弱。

(6) 石炭系太原组上段灰岩（$L_{7-8}$）含水层。

主要由石炭系太原组 $L_7$、$L_8$ 灰岩组成，其中 $L_{10}$ 和 $L_{11}$ 不稳定，$L_8$ 和 $L_9$ 稳定合并成一层，厚度为 20~37m，一般厚 27m，岩溶裂隙不发育，且多被方解石脉充填，富水性弱。登封白坪、邙城井田揭露钻孔 219 个，见溶洞仅 12 孔，占 5.5%，溶洞高 0.08~2.10m。平禹一矿 18 个钻孔揭穿该层，有 5 孔漏水，占揭露该含水层钻孔的 28%，矿井揭露的最大裂隙宽度为 0.5m。据 CK9 孔与 3008 孔抽水试验，原始静止水位标高 141.78~148.92m，单位涌水量为 0.000847~0.0263L/(s·m)，渗透系数为 0.062~0.18m/d，水化学类型为 $HCO_3$-Ca·Mg 或 $HCO_3$·$SO_4$-Ca·Mg 型，溶解性总固体 0.359~0.404g/L。该含水层上距二$_1$煤底板 12~16m，是二$_1$煤底板直接充水含水层，对二$_1$煤的开采有一定威胁，突水频繁，但突水强度小，衰减很快。例如，1972 年 11 月平禹一矿石门和 1975 年 1 月东大巷水闸门突水，最大突水量达到 350m³/h 和 164m³/h，突水后 2~3 天就衰减为 5~15m³/h。说明该含水层补给来源不足，以静储量为主，经过多年疏放，水位已经降至 -200m 以下。

3) 碎屑岩类孔隙裂隙水

碎屑岩类孔隙裂隙水主要存储于二叠系、三叠系中厚层砂岩裂隙中，包括二₁煤顶板的大占砂岩和香炭砂岩、下石盒子组砂锅窑砂岩、上石盒子组田家沟砂岩、石千峰组平顶山砂岩等。各层砂岩含水层之间分布有泥岩和砂质泥岩隔水层，各层砂岩含水层间的水力联系差。裂隙发育微弱，张开性差，富水性弱。在二叠系地层裸露区，地表有很多裂隙泉（或渗水点），但泉水流量很小。在煤矿井下，二₁煤顶板的砂岩裂隙水在采掘过程中以淋水和滴水方式进入矿井，涌水量小，对二₁煤生产影响不大。分布于苌庄、浅井、蔡寺、白沙一带的二叠系平顶山组中粒砂岩，厚度80m，裂隙较为发育，富水性中等，是山区居民取水的主要含水层位之一。

4) 松散岩类孔隙水

松散岩类孔隙水主要分布在颍河河谷及两岸阶地冲洪积物中，松散沉积物厚度变化较大，由西北向东南增大，最大厚度为621.50m，最小厚度只有34m，一般120～170m。富水性较好的含水层通常是埋深大于10m的砂和砂砾石层，单层厚度5～10m，含丰富的孔隙水，机井单井出水量达 21～150m³/h，是农业灌溉用水的取水层位。水化学类型属 $HCO_3$-Ca 和 $HCO_3·SO_4$-Ca·Mg 型，溶解性总固体 0.23～0.338g/L。山前丘陵和岗地地貌单元上，砂砾石冲洪积物中也含有孔隙水，但富水性较差，水位埋深大，常成为农村居民生活用水的水源。

2. 岩溶水系统及其边界

1) 禹州岩溶水系统

禹州岩溶水系统是中国北方一个独立的岩溶水系统，岩溶水赋存于寒武系灰岩的岩溶裂隙中。整个系统面积为1300km²，行政区域上包括登封西部和禹州大部分地区。寒武系碳酸盐岩呈近东西向条带状分布于白沙向斜两翼。寒武系灰岩出露面积达 400km²，埋藏面积 900km²。

2) 禹州岩溶水系统边界

禹州岩溶水系统边界由断层、地表分水岭和寒武系灰岩顶面1000m埋深线组成，四周均为隔水性质边界，使禹州岩溶水成为一个相对独立的岩溶水系统，具有独立的补给、径流和排泄条件。

西部边界由过风口—石羊关断层和地表分水岭构成，分布于大冶—道泉沟—大鸿寨—徐家阁—宋窑一线，长约 44km。过风口—石羊关断层走向北东，倾向北西，北西盘下降，南东盘上升，断层落差200～300m。该断层具有阻水性质，构成登封和禹州两岩溶水系统的分界。登封境内自西南向东北和自东北向南西径流的岩溶水，受到断层的阻隔，在石羊关一带以泉群的形式涌出地表，历史上泉群流量达到 0.29m³/s，泉口标高为240m。

北部边界是元古界老地层构成的地表分水岭，分布在荟萃山—火煤山—老山坪一线，长约 60km。该边界具有阻水性质，起到了分割新密岩溶水系统和禹州岩溶水系统的作用，边界以北属于新密岩溶水系统，边界以南属于禹州岩溶水系统。

南部边界由元古界老地层构成的地表分水岭、虎头山断层及寒武系灰岩1000m埋深线构成，位于宋窑—景家洼—白庙—新峰二矿—黑龙庙—李楼—许昌一线，长约105km。该边界具有阻水性质，限制了岩溶水向南和南东方向径流。

东部边界由地表分水岭、张堂正断层、南关断层和寒武系灰岩顶界面1000m埋深线组成，分布于苏桥—袁庄—朱阁—康城—方山—关帝庙—徐庄—邓庄一线，长约130km。

南关断层和张堂断层位于白沙向斜两翼，两者组合成地堑式构造，向斜轴部位于两断层之间，南关断层落差300~1000m，张堂断层落差大于1500m，使得地堑构造带内寒武系灰岩埋深很大，岩溶发育微弱，起到了分割白沙向斜两翼岩溶水的作用。将禹州矿区寒武-奥陶系岩溶水系统切割成两个相对独立的子系统，张堂断层以北属于白沙向斜东北翼岩溶水子系统，南关断层西南属于白沙向斜东南翼岩溶水子系统，两个子系统之间岩溶水水力联系微弱。平禹一矿（新峰一矿）位于白沙向斜北翼，景家洼矿、平禹三矿、平禹四矿、平禹五矿和平禹六矿等大部分煤矿处在白沙向斜西南翼。

3) 岩溶水含水层系统及富水程度

(1) 裸露型。

寒武系碳酸盐岩是本区重要含水层，分布在苌庄—无梁以北、方山—鸠山以西、文殊—磨街以西的基岩山区，主要含水层包括上寒武统凤山组、崮山组白云质灰岩和白云岩，以及中寒武统张夏组、徐庄组鲕状灰岩和白云质灰岩。地表裸露岩溶形态以溶孔、溶蚀裂隙为主，溶洞较少，岩溶发育程度受岩性、构造、地形地貌等因素的影响，岩溶发育程度一般且不均匀，断层及影响带、河谷岸边等地段岩溶发育强烈。例如，登封市告成镇东约3km处的石淙河沿岸，受石淙断层的影响，上寒武统灰岩岩溶裂隙发育，小溶洞较多，并形成北方岩溶区少有的峰林状岩溶地貌，如图2-7(a)所示；在登封市宣化镇附近白沙水库岸边的崮山组灰岩露头区，溶沟溶槽非常发育，如图2-7(b)所示；就上寒武统白云质灰岩和中寒武统张夏组鲕状灰岩岩溶发育程度对比而言，鲕状灰岩岩溶裂隙发育程度高，如图2-7(c)所示；在山前的寒灰隐伏露头区，溶洞塌陷后地表形成了塌陷坑，成为地表水补给岩溶水的灌入式通道，如图2-7(d)所示。在裸露型岩溶发育区，含水层富水性和导水性中等，根据山区寒灰水取水井出水量的调查表（表2-4），单井出水量13~50m³/h，单位降深出水量0.24~4.74m³/h·m，说明寒灰含水层富水性较差且不均匀。

(a) 登封石淙河峰林岩溶地貌

(b) 登封宣化石羊关附近溶沟溶槽

(c) 登封张夏鲕状灰岩岩溶现象

(d) 禹州苌庄寒灰露头区岩溶隐伏塌陷

图2-7 寒武系碳酸盐岩地貌

表 2-4 裸露型岩溶区水井出水量调查表

| 水井位置 | 含水层时代 | 含水层岩性 | 单井出水量/(m³/h) | 水位降深/m | 单位降深出水量/[m³/(h·m)] |
|---|---|---|---|---|---|
| 鸠山镇刘庄煤矿水井 | $\epsilon_3$ | 白云质灰岩 | 40 | 9.50 | 4.21 |
| 鸠山镇汶庄村西 250m | $\epsilon_3$ | 白云质灰岩 | 32 | 12.6 | 2.54 |
| 鸠山镇夫子庙村西 100m | $\epsilon_3$ | 白云质灰岩 | 13 | 55.0 | 0.24 |
| 鸿畅镇朱村西 | $\epsilon_3$ | 白云质灰岩 | 20 | 26.0 | 0.77 |
| 鸿畅镇朱东村东北 1500m | $\epsilon_3$ | 白云质灰岩 | 40 | 23.5 | 1.70 |
| 文殊镇吕沟村东北 700m | $\epsilon_3$ | 白云质灰岩 | 20 | 21.0 | 0.95 |
| 文殊镇吕沟村白庙矿院北 | $\epsilon_3$ | 白云质灰岩 | 20 | 30.0 | 0.67 |
| 文殊镇吕沟村西南村边 | $\epsilon_3$ | 白云质灰岩 | 20 | 18.5 | 1.08 |
| 苌庄镇铁山村北 100 m | $\epsilon_3+O_2$ | 白云质灰岩 | 20 | 6.1 | 3.28 |
| 浅井镇北董庄东南 100m | $\epsilon_2$ | 鲕状灰岩 | 20 | 9.2 | 2.17 |
| 无梁镇合庄村南 80m | $\epsilon_1$ | 灰岩 | 50 | 43.3 | 1.15 |
| 浅井镇扒村北 | $\epsilon+O_2$ | 白云质灰岩 | 38 | 8.1 | 4.74 |
| 浅井镇刘庄村 | $\epsilon_3$ | 白云质灰岩 | 14 | 16.0 | 0.88 |
| 文殊镇吕沟村西南 400m | $\epsilon_3$ | 白云质灰岩 | 20 | 22.2 | 0.9 |

(2) 埋藏型。

在埋藏型岩溶发育区，寒灰深埋于新生界和石炭-二叠煤系地层之下，岩溶发育除受岩性、构造、埋深因素控制外，还受岩溶水循环条件的控制。岩溶形态以岩溶裂隙、溶孔为主，也有大型溶洞，岩溶发育程度非常不均匀，如图 2-8 所示。总体来讲，断裂部位岩溶发育强烈，浅埋区较深埋区岩溶发育。根据煤矿涌水量和煤层底板岩溶水突水量数据分析，平禹一矿、平禹四矿、梁北矿岩溶发育，寒灰富水性强，表现在矿井涌水量和突水量大。平禹一矿至 2017 年 12 月底，已经发生了 6 次以寒灰水为水源的突水，其中造成 2 次淹井、2 次淹采区。最大突水量为 38056m³/h，是焦作矿区最大突水量的 2.6 倍。东大巷突水点注浆孔注 1 孔 $L_{1-3}$ 灰岩段注入水泥 6021.6t，注 4 孔寒灰段注入水泥 14632t，说明突水点附近 $L_{1-3}$ 灰岩与寒灰岩溶裂隙非常发育（钻探证实并非溶洞）。梁北矿自 2003 年投产至 2006 年底，11151 和 21031 两个采面共发生 5 次以寒灰水为水源的突水，最大突水量为 1100m³/h，导致 21 采区被淹。目前全矿稳定涌水量 1420m³/h，最大涌水量 1600m³/h。白庙矿 1995 年以来，寒灰水突水量最大达到 1070m³/h。

3. 岩溶水补给、径流和排泄

1) 岩溶水的补给

在平禹一矿西北部和西南部的低山丘陵区，寒武系灰岩和白云岩大面积出露于地表，出露总面积 400km²；在山地与平原间的煤矿区，则埋藏于石炭-二叠煤系地层之下，面积达 840km²。寒武-奥陶系灰岩白云岩裸露区，地表岩溶裂隙发育，接受大气降水和地表水的入渗补给，是区内岩溶水直接补给区。降水入渗补给强度不仅与地层岩性及岩性组合、岩溶发育程度、地形地貌、构造等有关，还与降水强度、方式及持续时间等有关。平禹一矿井田范围内寒灰岩溶水水位等值线图如图 2-9 所示。根据禹州矿区 1∶10 万矿区水文地质图，采用求积仪计算，区内寒武系、奥陶系碳酸盐岩直接出露面积为 400km²，其中，白沙向斜东北翼出露面积为 130km²，东南翼出露面积为 270km²。根据密县岩溶水资源评价成果，灰岩裸露区大气降

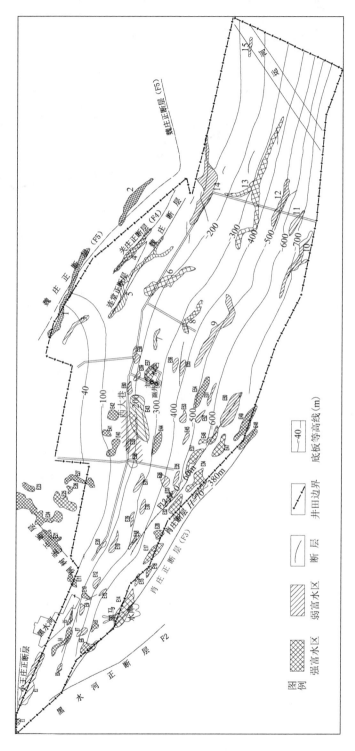

图 2-8 平禹一矿寒灰富水异常区分图

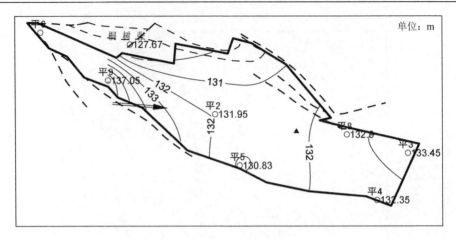

图 2-9 平禹一矿井田寒灰岩溶水水位等值线图(2008 年 12 月 14 日)

水入渗系数为 0.24。井田范围内，大面积的寒武系碳酸盐岩被二叠系、三叠系、古近系和新近系地层所掩埋，总面积达到 840km², 间接接受大气降水的入渗补给，参照荥巩及新密地区资料，降水入渗补给系数为 0.08。颍河及其支流从井田中部流过，河水对沿河两岸的第四系含水层有补给作用，但对岩溶水基本没有补给。由此可见，大气降水是禹州岩溶水系统的主要补给来源。

2) 岩溶水的径流和排泄

在白沙向斜东北翼，岩溶水在西北部灰岩裸露区接受大气降水入渗和地表水渗漏补给后，沿着地层倾斜与地形坡降方向自西北向东南径流，受张堂断层阻隔，岩溶水不能向南径流，而是在山前煤矿区自西向东径流。

在白沙向斜西南翼，岩溶水在西部寒武系灰岩出露的低山区接受降水入渗补给，沿地层倾向和地形坡降方向，自西向东径流。流动过程中，受北东向祖师庙断层、官寨断层阻水作用，大部分岩溶水在山区以泉形式排泄于地表，少量岩溶水继续向东径流。由此导致西部的煤矿(如白庙矿)水文地质条件复杂，而东部的煤矿(如平禹四矿、平禹五矿、平禹六矿等)水文地质条件简单。

天然条件下，岩溶水以泉或向第四系孔隙含水层越流方式向外排泄，在目前矿井排水的条件下，岩溶水以矿井排水、人工开采、自流井和泉等方式排泄。由于矿井长期疏排岩溶水，区域岩溶水位下降，低于泉口排泄标高，禹州矿区内柏树咀泉等均已经断流，只在丰水年的丰水期在地形低洼处少量的岩溶水以间歇泉形式流出地表。目前，矿井排水和人工开采是岩溶水的主要排泄方式。

4. 岩溶水水化学特征

1) 水质监测工作概况

为了解研究区岩溶水水化学类型及特征，在研究区共采集了水质分析水样 90 个，其中基岩地下水(主要为寒灰岩溶水，少量为砂岩裂隙水)水样 73 个，地表水(主要为水库、沙颍河水)水样 17 个。分析取样点分布如图 2-10 所示。对 90 个水样中的 44 个水样进行了全分析，分析项目包括 $K^+$、$Na^+$、$Ca^{2+}$、$Mg^{2+}$、$HCO_3^-$、$SO_4^{2-}$、$Cl^-$、$NO_3^-$、$NO_2^-$、$NH_4^+$、pH、硬度、碱度、TDS、$CO_2$、$COD_{Mn}$、$H_2SiO_3$、$F^-$、Al、TFe、$HPO_4^{2-}$ 等 28 项；简分析

# 第 2 章 矿井概况及存在问题分析

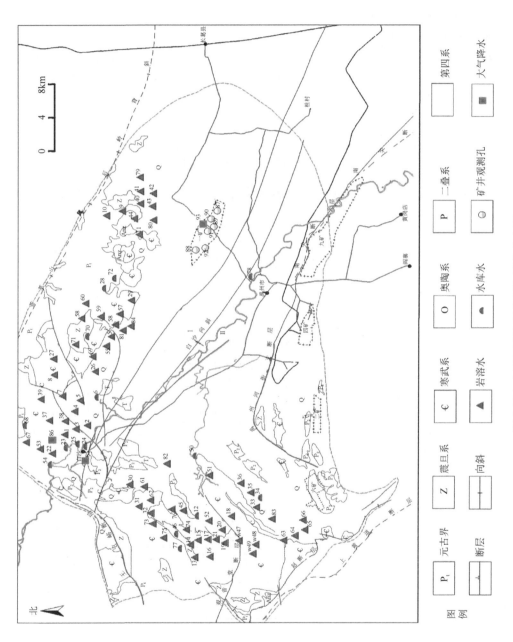

图 2-10 水质和同位素分析取样点分布图

水样共 46 个，分析项目主要为七大离子及硬度、碱度、TDS、pH 等。所采集水样主要分布在禹州矿区岩溶水系统的补给区即基岩山区，在岩溶水的集中排泄区即平禹一矿井田（地面和井下）采集了 8 个岩溶水水样。此外，还收集了登封白坪井田、平禹一矿井田水质分析数据。

2) 寒灰岩溶水化学类型及特征

岩溶水属于大气降水、地表水溶滤-入渗型，其化学成分是水与岩石相互作用的结果。寒武系地层主要是石灰岩、白云岩、白云质灰岩，化学成分主要是 $CaCO_3$ 和 $MgCO_3$，在水和水中 $CO_2$ 的共同作用下，碳酸盐岩中的碳酸钙、碳酸镁等溶于水中，从而岩溶水以 $HCO_3^-$、$Ca^{2+}$、$Mg^{2+}$ 等离子为主，含有 $CO_2$ 的地下水与碳酸盐岩易发生如下反应：

$$CaCO_3 + CO_2 + H_2O \longrightarrow Ca^{2+} + 2HCO_3^-$$
$$MgCO_3 + CO_2 + H_2O \longrightarrow Mg^{2+} + 2HCO_3^-$$

通过对所有水质数据的分析，分析结果见表 2-5～表 2-7，本区岩溶水具有如下水化学特征。

表 2-5 收集的矿区寒灰岩溶水水质分析数据汇总表

| 含水层 | 取样位置 | 主要离子含量/(mg/L) | | | | | | 总硬度 $CaCO_3$/(mg/L) | TDS /(mg/L) | pH |
|---|---|---|---|---|---|---|---|---|---|---|
| | | $Ca^{2+}$ | $Mg^{2+}$ | $Na^+ + K^+$ | $HCO_3^-$ | $Cl^-$ | $SO_4^{2-}$ | | | |
| ∈ | 白坪 10390 | 84.17 | 18.43 | 0.92 | 317.30 | 7.09 | 17.29 | 286.33 | 297.00 | 7.9 |
| ∈ | 白坪 10309 | 84.57 | 17.75 | 2.12 | 327.07 | 8.86 | 6.72 | 284.19 | 290.00 | 7.3 |
| ∈ | 白坪 25 井 | 74.33 | 13.04 | 8.44 | 279.76 | 16.67 | 5.39 | 239.23 | 260.00 | 7.7 |
| ∈ | 白坪 38 井 | 82.61 | 19.00 | 34.06 | 316.80 | 12.75 | 19.55 | 236.92 | 376.00 | 7.7 |
| ∈ | 白坪 23 井 | 65.41 | 8.00 | 9.48 | 185.98 | 8.82 | 26.55 | 196.24 | 276.00 | 7.85 |
| ∈ | 白坪 270 井 | 83.37 | 10.21 | 17.80 | 280.68 | 16.31 | 33.62 | 249.76 | 302.00 | 7.25 |
| ∈ | 白坪 247 泉 | 84.57 | 6.08 | 21.60 | 263.60 | 11.35 | 40.35 | 235.84 | 301.00 | 7.70 |
| ∈ | 白坪 253 泉 | 80.96 | 18.00 | 21.76 | 317.29 | 14.40 | 40.35 | 275.81 | 349.00 | 7.50 |
| ∈ | 白坪 113 泉 | 80.45 | 8.71 | 22.20 | 257.18 | 10.29 | 10.05 | 201.77 | 256.00 | 7.75 |
| ∈ | 白坪 6 泉 | 89.88 | 15.79 | 2.39 | 251.15 | 10.78 | 10.07 | 239.41 | 248.00 | 7.6 |
| ∈ | 平禹西总回 | 77.35 | 21.4 | 18.84 | 264.82 | 16.66 | 65.32 | 280.80 | 354.40 | 7.7 |
| ∈ | 平禹平 6 孔 | 64.41 | 18.05 | 23.52 | 117.34 | 57.93 | 94.43 | 235.11 | 306.70 | 7.4 |
| ∈ | 平禹平 7 孔 | 56.79 | 28.56 | 23.97 | 314.25 | 13.40 | 33.52 | 259.41 | 361.20 | 8.2 |
| ∈ | 平禹平 8 孔 | 62.75 | 24.95 | 26.21 | 309.12 | 20.06 | 34.68 | 259.41 | 364.27 | 7.9 |
| ∈ | 平禹平 9 孔 | 75.39 | 26.16 | 2.58 | 299.73 | 11.06 | 38.71 | 259.41 | 349.50 | 7.9 |
| ∈ | 平禹 13091-1# | 76.97 | 38.11 | 44.85 | 258.72 | 21.20 | 196.11 | 349.10 | 476.33 | 7.9 |
| ∈ | 平禹 13091-2# | 67.47 | 30.08 | 47.47 | 356.72 | 34.60 | 52.02 | 292.34 | 443.34 | 8.0 |
| ∈ | 平禹 1# 钻场 | 53.43 | 22.87 | 6.07 | 239.63 | 10.42 | 6.39 | 227.58 | 270.30 | 8.4 |
| ∈ | 平禹大巷 480m | 48.26 | 32.82 | 45.36 | 299.49 | 24.32 | 71.47 | 255.61 | 395.28 | 8.4 |

资料来源：白坪井田、平禹井田地质勘探精查报告。

表 2-6 白沙向斜北翼寒灰岩溶水水质分析数据汇总表

| 序号 | 取样位置 | 主要离子含量/(mg/L) | | | | | | 总硬度 $CaCO_3$/(mg/L) | TDS /(mg/L) | pH |
|---|---|---|---|---|---|---|---|---|---|---|
| | | $Ca^{2+}$ | $Mg^{2+}$ | $Na^+ + K^+$ | $HCO_3^-$ | $Cl^-$ | $SO_4^{2-}$ | | | |
| 1 | 登封宣化王庄 | 48.98 | 11.77 | 15.82 | 175.86 | 17.41 | 19.26 | 170.74 | 241.41 | |
| 2 | 登封宣化菜沟 | 92.08 | 18.42 | 0.63 | 301.19 | 12.19 | 41.07 | 305.74 | 314.99 | |
| 3 | 登封宣化王村 | 79.54 | 21.63 | 7.96 | 321.88 | 10.81 | 24.4 | 287.63 | 330.19 | |
| 4 | 花石张家麦 | 153.31 | 19.61 | 32.10 | 316.45 | 78.34 | 75.12 | 463.52 | 615.11 | |

续表

| 序号 | 取样位置 | 主要离子含量/(mg/L) | | | | | | 总硬度 CaCO₃/(mg/L) | TDS /(mg/L) | pH |
|---|---|---|---|---|---|---|---|---|---|---|
| | | $Ca^{2+}$ | $Mg^{2+}$ | $Na^++K^+$ | $HCO_3^-$ | $Cl^-$ | $SO_4^{2-}$ | | | |
| 5 | 花石郭寨 | 109.22 | 18.42 | 27.63 | 264.7 | 33.07 | 75.12 | 348.53 | 472.41 | |
| 6 | 花石桃园-1# | 129.3 | 19.61 | 26.78 | 357.21 | 48.74 | 19.35 | 403.57 | 536.61 | |
| 7 | 花石张庄 | 123.43 | 15.33 | 18.69 | 335.3 | 30.98 | 58.69 | 371.30 | 491.15 | |
| 8 | 花石桃园-2# | 83.47 | 11.89 | 16.76 | 296.31 | 12.19 | 24.88 | 257.36 | 333.93 | |
| 9 | 苌庄柏村 | 120.98 | 19.91 | 22.20 | 394.01 | 26.98 | 24.55 | 384.01 | 451.63 | |
| 10 | 苌庄路村 | 93.55 | 5.35 | 7.98 | 223.64 | 13.93 | 65.75 | 255.60 | 298.38 | |
| 11 | 苌庄玩花台 | 74.05 | 23.77 | 10.18 | 327.37 | 11.13 | 19.26 | 282.73 | 325.77 | |
| 12 | 苌庄 | 79.16 | 12.00 | 5.88 | 237.31 | 8.37 | 52.59 | 247.05 | 297.37 | |
| 13 | 苌庄铁山 | 69.16 | 25.09 | 13.39 | 228.21 | 22.97 | 50.24 | 275.92 | 354.83 | |
| 14 | 苌庄郭庄 | 113.15 | 16.94 | 16.13 | 316.39 | 43.53 | 61.05 | 352.23 | 409.00 | |
| 15 | 浅井扒村 | 77.88 | 20.21 | 8.45 | 255.55 | 13.93 | 32.85 | 277.62 | 319.60 | |
| 16 | 浅井宋家门 | 135.57 | 16.82 | 17.85 | 362.95 | 39.42 | 86.55 | 407.73 | 477.69 | |
| 17 | 浅井朵村 | 168.24 | 20.42 | 29.73 | 398.95 | 60.41 | 83 | 504.10 | 641.48 | |
| 18 | 浅井白土桐 | 122.85 | 45.77 | 35.20 | 423.54 | 67.21 | 84.05 | 495.10 | 652.65 | |
| 19 | 浅井东堂村 | 82.28 | 18.90 | 13.90 | 290.27 | 16.73 | 45.05 | 283.23 | 347.87 | |
| 20 | 浅井孤石 | 119.74 | 14.71 | 3.75 | 310.47 | 31.52 | 65.22 | 359.54 | 390.18 | |
| 21 | 浅井马沟 | 43.55 | 6.91 | 13.35 | 124.48 | 17.51 | 35.59 | 137.16 | 179.15 | |
| 22 | 浅井逍遥观 | 92.02 | 10.81 | 11.90 | 242.98 | 14.89 | 74.69 | 274.27 | 325.80 | |
| 23 | 浅井古井山庄 | 76.41 | 15.58 | 18.01 | 310.96 | 12.19 | 17.39 | 254.90 | 325.34 | |
| 24 | 浅井镇政府 | 81.70 | 14.74 | 18.12 | 341.35 | 12.55 | 15.51 | 264.66 | 340.82 | |
| 25 | 无梁东观 | 64.70 | 45.77 | 16.15 | 409.2 | 11.31 | 22.29 | 342.42 | 361.82 | |
| 26 | 无梁大凹 | 48.98 | 10.70 | 12.80 | 147.55 | 6.95 | 58.69 | 166.33 | 211.90 | |
| 27 | 无梁月湾 | 114.21 | 21.04 | 20.59 | 383.94 | 32.72 | 57.3 | 371.75 | 457.61 | |
| 28 | 无梁郭庄 | 78.36 | 19.61 | 12.29 | 287.83 | 17.41 | 22.53 | 276.37 | 331.22 | |
| 29 | 无梁镇 | 80.32 | 21.4 | 8.88 | 254.03 | 30.49 | 52.83 | 288.63 | 320.94 | |
| 30 | 无梁闫岗-1# | 200.8 | 35.67 | 40.28 | 250.98 | 169.77 | 88.04 | 648.17 | 897.55 | |
| 31 | 无梁闫岗-2# | 102.46 | 19.02 | 17.99 | 286.61 | 25.77 | 88.28 | 334.12 | 429.53 | |
| 32 | 无梁李村 | 101.38 | 17.83 | 17.90 | 310.35 | 31.34 | 61.05 | 326.51 | 384.68 | |
| 33 | 无梁村 | 142.83 | 27.34 | 24.61 | 341.35 | 61.65 | 93.42 | 469.13 | 630.00 | |
| 34 | 平 3 | 68.18 | 24.96 | 34.55 | 346.84 | 20.88 | 33.33 | 272.97 | 382.68 | |
| 35 | 东大巷 | 54.47 | 21.55 | 27.75 | 253.72 | 17.76 | 43.18 | 224.68 | 325.21 | |
| 36 | 平 8 | 14.49 | 26.16 | 38.69 | 206.31 | 26.13 | 31.94 | 143.81 | 244.10 | |
| 37 | 桐树张 | 74.23 | 23.12 | 8.73 | 291 | 19.25 | 30.84 | 280.47 | 301.67 | |
| 38 | 东大巷 | 64.33 | 21.32 | 28.55 | 257.99 | 20.14 | 62.87 | 248.35 | 326.21 | |
| 39 | 西大巷 | 74.23 | 23.72 | 17.30 | 307.48 | 16.63 | 40.3 | 282.98 | 325.92 | |

资料来源：白坪井田、平禹井田地质勘探精查报告。

表 2-7 白沙向斜南翼寒灰岩溶水水质分析数据汇总表

| 序号 | 取样位置 | 主要离子含量/(mg/L) | | | | | | 总硬度 CaCO₃/(mg/L) | TDS/(mg/L) | pH |
|---|---|---|---|---|---|---|---|---|---|---|
| | | $Ca^{2+}$ | $Mg^{2+}$ | $Na^++K^+$ | $HCO_3^-$ | $Cl^-$ | $SO_4^{2-}$ | | | |
| 1 | 宣化王村南 | 112.64 | 22.29 | 36.08 | 339.21 | 42.65 | 32.85 | 373.00 | 506.12 | |
| 2 | 方山琉璃沟 | 67.09 | 32.39 | 11.95 | 281.42 | 21.77 | 37.56 | 300.84 | 314.37 | |

续表

| 序号 | 取样位置 | 主要离子含量/(mg/L) | | | | | | 总硬度 CaCO₃/(mg/L) | TDS/(mg/L) | pH |
|---|---|---|---|---|---|---|---|---|---|---|
| | | $Ca^{2+}$ | $Mg^{2+}$ | $Na^+ + K^+$ | $HCO_3^-$ | $Cl^-$ | $SO_4^{2-}$ | | | |
| 3 | 方山彭沟-1# | 145.47 | 11.98 | 17.23 | 317.91 | 22.65 | 111.53 | 412.18 | 514.53 | |
| 4 | 方山西下庄 | 102.93 | 27.62 | 3.08 | 348.00 | 20.14 | 60.47 | 370.65 | 388.24 | |
| 5 | 方山栗树沟 | 50.96 | 4.50 | 7.28 | 74.99 | 8.76 | 83.00 | 145.77 | 192.00 | |
| 6 | 方山张门沟 | 137.53 | 24.96 | 9.89 | 296.92 | 25.42 | 123.97 | 446.16 | 564.05 | |
| 7 | 方山彭沟-2# | 196.11 | 31.74 | 15.91 | 331.03 | 40.06 | 225.84 | 620.30 | 822.46 | |
| 8 | 方山响潭湾 | 99.32 | 20.56 | 7.56 | 332.25 | 13.93 | 38.95 | 332.62 | 378.91 | |
| 9 | 鸠山白龙潭 | 82.77 | 19.32 | 11.15 | 341.92 | 8.72 | 36.41 | 286.18 | 315.83 | |
| 10 | 鸠山丁家庄 | 111.66 | 10.10 | 14.95 | 333.17 | 10.46 | 59.85 | 320.41 | 373.61 | |
| 11 | 鸠山下泉村 | 126.85 | 7.14 | 7.73 | 348.36 | 13.05 | 55.19 | 346.13 | 384.14 | |
| 12 | 鸠山南寨村 | 95.01 | 24.08 | 7.83 | 358.98 | 17.41 | 31.70 | 336.32 | 355.52 | |
| 13 | 鸠山村 | 91.10 | 39.23 | 11.15 | 394.01 | 13.05 | 66.91 | 388.91 | 418.45 | |
| 14 | 鸠山赵庄 | 82.28 | 19.32 | 4.23 | 293.57 | 12.19 | 34.05 | 284.98 | 298.86 | |
| 15 | 鸠山楼院村 | 142.52 | 28.83 | 6.98 | 474.61 | 32.22 | 51.63 | 474.53 | 499.49 | |
| 16 | 鸠山西学村 | 107.86 | 17.41 | 6.28 | 291.00 | 8.76 | 98.41 | 340.97 | 384.22 | |
| 17 | 磨街关庙村 | 88.58 | 21.32 | 0.10 | 277.46 | 11.38 | 62.87 | 308.90 | 322.98 | |
| 18 | 鸠山丁家庄 | 104.61 | 22.70 | 4.14 | 290.88 | 16.02 | 77.47 | 354.63 | 422.02 | |
| 19 | 鸠山天坰村 | 129.70 | 8.91 | 3.75 | 364.47 | 8.72 | 65.75 | 360.54 | 420.19 | |
| 20 | 鸠山姜庙 | 140.08 | 13.91 | 7.53 | 377.29 | 18.47 | 62.92 | 407.03 | 479.76 | |
| 21 | 鸠山杨树坡 | 72.10 | 23.89 | 8.53 | 292.71 | 11.13 | 29.11 | 278.37 | 326.98 | |
| 22 | 鸠山魏井 | 82.08 | 12.12 | 8.72 | 192.27 | 13.58 | 93.42 | 254.85 | 325.92 | |
| 23 | 鸠山涌泉 | 89.34 | 19.27 | 7.78 | 323.10 | 12.55 | 30.98 | 305.24 | 351.64 | |
| 24 | 鸠山 | 88.16 | 38.88 | 7.06 | 430.80 | 9.39 | 33.81 | 380.10 | 413.60 | |
| 25 | 磨街 | 112.06 | 35.79 | 8.64 | 391.87 | 18.47 | 99.09 | 427.09 | 502.54 | |
| 26 | 磨街关庙村 | 119.90 | 30.67 | 5.85 | 390.04 | 14.64 | 88.28 | 425.59 | 481.25 | |
| 27 | 磨街五龙庙 | 86.79 | 28.65 | 5.85 | 242.19 | 13.58 | 77.47 | 334.62 | 418.50 | |
| 28 | 磨街梨树沟 | 77.57 | 21.16 | 61.24 | 393.70 | 24.04 | 61.53 | 280.77 | 457.74 | |
| 29 | 磨街陈庄 | 110.80 | 40.18 | 10.33 | 408.28 | 10.46 | 111.77 | 441.70 | 510.07 | |
| 30 | 磨街扈阳村 | 94.51 | 26.72 | 1.93 | 305.95 | 12.27 | 78.29 | 345.93 | 366.70 | |
| 31 | 磨街常家门 | 79.16 | 21.32 | 3.83 | 284.96 | 9.64 | 43.90 | 285.38 | 300.33 | |
| 32 | 磨街文湾 | 145.47 | 45.77 | 24.03 | 395.53 | 18.29 | 239.48 | 551.59 | 670.81 | |
| 33 | 磨街大涧村 | 123.43 | 32.39 | 53.05 | 355.99 | 16.56 | 223.05 | 441.50 | 626.48 | |
| 34 | 文殊油坊门 | 125.39 | 22.00 | 10.30 | 362.03 | 26.98 | 85.69 | 403.62 | 451.38 | |

资料来源：白坪井田、平禹井田地质勘探精查报告。

(1)岩溶水中阳离子主要是 $Ca^{2+}$，其次为 $Mg^{2+}$；阴离子主要是 $HCO_3^-$，其次为 $SO_4^{2-}$。灰岩露头区水化学类型主要是 $HCO_3$-Ca·Mg 或 $HCO_3$-Ca 型，山前埋藏区主要有 $HCO_3$-Ca·Mg 和 $HCO_3·SO_4$-Ca·Mg 型。

(2)水质良好，基本没有人为活动污染。寒武系灰岩的裸露区，地表没有污染源，在山前的煤矿区，寒武系灰岩深埋于煤系地层之下，几乎不受地表人为活动的影响，岩溶水的水质处在天然状态的水化学环境中。

(3)溶解性总固体和总硬度低。通过对本次分析的 73 个水样的统计，TDS 平均值为 410.47mg/L，最大值为 897.55mg/L，最小值为 179.15mg/L。总硬度平均值为 338.47mg/L，最大值为 648.17mg/L，最小值为 137.16mg/L。

(4) 在白沙向斜北翼，岩溶水从补给区（登封白坪井田）到集中排泄区（平禹一矿），水化学成分及水化学类型有些变化，如图 2-11 所示，水中 $Mg^{2+}$、$SO_4^{2-}$ 及 TDS 含量增加，增加幅度在 10%~20%，水化学类型由补给区单一的 $HCO_3$-Ca·Mg 型，到排泄区出现了 $HCO_3$-Ca·Mg 型和 $HCO_3·SO_4$-Ca·Mg 型共存的局面。这种变化是水文地球化学环境和水循环条件从补给区到排泄区发生了变化所致，在灰岩露头即岩溶水的补给区，寒武系灰岩大面积出露于地表，接受大气降水的补给，地下水循环交替迅速，在岩溶水从补给区向集中排泄区径流过程中，溶解了煤系地层中的硫化物，岩溶水中 $SO_4^{2-}$ 含量略有增加，同时，岩溶水因埋藏较深，水循环交替相对缓慢，水岩相互作用较彻底。

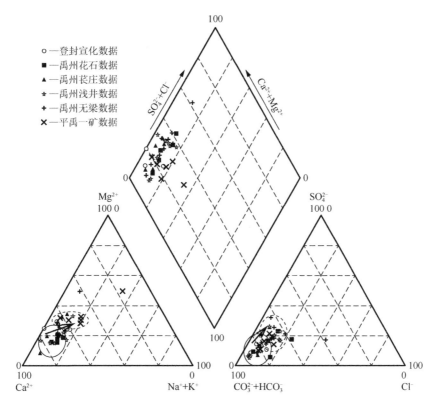

图 2-11 白沙向斜北翼寒武溶水水化学成分 Piper 图
箭头指示补给区到排泄区的变化

值得注意的是，在白沙向斜南翼所采集的岩溶水水样，采样点主要分布在方山镇、鸠山镇及磨街乡，这里是白沙向斜南翼岩溶水系统的补给区，水化学类型基本一致，如图 2-12 所示，主要为 $HCO_3$-Ca·Mg 型，少量为 $HCO_3·SO_4$-Ca·Mg 型。

3) 太灰岩溶水化学类型及特征

太灰薄层灰岩岩溶水的形成环境与寒武系灰岩基本相同，同属于大气降水、地表水溶滤-入渗型，其化学成分以 $HCO_3^-$、$Ca^{2+}$、$Mg^{2+}$ 等离子为主。但由于石炭系薄层灰岩距离煤系地层较近，而煤系地层中黄铁矿含量高，在氧化环境中极易形成硫酸盐（$FeSO_4$）与硫酸，水中的 $SO_4^{2-}$ 含量增加。同时，薄层灰岩中的 $CaCO_3$ 和 $MgCO_3$ 容易溶解，导致石炭系薄层灰岩岩溶水中 $SO_4^{2-}$ 含量增加，固形物升高。水化学类型除 $HCO_3$-Ca·Mg 型外，还出现了 $HCO_3·SO_4$-Ca·Mg 型，其分布如图 2-13 所示，其形成机理可用下列化学方程解释。

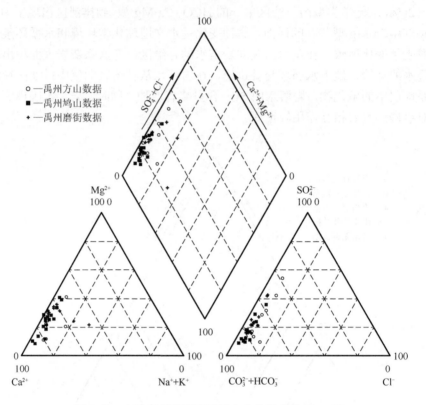

图 2-12  白沙向斜南翼寒武溶水水化学成分 Piper 图

(1) 硫化物在氧化环境中生成硫酸盐和游离态的硫酸：

$$2FeS_2+7O_2+2H_2O \longrightarrow 2FeSO_4+2H_2SO_4$$

(2) 硫酸的增多有利于溶解灰岩、白云岩中的 $CaCO_3$ 和 $MgCO_3$，形成 $SO_4$-Ca·Mg 型水。

$$H_2SO_4+CaCO_3 \longrightarrow CaSO_4+H_2O+CO_2\uparrow$$
$$H_2SO_4+MgCO_3 \longrightarrow MgSO_4+H_2O+CO_2\uparrow$$

(3) 大量 $CO_2$ 作用，岩石中 $CaCO_3$、$MgCO_3$ 被溶解，水中 $HCO_3^-$、$Ca^{2+}$、$Mg^{2+}$ 含量增加，水化学类型成为 $HCO_3·SO_4$-Ca·Mg 或 $SO_4·HCO_3$-Ca·Mg 型。

$$CaCO_3+CO_2+H_2O \longrightarrow Ca(HCO_3)_2 \longrightarrow Ca^{2+}+2HCO_3^-$$
$$MgCO_3+CO_2+H_2O \longrightarrow Mg(HCO_3)_2 \longrightarrow Mg^{2+}+2HCO_3^-$$

太灰岩溶水是开采二₁煤的煤矿煤层底板的主要充水水源，也是各矿防治水的重点。为了掌握太灰岩溶水的水化学特征，共收集了登封白坪矿、登封告成矿和平禹一矿 61 个太灰水质分析数据(表 2-8 和表 2-9)，其中平禹一矿 28 个。图 2-14 是基于这些太灰岩溶水水质分析数据做出的 Piper 图。

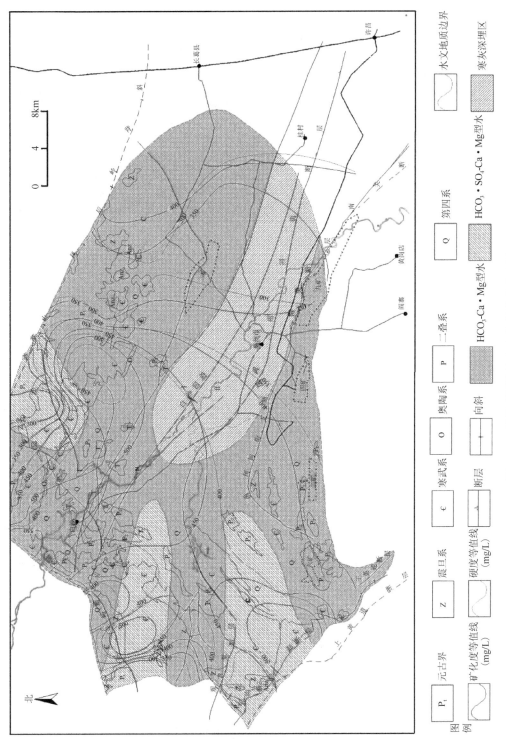

图 2-13 禹州矿区岩溶水化学类型分区图

表 2-8 登封白坪和告成太灰岩溶水水质分析数据汇总表

| 含水层 | 取样位置 | 主要离子含量/(mg/L) | | | | | | 总硬度 CaCO$_3$/(mg/L) | TDS /(mg/L) | pH |
|---|---|---|---|---|---|---|---|---|---|---|
| | | Ca$^{2+}$ | Mg$^{2+}$ | Na$^+$+K$^+$ | HCO$_3^-$ | Cl$^-$ | SO$_4^{2-}$ | | | |
| C$_3$t | 白坪 12 井 | 80.10 | 15.69 | 20.43 | 274.88 | 48.57 | 26.96 | 264.57 | 366.00 | 7.9 |
| C$_3$t | 白坪 52 井 | 114.37 | 18.25 | 29.81 | 342.79 | 43.01 | 63.73 | 360.55 | 488.00 | 7.1 |
| C$_3$t | 白坪 80 井-1# | 100.00 | 13.17 | 19.39 | 299.17 | 34.31 | 31.48 | 303.82 | 424.00 | 7.35 |
| C$_3$t | 白坪 80 井-2# | 99.41 | 10.21 | 44.55 | 346.58 | 38.30 | 44.19 | 289.72 | 410.00 | 7.45 |
| C$_3$t | 白坪 86 井 | 101.80 | 12.99 | 11.91 | 320.16 | 29.02 | 25.49 | 307.56 | 368.00 | 7.55 |
| C$_3$t | 白坪 334 井 | 66.13 | 7.78 | 18.52 | 239.09 | 24.02 | 11.20 | 196.78 | 252.00 | 7.05 |
| C$_3$t | 白坪 391 井 | 57.72 | 18.48 | 16.47 | 263.60 | 13.47 | 19.21 | 219.79 | 271.00 | 7.40 |
| L$_1$ | 白坪 10211-1# | 75.35 | 17.02 | 18.47 | 297.77 | 15.60 | 28.32 | 257.79 | 307.00 | 7.50 |
| L$_1$ | 白坪 10211-2# | 85.77 | 13.13 | 27.92 | 331.94 | 15.60 | 32.66 | 267.78 | 359.00 | 7.45 |
| L$_1$ | 白坪 10211-3# | 87.37 | 16.78 | 17.11 | 329.50 | 14.89 | 30.74 | 286.69 | 335.00 | 7.30 |
| L$_1$ | 白坪 10211-4# | 86.57 | 16.05 | 22.63 | 322.18 | 15.60 | 42.27 | 281.69 | 363.00 | 7.5 |
| L$_1$ | 白坪 10703 | 59.32 | 17.51 | 109.66 | 331.94 | 15.96 | 157.54 | 219.79 | 536.00 | 7.50 |
| L$_1$ | 白坪 10305 | 72.14 | 11.19 | 40.96 | 275.80 | 17.73 | 60.52 | 225.85 | 360.00 | 7.50 |
| L$_1$ | 白坪 10 泉 | 54.67 | 30.80 | 19.05 | 305.27 | 11.77 | 12.97 | 222.11 | 326.00 | 7.55 |
| L$_1$ | 白坪 41 泉 | 49.20 | 5.73 | 6.30 | 104.13 | 6.37 | 14.61 | 146.47 | 174.00 | 7.65 |
| L$_1$ | 白坪 59 泉 | 103.33 | 10.24 | 23.71 | 360.06 | 19.90 | 17.91 | 300.07 | 400.00 | 7.60 |
| L$_1$ | 白坪 282 泉 | 66.93 | 6.08 | 14.84 | 206.24 | 13.90 | 29.78 | 191.78 | 251.00 | 7.50 |
| C$_3$t | 告成 13106 孔 | 66.53 | 17.02 | 25.76 | 289.23 | 16.31 | 30.74 | 236.20 | 294.00 | 7.40 |
| C$_3$t | 告成水 1 孔 | 77.76 | 10.7 | 40.48 | 307.53 | 24.11 | 38.42 | 238.16 | 312.00 | 7.50 |
| C$_3$t | 告成 12606 孔 | 27.25 | 21.89 | 144.72 | 475.94 | 30.49 | 19.21 | 158.06 | 484.00 | 7.60 |
| C$_3$t | 告成 12805 孔 | 9.62 | 2.92 | 196.42 | 363.47 | 84.39 | 28.82 | 36.04 | 476.00 | 7.10 |
| C$_3$t | 告成水 3 孔 | 96.96 | 13.13 | 14.65 | 324.62 | 24.47 | 25.94 | 296.14 | 324.00 | 7.40 |
| C$_3$t | 告成 1 号疏水巷-1# | 108.5 | 21.77 | 16.65 | 258.42 | 38.36 | 125.41 | 360.55 | 292.28 | 7.50 |
| C$_3$t | 告成-110 南大巷 | 91.9 | 38.07 | 85.58 | 381.25 | 52.36 | 178.34 | 386.06 | 636.88 | 7.40 |
| C$_3$t | 告成 1 号疏水巷-2# | 108.5 | 21.77 | 16.65 | 258.42 | 38.36 | 125.41 | 360.55 | 439.90 | 7.30 |
| C$_3$t | 告成中央轨道-1# | 12.22 | 18.12 | 136.39 | 299.00 | 25.88 | 50.91 | 105.08 | 393.02 | 7.50 |
| C$_3$t | 告成中央轨道-2# | 25.85 | 22.13 | 98.37 | 361.73 | 7.34 | 60.13 | 155.56 | 394.69 | 7.40 |
| C$_3$t | 告成 1307 上巷-1# | 26.31 | 12.88 | 142.26 | 331.91 | 35.45 | 73.01 | 118.64 | 455.87 | 7.50 |
| C$_3$t | 告成 1307 上巷-2# | 29.52 | 11.13 | 145.29 | 330.06 | 37.22 | 81.41 | 119.53 | 389.60 | 7.30 |
| C$_3$t | 告成-110 疏水 | 76.25 | 19.07 | 17.16 | 254.15 | 28.36 | 55.43 | 268.85 | 323.35 | 7.30 |
| C$_3$t | 告成 1307 上巷-3# | 104.97 | 25.16 | 26.43 | 389.43 | 31.2 | 57.35 | 365.54 | 439.83 | 7.30 |
| C$_3$t | 告成东风井 | 117.25 | 37.06 | 22.56 | 473.88 | 32.61 | 57.35 | 445.29 | 503.77 | 7.10 |
| C$_3$t | 告成-110 泄水 | 101.06 | 20.6 | 13.27 | 360.14 | 21.27 | 39.00 | 337.00 | 375.27 | 7.20 |

表 2-9 平禹一矿太灰岩溶水水质分析数据汇总表

| 含水层 | 取样位置 | 主要离子含量/(mg/L) | | | | | | 总硬度 CaCO$_3$/(mg/L) | TDS /(mg/L) | pH |
|---|---|---|---|---|---|---|---|---|---|---|
| | | Ca$^{2+}$ | Mg$^{2+}$ | Na$^+$+K$^+$ | HCO$_3^-$ | Cl$^-$ | SO$_4^{2-}$ | | | |
| L$_{7-8}$ | 13041 采面 | 70.18 | 27.1 | 42.94 | 365.39 | 34.17 | 31.36 | 286.84 | 430.92 | 8.20 |
| L$_{7-8}$ | 14061 机巷 | 88.78 | 35.56 | 29.07 | 463.94 | 25.42 | 14.31 | 368.07 | 503.67 | 8.00 |
| C$_3$t | 四采区变电所 | 65.83 | 26.76 | 36.34 | 324.20 | 14.46 | 64.6 | 274.57 | 403.26 | 8.20 |
| C$_3$t | 四采区行人巷 | 78.40 | 27.68 | 37.40 | 361.79 | 17.23 | 67.15 | 309.71 | 446.23 | 7.80 |
| L$_{7-8}$ | 四采区二车场 | 81.90 | 26.95 | 40.46 | 373.99 | 18.97 | 67.15 | 315.47 | 460.11 | 7.70 |
| L$_{7-8}$ | 13071 风巷 | 84.09 | 26.90 | 38.04 | 347.69 | 21.55 | 70.17 | 320.72 | 448.33 | 8.50 |

续表

| 含水层 | 取样位置 | 主要离子含量/(mg/L) | | | | | | 总硬度 CaCO₃/(mg/L) | TDS /(mg/L) | pH |
|---|---|---|---|---|---|---|---|---|---|---|
| | | $Ca^{2+}$ | $Mg^{2+}$ | $Na^++K^+$ | $HCO_3^-$ | $Cl^-$ | $SO_4^{2-}$ | | | |
| $L_{7-8}$ | 13071 联络巷 | 44.97 | 20.73 | 110.88 | 392.72 | 39.07 | 61.09 | 197.59 | 493.06 | 7.80 |
| $L_{7-8}$ | 13061 风巷 | 83.47 | 29.76 | 69.94 | 337.81 | 30.45 | 143.08 | 330.91 | 519.78 | 7.50 |
| $L_{7-8}$ | 12031 机巷-1# | 42.85 | 26.08 | 116.31 | 448.25 | 36.19 | 49.33 | 214.36 | 533.81 | 7.90 |
| $L_{7-8}$ | 12031 机巷-2# | 32.34 | 25.57 | 320.92 | 850.92 | 47.54 | 116.62 | 186.04 | 1015.1 | 8.40 |
| $L_{7-8}$ | 13071 采面 | 72.08 | 30.73 | 75.97 | 370.15 | 35.13 | 113.93 | 306.51 | 519.54 | 7.80 |
| $L_{7-8}$ | 12060 采面 | 16.73 | 11.20 | 172.64 | 399.19 | 22.94 | 53.04 | 87.89 | 504.45 | 8.60 |
| $L_{7-8}$ | 13090 机巷 | 58.46 | 26.69 | 94.88 | 363.56 | 35.31 | 110.18 | 255.86 | 509.07 | 8.30 |
| $L_{7-8}$ | 13061 风巷 | 83.47 | 29.76 | 69.94 | 337.81 | 30.45 | 143.08 | 330.93 | 519.71 | 8.30 |
| $L_{1-4}$ | CK2 孔 | 68.30 | 27.70 | 15.90 | 324.00 | 19.90 | 24.50 | 284.39 | 335.00 | 7.80 |
| $L_{7-8}$ | CK9 孔 | 48.30 | 18.50 | 78.20 | 305.10 | 33.00 | 67.20 | 212.53 | 404.00 | 7.60 |
| $L_{7-8}$ | 308 孔 | 78.80 | 19.70 | 28.68 | 356.35 | 21.13 | 17.48 | 277.26 | 359.00 | 7.60 |
| $L_{1-4}$ | 新 1 | 66.93 | 22.62 | 25.23 | 300.21 | 14.18 | 46.11 | 259.61 | 332.00 | 7.50 |
| $L_{7-8}$ | S03-064 孔 | 70.18 | 27.10 | 42.94 | 365.39 | 34.17 | 31.36 | 277.61 | 316.00 | 7.40 |
| $L_{7-8}$ | S03-071 孔 | 88.78 | 35.56 | 29.07 | 463.94 | 25.42 | 14.31 | 368.14 | 580.00 | 7.95 |
| $C_3t$ | S03-073 孔 | 99.22 | 45.10 | 26.15 | 519.40 | 34.88 | 14.51 | 433.50 | 654.00 | 7.92 |
| $L_{7-8}$ | S04-028 孔 | 81.90 | 26.95 | 40.46 | 373.99 | 18.97 | 67.15 | 315.50 | 475.00 | 7.68 |
| $C_3t$ | S04-029 孔 | 65.83 | 26.76 | 36.34 | 324.20 | 14.46 | 64.60 | 274.59 | 468.00 | 8.22 |
| $C_3t$ | S04-030 孔 | 78.40 | 27.68 | 37.40 | 361.79 | 17.23 | 67.15 | 309.77 | 518.00 | 8.22 |
| $L_{7-8}$ | S05-025 孔 | 84.09 | 26.90 | 38.04 | 347.69 | 21.55 | 70.17 | 320.76 | 523.00 | 8.42 |
| $L_{7-8}$ | S05-026 孔 | 161.28 | 44.65 | 44.14 | 248.35 | 56.29 | 384.62 | 586.61 | 815.00 | 7.39 |
| $L_{7-8}$ | S05-108 孔 | 44.97 | 20.73 | 110.88 | 392.72 | 39.07 | 61.09 | 197.67 | 582.00 | 7.85 |
| $L_{7-8}$ | S05-026 孔 | 40.32 | 24.66 | 108.17 | 344.09 | 81.65 | 38.22 | 202.24 | 562.00 | 8.45 |

资料来源：平禹一矿水质分析台账和矿井生产地质报告-水质分析成果统计表。

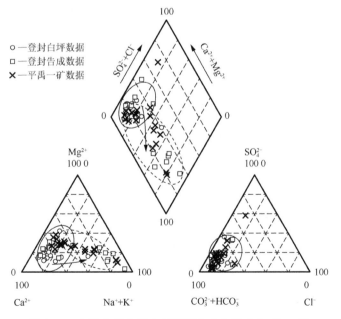

图 2-14　白沙向斜北翼太灰岩溶水水化学成分 Piper 图

通过分析，石炭系薄层灰岩岩溶水具有如下水化学特征。

(1) 水化学类型主要为 $HCO_3$-$Ca \cdot Mg$ 型，其次为 $HCO_3 \cdot SO_4$-$Ca \cdot Mg$ 型，从补给区到排泄区水中 $Na^+$ 离子有增加趋势，阴离子含量不明显，平禹一矿水化学类型多为 $HCO_3 \cdot SO_4$-$Ca \cdot Mg \cdot Na$ 型。

(2) 总硬度和溶解性总固体较低。统计的 61 个石炭系太灰岩溶水水样，总硬度均值为 269.43mg/L，最小值为 36.04mg/L，最大值为 586.61mg/L。TDS 均值为 438.59mg/L，最小值为 174.0mg/L，最大值为 1015.1mg/L。

值得注意的是，太灰岩溶水水化学成分的形成作用与寒灰水没有本质的区别，但在煤矿井下采集的太灰水样混合有煤层顶板砂岩水，使得太灰岩溶水中 $Na^+$ 含量略高于正常溶滤型岩溶水。

4) 煤层顶板砂岩水水化学特征

砂岩地层中钠长石和钾长石含量较高，在风化作用、水解作用及离子交换作用等作用下，长石中 $Na^+$ 和 $K^+$ 被溶滤到水中，使砂岩水 $K^+$、$Na^+$ 含量较高，水化学类型演变为 $HCO_3$-$Ca \cdot Mg \cdot Na$ 型，甚至是 $HCO_3$-$Na$ 型，见表 2-10。典型的砂岩水水化学类型为 $HCO_3$-$Na$ 型，常表现为 $K^+$、$Na^+$ 含量高，总硬度低，具有负硬度和水质偏碱性等特征，在煤矿井下与太灰岩溶水容易发生混合作用，导致其水质呈现岩溶水与砂岩水混合水质，如图 2-15 所示。

表 2-10 平禹一矿煤层顶板砂岩裂隙水水质分析数据汇总表

| 含水层 | 取样位置 | 主要离子含量/(mg/L) | | | | | 总硬度 $CaCO_3$/(mg/L) | TDS /(mg/L) | pH |
| --- | --- | --- | --- | --- | --- | --- | --- | --- | --- |
| | | $Ca^{2+}$ | $Mg^{2+}$ | $Na^+ + K^+$ | $HCO_3^-$ | $Cl^-$ | $SO_4^{2-}$ | | | |
| $P_1sh$ | 新 3 孔 | 18.44 | 8.76 | 186.71 | 453.97 | 73.75 | 11.53 | 82.12 | 533.0 | 8.1 |
| $P_1sh$ | 12031 机巷 | 42.88 | 26.08 | 116.31 | 448.25 | 36.19 | 49.33 | 214.48 | 495.8 | 7.8 |
| $P_1sh$ | 13071 采面 | 72.08 | 30.73 | 75.97 | 370.15 | 35.13 | 113.93 | 306.55 | 513.4 | 7.8 |
| $P_1sh$ | 12060 采面 | 16.73 | 11.20 | 172.64 | 399.19 | 22.94 | 53.04 | 87.90 | 505.5 | 8.6 |
| $P_1sh$ | 13090 机巷 | 94.88 | 58.46 | 26.69 | 363.56 | 35.31 | 110.18 | 477.69 | 507.5 | 8.3 |
| $P_1sh$ | 13061 风巷 | 83.47 | 29.76 | 69.94 | 337.80 | 30.45 | 143.08 | 330.99 | 534.1 | 8.3 |
| $P_1sh$ | 13071 采面 | 40.32 | 24.66 | 108.17 | 344.09 | 38.22 | 81.65 | 202.24 | 478.1 | 7.8 |

资料来源：平禹一矿水质分析台账和矿井生产地质报告-水质分析成果统计表。

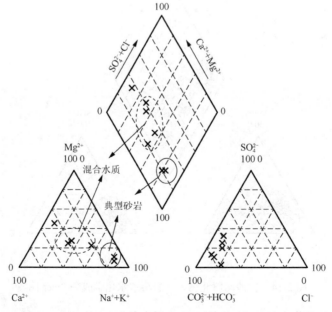

图 2-15 平禹一矿煤层顶板砂岩裂隙水化学成分 Piper 图

平禹一矿主要含水层水化学特征见表2-11。

表2-11 平禹一矿主要充水含水层地下水化学特征对比表

| 含水层 | 水样数量 | 统计量 | 主要离子含量/(mg/L) | | | | | 总硬度 CaCO$_3$/(mg/L) | TDS /(mg/L) | 水化学类型 |
| --- | --- | --- | --- | --- | --- | --- | --- | --- | --- | --- |
| | | | Ca$^{2+}$ | Mg$^{2+}$ | Na$^+$+K$^+$ | HCO$_3^-$ | Cl$^-$ | SO$_4^{2-}$ | | | |
| 寒武灰岩 | 73 | 最小值 | 14.49 | 4.50 | 0.10 | 74.99 | 6.95 | 15.51 | 137.16 | 179.15 | H-C·M |
| | | 最大值 | 200.80 | 45.77 | 61.24 | 474.61 | 169.77 | 239.48 | 648.17 | 897.55 | |
| | | 平均值 | 99.66 | 21.79 | 15.50 | 311.36 | 23.87 | 63.71 | 338.47 | 410.47 | |
| 石炭灰岩 | 28 | 最小值 | 16.73 | 27.36 | 15.90 | 248.35 | 14.18 | 14.31 | 87.89 | 316.00 | H-C·M H·S-C·M |
| | | 最大值 | 161.28 | 11.20 | 320.92 | 850.92 | 81.65 | 384.62 | 586.61 | 1015.10 | |
| | | 平均值 | 70.74 | 27.36 | 68.47 | 384.45 | 30.03 | 74.06 | 289.48 | 508.22 | |
| 二叠砂岩 | 7 | 最小值 | 16.73 | 8.76 | 26.69 | 337.8 | 22.94 | 11.53 | 243.14 | 478.10 | H-N·C·M H-C·M·N |
| | | 最大值 | 94.88 | 58.46 | 186.71 | 453.97 | 73.75 | 143.08 | 82.12 | 534.10 | |
| | | 平均值 | 52.68 | 27.09 | 108.61 | 338.14 | 38.85 | 80.39 | 477.69 | 509.63 | |

5. 岩溶水稳定同位素

1) 同位素技术及应用

自然界天然水中,存在着1000多种的同位素,用于水循环研究的同位素主要是D($^2$H)、T($^3$H)、$^{18}$O 和 $^{14}$C,其中D和$^{18}$O是稳定同位素,T和$^{14}$C属于放射性同位素,其半衰减期分别是12.43年、5730年。在自然界中,稳定同位素组成的变化很微小,用同位素丰度和同位素比值不能明显地显示出这种微小的差别,所以,一般用δ值来表示元素的同位素含量。δ值是指样品中两种稳定同位素的比值相对于国际标准平均海水(standard mean ocean water, SMOW)同位素比值的千分差值(单位为‰),即

$$\delta‰ = \frac{R_{样品} - R_{标准}}{R_{标准}} \times 1000 \tag{2-1}$$

式中,$R_{样品}$和$R_{标准}$分别为样品和标准样的同位素比值,是一种元素的稀有的与富含的同位素丰度之比,如$R(D)=D/H$,$R(^{18}O)=^{18}O/^{16}O$。

δ值能反映出样品同位素组成相对于标准样品的变化方向和程度,δ值为负值,表明样品较标准富含轻同位素;反之,表明样品较标准富含重同位素。水中氚的同位素组成则以氚单位(tritium unit,TU)表示。

有许多天然过程可造成天然水中同位素化合物的差异,其中最重要的是蒸发和凝结。在蒸发过程中,轻的水分子H$_2^{16}$O比包含有一个重同位素的分子(即HD$^{16}$O或H$_2^{18}$O)更为活跃,因此,从洋面蒸发的水蒸气比海水中的$^{18}$O少1.2‰~1.5‰,D少8‰~12‰。这些大气中的水汽经受连续的冷却凝结成云和雨,较为不活跃的重分子首先凝结,所余下的水汽中的D和$^{18}$O会越来越少,结果来自同一初始水汽团的连续降水中的重同位素会更少。水在蒸发和冷凝时,组成水分子的氢和氧的同位素丰度将产生这些小的变化,这种现象称为同位素分馏作用。自然界中的化学反应、不可逆反应、蒸发作用、扩散作用、吸附作用、生物化学反应都能引起同位素分馏。大气降水中D、$^{18}$O同位素的含量由于同位素分馏的影响,主要受降水形成时的温度控制,如图2-16所示。

图 2-16　环境同位素循环示意图(单位：‰)

在大洋沿岸地区，降水的 D、$^{18}O$ 值取决于该地区的年平均气温。实际上，在赤道附近 D、$^{18}O$ 值都近似为 0，在极地它们都分别反映出富集氢同位素，其值降为-400‰、-55‰。此外，在同一地点，这种温度效应也存在，如寒冷期(冰期等)降水的 D、$^{18}O$ 值与现代降水完全不同。正是温度效应使得同位素含量呈现了一系列效应，如下所述。

(1) 纬度效应：随着纬度的升高(温度降低)，D、$^{18}O$ 的同位素含量变低(轻)。

(2) 高度效应：随着高度的升高，D、$^{18}O$ 同位素含量变低(轻)。就 $^{18}O$ 值而言，每升高 100m 就会变化-0.6‰～-0.2‰。据此可以详细地掌握地下水补给源地理位置的高程情况。

(3) 大陆效应：从海岸向内陆方向，D、$^{18}O$ 同位素含量变低(轻)。

(4) 季节效应：在夏季，D、$^{18}O$ 同位素含量高(重)；而在冬季，D、$^{18}O$ 同位素含量低(轻)。

(5) 量效应：降水量变大时，D、$^{18}O$ 同位素含量变低(轻)。

(6) 大气降水线(D-$^{18}O$ 的关系)：1961 年，Graig 研究了全球大气降水 D-$^{18}O$ 的关系，发现 D 与 $^{18}O$ 之间存在着直线相关关系，其方程为：D=8$\delta^{18}$O+10，这是一条直线方程，称为全球大气降水线(meteoric water line，MWL)。Yurtsever 和 Gat(1981)根据 IAEA 的 114 个台站 1953～1978 年积累的资料，用最小二乘法进行线性拟合得到修正的全球降水线公式为

$$\delta D = 8.2\delta^{18}O + 10.8 \tag{2-2}$$

D 与 $^{18}O$ 间的直线关系在整个地球范围内均适用，但由于不同地区所形成降水的蒸发、凝结条件各不相同，因此在不同地区大气降水线的斜率和截距会有差异，以此可以判断地下水的不同补给来源。水的同位素成分可视作水的"指纹"或"DNA"，被广泛应用于解决或帮助解决各类水资源和水环境问题，如判断地下水的成因，"四水"(降水、土壤水、地表水、地下水)相互转化，地下水系统的封闭程度及水交替强度，各类水体的污染程度及污染源问题，水气相互作用与水岩相互作用问题等。在水文地质领域，着重用于解决如下问题。

(1) 判断地下水的现代补给来源。如果地下水有几种不同地区的降水补给来源,而且在不同地区形成这些降水的蒸发、凝结条件也各不相同,那么在不同地区降水来源的 $\delta D\text{-}\delta^{18}O$ 图上的直线就会出现不同的斜率和截距,据此就可以判断地下水的补给来源。例如,山西229煤田地质队与中国科学院地质与地球物理研究所运用氢氧同位素曾对山西太原地区地下水资源评价和开发进行了研究。其中,太原地区大气降水线为 $\delta D=7.6\delta^{18}O+10$;汾河水的氢氧同位素平均值为 $\delta D=-62.3\pm 2.8‰$,$\delta^{18}O=-8.32\pm 0.4‰$。西山岩溶水 $\delta D$ 和 $\delta^{18}O$ 间的线性关系为 $\delta D=5.56\delta^{18}O-16.1$。可见,西山岩溶水中混入了受强烈蒸发作用的汾河水和浅层水,它与汾河渗漏水及上覆石炭系、二叠系裂隙水有明显的水力联系。利用这一原理,人们还可以追踪查找地下水污染源。地下水源如果遭到地表污水的影响,利用稳定同位素方法,一旦地下水与地表水的 $\delta D$ 和 $\delta^{18}O$ 存在一定的联系,就可以判定该地下水与地表水之间的水力联系,确定污水来源。

(2) 判断地下水与地表水流及水体间的联系。由于地表水的水面暴露在大气之下,存在着明显蒸发作用,因此地表水中的 D 和 $^{18}O$ 含量一般高于大气降水和地下水。这样就可根据水中的 $\delta D$ 和 $\delta^{18}O$ 值以及 $\delta D\text{-}\delta^{18}O$ 图上的斜率来判断它们之间是否存在有水力联系。因为在通常情况下的降水直线为 $\delta D=8\delta^{18}O+10$,如果降水转为地表水并经过蒸发后,其直线斜率会发生变化。有学者曾利用同位素对莱州湾海水入侵的成因和变化发展进行了研究。结果表明,在莱州湾西部的广饶地区属于卤水(古海水)入侵区,该区地下水变咸是地下水超量开采导致地下水位降低,使地下卤水入侵所致;莱州湾东部的龙口地区属于现代海水入侵区;莱州地区则既存在海水入侵又存在着卤水入侵。

(3) 确定含水层补给区的海拔。降水中 $\delta D$ 和 $\delta^{18}O$ 含量与当地的海拔有关,这就是高度效应,如果地下水由河水补给,受河水补给的地下水中 $\delta^{18}O$ 和 $\delta D$ 值就会同当地由降水补给的地下水有明显差别。通过计算补给高程,确定补给区域,也可以确定地下水来源。

(4) 确定各种来源水的混合比例。地下水通常起源于大气降水、地表水等多种水源的补给,是一种混合水,当不同来源的水中 D 或 $^{18}O$ 含量存在明显差异,且地下水在形成过程中其同位素成分不因同含水层岩石相互作用而发生改变时,通过测定地下水(混合水)和补给来源水的同位素组成,可以确定地下水中各种水源的混合比例。

2) 同位素分析结果

由中国地质大学(武汉)生物地质与环境地质国家重点实验室对93个水样的 $^2H$、$^{18}O$ 稳定同位素含量进行了分析,分析结果见表2-12。93个水样中雨水样4个、地表水样17个、地下水样72个。

3) 岩溶水形成分析

大气降水中的 $\delta D$ 与 $\delta O$ 之间呈线性相关,将降水方程以 $\delta D\text{-}\delta O$ 平面图表示出来,称为雨水线。由于大气降水的同位素组成与地理位置和气候因素有密切的关系,因此,不同地区降水方程往往偏离全球性方程,方程的斜率和截距都有不同程度的变化。我国雨水线方程为

$$\delta D=7.9\delta O+8.2 \qquad (2\text{-}3)$$

郑州地区雨水线方程为

$$\delta D=7.55\delta O+6.49 \qquad (2\text{-}4)$$

表 2-12 禹州矿区水中稳定同位素测定结果汇总表

| 编号 | 取样地点 | 类型 | δD/‰ | δO/‰ | 编号 | 取样地点 | 类型 | δD/‰ | δO/‰ |
|---|---|---|---|---|---|---|---|---|---|
| 1 | 花石镇张家麦 | 岩溶水 | -58.22 | -8.07 | 47 | 方山镇西下庄村 | 岩溶水 | -56.63 | -8.03 |
| 2 | 花石镇郭寨村 | 岩溶水 | -53.97 | -7.48 | 61 | 方山镇彭沟村 | 岩溶水 | -55.07 | -7.81 |
| 3 | 花石镇桃源村 | 岩溶水 | -60.40 | -8.47 | 62 | 磨街乡扈阳村 | 岩溶水 | -61.74 | -8.72 |
| 4 | 花石镇张庄村 | 岩溶水 | -60.88 | -8.64 | 63 | 磨街乡五龙泉庙 | 岩溶水 | -56.38 | -8.39 |
| 5 | 苌庄镇柏村 | 岩溶水 | -59.16 | -8.23 | 64 | 磨街乡常家门 | 岩溶水 | -53.56 | -7.72 |
| 7 | 苌庄镇玩花台 | 岩溶水 | -58.65 | -8.51 | 65 | 磨街乡梨树沟 | 岩溶水 | -58.35 | -8.34 |
| 8 | 苌庄镇长尔路 | 岩溶水 | -66.85 | -9.67 | 66 | 宣化镇杨水泉 | 岩溶水 | -59.17 | -8.17 |
| 9 | 无梁镇观上村 | 岩溶水 | -62.22 | -8.94 | 67 | 浅井镇萧遥观 | 岩溶水 | -59.84 | -8.56 |
| 10 | 无梁镇大凹村 | 岩溶水 | -60.53 | -8.83 | 71 | 鸠山镇政府院内 | 岩溶水 | -63.60 | -9.30 |
| 11 | 无梁镇月湾村 | 岩溶水 | -55.59 | -7.72 | 74 | 鸠山镇西学村 | 岩溶水 | -56.71 | -8.28 |
| 13 | 鸠山镇白龙潭 | 岩溶水 | -57.47 | -8.38 | 75 | 磨街乡关庙村 | 岩溶水 | -57.74 | -8.38 |
| 14 | 鸠山镇丁家庄 | 岩溶水 | -59.67 | -8.86 | 76 | 磨街乡关庙村 | 岩溶水 | -59.11 | -8.60 |
| 15 | 鸠山镇丁家庄 | 岩溶水 | -60.58 | -8.64 | 77 | 无梁镇水井 | 岩溶水 | -59.14 | -7.77 |
| 16 | 鸠山镇天坰村 | 岩溶水 | -57.13 | -8.32 | 80 | 浅井镇古山庄 | 岩溶水 | -66.82 | -9.00 |
| 17 | 鸠山镇下泉村 | 岩溶水 | -55.96 | -8.19 | 81 | 方山镇响潭湾 | 岩溶水 | -56.67 | -8.10 |
| 18 | 鸠山镇南寨村 | 岩溶水 | -55.85 | -8.03 | 82 | 磨街乡政府 | 岩溶水 | -56.84 | -8.22 |
| 19 | 鸠山镇南寨村姜庙 | 岩溶水 | -56.83 | -8.40 | 83 | 浅井镇政府 | 岩溶水 | -65.78 | -9.20 |
| 20 | 鸠山镇杨树坡 | 岩溶水 | -55.37 | -8.15 | 84 | 平 3 | 岩溶水 | -69.82 | -9.52 |
| 21 | 鸠山镇林场 | 岩溶水 | -57.00 | -8.56 | 87 | 桐树张 | 岩溶水 | -62.20 | -8.79 |
| 22 | 宣化镇王村村南 | 岩溶水 | -62.42 | -8.62 | 88 | 3号钻场 | 岩溶水 | -62.36 | -8.92 |
| 26 | 苌庄镇郭楼村 | 岩溶水 | -60.89 | -7.92 | 89 | 平 8 | 岩溶水 | -69.66 | -9.21 |
| 27 | 禹州市苌庄镇 | 岩溶水 | -58.51 | -8.34 | 90 | 1号钻场 | 岩溶水 | -65.80 | -8.65 |
| 29 | 浅井镇扒村 | 岩溶水 | -61.57 | -8.55 | 91 | 西大巷 | 岩溶水 | -61.73 | -8.84 |
| 30 | 方山镇琉璃沟 | 岩溶水 | -58.17 | -8.44 | 92 | 平禹一矿 | 雨水 | -59.06 | -9.03 |
| 31 | 方山镇张门沟 | 岩溶水 | -57.54 | -8.42 | 93 | 登封徐庄镇 | 雨水 | -68.11 | -9.66 |
| 32 | 方山镇彭沟 | 岩溶水 | -56.31 | -8.37 | 85 | 登封王村招待所 | 雨水 | -84.15 | -11.54 |
| 33 | 磨街乡文湾公路边 | 岩溶水 | -56.63 | -8.27 | 86 | 浅井镇马沟 | 雨水 | -81.56 | -10.99 |
| 35 | 磨街乡大涧村 | 岩溶水 | -58.32 | -8.41 | 69 | 苌庄镇瀍江波水库 | 水库 | -62.11 | -8.96 |
| 36 | 磨街乡陈庄 | 岩溶水 | -58.25 | -8.26 | 6 | 禹州市市区颍河 | 河水 | -50.83 | -6.42 |
| 37 | 宣化镇蔡沟 | 岩溶水 | -59.68 | -8.49 | 78 | 宣化镇佛坰村 | 水库 | -46.40 | -5.54 |
| 38 | 花石镇桃源村 | 岩溶水 | -61.66 | -8.52 | 68 | 浅井镇逍遥观水库 | 水库 | -44.00 | -5.03 |
| 39 | 苌庄镇铁山组 | 岩溶水 | -58.22 | -8.31 | 70 | 浅井镇龙尾水库 | 水库 | -65.10 | -8.83 |
| 40 | 无梁镇郭庄 | 岩溶水 | -59.75 | -8.25 | 72 | 浅井镇朋沟水库 | 水库 | -45.32 | -5.23 |
| 41 | 无梁镇郭庄 | 岩溶水 | -58.07 | -8.14 | 59 | 白沙水库亭边 | 水库 | -38.59 | -4.54 |
| 42 | 无梁镇岗闫村 | 岩溶水 | -58.16 | -8.07 | 54 | 鸠山镇石门水库 | 水库 | -45.00 | -5.92 |
| 43 | 无梁镇岗闫村西 | 岩溶水 | -56.17 | -7.81 | 49 | 鸠山镇纸坊水库 | 水库 | -34.40 | -3.58 |
| 44 | 无梁镇井李村 | 岩溶水 | -53.46 | -7.40 | 50 | 鸠山镇黑龙潭水库 | 水库 | -54.88 | -7.34 |
| 45 | 鸠山镇赵庄村委 | 岩溶水 | -54.76 | -7.67 | 46 | 宣化镇白沙水库 | 水库 | -40.17 | -4.73 |
| 48 | 鸠山镇涌泉河 | 岩溶水 | -62.08 | -8.63 | 23 | 白沙二级大坝下 | 水库 | -46.80 | -5.20 |
| 51 | 文殊镇油坊门村 | 岩溶水 | -61.84 | -7.33 | 24 | 白沙大坝内侧 | 水库 | -41.36 | -4.64 |
| 52 | 鸠山镇楼院村南 | 岩溶水 | -62.33 | -7.82 | 25 | 鸠山镇吴河水库 | 水库 | -58.35 | -8.52 |
| 53 | 宣化镇王村 | 岩溶水 | -67.76 | -8.29 | 12 | 浅井镇张坰村东头 | 水库 | -44.11 | -5.17 |
| 55 | 浅井镇白土坰村村口 | 岩溶水 | -62.81 | -8.22 | 28 | 磨街乡大涧村边 | 水库 | -55.13 | -7.37 |
| 56 | 浅井镇宋家门村 | 岩溶水 | -61.40 | -8.28 | 34 | 水磨河幸福泉 | 河水 | -60.80 | -7.54 |
| 57 | 浅井镇朵村村南 | 岩溶水 | -64.16 | -8.60 | 79 | 方山镇栗树沟林场 | 浅井水 | -40.69 | -6.20 |
| 58 | 浅井镇书堂村 | 岩溶水 | -60.85 | -8.72 | 73 | 鸠山镇魏井村 | 浅井水 | -46.68 | -6.77 |
| 60 | 浅井镇孤石村 | 岩溶水 | -62.11 | -8.77 | | | | | |

根据本次采集水样的同位素分析结果,制作了 $\delta D$ 与 $\delta O$ 关系散点图及等值线图,如图 2-17~图 2-19 所示,对研究区地下水的形成及补给径流途径分析如下。

(1)所采集的 4 个大气降水样,$\delta O$ 最大值为-9.03‰,最小值为-11.54‰,平均值为-10.3‰,$\delta D$ 最大值为-59.06‰,最小值为-81.56‰,平均值为-73.22‰。在 $\delta D$-$\delta O$ 散点图上,$\delta D$、$\delta O$ 散点均落在全国雨水线和郑州地区雨水线附近,说明禹州山区降水中 $\delta D$ 与 $\delta O$ 关系符合全国雨水线和郑州地区雨水线方程。降水 $\delta O$ 和 $\delta D$ 值明显低于地表水和地下水。

(2)共采集了 17 个地表水水样,主要来自基岩山区水库蓄水,$\delta O$ 最大值为-3.58‰,最小值为-8.96‰,平均值为-6.15‰,$\delta D$ 最大值为-34.40‰,最小值为-65.10‰,平均值为-49.02‰。与大气降水相比,其 $\delta O$ 和 $\delta D$ 值明显偏高,这与蒸发浓缩作用导致的重同位素浓度偏高有关。基岩山区水库蓄水主要来源于山区地表径流,进入水库后经过了较长时间的蒸发作用。

(3)在统计的 72 个地下水水样中,$\delta O$ 最大值为-9.67‰,最小值为-7.33‰,平均值为-8.39‰,$\delta D$ 最大值为-53.46‰,最小值为-69.82‰,平均值为-59.73‰。在禹州矿区 93 个同位素样的 $\delta D$ 与 $\delta O$ 关系散点图上,岩溶水 $\delta D$、$\delta O$ 散点均落在全国雨水线和郑州地区雨水线附近,说明禹州矿区的岩溶水(包括矿井水)主要来源于山区大气降水的补给。

(4)在禹州山区岩溶水 $\delta O$ 等值线图上,自平原向山区 $\delta O$ 值存在着降低的趋势,山区海拔越高,地下水的 $\delta O$ 值相对越低。这种特征反映了基岩地下水主要源于山区大气降水的补给,而降水中 $\delta O$ 值通常随海拔的增加而降低,一般说来,海拔每升高 100m,$\delta O$ 降低 0.2‰~0.6‰。

(5)平禹一矿岩溶水 $\delta O$ 值为-9.4‰~-8.7‰,而一矿附近降水的 $\delta O$ 值为-9.03‰,这说明基岩山区高海拔处的大气降水对平禹一矿岩溶水起到了补给作用,结合岩溶水形成和补给径流条件分析,平禹一矿岩溶水主要来自于井田北部和西北部山区岩溶水的侧向径流。

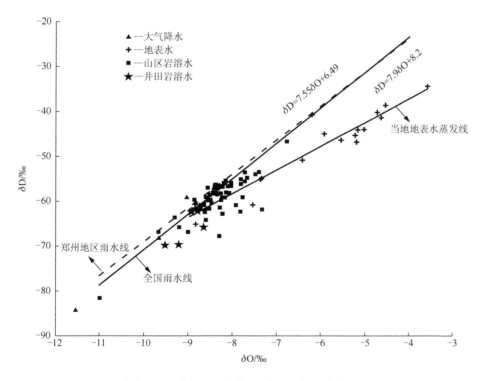

图 2-17 禹州矿区水样 $\delta D$ 与 $\delta O$ 关系散点图

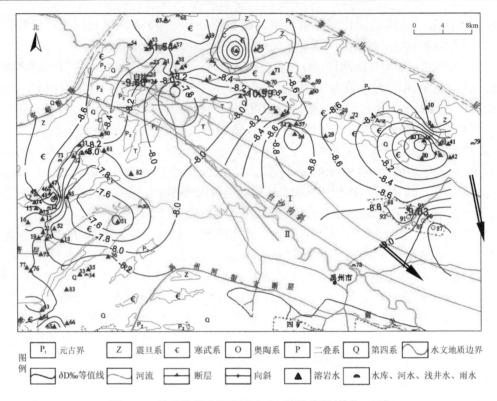

图 2-18　禹州基岩山区岩溶水 $\delta O$ 等值线图(单位：‰)

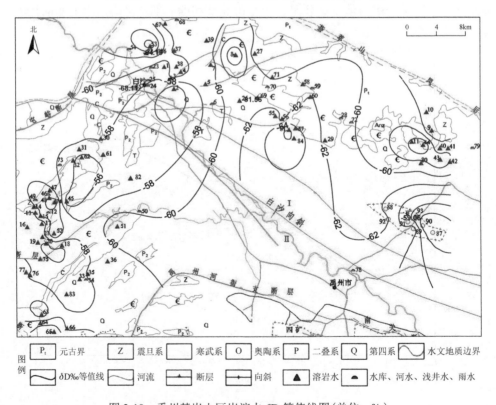

图 2-19　禹州基岩山区岩溶水 $\delta D$ 等值线图(单位：‰)

(6) 平禹一矿岩溶水 $\delta O$ 值和 $\delta D$ 值明显低于禹州西南山区(鸠山—磨街一带)岩溶水,鸠山—磨街一带岩溶水 $\delta O$ 值和 $\delta D$ 值均偏高,$\delta O$ 值为-8.2‰～-7.6‰,$\delta D$ 值为-60‰～-58‰,而平禹一矿 $\delta O$ 值为-9.4‰～-8.7‰,$\delta D$ 值为-68‰～-62‰。说明西南山区岩溶水与平禹一矿岩溶水分属两个不同的水文地质单元。

6. 岩溶水形成年龄

1) 利用氚确定地下水年龄

在年轻地下水测年技术的研究领域,较为成熟的方法有 $^3H$ 法、$^3H/He$ 法、CFC 法等。氚(T 或 $^3H$)是氢的放射性同位素,半衰期为 12.43 年,在水中以 HTO 形式存在,氚的浓度常用氚单位(TU)表示(1TU 相当于 $10^{18}$ 个氢原子中含一个氚原子),即 $T/H=10^{-18}$。一般认为用它可测定 60 年以内的水年龄,对于矿井水的定性或半定性研究效果良好。循环水中的氚起源于天然和人工两类,前者是宇宙射线与上部大气层反应的结果,产率很低,北半球可达 5～10TU;后者是 1952 年以来大规模热核试验导致大量人造氚进入大气的结果,北半球氚含量 1963 年达到高峰,其值为数千氚单位,超过天然氚浓度几个数量级,1963 年后,因大气热核试验减少,氚浓度也随之降低,目前基本衰减至热核试验之前的水平。因此,氚用于确定地下水年龄的方法基本失效。

由于天然氚和人工氚在大气中形成氚水后遍布整个大气圈,其降雨对现代环境水起着标记作用,相当于大规模全球性投放的示踪试验,因此可利用氚浓度研究和追踪地下水运动状况,由于氚浓度在自然环境的分布还受季节、大陆、纬度、高度效应等因素的影响,要得到历年当地大气降雨中氚浓度值是非常困难的,因此,利用氚测定地下水年龄一般情况下只能得出半定量的评价。用氚法测定地下水年龄可用经验法和数学物理模型法,经验法根据地下水是否受到了核爆氚的标记,将地下水形成时间分为核试验前和核试验后,这种方法可以对地下水年龄及水文特征作出定性的判断,给出经验值。数学物理模型法的应用是利用放射性同位素的衰变规律而体现的计时特性来了解系统特征信息,表现在输入输出的信息及系统响应变换。以降落到地面的降水年平均氚浓度作为地下水的输入函数,应用不同的数学物理模型进行计算。由于天然情况下大气降水的氚浓度为 10TU,1953 年以前降雨入渗形成的地下水到本次取样时间,按照衰变原理其氚浓度应小于 0.7TU。因此若样品的氚浓度小于此值,则其年龄一般认为大于 54 年,若地下水氚浓度大于 0.7TU,则认为其年龄小于 54 年,即在核爆试验之后形成的。据国际原子能委员会同位素小组的划分方法,当氚含量:

<3TU   地下水可能是 1954 年以前的水;

3～20TU   地下水可能是 1954～1961 年补给的水;

>20TU   地下水是最近形成的。

日本木村重彦的浓度划分法如下,当氚含量:

<1TU   1954 年以前渗入补给的古水(停滞水);

>2TU   1954 年后入渗补给的新水(循环水)。

$n\times10^0$TU   混合水(停滞水与 $n\times10^0$～$n\times10^2$TU 循环水的混合);

$n\times10^1$TU   近期降水或混合水(停滞水与 $n\times10^2$TU 水混合);

$n\times10^2$TU   一般为降雨(现代水)补给的新水。

本次工作没有实测岩溶水氚含量,但根据新郑赵家寨井田 1984～1987 年实测数据,当时岩溶水氚含量平均值为在 5.9~31.14TU，据此推断岩溶水是现代大气降水所补给的。

2) 利用氟利昂确定地下水年龄

CFC 是 chlorofluorocarbons（氟利昂）的缩写，是一类人工合成的有机物，20 世纪 30 年代开始大量生产，用作制冷剂、发泡剂、清洁剂和生产橡胶塑料等。早期市场上以 CFC-11 和 CFC-12 为主，70 年代后 CFC-113 用量逐渐增加。由于其特有的挥发性，世界上生产的 90%以上的 CFC 都最终进入大气圈和水圈中。随着产量和消费量的增长，大气中 CFC 含量开始快速增加，自 1940 年以来 CFC-11、CFC-12 和 CFC-113 浓度一直稳定增加，并且在全球大气圈中均匀分布，1992 年以后各国开始控制 CFC 的使用，CFC 浓度增加速率变缓，并开始呈下降趋势，如图 2-20 所示。

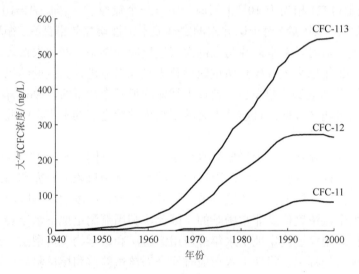

图 2-20　北美大气 CFC 浓度曲线（Plummer et al., 2000）

大气中的 CFC 可以溶解在降水中，并随降水入渗进入地下水系统中，导致地下水 CFC 浓度变化。截至目前，尚未发现地下水中存在天然形成的 CFC，因此，通过测量地下水中的 CFC 浓度，可以判断地下水形成年龄和有无现代水补给，如果含有 CFC 就表明一定有现代水补给。Thompson 等（1974）最早将 CFC 方法引入水文学领域，20 世纪 90 年代后，国外一些科学家对该方法进行了系统研究，尤其美国在这方面的研究进行得最深入和广泛。在水资源研究中有应用意义的 CFC 主要有三种：CFC-11、CFC-12 和 CFC-113。早期研究仅测定地下水中的 CFC-11 和 CFC-12，用于确定地下水的年龄，近期研究开始同时测定地下水的 CFC-11、CFC-12 和 CFC-113，可以确定地下水年龄和计算新老水的混合比。

2002 年中国科学院地质与地球物理研究所建立了我国第一家 CFC 测定实验室。CFC 用于年轻地下水年龄的测定，同其他示踪剂（如氚）一样，成为指示地下水年龄的有效工具。CFC 模拟年龄以测量地下水中 CFC 浓度的亨利（Henry）定律的应用为依据，亨利定律表示如下：

$$k_i = c_i / p_i \qquad (2\text{-}5)$$

式中，$k_i$ 为亨利定律常数；$c_i$ 为地下水中第 $i$ 个 CFC 化合物的浓度；$p_i$ 为与地下水平衡的大气中第 $i$ 个 CFC 化合物的分压。

CFC 测定的基本假设是，地下水中 CFC 浓度与补给水进入含水层并与大气隔绝后，大气圈中 CFC 压力是平衡的，进入含水层后的地下水未受到局部 CFC 源的污染，样品在采集、保存和分析过程中也未受到污染。也就是说，在含水层中的 CFC 不受后来的地球化学、生物或水文过程的影响，水样中所含 CFC 浓度代表了取样时含水层地下水的含量。因此，通过测量地下水中 CFC 浓度，结合已知输入函数和溶解度数据，就可以确定地下水滞留时间(年龄)。例如，如果 CFC-113 未被测出，表明地下水年龄相对较老，起码是 20 世纪 70 年代早期补给的地下水；如果三种 CFC 均未测出，表明地下水至少是 40 年代以前补给的，如图 2-21 所示。CFC 浓度是 1945 年以后地下水的有效示踪剂，因此，这种方法适用于 50 年来年轻地下水的测年。

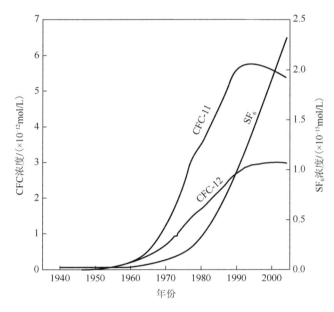

图 2-21 英国东南部白垩纪含水层地下水中 CFC 含量(Gooddy et al., 2006)

在平禹一矿及补给区按照 CFC 采样要求采集了 8 个岩溶水水样，委托中国科学院地质与地球物理研究所地下水年代学实验室测定了水中的 CFC 浓度，利用浓度及其比值浓度，确定了岩溶水表观年龄，测试结果见表 2-13。

表 2-13 平禹一矿岩溶水 CFC 浓度及测年结果表

| 水样编号 | 取样位置 | 含水层 | CFC-11 $P$/(mol/kg) | CFC-12 $P$/(mol/kg) | CFC-113 $P$/(mol/kg) | 表观年龄/年 |
|---|---|---|---|---|---|---|
| 1 | 平 3 | 岩溶水 | 1.40 | 0.79 | 0.11 | 37 |
| 2 | 桐树张 | 岩溶水 | 2.14 | 0.96 | 0.14 | 35 |
| 3 | 东大巷 3 总回风 3 号钻场 | 岩溶水 | 2.38 | 1.22 | 0.21 | 33 |
| 4 | 浅井镇政府 | 岩溶水 | 0.95 | 0.33 | 0.02 | 44 |
| 5 | 平 8 | 岩溶水 | 0.02 | 0.00 | 0.03 | >50 |
| 6 | 无梁村水井 | 岩溶水 | 4.37 | 1.53 | 0.32 | 30 |
| 7 | 东大巷 3 总回风 1 号钻场 | 岩溶水 | 0.83 | 0.20 | 0.05 | 48 |
| 8 | 西大巷 | 岩溶水 | 0.75 | 0.33 | 0.04 | 44 |

岩溶水形成年龄平均40年，结合平禹一矿井田岩溶水水文地质条件分析，岩溶水补给水源主要是大气降水，西部补给区边界（白沙水库）至平禹一矿距离30km，岩溶水从补给区径流至平禹一矿的真实速度为$u$=2.05m/d，设孔隙度$n$=0.10，则渗流速度$v$=0.205m/d，补给区水位为210m，平禹一矿水位135m，则水力坡度为$J$=0.0025，根据达西定律推算平均渗透系数$K$=82m/d。这一结果是符合实际的。通过岩溶水CFC浓度推断的岩溶水形成年龄平均40年的结论，比较符合实际。因为地下水的运动并非"活塞式"或"整体推进式"的运动，所以并非意味着平禹井田岩溶水全部是40年前大气降水所补给的，更确切地说，是40年前降水和最近几年大气降水的混合补给。

3) 利用$SF_6$确定地下水年龄

$SF_6$是一种无色、无嗅、无毒、不易燃的惰性气体，具有良好的绝缘性和灭弧性。它在工业上主要用作高压电路电闸和变压器的绝缘材料，以及金属镁生产中用于熔融操作的掩蔽气体等。其工业生产始于1953年，以后产量逐年上升，2000年已突破200t（包括储存量）。随着$SF_6$的使用量和排放量的增加，大气中的$SF_6$气体浓度也在增长。在过去的40多年间，大气对流层中$SF_6$浓度已经由其天然背景值0.054pptv增至4pptv以上。但是它的时空分布并不完全均匀，工业较为发达的北半球约比南半球高0.4pptv。相对于CFC测年法来说，CFC在1990年以后趋于稳定或有下降趋势，而$SF_6$表现为持续增长趋势，特别适合于研究1990年以后的年轻地下水。

地下水主要来源于大气降水及河水入渗补给，因此，地下水中必然含有微量的$SF_6$。而$SF_6$是一种相当稳定的惰性气体，它在大气圈中的寿命长（1935~3200年），增长速率快（每年7%）。当$SF_6$通过降水进入含水层中后，不与基质反应，不被含水层中的有机质吸附，也不会降解，目前还没有任何公共应用的家庭产品造成$SF_6$的排放，地下水中$SF_6$主要源于大气。并假定：①补给含水层的水的$SF_6$浓度与包气带内大气的浓度达到平衡；②如果包气带相对较薄（小于10m），则包气带内空气的$SF_6$的浓度就接近等于对流层中的浓度；③地下水没有受局部$SF_6$污染源的影响；④含水层中的$SF_6$没有受到生物的、地球化学的水文过程影响。在这四个假定条件下，建立地下水中$SF_6$质量平衡方程，然后计算出亨利定律常数，在满足亨利定律的应用条件的情况下，利用亨利定律将地下水中测定出的$SF_6$浓度转换成与之平衡时对应的大气中$SF_6$浓度，最后与大气中$SF_6$浓度增长曲线作对比，得到地下水$SF_6$年龄。

### 2.3.6 矿井水文地质

1. 主要充水含水层

根据地层、岩性、含水空隙特征及埋藏条件等，将矿区地层划分为五个含水层，自下而上分别为：寒武系灰岩岩溶裂隙承压含水层、石炭系太原组下段灰岩岩溶裂隙承压含水层、石炭系太原组上段灰岩岩溶裂隙承压含水层、二$_1$煤层顶板砂岩裂隙承压含水层、新近系和第四系砂卵石含水层。

1) 寒武系灰岩岩溶裂隙承压含水层

上寒武统岩性为灰白色白云质灰岩和白云岩夹薄层泥岩，区内有7个钻孔揭露该层段，揭露最大厚度137.01m，未见漏水钻孔，但2005年堵水钻孔、桐树张水井及部分长观孔在揭露该层时皆发生了大的漏水现象。该层上距二$_1$煤80m左右，岩溶裂隙发育，为含水丰富但不均一的强含水层,水化学类型为 $HCO_3-Ca\cdot Mg$ 型,目前静止水位标高 132～135m,为二$_1$煤层底板间接充水含水层。其间本溪组铝土质泥岩和太原组中段砂泥岩隔水层,阻隔了上寒武统的白云质灰岩、白云岩与太原组下段灰岩含水层、上段灰岩含水层间的水力联系,但在断层地段,这使得多层含水层相互沟通,当井巷工程接近断层时,相互沟通的含水层的水将会导致矿井涌水量大幅增加,是造成矿井灾难性水患的主要充水水源。例如,平禹一矿 1985 年 7 月标高为 30m 的总回风巷掘进掌子面突水,其最大涌水量达 2375m³/h,8 天后水量减少到 1446m³/h,造成淹井停产事故;2001 年 10 月 12041 工作面突水,最大涌水量 770 m³/h,造成二下山被淹;2005 年 10 月 19 日东大巷扩砌处发生突水,其最大涌水量达 38056m³/h,导致矿井再次被淹。从突水到泵房被淹仅仅 1 小时 40 分,距离突水点 3km 以外的寒武系灰岩供水井水位下降 150m。矿区寒武系灰岩岩溶水水位主要受大气降水和矿井突水的影响,矿井正常生产情况下(非寒武系灰岩突水),水位保持动态稳定,并分布自流孔。2008 年 12 月 14 日,13091 采掘工作面发生突水,开始突水时水量仅 4m³/h,15 小时后水量增加至 1200 m³/h,整个采区被淹。突水前寒武系灰岩水位为 132.4～136.3m,突水后井田范围内寒武系灰岩水位整体下降,东部的平 3 孔最大降幅为 15.13m,平 4 孔最大降幅达到 20.03m。

2) 石炭系太原组下段灰岩岩溶裂隙承压含水层

由四层深灰色灰岩($L_1$～$L_4$)组成,$L_4$ 上距二$_1$煤层 42m。其间太原组中段砂泥质岩段隔水层,阻隔了其与太原组上段灰岩含水层间的水力联系,是二$_1$煤层底板间接充水含水层,涌水量达到 200m³/h 以上。

3) 石炭系太原组上段灰岩岩溶裂隙承压含水层

主要由 $L_7$～$L_{11}$ 五层深灰色隐晶质石灰岩组成,夹砂质泥岩和细粒砂岩,含薄煤六层(一$_{14}$～一$_{19}$),其中 $L_{10}$ 和 $L_{11}$ 不稳定,顶部为灰黑色致密状菱铁质泥岩,其中 $L_8$、$L_9$ 层位稳定并常常合层,裂隙多被方解石充填。该段厚 20～37m,一般厚 27m。单位涌水量 0.000847～0.0263L/(s·m),渗透系数为 0.062～0.18m/d,该层上距二$_1$煤层一般 12～16m,富水性弱,导水性弱-中等,是二$_1$煤层底板直接充水含水层。充水形式以裂隙涌水为主,出水点的初始水量较大,例如,1972 年 11 月主石门北和 1975 年 1 月东大巷水闸门里底板裂隙涌水量达 350m³/h 和 164m³/h,但衰减很快。又如,13041 采面-230m 水平 2003 年 9 月井下出水点水量 17m³/h 左右,出水状态显示压力很小。说明该含水层的补给来源不足,以静储量为主,目前水位标高已疏降至-200m 以下,对矿井生产开采有一定影响。

4) 二$_1$煤层顶板砂岩裂隙承压含水层

由大占、香炭和砂锅窑砂岩组成,岩性为灰、灰白色中粒、中粗粒石英砂岩,一般厚度为 30～35m。裂隙不发育,该层段富水性也不均匀,是二$_1$煤层顶板直接充水含水层。井下开拓回采过程中主要以滴、淋水的形式向矿坑充水,水量小,易于疏排,对矿井生产影响不大。

5) 新近系和第四系砂卵石含水层

新近系和第四系由北向南、自西向东厚度逐渐增大,最大厚度为 621.50m,小武庄—李庄一带最薄,一般厚 120～170m。根据岩性和富水程度,分以下三段。

(1) 底部含水段:厚度约 35m,以含钙质结核的砂质黏土为主,夹 2～4 层粉粗砂和砂砾,单层厚度 2.5m;呈弱固结状,为富水性弱的孔隙承压水。

(2) 中部隔水段:平均厚 55m,以砂质黏土、黏土为主,夹 3～5 层细砂和砂砾,单层厚度 2～3m,多呈弱固结状,隔水性较好。

(3)上部含水段：埋深在10m以下，厚约40m，为砂质黏土夹细-中砂和砂砾2~4层，单层厚度为2~5m。除顶部含钙质结核的砂砾比较稳定外，其余皆呈透镜体状发育；35m以浅松散，35m以深呈半固结状。农田用水多取自该层，水量比较充沛，且东部富水性强于西部，为富水性中等的孔隙水。

2. 主要隔水层

1）中石炭统本溪组铝土质泥岩隔水层

主要由灰白色、紫红色铝土页岩、铝土质泥岩组成，其层位稳定，厚5~29m，一般10m左右，是上寒武统灰岩岩溶裂隙承压含水层与上石炭统太原组下段灰岩岩溶裂隙承压含水层间的隔水层，在无构造破坏的情况下隔水性能良好。

2）石炭系太原组中段砂泥质岩段隔水层

主要由灰-深灰色砂质泥岩、泥岩、细粒砂岩和薄煤层等组成，夹两层不稳定石灰岩（$L_5$~$L_6$），含薄煤七层（$一_7$~$一_{13}$），中部为灰色中粒砂岩，含云母片，俗称胡石砂岩。该段厚12~31m，一般厚20m，层位稳定，为太原组上、下段灰岩含水层间的隔水层段，正常情况下能起到良好的隔水作用。但在断层带和褶曲轴部，受裂隙影响该层有效隔水层厚度减小，隔水性能将大大弱化或失去隔水作用。

3）$二_1$煤层底板砂泥质岩隔水层

$二_1$煤层底板至$L_9$灰岩或菱铁质泥岩间由深灰色砂质泥岩、炭质泥岩组成，一般厚度为12~16m，具有一定隔水能力。断层或褶曲轴部附近完整性和强度变差，隔水能力相应降低。

4）二叠系石盒子组砂泥质岩段隔水层

该层段在矿区内距$二_1$煤层较远，其间有厚度较大的砂泥岩互层地层，厚度一般大于300m，隔水性能好，是$二_1$煤层顶板含水层与新近系、第四系砂卵石含水层间的相对隔水层。

3. 井田岩溶水补给、径流和排泄条件

1）区域岩溶水对井田的补给作用

平禹一矿位于白沙向斜的东北部，矿区北、西、南三面环山，为一向东南开阔的"箕形"向斜汇水盆地，也称白沙向斜，矿区位于向斜北翼东北部，总体上为一单斜构造。水文地质上，矿区处于白沙向斜汇水盆地的倾伏端，属区域地下水的强径流排泄区。区内未见大的断裂构造，主要断裂构造为东北部魏庄正断层（F5），呈北西至近东西的弧形走向，倾向北东，倾角60°~70°，落差100~520m，两断盘南升北降，使区内$二_1$煤层与外部碎屑岩相对接。西南部的肖庄正断层（F3），为西南盘升东北盘降的正断层，其走向北西，倾向北东，倾角55°~75°，区内落差0~350m。

寒武系灰岩在矿区西北部、西部出露，出露面积为400km²，地表岩溶发育，接受大气降水及地表水入渗补给，是岩溶水补给区。白沙向斜东北翼岩溶水自西北向东南径流，在平禹一矿以矿井排水和自流井形式排泄于地表。白沙向斜西南翼的岩溶水自西向东径流，以泉、矿井排水、少量人工开采等方式排泄。受山前众多煤矿长期疏排岩溶水的影响，岩溶水水位下降，泉水断流，矿井排水成为排泄岩溶水的主要方式，导致太灰岩溶水水位大幅度下降，寒武系灰岩水因补给充沛水位保持动态稳定。

平禹一矿井田主要充水含水层包括：石炭系太原组薄层灰岩中的$L_1$~$L_4$、$L_8$~$L_9$灰岩及寒武系灰岩，岩溶发育，富水性强。对于岩溶水来说，井田西部、西北部及东北部均为开放性的边界，来自西部和西北部的岩溶水可以畅通无阻地进入平禹一矿井田，井田东部寒武系灰岩深埋区，埋深大于1000m，岩溶发育微弱，径流滞缓，起到隔水边界的作用。井田东南部以肖庄正断层和黑水河正断层为界，黑水河正断层南盘为下降盘，落差超过400m，黑水河正断层以南为白沙向斜轴部，寒灰埋藏深度超过800m，起到隔水边界的作用。因此，当岩溶水汇流至平禹井田后，既不能向南径流，也难以向东部径流，使平禹井田形成汇水区，以矿井排水的形式向外排泄。

寒武系灰岩水主要来源于大气降水入渗和河水渗漏补给，以岩溶泉、人工开采、矿井排水等方式向外排泄。水位动态主要受大气降水和开采(矿井)排水的双重因素影响，多年水位动态比较稳定，年内水位有升有降。每年的8～9月为最高水位期，10月至翌年2月为缓慢下降期，3～4月为最低水位期，5～7月为缓慢上升期，高水位滞后降雨高峰10～15天。水位年变幅一般为1.3～2.0m，最大6.5m。矿区寒武系灰岩水位多年保持稳定，在128～136m波动，井田东部边界附近水位高于地表标高，岩溶水通过水文观测孔自流。2008年12月14日，13091采掘工作面发生大型突水后，井田东部平4水文孔最大水位降幅达到20.03m。

2) 井田边界断层的导水作用

构成井田西南边界的肖庄正断层和黑水河正断层、西北边界的魏庄正断层和关庄正断层对岩溶水向井田的补给径流起到重要作用，是岩溶水的强富水带和强径流带。

魏庄正断层(F5)走向90°～145°，在魏庄转折处为75°～145°，故在魏庄以西断层倾向北东、以东倾向北，区内落差100～520m，断层落差呈由西向东增大的趋势，为北东盘下降、南西盘上升的正断层，该断层在矿区边界邻接段长3.0km。关庄正断层(F4)位于矿区北东部连堂村附近，走向137°，倾向北东，倾角65°～70°，向东南与连堂正断层交汇，落差0～140m，长1.2km，为北盘下降、南盘上升的正断层。剖面资料显示，其与连堂正断层交汇处，断层上盘二$_1$煤层与下盘寒武系灰岩接触。由于该断裂带多条断层相互作用，特别是在魏庄处转折部位带，是应力集中裂隙发育的场所，两个顶板较大的出水点就处于该带，说明此边界的富水和导水性均较强，应属相对导水边界。以往勘探钻孔揭露断层点32个(即18条)。断层破碎带厚2.74～4m，多为弱胶结的断层角砾岩(原岩为泥岩和砂岩)；断层带漏水钻孔1个(F15，3122孔)。距断层50m以内的漏水点5孔，多分布于肖庄正断层(F3)两侧；其次是连堂正断层(F19)，例如，3091孔所揭露的太原组石灰岩，不但全漏失，而且岩心异常破碎，岩溶、裂隙非常发育。在井田西北沿魏庄正断层，形成了寒武系的两个富水带。桐树张正断层和石龙王正断层是沟通两个富水带的主要途径，并通过断层与太原组灰岩含水层发生水力联系。北和北东向有比较广阔的补给来源。因此，当矿井标高为+30m的总回风巷突水时，岳庄水井(太原组下段灰岩水)和北东长约8km的唐寨水井(寒武系水)都相继干枯。区内的断层破碎带在原始平衡破坏之前，含水性和导水性不佳，但是，断层两侧裂隙发育，含水空间良好，往往形成富水带，尤其是断层尖灭端，应力集中释放产生裂隙，富水性较强，例如，沿F26正断层和F11正断层向东西延伸，正处于F19正断层、F7正断层和F12逆断层集中尖灭部位，构成了岩溶、裂隙较发育的地带，富水性好，在矿井开采初期，揭露太原组石灰岩含水层后，最大初始涌水量达350m$^3$/h和164m$^3$/h。因补给条件不佳，出水点水量日渐减少至干枯，且使得该含水层水位大幅下降，目前开采水平处于半疏干状态，标高为-240m三采区和四采区地表137、38两个出水点几乎无压力便可以证明这一点。肖庄正断层(F3)，走向110°～150°，倾向北东，倾角约 60°，长 3.5km；南西和北西端与黑水河正断层(F2)和小王庄正断层(F6)相邻。落差 0～350m，为东北盘下降、南西盘上升的正断层。

**4. 矿井水文地质复杂程度**

根据矿井突水量统计资料，小于 60m³/h 的小型突水 39 次，占总突水次数的 79.6%；水量在 60～600m³/h 的中型突水 6 次，占总突水次数的 12.24%，水量在 600～1800m³/h 的大型突水 2 次，占总突水次数的 4.1%，水量>1800m³/h 的大型突水 2 次，占总突水次数的 4.1%。根据煤矿防治水规定，历史最大突水量为 38056m³/h，近 5 年来矿井发生最大突水量为 1100m³/h，近 3 年未发生突水，据此水文地质类型应为极复杂型。

平禹一矿在 49 次突水事故中，造成多次矿井或采区被淹，采掘工程、矿井安全受水害威胁。据此，开采受水害影响程度为复杂型。

矿井防治水工程量较大，自 2006 年以来，针对主要含水层，建立了水文观测网，实现了自动观测；对全井田进行水文地质补充勘探、三维地震和瞬变电磁勘探；对-200m 水平以下的回采工作面采取底板注浆加固措施，建立注浆系统、供排水系统；2009 年制定区域水害治理方案，并进行实施，防治水工程量大，施工难度高，增加了生产成本和工作面准备时间。因此，防治水工作难易程度属极复杂型。

根据《煤矿防治水规定》，结合矿井自然水文地质条件及多年来开采受水害影响程度和防治水工作的难易程度等生产实际，平禹一矿矿井水文地质类型综合评定为极复杂型，如表 2-14 所示。

表 2-14 平禹一矿矿井水文地质类型划分表（依据《煤矿防治水规定》）

| 分类依据 | | 分类内容 | 类型 |
| --- | --- | --- | --- |
| 受采掘破坏或影响的含水层 | 含水层性质及补给条件 | 直接充水含水层为石炭系太原组上段灰岩岩溶裂隙承压含水层、顶板砂岩裂隙水；间接充水含水层为石炭系太原组下段灰岩岩溶裂隙承压含水层、寒武系灰岩岩溶裂隙承压含水层。受采掘破坏或影响的主要是岩溶含水层，其补给条件好，补给水源充沛 | 复杂 |
| | 单位涌水量 $q$ | 最大为寒灰 4.58L/(s·m) | 复杂 |
| 矿井及周边老空区分布状况 | | 平禹一矿周边共有两个煤矿，分别是朱阁煤矿及坤城煤矿，均已关闭。朱阁煤矿的老空区位置范围基本清楚，坤城煤矿开采上组七₄煤层，对平禹一矿开采下组煤层影响较小。根据现场调查了解和向禹州市煤炭主管部门了解的情况以及矿井三维地震资料、瞬变电磁勘探成果，平禹一矿周边老空区积水量不大，位置、范围、积水量清楚 | 中等 |
| 涌水量 | 矿井涌水量 正常 | 2013 年 136.8m³/h，2014 年 164.2m³/h，2015 年 205.3m³/h | 中等 |
| | 最大 | 2013 年 336.5m³/h，2014 年 403.9m³/h，2015 年 505.0m³/h | 中等 |
| | 突水量 | 历史最大 38056 m³/h，近 3 年无大的突水 | 极复杂 |
| 开采受水害的影响程度 | | 矿区主要充水水源为岩溶水，在 49 次突水事故中，造成多次矿井或采区被淹，采掘工程、矿井安全受水害威胁 | 复杂 |
| 防治水工作的难易程度 | | 矿井防治水工程量较大，自 2006 年以来，针对主要含水层，建立了水文观测网，实现了自动观测；对全井田进行水文地质补充勘探、三维地震和瞬变电磁勘探；对-200m 水平以下的回采工作面采取底板注浆加固措施，建立注浆系统、供排水系统；2009 年制定区域水害治理方案，并进行实施，防治水工程量大，施工难度高，投入的生产成本高、工作面准备时间长 | 极复杂 |
| 综合评价 | | 按《煤矿防治水规定》中就高不就低的原则，综合评定平禹一矿矿井水文地质类型为极复杂型 | |

## 2.3.7 矿井工程地质条件

根据区内以往岩石物理力学性质试验资料，二₁煤层顶板大占砂岩干燥状态下单向抗压强度为 66.6～126.4MPa，单向抗拉强度为 0.78～9.81MPa，详情见表 2-15。

表 2-15 钻孔岩石物理力学试验成果表

| 孔号 | 层位 | 岩性 | 抗压强度/MPa 干燥状态 | 抗压强度/MPa 饱和状态 | 抗剪强度/MPa 纯剪 | 抗剪强度/MPa 45° 正应力 | 抗剪强度/MPa 45° 剪应力 | 抗拉强度/MPa |
|---|---|---|---|---|---|---|---|---|
| CK2 | 二₁煤层顶板 | 砂岩 | 108.6 | | | 15.5 | 15.5 | 10.6 |
| | | 泥岩 | 21.3 | | | | | 1.6 |
| | 二₁煤层底板 | 砂质泥岩 | 26.0 | | | | | 3.6 |
| 3068 | 二₁煤层顶板 | 粗粒砂岩 | 103.9 | | | | | |
| | | 中粒砂岩 | 112.1 | | | | | |
| | | 泥岩 | 12.1～24.7 | | | | | 0.7～1.6 |
| | | 砂质泥岩 | 17.7～28.8 | | | | | |
| 3026 | 二₁煤层顶板 | 细粒砂岩 | | | | | | 0.6～1.1 |
| | | 中粒砂岩 | 75.4～126.4 | | | | | 2.3 |
| | | 泥岩 | 31.0 | | | | | 0.5 |
| | 二₁煤层底板 | 泥岩 | 25.5 | | | | | |
| | | 砂质泥岩 | 22.9～42.0 | | | | | 0.8 |
| 井检孔 | 二₁煤层顶板 | 泥岩 | 12.8～21.2 | | | | | 0.9～1.2 |
| | | 砂质泥岩 | 26.0～44.8 | | | 7.1～8.4 | 7.1～8.4 | 1.4～1.5 |
| | | 粉砂岩 | 13.3～32.6 | | | 10.7～12.0 | 10.7～12 | 2.4～2.6 |
| | | 中粒砂岩 | 36.7～62.3 | | | 18.3～19 | 18.3～19 | 1.3～2.3 |
| | | 粗粒砂岩 | 90.7 | | | 23.4 | 23.4 | 9.5～9.8 |
| | 二₁煤层底板 | 灰岩 | 58.2 | | | | | |
| | | 中粒砂岩 | 28.0 | | | 10.0 | 10.0 | |
| 井检Ⅱ孔 | 二₁煤层顶板 | 细粒砂岩 | 28.7～44.8 | | | 5.7～7.4 | 5.7～7.4 | 1.3～2.2 |
| | | 中粒砂岩 | 66.6～74.0 | | | 9.3`18.1 | 9.3～18.1 | 1.5～5.7 |
| | | 砂质泥岩 | 18.6～25.6 | | | 6.9 | 6.9 | 2.2～3.0 |

本区二₁煤层局部为泥岩、炭质泥岩伪顶，直接顶以泥岩、砂质泥岩为主，局部为中细粒砂岩，底板岩性以泥岩、砂质泥岩为主。根据其岩性组合特征，二₁煤层工程地质类型属Ⅱ型顶/底板，生产中易于产生冒顶、片帮、掉块及底鼓变形，遇水易泥化变形，并产生支柱滑沉等不良工程地质现象，其工程地质条件不良，顶、底板不易管理，工程地质条件划分为中等型。

## 2.3.8 含煤地层及顶底板

1. 含煤地层

矿井范围内含煤地层有上石炭统太原组、下二叠统山西组、下二叠统下石盒子组和上二叠统上石盒子组。含煤地层总厚 731m，共划分九个煤段，含煤 72 层，煤层总厚度 12.96m。含煤系数 1.77%。现由老到新、由一煤段到九煤段分述如下。

1) 上石炭统太原组($C_3t$)

为区内主要含煤地层之一，由灰、深灰色中-厚层状石灰岩，深灰色泥岩，砂质泥岩，砂岩，煤层组成，厚51~79m，平均64m。共含煤16层，仅下部的一$_6$煤层为偶尔可采，其他煤层均不可采。

2) 下二叠统山西组($P_1sh$)

自硅质泥岩顶或菱铁质泥岩顶至砂锅窑砂岩底，为一套由灰-黑灰色泥岩、砂质泥岩、粉砂岩、中细粒砂岩及煤层等组成的含煤地层，即二煤段。厚71~83m，平均75m，与下伏太原组为整合接触。其中二$_1$煤为全区稳定可采煤层，厚0.99~12.95m，平均5.69m，一般4~7m。倾角10°~40°，一般20°左右。二$_3$煤为大部可采煤层，厚0~2.82m，平均1.25m，常见厚度为1.30~2.00m，倾角为10°~40°。

3) 下二叠统下石盒子组($P_1x$)

由灰色泥岩、砂质泥岩、铝土质泥岩及煤层等组成，与下伏山西组为整合接触。据其沉积特征可分为三、四、五、六四个煤段。

(1) 三煤段。

自砂锅窑砂岩($S_{sh}$)底至四煤底板砂岩($S_s$)底。底部为中粗粒砂岩，俗称砂锅窑砂岩($S_{sh}$)，厚1.50~16.50m，平均5.50m，含黑色泥质包体和泥质条带，局部见石英细砾，硅钙质胶结，交错层理，为下石盒子组与山西组的分界标志层。下部为浅灰-紫灰色铝土质泥岩(俗称大紫泥岩)，具鲕状结构，鲕粒成分为菱铁质，易于辨认，为本区辅助标志层。中上部为深灰色泥岩、砂质泥岩与砂岩互层，含少量植物化石碎片及菱铁质鲕粒。三煤段厚63~85m，平均77m。

三煤段以三角洲平原湖泊相沉积为主。

(2) 四煤段。

下部为四煤底板砂岩($S_s$)，厚0~13.24m，一般5~8m，岩性为灰绿色厚层状中细粒长石石英砂岩，含石英细砾、泥质团块及菱铁质结核，具交错层理，泥质胶结，为本区主要标志层之一。中部为灰、深灰色砂质泥岩及泥岩夹薄层细中粒砂岩。上部为浅灰、灰色泥岩及砂质泥岩，具紫斑，局部含植物化石。四煤段含薄煤9层(四$_1$~四$_9$)，其中四$_6$煤层局部可采，其他煤层均不可采。四煤段厚度为66~89m，平均75m。

四煤段下部为三角洲分流河道及河口沉积，中上部为三角洲平原相沉积。

(3) 五煤段。

底部为灰白-浅灰色中粒砂岩，俗称五煤底砂岩($S_w$)，含锆石、金红石等重矿物，顶、底含海绿石，具板状交错层理，硅质胶结，具泥质包体及条带，为四煤段与五煤段分界砂岩。下部为灰绿色砂质泥岩夹薄层细粒砂岩，含紫斑、暗斑及较大的菱铁质鲕粒，砂质泥岩及紫斑泥岩。中部以灰、深灰色砂质泥岩为主，夹灰白-浅灰色中、粗粒砂岩，含煤9层(五$_1$~五$_9$)，其中五$_2$、五$_7$煤偶尔可采，余者常为炭质泥岩。上部为灰-灰绿色泥岩、砂质泥岩，局部夹灰白-浅灰色中粒砂岩，泥岩含菱铁质鲕粒，砂岩具大型板状交错层理，层面富集菱铁质。五煤段厚度为56.95~99.95m，平均66.00m。

五煤段上部和下部以分流河道沉积为主，中部主要为三角洲平原相沉积。

(4) 六煤段。

由灰、深灰色泥岩，砂质泥岩，以及灰、灰白色厚层状细、中粒砂岩组成，泥岩局部具紫斑和菱铁质鲕粒，含煤三层(六$_1$~六$_3$)，其中六$_2$煤偶尔可采。底部为灰白-浅灰色细、中粒长石岩屑石英砂岩,俗称六煤底砂岩($S_l$),为五、六煤段分界砂岩。六煤段厚 71.00～102.00m,平均 82.00m。

4)上二叠统上石盒子组($P_2sh$)

按其沉积特征可分为七、八、九三个煤段。

(1)七煤段。

底部为灰白、浅灰色厚层状中粒长石石英砂岩,俗称田家沟砂岩($S_t$),具大型板状交错层理,含石英细砾和泥质包体,平均厚 7.00m,为上、下石盒子组的分界标志层。下部为灰绿色砂质泥岩夹细、中粒砂岩。中部为深灰色砂质泥岩夹薄层砂岩,含煤 6 层(七$_1$～七$_6$),其中七$_4$煤大部分可采,七$_2$煤偶尔可采,余者不可采或为炭质泥岩。七$_2$煤顶板为灰黑色致密泥岩或砂质泥岩,夹薄层细粒砂岩,富含个体较大的舌形贝化石,标志明显,层位稳定;顶部为灰-灰绿色泥岩、砂质泥岩,夹细中粒砂岩。泥岩含紫斑、暗斑及菱铁质鲕粒。七煤段砂岩中云母含量较高,且黑云母居多,一般可达 2%～3%,最高 10%,尤以七$_4$煤顶底板明显。此外,海绿石在七$_4$煤顶底板较常见。七煤段厚 75.00～100.00m,平均 84.00m。

(2)八煤段。

底部为灰白-浅灰色中粒砂岩,含石英细砾,俗称八煤底砂岩($S_b$),为八煤段与七煤段的分界砂岩。下部为灰色砂质泥岩夹灰绿色中、粗粒长石岩屑石英砂岩,含紫斑和暗斑。中部为深灰色砂质泥岩,夹灰绿色细、中粒砂岩及数层薄层硅质泥岩。含煤(层位)6 层,均不可采,其中八$_3$煤较发育,八$_3$煤顶板为硅质海绵岩,含丰富的硅质海绵骨针,层位稳定。上部为灰色泥岩、砂质泥岩,夹灰绿色粉砂岩,以及细、中粒砂岩,含紫斑和暗斑。顶部止于九煤底板砂岩底界面。八煤段厚 70.00～95.00m,平均 77.00m。

八煤段含多层硅质泥岩(或硅质岩),硅质含量可达 70%以上,其海绵骨针可达 50%,形成生物碎屑结构,骨针多为单射,双射甚少。

(3)九煤段。

底部为灰色-灰绿色中粒砂岩,俗称九煤底砂岩($S_j$)或大风口砂岩,岩屑含量高,偶尔含砾和泥岩,钙质胶结,分选、磨圆较差,层位较稳定,平均厚 5m,中下部砂岩长石、黑云母含量较高。多层砂质泥岩具紫斑、暗斑,含菱铁质鲕粒。上部砂岩多为灰白色、浅灰色长石石英砂岩,硅质胶结。顶部止于平顶山砂岩底界面,由深灰色砂质泥岩和灰绿色细-粗粒砂岩组成;含煤 6 层,均不可采,且多为炭质泥岩。九煤段厚 93.00～120.00m,平均 105.00m。

2. 煤层顶底板

本矿开采山西组二$_1$煤层兼采上部二$_3$煤层。二$_1$煤层厚 0.42～12.59m,二$_3$煤层厚 0.19～2.59m,倾角一般 20°～43°。已采范围内,二$_1$、二$_3$煤层厚度大部分比较稳定,二$_1$煤厚一般为 4～6m,二$_3$煤一般为 2.00m,二$_1$煤结构简单,偶含一薄层夹矸,顶板大部为 0.40～1.00m 的泥岩,局部直接顶板为砂岩,底板为砂质泥岩或细粒砂岩。二$_3$煤层底板为泥岩,顶板泥岩为主,局部为砂岩、粉砂岩,煤层结构简单。采二$_1$、二$_3$煤均采用走向长壁倾斜采煤法,机械通风。

在多年矿井生产回采中,二$_1$煤层局部具炭质泥岩(或泥岩、砂质泥岩)伪顶和伪底,均呈透镜体状,厚度一般为 0.15～0.99m;直接顶以泥岩、砂质泥岩为主,局部为中细粒砂岩(大占砂岩);底板以黑色砂质泥岩和泥岩为主,细粒砂岩及粉粒砂岩则呈零星发育,厚度一般为

3～10m，泥岩、砂质泥岩中滑面较多。正常情况下采用坑木支护，一般能保证矿井正常生产，偶见冒顶、片帮、掉块及底板底鼓、支柱滑沉等不良工程地质现象。正常情况下，顶板产状变化较底板小；其次是伪顶发育极不规则，厚度不等，或者厚层直接顶板完全缺失，煤层与老顶直接接触。

综上所述，顶底板类型划分为中等型。

### 2.3.9 矿井瓦斯

1. 煤层瓦斯参数和矿井瓦斯等级

1）煤层瓦斯参数

（1）瓦斯组分。

地质勘查中，在平禹一矿范围内分别采取二$_1$煤层瓦斯样9个，二$_3$煤层瓦斯样8个。采样方法，除3107孔二$_3$煤层为集气式外，其他全为解吸法。样品合格率100%。

如表2-16和表2-17所示，平禹一矿瓦斯成分为氮气、二氧化碳、甲烷及少量重烃气体。二$_1$煤、二$_3$煤由浅至深划分为二氧化碳-氮气带、氮气-沼气带、沼气带，其中前两个带称为瓦斯风化带。瓦斯风化带深度由于地质条件的控制，变化范围较大。煤层底板标高-250m左右为氮气-沼气带下限。-300m以浅沼气含量小于5m$^3$/(t·燃)，属低沼气含量地段。-300m以深沼气含量 5～10m$^3$/(t·燃)，属中等沼气地段。各带之间分界较明显，沼气浓度有随着埋藏深度增加而增高的趋势。

表2-16 二$_1$煤瓦斯成分及含量统计

| 孔号 | 标高/m | $N_2$/% | $CO_2$/% | $CH_4$/% | 沼气含量 | | 备注 |
| --- | --- | --- | --- | --- | --- | --- | --- |
| | | | | | mL/(g·燃) | mL/(g·煤) | |
| 3012 | -51.50 | 33.82 | 40.23 | 25.95 | 0.176 | 0.153 | 解吸法 |
| 3033 | -137.39 | 17.34 | 12.19 | 70.47 | 4.484 | 4.058 | 解吸法 |
| 3032 | -432.09 | 3.59 | 9.14 | 87.27 | 7.884 | 6.825 | 解吸法 |
| 3058 | -373.11 | 22.12 | 6.53 | 71.35 | 2.929 | 2.618 | 解吸法 |
| 3072 | -195.80 | 76.30 | 20.85 | 2.85 | 0.038 | 0.031 | 解吸法 |
| 3073 | -549.71 | 35.61 | 14.01 | 50.38 | 4.157 | 3.520 | 解吸法 |
| 3091 | -137.75 | 76.29 | 20.40 | 3.31 | 0.047 | 0.037 | 解吸法 |
| 3122 | -128.10 | 88.31 | 6.57 | 5.12 | 0.015 | 0.012 | 解吸法 |
| 31410 | -736.07 | 32.83 | 12.76 | 54.41 | 0.938 | 0.852 | 解吸法 |

表2-17 二$_3$煤瓦斯成分及含量统计

| 孔号 | 标高/m | $N_2$/% | $CO_2$/% | $CH_4$/% | 沼气含量 | | 备注 |
| --- | --- | --- | --- | --- | --- | --- | --- |
| | | | | | mL/(g·燃) | mL/(g·煤) | |
| 3013 | -284.66 | 3.00 | 14.95 | 82.05 | 4.710 | 4.196 | 解吸法 |
| 3032 | -419.91 | 2.94 | 3.54 | 93.52 | 7.591 | 6.834 | 解吸法 |
| 3058 | -362.90 | 19.34 | 4.11 | 76.76 | 2.741 | 2.577 | 解吸法 |
| 3073 | -536.35 | 25.50 | 6.06 | 68.44 | 3.384 | 2.979 | 解吸法 |
| 3072 | -187.03 | 75.32 | 23.87 | 0.81 | 0.011 | 0.010 | 解吸法 |
| 3091 | -132.02 | 82.25 | 17.05 | 0.70 | 0.013 | 0.011 | 解吸法 |
| 3107 | -476.16 | | 8.71 | 88.30 | 4.545 | 3.809 | 集气式 |
| 31410 | -726.91 | 73.79 | 10.96 | 15.25 | 0.187 | 0.174 | 解吸法 |

(2) 瓦斯含量。

二₁、二₃煤瓦斯含量较低，可燃质沼气含量分别为二₁煤 0.015~7.884m³/(t·燃)，二₃煤 0.011~7.591m³/(t·燃)。

从图 2-22 和图 2-23 可知，中等沼气含量地段主要分布于矿区中西部的陈庄逆断层附近，其原因与该断层属压性断层对瓦斯运移起封闭作用有关。矿区由于受张性断裂构造的影响，在中等瓦斯地段有瓦斯风化带存在。该区由于瓦斯样采取较少，在低沼气含量地段和中等沼气含量地段，可能有高沼地段存在。生产部门尤应警惕局部地段的高瓦斯聚积、骤然涌出或爆炸的危险。

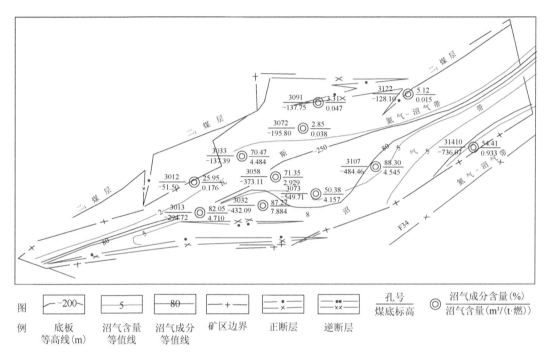

图 2-22 二₁煤层瓦斯地质图

2) 矿井瓦斯等级

根据矿井内部资料和近年的实际观察及积累，平禹一矿生产过程中一直没有发生过动力现象，而且根据历年矿井瓦斯鉴定结果，该矿井一直鉴定为瓦斯矿井(表 2-18)，绝对瓦斯涌出量为 0.30~11.19m³/min，平均为 3.91m³/min。相对瓦斯涌出量为 1.33~14.23m³/t，平均为 5.26m³/t。

从平禹一矿煤层实际揭露情况来看，西翼煤巷掘进时绝对瓦斯涌出量为 0.5~1m³/min，回采工作面绝对瓦斯涌出量为 1~2m³/min；东翼煤巷掘进时绝对瓦斯涌出量为 0.2~0.4m³/min，回采工作面绝对瓦斯涌出量为 0.4~1m³/min；总体呈现西高东低的分布趋势。

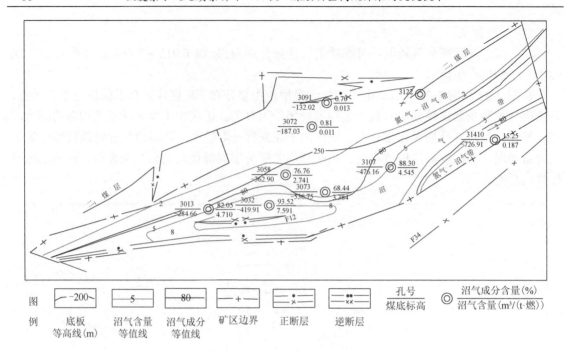

图 2-23  二₃煤层瓦斯地质图

表 2-18  平禹一矿历年瓦斯鉴定结果汇总表

| 地点 | 时间 | 矿井瓦斯涌出量 | | 鉴定等级 |
|---|---|---|---|---|
| | | 绝对涌出量/(m³/min) | 相对涌出量/(m³/t) | |
| 平禹一矿 | 1980 年 7 月 | | 14.23 | 瓦斯 |
| | 1984 年 7 月 | 1.72 | 4.07 | 瓦斯 |
| | 1985 年 1 月 | 1.05 | 1.33 | 瓦斯 |
| | 1985 年 3 月 | 2.36 | 2.70 | 瓦斯 |
| | 1985 年 4 月 | 1.97 | 2.58 | 瓦斯 |
| | 1985 年 5 月 | 1.94 | 2.64 | 瓦斯 |
| | 1986 年 7 月 | 0.45 | 3.09 | 瓦斯 |
| | 1986 年 8 月 | 0.30 | 2.06 | 瓦斯 |
| | 1987 年 2 月 | 1.62 | 11.11 | 瓦斯 |
| | 1988 年 8 月 | | 8.73 | 瓦斯 |
| | 1989 年 7 月 | 0.83 | 8.79 | 瓦斯 |
| | 1991 年 | 3.48 | 5.36 | 瓦斯 |
| | 1992 年 | 2.87 | 4.01 | 瓦斯 |
| | 1999 年 | 7.96 | 6.56 | 瓦斯 |
| | 2000 年 | 2.46 | 3.48 | 瓦斯 |
| | 2001 年 | 4.39 | 7.02 | 瓦斯 |
| | 2002 年 | 5.34 | 5.31 | 瓦斯 |
| | 2003 年 | 10.21 | 5.69 | 瓦斯 |
| | 2004 年 | 11.19 | 6.13 | 瓦斯 |
| | 2007 年 | 6.06 | 4.85 | 瓦斯 |
| | 2009 年 | 4.51 | 4.69 | 瓦斯 |
| | 2013 年 | 5.66 | 3.31 | 瓦斯 |
| | 2014 年 | 5.66 | 3.31 | 瓦斯 |
| 平均 | | 3.91 | 5.26 | 瓦斯 |

2. 矿井瓦斯赋存规律

1) 褶皱、断层构造对瓦斯赋存的影响

(1) 褶皱构造对瓦斯赋存的影响。

煤岩层在各种应力长期作用下形成波状弯曲,但仍然保持它们的连续完整性的地质构造体,称为褶皱构造。闭合而完整的背斜或弯窿构造并且覆盖不透气的地层是良好的储存瓦斯构造。在其轴部煤层内往往积存高压瓦斯形成气顶,在倾伏背斜的轴部,通常比相同埋深的翼部瓦斯含量高,但是当背斜轴的顶部岩层为透气岩层或因张力形成连通地面的裂隙时,瓦斯会大量流失,轴部含量反而比翼部少。向斜构造一般轴部的瓦斯含量比两翼高,这是因为轴部岩层受到强力挤压,围岩的透气性会变得更低,因此有利于在向斜的轴部地区封存较多的瓦斯。

岩层经过褶皱作用后,在褶皱不同部位围岩封闭瓦斯能力具有较大的差别。在背斜轴部,节理以张性为主,因此,封闭瓦斯的能力明显减弱;但在地下水循环不很强烈的碳酸盐岩地区,张性节理可被后来沉淀的方解石充填满,从而使围岩封闭瓦斯的能力大大提高。在向斜轴部,节理以压性或压扭性为主,因此,围岩封闭瓦斯的能力明显强于背斜轴部。在褶皱两翼,发育的主要是两组扭性节理,因此,这些部位封闭瓦斯的能力介于背斜轴部和向斜轴部之间。

褶皱运动使得褶皱产状发生了较大变化。而煤层是沉积岩中最软弱的成分之一,在构造应力作用下或重力作用下极易发生变形,甚至产生塑性流变,形成复杂的褶皱和厚煤包。同时大量的突出资料表明,对于褶皱,易突出部位主要在褶皱强烈地带或紧密结合褶皱部位;不协调褶皱、层间滑动或层间褶皱发育地带;向斜的轴部附近、背斜的倾伏端、背斜中性面以下部位;牵引褶皱部位等。

① 向斜构造。通常,向斜构造比背斜构造对瓦斯保存有利。单纯从向斜构造来看,向斜两翼地层倾角越大,煤层瓦斯越容易逸散;反之,两翼倾角较小、断裂不发育或发育逆断层,则有利于瓦斯保存。在大型宽缓向斜中,由于两翼有纵向正断层和次级褶曲发育,瓦斯容易顺两翼断层和次级背斜顶部裂隙运移逸散,瓦斯保存最好的地段往往位于向斜的次级向斜部位。

② 背斜构造。根据影响瓦斯保存的特点可将背斜构造划分为对称背斜、不对称背斜和次级背斜 3 种基本类型。在对称背斜类型中,大型背斜顶部裂隙密集发育,形成气体逸散运移的通道,故背斜轴部的含气性往往较差,而在两翼和倾伏端方向含气性变好;如果构造挤压变形强度加大,导致背斜轴部发育逆断层系统,则在一定程度上有利于瓦斯保存,其含气性可能较好。不对称背斜顶部多发育张性裂隙,在缓翼有逆断层形成,瓦斯在陡翼顺层运移并从裂隙逸散,在缓翼因受逆断层阻隔,瓦斯常得以较好保存。次级背斜多位于大型宽缓复式向斜两翼或发育在单斜构造背景中,一般次级背斜幅度小、两翼产状缓、裂隙不甚发育,有利于形成小型构造"圈闭"。如果大型背斜顶部遭受剥蚀且涉及煤层,则形成瓦斯"逸散窗",瓦斯由深部向浅部补给并顺煤层露头逸散,背斜顶部附近煤层含气性极差,含气性较好的地段往往位于两翼斜坡部位。

(2) 断层构造对瓦斯赋存的影响。

地质构造中的断层破坏了煤层的连续完整性，使煤层瓦斯条件发生了变化。不同性质的断层构造对煤层瓦斯的保存与释放是截然不同的。挤压应力产生的压扭性断裂与裂隙一般闭合程度高，瓦斯运移十分困难，同时由于挤压作用，围岩及煤层变得更加致密而有利于瓦斯保存。张应力则形成张性的裂隙和断层，有利于煤层瓦斯的释放。

压性及压扭性断层对突出的控制作用及其分布特征与断层带的应力状态是相对应的。断层带的应力状态相对比较低，而在断层两侧其应力状态会发生显著变化，不但应力值显著增加，且主应力的作用方向也有明显的变化，在距断层一定的距离以外，其应力状态才逐渐恢复到正常的应力状态。

有的断层有利于瓦斯排放，也有的断层对瓦斯排放起阻挡作用，成为瓦斯逸散的屏障。前者为开放型断层；后者为封闭型断层。断层的开放性和封闭性取决于下列条件。

① 断层的性质：一般的张性正断层属于开放型断层，而压性或压扭性断层封闭条件较好。

② 断层与地面或冲积层连通性：规模大且与地表相通或与松散冲积层相连的断层一般为开放型断层。

③ 断层将煤层断开后，煤层与断层另一盘接触的岩层性质。

④ 断层带的特征：如断层的充填、裂隙发育情况。此外，断层的空间方位对断层的保存、逸散也有影响。一般走向断裂阻隔了瓦斯沿煤层倾斜方向的逸散。而倾斜和斜交断层则把煤层切割成互不联系的块段。

平禹一矿位于荟萃山—凤后岭背斜南西翼的中段。构造形态为单斜，地层走向总体为$90°\sim 125°$，倾向$180°\sim 215°$，地层倾角在浅部为$8°\sim 25°$，深部为$25°\sim 53°$（据地震资料）。沿走向有小的缓波状起伏，区内发育断裂26条，其中落差≥100m的7条，50～100m的2条，30～50m的2条，<30m的15条。断层按走向分为NW（北西）、NE（北东）、EW（东西）三组，其中以北西向为主，以正断层为主。区内≥100m的断层绝大多数分布于矿区边界附近。在矿井采掘过程，未发现较大的断层。据矿井开采资料，井下落差0～10m的小断层较少，断层走向以北西向和东西向为主，其他方向较少。

构造是影响$二_1$、$二_3$煤层瓦斯赋存规律的重要因素。如靠近正断层的钻孔，煤层瓦斯含量明显降低，逆断层对瓦斯的赋存起封闭作用，F12逆断层构成了井田深部的一条瓦斯封闭边界，距该断层较近的3032孔瓦斯含量较高。

2) 顶底板岩性对瓦斯赋存的影响

作为煤盖层的顶板对储气层煤层的封存作用主要取决于盖层的排替压力。要使瓦斯气体封存在煤层中，煤层顶板岩石的排替压力必须高于瓦斯的储存压力。一般情况下，泥岩、粉砂岩比较致密，孔隙半径较小，排替压力较高，对瓦斯有较强的封存能力。虽然从岩性角度考虑，砂岩封存能力一般不及泥岩和粉砂岩，但是如果砂岩的成岩作用较强，胶结致密，孔隙较小，裂隙又不发育，则排替压力也较高，也可阻止瓦斯气体散失。故不能一概认为凡是砂岩其透气性都较大，都有利于下伏煤层瓦斯散失。

自然界任何岩层都不同程度地发育有裂隙，厚层砂岩里更易于发生断裂构造。所以不能仅依据顶板含砂岩多少判定下伏煤层的瓦斯含量，顶板裂隙发育程度才是影响煤层瓦斯含量的主要地质元素。裂隙发育的泥岩顶板也有利于瓦斯散失。

煤层瓦斯赋存于煤层中，其围岩条件好坏直接影响瓦斯赋存量，而围岩条件主要取决于煤层顶、底板岩性及透气性能。一般来说：围岩的透气性越大，瓦斯越易流失，煤层瓦斯含量就越少；反之，瓦斯越易于保存，煤层的瓦斯含量就越高。所以，作为储气煤层的盖层，顶板岩层的透气性对煤层含气性肯定有影响。许多文献提出，砂岩的透气性大于泥岩，煤层顶板若为砂岩，煤层瓦斯易流失，煤层内瓦斯含量则偏少。

本区二$_1$煤层局部具泥岩、炭质泥岩伪顶，直接顶以泥岩、砂质泥岩为主，局部为中细粒砂岩，底板岩性以泥岩、砂质泥岩为主。根据其岩性组合特征，二$_1$煤层工程地质类型属Ⅱ型顶/底板。矿井瓦斯主要来自煤层本身，顶板围岩中瓦斯量甚小，放顶后瓦斯量无明显增大。涌出量以回采、掘进工作面为主，次为采空区、残留煤柱和采落残煤。

3) 岩浆岩分布对瓦斯赋存的影响

平禹一矿井田范围内尚未发现有岩浆岩。

4) 煤层埋深对瓦斯赋存的影响

在瓦斯含量控制因素中，上覆基岩厚度是一种区域性控制因素。它对瓦斯含量的控制主要取决于上覆地层的厚度、岩性、裂隙发育程度。致密的、厚层的、具有较高排替压力的上覆地层对瓦斯的保存起到积极作用。在正常地温梯度下，一定深度范围内，上覆基岩厚度越小，储层压力越低，煤吸附甲烷能力越低，即理论瓦斯含量越小。

煤层埋藏深，易于瓦斯保存，含量一般随深度增加而增加，在井田中部及西部规律比较明显。

312 勘探线以东瓦斯含量普遍较低，如 31410 孔垂深 861.95m，测定的甲烷含量仅 0.938mL/(g·燃)，究其原因，与煤层埋深无直接关系，而是深部在第四系沉积之前，曾遭受到强烈的瓦斯风化作用。

5) 岩溶陷落柱对瓦斯赋存的影响

根据三维地震资料，于 3005 孔北部存在一个陷落柱，陷落柱呈 NW-SE 向短条带状分布，走向长 220m，宽 20~45m，平面积约 $7 \times 10^3 m^2$，表现为纵向上发育的特征。井下开采未揭露过陷落柱，可作为一种地质异常，在采掘时应加以注意。

6) 煤层厚度对瓦斯赋存的影响

煤层厚度对瓦斯赋存也有一定影响。煤储层的几何特征，如煤层厚度、煤层稳定性、煤层结构等，对煤储层含气性和物性有一定影响，特别是煤层厚度对瓦斯的保存具有重要影响。

瓦斯的逸散以扩散方式为主，空间两点之间的浓度差是其扩散的主要动力。在其他初始条件相似的情况下，煤储层厚度越大，达到中值浓度或者扩散终止所需要的时间就越长。煤储层本身是一种高度致密的低渗透性岩层，上部分层和下部分层对中部分层有强烈封盖作用，煤储层厚度越大，中部分层的煤层气向顶底板扩散的路径就越长，扩散阻力就越大，对瓦斯保存越有利。在顶板岩性相同的区域内，瓦斯含量在煤厚最大处相对较大，而在煤厚相对较小处，煤层厚度对瓦斯赋存具有较大影响。

3. 矿井瓦斯涌出量预测

1) 矿井瓦斯涌出量的主要影响因素

瓦斯涌出量是指在矿井建设和生产过程中从煤与岩石内涌出的瓦斯量。其表达方法有两种：绝对瓦斯涌出量，是指在单位时间内涌出的瓦斯量，单位为 $m^3/min$ 或 $m^3/d$；相对(吨煤)

瓦斯涌出量，是指产 1t 煤所涌出的瓦斯量，单位是 $m^3/t$，两者的关系是

$$q_{CH_4} = \frac{Q_{CH_4}}{A} \tag{2-6}$$

式中，$q_{CH_4}$ 为相对瓦斯涌出量，$m^3/t$；$A$ 为日产量煤，$t/d$；$Q_{CH_4}$ 为绝对瓦斯涌出量，$m^3/d$。

瓦斯涌出可以分为普通涌出与特殊涌出。普通涌出是在时间与空间上比较均匀、普遍发生的不间断涌出，它决定了矿井的瓦斯平衡与风量分配；特殊涌出是在时间与空间上突然、集中发生的、涌出量很不均匀的间断涌出，后者包括瓦斯喷出与煤和瓦斯突出。瓦斯涌出量主要取决于下述自然因素和开采技术因素。

(1) 煤层和围岩的瓦斯含量。

煤层（包括可采层和邻近层）和围岩的瓦斯含量是瓦斯涌出量的决定因素，瓦斯含量越高，瓦斯涌出量就越大。瓦斯涌出量中除开采煤层涌出的瓦斯外，还有来自邻近层和围岩的瓦斯，所以相对瓦斯涌出量一般要比瓦斯含量大。当前矿井的瓦斯涌出量预测把煤层瓦斯含量作为主要依据。

(2) 开采深度。

在瓦斯风化带内开采的矿井，相对瓦斯涌出量与深度无关；在甲烷带内开采的矿井，随着开采深度的增加，相对瓦斯涌出量增高。值得注意的是，在深部开采时，邻近层与围岩所涌出的量比开采层增加得快，因此，深部开采矿井更应注意邻近层与围岩瓦斯涌出。

(3) 开采规模。

开采规模是针对开拓、开采范围以及矿井的产量而言的。对某一矿井来说，开采规模越大，矿井绝对瓦斯涌出量也就越大；但就矿井的相对瓦斯涌出量来说，情况比较复杂，如果矿井是靠改进采煤工艺、提高工作面单产来增大产量的，则相对瓦斯涌出量会有明显减少，原因为：第一，与采面无关的瓦斯涌出量在产量提高时无明显增大；第二，随着开采速度加快，邻近层及采落煤的残存瓦斯量将增大。如果矿井仅是靠扩大开采规模来增大产量的，则矿井相对瓦斯涌出量或增大，或保持不变。

(4) 开采顺序和开采方法。

在开采煤层群中的首采煤层时，由于其涌出的瓦斯不仅来源于开采层本身，而且来源于上、下邻近层，因此，开采首采煤层时的瓦斯涌出量往往比开采其他各分层时大好几倍。为了使矿井瓦斯涌出量不发生大的波动，在开采煤层群时，应搭配好首采煤层和其他各层的比例。

在厚煤层分层开采时，不同分层的瓦斯涌出量也有很大的差别。一般情况是，第一分层瓦斯涌出量最大，最后一个分层瓦斯涌出量最小。

采煤方法的回采率越低，瓦斯涌出量就越大，因为丢煤中所含瓦斯的绝大部分仍要涌入巷道。在开采煤层群时，由于采用陷落法管理顶板比采用充填法管理顶板时能造成顶板更大范围的破坏与松动，因而采用陷落法管理顶板的工作面的瓦斯涌出量比采用充填法管理顶板的工作面的瓦斯涌出量大。

(5) 地面大气压力变化。

地面大气压力的变化，会引起井下空气压力的变化。根据测定，地面大气压力一年内变化量可达 $5 \times 10^{-3} \sim 8 \times 10^{-3} MPa$，一天内最大变化量可达 $2 \times 10^{-3} \sim 4 \times 10^{-3} MPa$。但与煤层瓦斯压力

相比,地面大气压的变化量是很微小的。地面大气压的变化对煤层暴露面的瓦斯涌出量没有多大影响,但对采空区瓦斯涌出有较大的影响。在生产规模较大、采空区瓦斯涌出量占很大比重的矿井中,当气压突然下降时,采空区积存的瓦斯会更多地涌入风流中,使矿井瓦斯涌出量增大;当气压变大时,矿井瓦斯涌出量会明显减小。

2)矿井瓦斯涌出量预测方法

按照《矿井瓦斯涌出量预测方法》(AQ 1018—2006)的规定,采用分源预测法和瓦斯地质图法对平禹一矿主要煤层进行瓦斯涌出量预测。

分源预测法以瓦斯含量为基础,其实质是按照矿井生产过程中瓦斯涌出源的多少、各个涌出源瓦斯涌出量的大小来预测矿井、采区、回采面和掘进工作面等的瓦斯涌出量。各个涌出源瓦斯涌出量的大小是以煤层瓦斯含量、瓦斯涌出规律和煤层开采技术条件为基础进行计算而确定的。含瓦斯煤层在开采时,受采动影响,赋存在煤层及围岩中的瓦斯平衡状态遭到破坏,破坏带内的瓦斯沿着裂隙、孔隙通道涌入工作面。井下涌出瓦斯的地点即瓦斯涌出源。瓦斯涌出源的多少、各涌出源瓦斯涌出量的大小直接决定矿井瓦斯涌出量的大小。矿井瓦斯来源构成如图2-24所示。

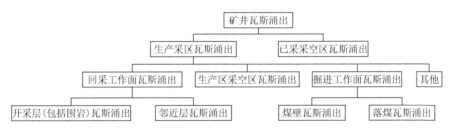

图2-24 矿井瓦斯来源构成图

3)平禹一矿瓦斯涌出量预测

(1)分源预测法预测瓦斯涌出量。

① 瓦斯含量预测。

$$q_k = K_1 \times K_2 \times K_3 \times \frac{m_0}{m} \times (X_0 - X_1) \tag{2-7}$$

式中,$q_k$ 为开采煤层(包括围岩)相对瓦斯涌出量,m³/t;$K_1$ 为围岩瓦斯涌出系数,回采工作面顶板采用全部垮落法管理,$K_1=1.20$;$K_2$ 为工作面丢煤瓦斯涌出系数,其值为工作面回采率的倒数,二₁煤层回采工作面回采率为80%,则 $K_2=1.25$;$m_0$ 为煤层厚度,m,取平均值5.2m;$m$ 为煤层开采厚度,m,平禹一矿回采工作面采煤方法为综采放顶煤,考虑到煤层赋存不稳定,有丢底现象,故取煤厚平均值4.0m;$X_0$ 为煤层原始瓦斯含量,m³/t,目前矿井已进入回采中后期,取统计的已揭露区平均值,$X_0=4$m³/t;$X_1$ 为煤的残存瓦斯含量,m³/t,据二₁煤层煤的挥发分含量分析,为13.3%,查表 $X_1$ 取 2.2m³/t;$K_3$ 为准备巷道预排瓦斯对工作面煤体瓦斯涌出影响系数,采用长壁后退式回采时,系数 $K_3$ 按式(2-8)确定:

$$K_3 = (L-2h)/L \tag{2-8}$$

式中,$L$ 为回采工作面长度,m,取平均值150m;$h$ 为巷道预排瓦斯等值宽度,m,查《巷道预排瓦斯等值宽度表》,$h=9.0$m。

将以上各值代入式(2-8)：

$$K_3=(150-2\times9.0)/150=0.88$$

则 $K_3$ 取 0.88。

将以上各值代入式(2-7)：

$$q_k=1.2\times1.25\times0.88\times(5.2/4)\times(4-2.2)=3.09(m^3/t)$$

则平禹一矿二$_1$煤层(包括围岩)相对瓦斯涌出量为 3.09m³/t。

② 瓦斯涌出量预测。2017 年度矿井计划生产 100 万 t 煤，则预测矿井瓦斯涌出量为

$$Q_x = q_k \times t \qquad (2-9)$$

式中，$Q_x$ 为矿井瓦斯涌出量，m³/min；$q_k$ 为开采煤层(包括围岩)相对瓦斯涌出量，m³/t；$t$ 为矿井每分钟原煤产量，t/min。

将以上各值代入式(2-9)：

$$Q_x=3.09\times(100\times10^4)/(12\times30\times24\times60)=5.96(m^3/min)$$

则矿井瓦斯涌出量为 5.96m³/min。

(2) 瓦斯地质图法预测瓦斯涌出量。

根据矿井瓦斯地质图分析，目前矿井已进入回采中后期，其未采区瓦斯含量和涌出量与已回采区的平均数据基本相等，据统计，目前矿井已回采区煤层厚度大于 5.2m 的区域瓦斯涌出量一般在 4m³/min 以下，而其他区域一般在 5m³/min 以下，则据瓦斯地质图资料预测，5m³/min 以上的区域都在矿井自然边界附近大断层处，目前矿井开采还没有延伸进入该区域。

4. 煤与瓦斯区域突出危险性预测

《防治煤与瓦斯突出规定》第四十三条规定，根据煤层瓦斯参数结合瓦斯地质分析的区域预测方法应当按照下列要求进行。

(1) 煤层瓦斯风化带为无突出危险区域。

(2) 根据已开采区域确切掌握的煤层赋存特征、地质构造条件、突出分布的规律和对预测区域煤层地质构造的探测、预测结果，采用瓦斯地质分析的方法划分出突出危险区域。当突出点及具有明显突出预兆的位置分布与构造带有直接关系时，则根据上部区域突出点及具有明显突出预兆的位置分布与地质构造的关系确定构造线两侧突出危险区边缘到构造线的最远距离，并结合下部区域的地质构造分布划分出下部区域构造线两侧的突出危险区；否则，在同一地质单元内，突出点及具有明显突出预兆的位置以上 20m(埋深)及以下的范围为突出危险区。

(3) 在上述(1)、(2)项划分出的无突出危险区和突出危险区以外的区域，应当根据煤层瓦斯压力 $P$ 进行预测。如果没有或者缺少煤层瓦斯压力资料，也可根据煤层瓦斯含量 $W$ 进行预测。预测所依据的邻界值应根据试验考察确定，在确定前可暂按表 2-19 预测。

表 2-19 根据煤层瓦斯压力或瓦斯含量进行区域预测的邻界值

| 瓦斯压力 $P$/MPa | 瓦斯含量 $W$/(m³/t) | 区域类别 |
| --- | --- | --- |
| $P < 0.74$ | $W < 8$ | 无突出危险区 |
| 除上述情况以外的其他情况 | | 突出危险区 |

平禹一矿含量实测数据较为翔实，瓦斯压力实测数据较少。故依据《防治煤与瓦斯突出

规定》，在有瓦斯压力实测数据区域以瓦斯压力为主要预测依据，在瓦斯压力为拟合推测区域以瓦斯含量为主要预测依据。按照规定中瓦斯含量 $8m^3/t$ 和瓦斯压力 0.74MPa 为瓦斯突出区域预测的临界值，结合各煤层具体情况，得知平禹一矿二$_1$、二$_3$煤层均无突出危险区。

5. 矿井瓦斯类型评价

平禹一矿为瓦斯矿井，各煤层瓦斯含量均一般为 $4\sim 8m^3/t$，根据最新的《煤矿地质工作规定》(2013 年)中第十条井工煤矿地质类型划分标准中瓦斯类型划分依据，平禹一矿瓦斯类型应定为中等。

### 2.3.10 煤尘爆炸性及煤的自燃

1) 煤尘爆炸性

二$_1$、二$_3$煤层均做了煤尘爆炸性试验，表明各煤层均有爆炸危险性，见表 2-20。

表 2-20 煤尘爆炸性试验结果

| 煤层 | 地点 | 火焰长度/mm | 岩粉用量/% | 爆炸性 | 备注 |
|---|---|---|---|---|---|
| 二$_3$ | CK8 | 40 | 55 | 有 | |
| | CK11 | | 55 | 有 | |
| 二$_1$ | CK8 | 50 | 60 | 有 | |
| | CK11 | | 40 | 有 | |
| | 平禹一矿 | 6 | 25 | 有 | |

2) 煤的自燃

二$_1$、二$_3$煤层着火点试验结果如表 2-21 所示。根据同一煤样的还原样与氧化样着火点之差($\Delta T_0$)对各煤层的易燃程度进行判断：二$_1$、二$_3$煤层均属不易自燃煤层。平禹一矿于 1980 年在二采区轨道上山(-100m 水平)发生冒顶，1981 年 3 月上旬二$_1$煤发生自燃，曾灌浆做了处理，1982 年该处发生冒顶，再次自燃。据现场工作人员介绍：看见煤发红，有些地方有火焰，其自燃范围：走向长 10m，倾斜宽约 30m，经直接喷水和灌浆后灭火。事实告示现场，井下必须加强通风管理，及时疏散热量，采空区按规定及时封闭，以防煤体温度过高而发生自燃。

表 2-21 着火性试验结果

| 煤层 | 项目地点 | 着火点试验结果 | | | | |
|---|---|---|---|---|---|---|
| | | 氧化样/℃ | 原煤样/℃ | 还原样/℃ | $\Delta T_0$/℃ | 结论 |
| 二$_3$ | 3094 | 366 | 370 | 374 | 8 | 不易自燃 |
| | 3122 | 376 | 377 | 378 | 2 | 不易自燃 |
| 二$_1$ | 3094 | 366 | 370 | 374 | 8 | 不易自燃 |
| | 3122 | 375 | 379 | 381 | 6 | 不易自燃 |

### 2.3.11 地温

区内共做过四个孔测温工作，其资料完整，可以利用。根据禹州市气象站标高(116.10m)和多年实测平均地表温度(17.2℃)，采用地形校正公式求出钻孔地表温度：

$$T_0 = T + G_0(Z - Z_0) \tag{2-10}$$

式中，$T$ 为多年实测平均地表温度；$T_0$ 为校正后钻孔地表温度；$Z_0$ 为测温孔地面标高；$Z$ 为禹州市气象站标高；$G_0$ 为气温随高度平均递减率(0.54℃/100m)。

根据钻孔地表温度和校正后的孔底温度，求得各测温孔(段)平均地温梯度，各煤层温度采用平均梯度乘煤层埋深，再加钻孔地表温度求得。结果见表 2-22。

表 2-22 地温梯度及二₁煤层底板温度表

| 孔号 | 地表温度/℃ | 平均地温梯度/(℃/100m) | | 二₁煤层底板 | | |
|---|---|---|---|---|---|---|
| | | 钻孔 | 全区 | 深度/m | 标高/m | 温度/℃ |
| 3026 | 17.0 | 1.25 | | 429.04 | -267.69 | 22.8 |
| 3058 | 17.0 | 1.34 | 1.61 | 522.34 | -373.11 | 24.0 |
| 3094 | 17.0 | 1.69 | | 715.67 | -576.46 | 29.2 |
| 31410 | 17.2 | 2.07 | | 861.95 | -736.07 | 34.8 |

根据以往资料和表 2-22，本区地温梯度<3℃/100m。属地温正常区，但煤层温度随埋深增加而增加，据简单测算，自煤层-600～-500m 部位开始，区内将出现热害。

## 2.4 矿井建设、生产情况

### 2.4.1 煤矿及周边老窑、老空区分布情况

历史上，与平禹一矿曾经相邻的矿井分别为朱阁煤矿和坤城煤矿，如图 2-25 所示，其中朱阁煤矿位于平禹一矿的西北邻，坤城煤矿位于平禹煤矿的中南部，平面坐标交叉，但立体坐标不重叠，目前两个相邻矿井均已关闭。平禹一矿浅部没有开采二₁煤层和二₃煤层的小煤窑。

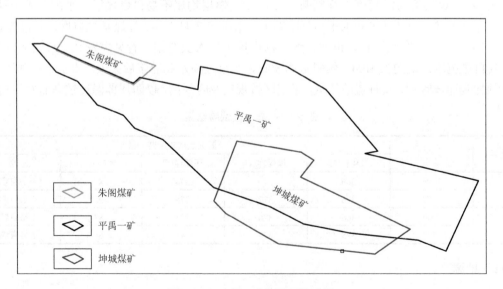

图 2-25 平禹一矿与四邻关系图

1) 朱阁煤矿

该井位于平禹一矿的西北邻，建有一对斜井，年产量为 3 万 t。开采二₁煤层，于 1958

年8月建井，1963年11月5日投产，原设计生产能力为6万t/年，后改为30万t/年，实际生产能力为25万t/年，为主、副斜井联合式开拓。采煤方法为走向长壁倾斜分层金属假顶及走向长壁沿底回采放顶采煤法，风镐落煤，开采最深为-60m水平。采掘范围位于297～299勘探线，$二_1$煤层0水平以上东西长600m，采空面积约0.12km$^2$，在1985年7月平禹一矿淹井时该矿随之被淹。1985年底经上级主管部门批准，该矿被关闭。

2) 坤城煤矿

在平禹一矿井田平面范围内有禹州市坤城煤矿，建有一对立井，设计能力6万t/年，后经改扩建改为30万t/年。坤城煤矿主要开采煤层为$七_4$煤层，上边界$七_4$煤层露头，下边界$七_4$煤层-100m底板等高线。该矿采区距平禹一矿开采的$二_1$煤层平均400m，对平禹一矿暂时影响不大。2010年6月经上级主管部门批准已关闭。

### 2.4.2 矿井生产情况

平禹一矿始建于1969年，1976年10月投产。原设计生产能力为60万t/年，2007年河南省煤炭工业局豫煤行〔2007〕193号文批准核定生产能力为100万t/年。1992年以前采用走向长壁沿顶分层回采采煤法，矿井年产量一直在20万t左右。1992年采用走向长壁沿底回采放顶煤回采工艺后，矿井产量逐年提高，2003年矿井产量达到77.6万t/年，2004年对矿井通风、运输、提升等系统进行了改造，生产能力扩大到105万t/年。2016年重新核定生产能力为150万t/年，但由于受全国去产能的影响，2016年生产原煤95万t/年。

矿井开拓方式采用立斜井单水平上下山分区式开拓，开采方法采用走向长壁后退式采煤法，全部跨落法管理顶板。矿井设计一个开采水平，水平标高-200m，上下山双翼开采。现有采区为三采区和五采区，其中三采区为主采区，五采区刚投入生产。主要系统简述如下。

1) 通风系统

矿井通风方式为区域混合式通风，生产井通风方式为中央边界抽出式，主要通风机型号为FBCDZN₀-26，配套电机功率2×355kW，总进风量2500m$^3$/min；东翼五采区通风方式为中央并列抽出式，主要通风机型号为FBCDZN₀-28，配套电机功率2×400kW，总进风量5200m$^3$/min，井下各采区全部实现独立通风，各用风地点风量满足要求，通风系统稳定可靠。

2) 排水系统

生产井中央泵房共安装水泵8台，水仓容量3600m$^3$，最大排水能力3300m$^3$/h；生产井新中央泵房共安装水泵6台，水仓容量5000m$^3$，最大排水能力3100m$^3$/h。东井五采区中央泵房共安装水泵7台，水仓容量9200m$^3$，最大排水能力3000m$^3$/h。矿井综合最大排水能力达到9400m$^3$/h，完全能够满足平禹一矿安全生产需要。

3) 供电系统

地面变电站由十里铺110kV降压站双回路供电，架空线路LGJ-120mm$^2$，线路总长9.8km。变电站安装两台S11-25000kVA主变压器。从平地入井到生产井中央变电所供电线路为4回路MYJV42/3×120mm$^2$高压铠装电缆，中央变电所向各采区供电的线路均为双回路MYJV22/3×95mm$^2$高压电缆。各采区变电所均采用高压真空配电装置，低压开关采用带选择性漏电保护的真空馈电开关进行控制。

东井中央变电所供电系统：地面变电站→明斜井→机轨合一大巷→东井中央变电所；采用5趟MYJV32/3×240mm$^2$高压铠装电缆供电，电缆最大载流量为485A，其中2趟作为主排水专用。高压真空配电装置为浙江恒泰安全设备有限公司生产的PBG-500/6型，共计36台，低压馈电开关采用中国电光防爆电气有限公司生产的KBZ-400型真空馈电开关。

4）提升运输系统

生产井主井为立井单绳缠绕式提升机，型号为2JK-3×1.5，提升高度为383.5m，主要功能是提升原煤。提升机双滚筒，滚筒直径为3000mm，宽度为1500mm，洛阳矿山机器厂1976年生产。副井为立井单绳缠绕式提升机，型号为2JK3×1.5P。东翼副井为立井提升，采用中信重工机械股份有限公司生产的JKMD2.8×4（Ⅰ）E型落地多绳摩擦绞车，最大静张力335kN，最大静张力差95kN，减速比$i$=7.35，提升高度275.8m，提升速度7.58m/s。

主运输大巷道轨铺设均为30kg道轨，轨距600mm。采用型号为CTYL-8/6型蓄电池电机车6台，湘潭市电机车厂有限公司生产，配套电机型号ZQ-11B，配套电机功率11kW，每台机车采用双电机驱动，每辆电机车均牵引30辆1t矿车，三采区采面原煤经采区皮带运输系统运送至明斜井DTL100/35/2×355S型钢丝绳芯胶带输送机，输送能力为350t/h，带速为2.5m/s，输送长度为1200m，倾角为16°，配套电机功率为2×355kW，经明斜井高强皮带运输至地面储装运系统，经储装运系统筛选后运至地面储煤场。其他分支皮带主要采用DTL100/35/2×75型胶带式输送机、DTL80/35/2×75型胶带式输送机，配套电机使用YBK2-280S-4型，功率为75kW。

5）压风系统

矿井现有空气压缩机三台：一台工作，一台备用，一台检修。其型号为BLT350A-41/9，排气量41m³/min，排气压力0.9MPa，转速1480r/min；储气罐代号C-6，配套电机型号为Y335-4，功率250kW，电压6000V，转速1482r/min；压风主管路采用内径150mm的焊接管，支管采用内径100mm的焊接管；采用双回路供电方式。

6）供水系统

矿井供水系统在地面建有两座静压供水水池，分别位于生产井和技改井工业广场内，其中生产井静压水池容量230 m³，技改井静压水池容量300m³，两套系统通过井下机轨合一大巷实现并网运行，确保井下供水系统稳定、可靠。供水管路井筒内采用$\phi$159mm无缝钢管作为供水主管路，井底车场、东、西大巷和各采区上下山采用$\phi$108mm无缝钢管作为供水干管路，各采掘工作地点采用$\phi$50mm无缝钢管作为供水支管路。防尘供水管路上每隔50m设置一个三通阀门。

## 2.5 矿井存在问题分析

平禹一矿水文地质条件为极复杂型，开采的二₁、二₃煤层均属"三软"煤层，开采条件复杂，随着我国煤炭工业的飞速发展，煤炭行业面临着优胜劣汰的局面，部分规模小、工效低、工艺落后、安全状况不稳定的煤矿必将被淘汰。因此，安全高效开采已经成为矿井立于市场不败之地的不二选择，对平禹一矿而言，更是刻不容缓。但矿井目前存在以下问题必须加以解决。

1）底板承压水严重威胁安全生产

平禹一矿自建矿以来共发生49次突水事故，多次造成矿井或采区被淹，采掘工程、矿井安全受水害威胁严重。随着矿井开采深度的不断延伸，地质条件也不断复杂化，在实际安全生产组织过程中，底板大流量高承压水害威胁突出，水害防治的难度越来越大，治理的周期越来越长，这也直接影响了矿井的采掘平衡。

2) 煤巷支护困难，掘进速度慢

"三软"煤层掘进支护困难，掘进速度慢，顶板难以控制，巷道重复维修量大，掘进施工陷入"修了坏，坏了修"的恶性循环，导致采掘接替紧张，制约了矿井的安全生产。

3) 回采工艺落后，工效比较低

之前，回采工艺以炮采放顶煤工艺为主，产量低，生产工作面多，组织管理复杂，导致人员多、工效低、成本高、效益差，严重制约了矿井的高效生产。

4) 矿井安全保障能力需要进一步提升

虽然矿井建立了完善的管理体系，但管理效能需要进一步提升，尤其是在煤炭形势不利的情况下，如何在保障安全生产的前提下，实现综合效益的提升，也是矿井当前急需解决的问题之一。

# 第3章 大流量底板承压水治理技术

## 3.1 矿井水害分析

### 3.1.1 平禹一矿历年水害分析

**1. 历年突水统计**

平禹一矿主要开采二₁煤,目前开采最低标高在-270m。根据历年矿井突水记录台账资料,1972年至2008年12月底已发生大小突水达49次,多次造成矿井或采区被淹。历年来突水情况见表3-1,突水点分布见图3-1。

表3-1 平禹一矿历年突水点统计表

| 编号 | 突水时间 | 突水地点 | 突水点标高/m | 突水量/(m³/h) | 突水水源 | 突水通道 | 突水特征 |
| --- | --- | --- | --- | --- | --- | --- | --- |
| 1 | 1972.11.12 | 运输大巷主石门120m | -200 | 350 | L₇ | 裂隙 | 23天后减小到10m³/h,干枯 |
| 2 | 1975.1 | 东大巷水闸门里 | -200 | 164 | L₇ | 断层 | 逐渐减小为渗水,断层落差1m |
| 3 | 1975.5 | 东大巷煤仓里 | -200 | 30 | L₇ | 裂隙 | 逐渐减小为10m³/h,渗水 |
| 4 | 1975.7 | 西大巷水闸门外45m | -200 | 60 | L₇ | 断层 | 现为渗水,水量2m³/h |
| 5 | 1976.10 | 西大巷水闸门里130m | -200 | 15 | L₁₋₄ | 裂隙 | 现为渗水 |
| 6 | 1976.10 | 西大巷水闸门里140m | -200 | 46 | L₁₋₄ | 裂隙 | 此处打一孔至寒灰作为供水水源,水量40m³/h |
| 7 | 1984.6 | 西大巷煤仓里560m | -200 | 70 | L₁₋₄ | 裂隙 | 现为渗水 |
| 8 | 1970 | 风井井筒 | -200 | 30 | L₁₋₄ | 裂隙 | 逐渐衰减,仍在淋水 |
| 9 | 1972 | 风井底平巷30m | -200 | 50 | L₇ | 裂隙 | 逐渐减为渗水,现已塌实 |
| 10 | 1985.7.7 | 30m 西总回风巷 | 30 | 2375 | ∈ | 断层 | 淹井,已注浆 |
| 11 | 1988.11 | 12040采面 | -20 | 50 | 老空水 | 采动裂隙 | 2天后减小到2m³/h |
| 12 | 1988.5 | 12030采面 | | 5 | 顶板砂岩 | 采动裂隙 | 现已无水 |
| 13 | 1989.3 | 13030采面 | -53 | 5 | L₁₋₄ | 采动裂隙 | 裂隙导通CK2孔,现无水 |
| 14 | 1989.9 | 12031采面 | -38 | 5 | 老空水 | 采动裂隙 | 2小时后减小到4m³/h |
| 15 | 1990.5 | 12141采面 | -185 | 9 | 顶板砂岩 | 采动裂隙 | 稳定水量2m³/h |
| 16 | 1990.10 | 206中巷 | -50 | 32 | L₁₋₄ | 断层 | |
| 17 | 1992.5 | 12031采面 | -40 | 0.8 | 老空水 | | |
| 18 | 1992.12 | 12101采面 | -100 | 1.2 | 顶板砂岩 | 采动裂隙 | |
| 19 | 1993.6 | CK2钻孔 | -42 | 6 | L₁₋₄ | 采动裂隙 | 初期为2m³/h,后增大至6m³/h |
| 20 | 1993.6 | 12071风巷 | -61 | 30 | 老空水 | | 出水体积200m³,后疏干 |
| 21 | 1994.4 | 12121风巷 | -98 | 2 | 老空水 | | 现已干枯 |
| 22 | 1997.6 | 二下12021采面 | -220 | 11.4 | 顶板砂岩 | 采动裂隙 | |

续表

| 编号 | 突水时间 | 突水地点 | 突水点标高/m | 突水量/(m³/h) | 突水水源 | 突水通道 | 突水特征 |
|---|---|---|---|---|---|---|---|
| 23 | 1998.4 | 东大巷 | -200 | 19 | $L_{7-8}$ | 裂隙 | |
| 24 | 1996.11 | 东回风巷 | -165 | 28 | $L_7$ | 裂隙 | 现为生活用水 |
| 25 | 1999.7 | 二下12060采面 | | 32 | 顶板砂岩 | 采动裂隙 | 现已干枯 |
| 26 | 2000.7 | 13011采面 | -160 | 23 | 顶板砂岩 | 采动裂隙 | 现水量很小 |
| 27 | 2000.8 | 13011采面 | -162 | 16 | 顶板砂岩 | 采动裂隙 | 现水量很小 |
| 28 | 2001.10 | 二下12041采面 | -260 | 770 | $ЄL_{1-4}$ | 采动裂隙 | |
| 29 | 2001.10 | 西大巷 | -200 | 123 | Є | 采动裂隙 | 淹采区,稳定在560m³/h |
| 30 | 2001.10 | 二下山皮带头 | -200 | 5 | $L_{7-8}$ | 裂隙 | |
| 31 | 2002.1 | 13021风巷 | -200 | 5 | $L_{7-8}$ | 裂隙 | |
| 32 | 2002.5 | 13021机巷 | -200 | 7 | 老空水 | 裂隙 | 现渗水 |
| 33 | 2002.5 | 14021风巷 | -100 | 5 | | 裂隙 | 现被埋老塘内 |
| 34 | 2002.7 | 14021风巷 | -80 | 0.025 | 顶板砂岩 | 裂隙 | 现被埋老塘内 |
| 35 | 2003.3 | 四采区平石门 | -200 | 105 | 老空水 | | 已经疏干 |
| 36 | 2003.4 | 东大巷联络巷 | -200 | 18 | $L_{7-8}$ | 裂隙 | |
| 37 | 2003.9 | 13041采面 | -230 | 17 | $L_{7-8}$ | 裂隙 | 现被埋老塘内 |
| 38 | 2003.9 | 14061机巷 | -220 | 13 | $L_{7-8}$ | 裂隙 | |
| 39 | 2004.8 | 1#钻场 | -200 | 300 | $ЄL_{1-4}$ | 钻孔 | 水压3.3MPa,已经堵水 |
| 40 | | 13071采面 | | 6 | 顶板砂岩 | | |
| 41 | | 13071采面 | | 15 | $L_{7-8}$ | 裂隙 | |
| 42 | | 14041采面 | | 3 | 顶板砂岩 | | |
| 43 | | 14041机巷 | | 15 | $L_{7-8}$ | 裂隙 | |
| 44 | | 14041机巷 | | 13 | $L_{7-8}$ | 裂隙 | |
| 45 | | 12093机巷 | | 1 | 顶板砂岩 | | |
| 46 | | 12093风巷 | | 0.5 | 顶板砂岩 | | |
| 47 | | 12060机巷 | | 1 | 顶板砂岩 | | |
| 48 | 2005.10.19 | 东大巷扩砌碹外20m段 | -200 | 38056 | $ЄL_{1-4}$ | 采动裂隙 | 淹井,已注浆堵水,2006年6月恢复生产 |
| 49 | 2008.12.14 | 13091采面 | | 1200 | $ЄL_{1-4}$ | 采动裂隙 | 淹采区,已注浆堵水 |

从突水水源来看,在49次突水事故中,以老空水为水源的突水7次,占总突水次数的14.3%;以顶板砂岩裂隙水为水源的突水13次,占总突水次数的26.5%;以太灰$L_{7-8}$灰岩岩溶水为水源的突水15次,占总突水次数的30.6%;以太灰$L_{1-4}$灰岩岩溶水为水源的突水8次,占总突水次数的16.3%;以寒武系灰岩岩溶水为水源的突水6次,占总突水次数的12.2%;井筒突水1次,占总突水次数的2.0%。矿井充水水源主要为底板寒灰和太灰岩溶水,其次是顶板砂岩裂隙水和老空水。

在突水通道明确的40次突水中,以断层为导水通道的突水共4次,占统计次数的10.0%,以岩溶裂隙为突水通道的突水22次,占统计次数的55.0%,以采动裂隙(包括顶板和底板)造成的突水13次,占统计次数的32.5%,钻孔造成的突水1次,占统计次数的2.5%。

大部分突水发生在标高-200m以上,说明浅部岩溶发育,富水性较强。突水点分布受构造影响较为明显,与构造的关系表现在以下几个方面。

(1)大断层附近的影响带,以1985年在桐树张断层影响带标高为30m回风巷寒武系灰岩突水淹井为典型代表,造成淹井事故。

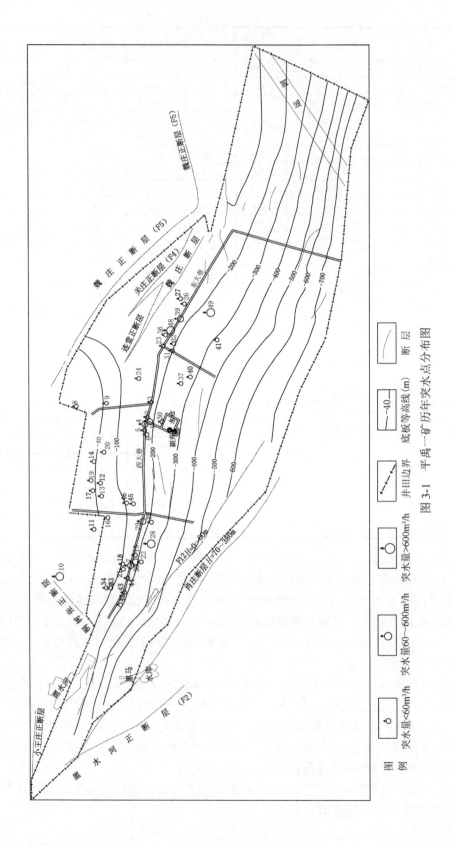

图 3-1 平禹一矿历年突水点分布图

(2) 小断层带，如 2 号和 4 号两个出水点，其中 2 号出水点位于东大巷水闸门里 15m，此处有一落差约 1m 的断层，其水源为 $L_{7-8}$ 灰岩水，突水后水量衰减很快，反映其补给差。

(3) 地层产状褶曲变形处，如西部 7、15、38 等出水点和东部 23、31、36 等出水点。

(4) 靠近较大断层的转折或转弯、分支处，如 $F_4$ 转弯和分支处分布有 26、27、29、30 等出水点。这些地段张裂隙发育，煤层采后应力释放，岩石发生底鼓、片帮等现象，形成裂隙型导水通道，为底板岩溶水突水提供了通道条件。

(5) 地层产状突然变陡带，如 25、29、30 等出水点。

(6) 采掘和开拓大巷的转折端或其附近，如 1、2、4、34 等出水点。

2. 典型突水事故

(1) 1972 年、1975 年东大巷掘进突水事故。1972 年 11 月 -200m 水平主石门向北掘进到 120m 时，遇到太原组上段灰岩岩溶裂隙，发生突水，初期(最大)突水量为 350m³/h，此后逐渐衰减，23 天后减少到 10m³/h。1975 年 1 月东大巷施工过程中，遇到发育在太原组上段灰岩中落差仅 1m 的小断层，从而发生突水，初期(最大)突水量为 164m³/h，此后逐渐衰减。这说明石炭系太灰上段岩溶裂隙承压含水层富水性一般，补给来源有限，以静储量为主。

(2) 1985 年总回风巷滞后突水淹井事故(突水编号：10)。1984 年 12 月 30m 总回风巷停止掘进，但 7 个月后即 1985 年 7 月 7 日，掘进工作面发生突水，突水点标高 30m，最大涌水量达 2375m³/h，8 天后稳定水量在 1446m³/h，造成淹井。突水后，岳庄水井(太原组下段灰岩水)和北东 8km 外的唐寨水井(寒武灰岩水)都相继干枯，从而证实本次突水得到了太灰下段和寒武系灰岩岩溶水的补给。

(3) 2001 年 12041 采面底板突水淹采区事故(突水编号：28、29、30)。2001 年 10 月 12 日，二采区下山 12041 工作面沿走向由切眼向东推进 90m 时，下部溜子底槽开始出水，水量约 6m³/h(标高-280m)；之后下部溜子机尾向下 10m 处底板出现 5m 宽的出水点，水量增大至 40m³/h，上部机头附近也发生突水，水量较大而混浊，约有 80m³/h，且出水点由下而上逐渐延伸增多，突水量逐渐增大，导致采面下部机房支架被水冲倒，工作面被淹。突水点分布如图 3-2 所示。同时，西大巷及二下山皮带头出水，并伴有底鼓。最大突水量为 770m³/h，矿井总涌水量在-200m 水平基本稳定在 750m³/h 左右，-200m 水平新增水量约 550m³/h。根据突水量动态及突水过程判断，突水水源为太灰下段或寒灰岩溶水，突水通道为煤层底板采动破坏裂隙和天然岩溶裂隙。

(4) 2005 年东大巷扩砌突水淹井事故(突水编号：48)。2005 年 10 月 19 日 15 时 30 分，东运输大巷扩砌处向西 20m 范围内巷道压力突然增大并伴有底鼓，扩砌处向西第 4 拱拱帽塌落；15 时 35 分后方 10m 范围内巷道侧帮及顶部到处掉渣，拱帽塌落 8 个，底鼓更为明显，巷道下帮道轨比上帮道轨高出 0.3m；15 时 40 分大巷冒顶处出现底鼓 1.2m，巷道两帮岩壁向巷道内鼓出 1.0m 左右；18 时 20 分底板鼓起段开始出水，形成高度 0.6m 的水柱；至 19 时 20 分涌水量超过 10000m³/h。随着时间的推移，涌水量逐步增大。据测算，前 7h 平均涌水量为 26639m³/h，最大突水量为 38056m³/h，突水总体积为 1437474m³。导致矿井被淹，矿井停产，经过注浆堵水后，直到 2006 年 6 月才恢复生产。

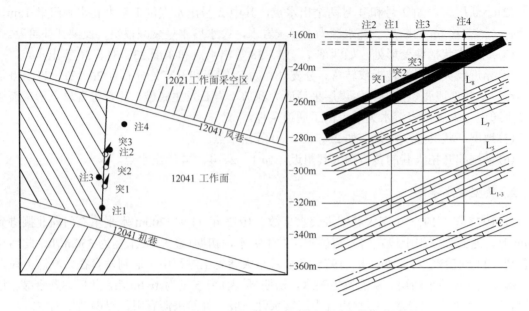

图 3-2  2001 年 12041 工作面突水点分布及注浆孔布置图

(5) 2008 年 13091 工作面突水淹采区事故（突水编号：49）。2008 年 12 月 13 日 22 时，13091 工作面 12 号钻场底板预注浆 12-4 孔（距采面 480m，方位 33°，俯角 36°）于孔深 78.90m 处发生塌孔，孔底推测层位为 $L_{1-3}$ 灰岩含水层，采用低压大水量透塌孔区，22：30 向下透孔约 0.1m，孔内出水，起始水量约 4 m³/h，并出现卡钻现象，立即起钻，起到孔内还余 20m 钻具时，孔内出水量忽大忽小不稳定，水量在 4~100m³/h，并有沙子和小石头子喷出。14 日 6：00 钻具全部提上来，此时孔内出水约 150m³/h，并伴有大量沙子和小石子喷出，很快把机巷水沟淤满。当班作业人员在清理水沟的同时，密闭孔口阀门准备注浆，7：00 阀门上好后，压力表显示水压 4.0MPa，并开始压水 1h，8：00 开始注浆，9：00 压力升至 4.2MPa，然后压力持续上升，到 16：30 压力升到 7.0MPa，稳定十几分钟后回落至 6.5MPa，又稳定半小时后又开始逐渐上升至 6.9MPa。19：00 工作面发现有跑浆现象，位置在 67 架底板出水，水量约 4 m³/h，19：30 51 架也开始出水，出水量约 30 m³/h，12-4 孔遂停止注浆，此时共注水泥 52t，后发现工作面水量逐渐增大，50~75 架之间煤层底板均向外冒水，出水量最大达到 103m³/h，此时决定打开 12-4 孔孔口阀门放水卸压，放水量约 100m³/h，15 日 7：30 采面水量由 80 m³/h 减小到 30 m³/h，后钻孔因孔内堵塞，出水量减少至 30 m³/h，随后工作面水量逐渐增大到 80 m³/h，15 日 9：30 左右，工作面出水量突然增加到 600 m³/h 左右，煤水混合物从机巷涌出，把 13091 工作面环形水仓水泵淹没，排水系统瘫痪，采面被淹。11：00 左右水量增大至 1000 m³/h 左右，三采区下山泵房被淹。18 日水量逐渐稳定，涌水量约 950 m³/h。采面出水后，地面几个寒灰观测孔和 $L_{1-3}$ 灰观测孔水都有不同程度的下降，其中采区东部平 3、平 4 孔水位下降幅度最大，近 100h 下降约 15m。采区被淹后，实施了地面注浆堵水工程，突水点被注浆封堵。

## 3.1.2 矿井充水因素分析

1. 矿井充水水源

1) 寒武系灰岩岩溶裂隙承压水

寒武系灰岩是区域强富水的岩溶裂隙含水层，岩溶发育，富水性强，补给充沛，承压水头高。上距二$_1$煤80m，是二$_1$煤层底板间接充水含水层。寒灰水水压高，在平禹井田水文钻孔普遍自流，水位标高130~137m，在平禹一矿正常排水条件下，寒灰水位保持动态稳定。在-200m开采水平，开采二$_1$煤承受的水压在3.3~3.4MPa。根据焦作、邯郸、邢台及开滦等矿区开采受岩溶水威胁的二$_1$煤经验，如果没有导水构造(断层、陷落柱)或封闭不良钻孔，在这样的水压条件下，寒灰水是不可能突破80m厚的地层(隔水层和含水层组合)而进入采掘工作面的。但平禹一矿断层构造发育，二$_1$煤底板隔水层存在着潜在的导水通道，使得寒灰水成为威胁矿井安全生产的最危险突水水源。截止到2017年12月底，已经发生了6次以寒灰水为水源的突水，其中2次造成淹井，2次淹采区。最大突水量为38056m$^3$/h，是焦作矿区最大突水量的2.6倍。

2) 石炭系太原组下段灰岩岩溶裂隙承压水

太原组薄层灰岩最多11层，岩溶裂隙发育，富水性强弱不均，局部富含岩溶水。下段含水层由6层灰岩组成($L_1$~$L_6$)，其中$L_{1-4}$最稳定，厚13.5m，上距二$_1$煤层42m。$L_{1-4}$厚度有限，补给不足，以静储量为主。单纯以$L_{1-4}$岩溶水为水源的突水，突水量不超过100m$^3$/h，一般不会形成事故。但由于$L_{1-4}$与寒灰距离较近，如有导水通道沟通得到寒灰水的补给，所以突水强度大增，极易造成淹采区甚至淹井事故。

3) 石炭系太原组上段灰岩岩溶裂隙承压水

由$L_7$~$L_{11}$五层灰岩组成，其中$L_{8-9}$灰岩较稳定，平均厚15m，上距二$_1$煤12~16m，是二$_1$煤底板直接充水含水层。由于距离煤层近，隔水层薄，岩溶水在承压水头作用下，通过构造裂隙、断层及采动裂隙等进入矿井，从而成为二$_1$煤底板主要突水水源。突水次数多，但因补给有限突水强度小，多为小型突水，少数为中型突水。在15次以$L_{7-8}$灰岩岩溶水为水源的突水中，突水量最小为5m$^3$/h，最大为350m$^3$/h。小型突水水量衰减很快，数天后变为淋水或断流，中型突水水量衰减较慢，持续一个月至数月。例如，1972年11月-200m主石门掘进时突水，最大突水量为350m$^3$/h，23天后减少到10m$^3$/h。

4) 顶板砂岩裂隙水

1972年以来共发生顶板砂岩裂隙水突水13次，占总突水次数的26.5%。由于顶板砂岩富水性差，突水方式多为顶板淋水或滴水，水量不大，偶尔会出现小股水流，但流量很小。在发生的13次顶板砂岩突水中，最大水量为32m$^3$/h。一般在8~16h后水量增至峰值，峰值过后，水量很快衰减，最后趋于稳定或干涸，从开始突水至水量衰减至0或稳定，一般持续2~3天。相对于煤层底板岩溶水水害而言，顶板水不构成威胁。

5) 老空水

平禹一矿西北部曾有朱阁煤矿，但已在1985年关闭封井。因此，老空水威胁主要来自平禹一矿的老采空区或老巷积水。随着开采深度和范围的增加，老空积水范围也逐渐增大。在采空区附近布置采掘工程时，可能诱发老空水突水。截至2008年，已经发生7次老空水突水，最大水量达到 105m³/h。由于自身采煤形成的采空区及积水区(段)位置确定，在其附近布置采掘工程时，对老空水或老塘水会有所防范，老空水对生产影响很小。

6) 大气降水

根据调查，雨季涌水量比旱季涌水量增加 30%～50%，丰水年雨季涌水量甚至是旱季的 1～2 倍，大气降水对矿坑充水有较大的影响。大气降水对矿井充水的作用表现在它是矿区岩溶水重要补给来源。在西北部低山丘陵区，近 120km² 的寒武系和奥陶系灰岩出露地表，地表岩溶裂隙发育，接受大气降水入渗补给，因此，大气降水入渗是岩溶水的重要补给来源，也是矿井充水的重要水源。

综上所述，煤层底板石炭系薄层灰岩和寒武系厚层灰岩岩溶承压水是矿井主要充水水源，寒灰水是威胁矿井安全生产的最不利因素。

2. 矿井充水通道

在 27 次底板岩溶水突水事件中，由岩溶裂隙为导水通道的突水共 16 次，占底板突水次数的 59.3%；断层引起的突水 4 次，占底板突水次数的 14.8%；采动裂隙引起的突水 6 次，占底板突水次数的 22.2%；钻孔引起的突水 1 次，占底板突水次数的 3.7%。岩溶裂隙、断层、采动裂隙和封闭不良钻孔是煤层底板岩溶水充水通道。

1) 岩溶裂隙

矿区 $L_{8-9}$ 灰岩岩溶裂隙非常发育，尤其在浅部强烈发育。矿区内 18 个钻孔揭穿该层，有 5 孔漏水，漏水量 6m³/h～全漏，漏水孔占揭露该含水层钻孔数的 28%，揭露最大裂隙宽度为 0.5m。矿井运输大巷沿该层灰岩掘进，掘进过程中发现岩溶裂隙普遍发育，但多被方解石脉充填。巷道掘进过程中，也多次发生突水或涌水。

2) 采动裂隙

(1) 底板采动裂隙。巷道因断面小对底板隔水层破坏深度有限，而工作面面积大对底板隔水层破坏深度较大。$L_{8-9}$ 灰岩上距二₁煤 12～16m，由于隔水层厚度薄，在采动影响下底板隔水层出现破坏，在隔水层中产生导水裂隙，当裂隙与 $L_{8-9}$ 灰岩富水段相沟通时，便发生底板岩溶水突水。依据平禹一矿开采技术条件，采用经验公式计算出底板破坏带深度在 8～12m，略小于 $L_{8-9}$ 灰岩与煤层底板之间砂泥岩隔水层厚度。采掘过程中即使没有遇到断层或导水岩溶裂隙，只要 $L_{8-9}$ 灰岩富水，岩溶水就可通过底板采动破坏裂隙，越过隔水层进入采掘工作面。

(2) 顶板采动裂隙。二₁煤顶板为泥岩和砂质泥岩，老顶为 $K_{15}$ 中细粒砂岩，顶板砂岩裂隙发育微弱，含有少量裂隙水。在采动影响下，煤层顶板冒落带和导水裂隙带高度范围的砂岩裂隙水，通过采动裂隙进入矿井。由于砂岩富水性差，突水量通常较小，常以顶板淋水和滴水方式进入矿井，对生产影响较小。在 14 次顶板砂岩突水中，最大水量为 32m³/h。顶板砂岩水突水后，初期水量小，2～3 天后上升至峰值，随后逐渐衰减，直至稳定或衰减至零。这反映了砂岩裂隙水富水性差，动储量有限，以静储量为主，突水过程是不断消耗含水层静储量。

3) 断层突水通道

以断层为直接突水通道的底板岩溶水突水虽说只有 4 次，但断层因沟通了寒武系灰岩和石炭系薄层灰岩的垂直水力联系，且断层又是构造薄弱带和富水带，因此，断层引起的突水具有突水强度大和危险性高的特征。例如，1985年总回风巷滞后突水淹井事故（10号突水点），最大突水量达2375m³/h，造成淹井，这次突水与桐树张断层导水、断层防水煤柱留设不合理、断层位置判断不准等因素有关，如图3-3所示。

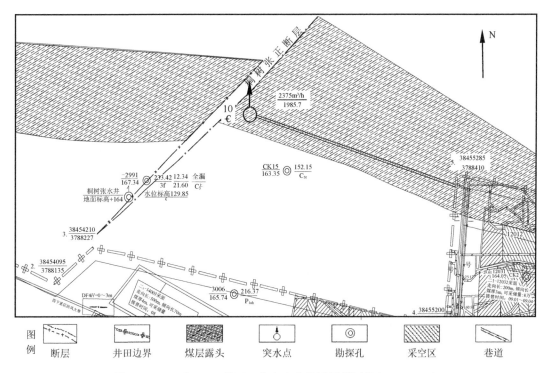

图 3-3　1985年30m总回风巷突水点位置图（比例尺1∶10000）

4）钻孔突水通道

在巷道施工探放水钻孔的过程中，当揭露灰岩富水部位或导水岩溶裂隙时，承压岩溶水常会从钻眼中喷涌而出。

3. 突水强度

以寒武系灰岩岩溶水为水源的突水，突水强度大，四次淹采区和淹井事故，水源均为寒灰和太灰下段岩溶水。例如，平禹一矿2005年10月19日东大巷扩砌时，发生寒灰水补给的突水，初期水量5000m³/h，最大突水量38056m³/h，导致矿井被淹。焦作矿区是全国著名的大水矿区，历史上最大突水量为14400m³/h，而平禹一矿最大突水量是焦作矿区最大突水量的2.6倍。这说明平禹矿区寒灰富水性强，补给条件充沛，承压水头高，破坏性强。

单纯以石炭系上段灰岩岩溶水为水源的突水，突水强度较小，在27次底板岩溶水突水水害中，21次突水没有寒武系灰岩岩溶水的参与，最大突水量为350m³/h，其次为164m³/h，其余在10~70m³/h，各次突水量分布散点图如图3-4所示。由于石炭系薄层灰岩岩溶水动储量小，突水后水量衰减较快。虽影响采掘正常生产，但一般不会形成水害事故。随着矿井开采位置的下移和采掘范围的扩大，太灰水位下降。例如，1965~1970年井田初勘时，3008孔和CK9孔太灰上段静止水位为141.78~148.92m，1991年在东翼距107集中巷500m处3091

孔实测水位-136m，-200m 水平运输大巷起到了泄水巷的作用，原有突水点基本断流，太灰上段灰岩基本上处于疏干状态。太灰下段灰岩 1970 年 CK2 孔水位为 140.23m，1991 年在距离西大巷 170m 处 3035 孔实测水位-65.38m，目前-200m 水平西大巷煤仓西和东翼的 107 集中巷原突水点断流，其水位降至-200m，在此标高以上含水层已被疏干。

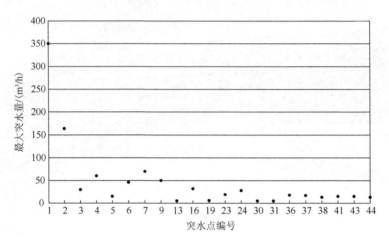

图 3-4　平禹一矿太灰岩溶水突水点最大突水量散点图

太灰下段灰岩岩溶水与寒武系灰岩岩溶水水力联系密切，凡以寒武系灰岩岩溶水为水源的突水，多表现为太灰下段和寒灰岩溶水联合突水。井下揭露出水，以-200m 水平的西大巷煤仓西 500m 处和东翼 140m 处的 107 集中巷涌水量最大，初始涌水量分别为 $70m^3/h$ 和 $90m^3/h$，但流量逐渐减少，直至干枯，表现为补给来源不足。

煤层顶板砂岩裂隙发育微弱，富水性差，水量很小。老空水突水的水量与老空积水范围、补给量、停采时间等因素有关，没有规律性。

4. 突水原因和机理分析

通过对历次底板岩溶承压水突水尤其是典型突水事故的分析，平禹一矿突水主要有以下三种形式：①底板岩巷直接揭露太灰导水裂隙造成的突水；②断层导水造成的煤层底板岩溶水突水；③煤层底板隔水层因采动破坏而引起的突水。

1) 底板岩巷直接揭露太灰导水裂隙造成的突水

矿井运输大巷布置在 $L_{7-8}$ 灰岩中，掘进过程中发现岩溶裂隙相当发育，最宽者达到 0.5m。12041 工作面出水也是岩溶裂隙导水所致。这说明本区太灰和寒灰岩溶裂隙发育，它们往往受大断层控制，切割深度可达数米甚至数十米。深切割的垂向裂隙往往会成为良好的导水通道，而又难以在勘探和掘进时发现，使水文地质条件复杂化。野外调查中发现，寒武系地层中，中统张夏鲕状灰岩和上统白云质灰岩、灰质白云岩岩溶裂隙普遍发育，在白沙水库附近条带状岩溶裂隙及白云质灰岩表面的溶沟溶槽现象非常典型，最宽达到 1.2m。煤矿巷道揭露富水的岩溶裂隙，便会发生涌水或突水。

12041 工作面突水点注浆堵水工程共布置 4 个注浆孔，注浆层位主要是太灰下段和寒灰，累计注入骨料 $2960m^3$，水泥 $7320m^3$。2005 年东大巷突水点注浆堵水共布置注 1～注 6 共 6 个注浆孔，注 1、注 2、注 3 和注 6 孔属于穿巷道孔，注 4 和注 5 孔为一般注浆孔，注 7 孔为注浆加固 1 号放水孔而布置，如图 3-5 所示。注浆孔终孔层位均为寒武系灰岩，揭露寒灰 40.5～53.78m，没有发现陷落柱或断层，证实突水通道为岩溶裂隙。注浆孔钻进寒灰和太灰下段灰岩时普遍发生漏水，注浆时浆液消耗量非常大，见表 3-2，如注 1 孔 $L_{1-3}$ 灰岩段共注入水泥 6021.6t，注 2 孔 $L_{1-3}$ 灰岩段注入水泥 10701t，注 4 孔寒灰段注入水泥 14632t，说明突水点附近 $L_{1-3}$ 灰岩与寒灰岩溶裂隙非常发育。

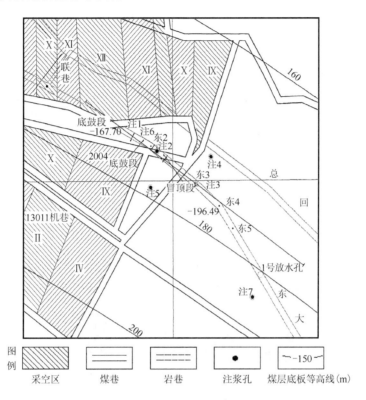

图 3-5　东大巷突水点注浆堵水钻孔布置图

表 3-2　平禹一矿 2005 年东大巷突水点注浆孔注浆量统计表

| 注浆量 | 注浆孔 | | | | | | |
|---|---|---|---|---|---|---|---|
|  | 注1 | 注2 | 注3 | 注4 | 注5 | 注6 | 注7 |
| 揭露寒灰厚度/m | 41.39 | 40.5 | 41.70 | 40.32 | 42.45 | 45.66 | 53.78 |
| 注入骨料/m³ | 153 | 990 | 297 |  |  |  |  |
| 巷道段注入水泥/t | 730 | 2695 | 1587 |  |  | 375 | 102 |
| 底板至 $L_3$ 注入水泥/t |  | 10595 |  |  |  |  |  |
| $L_{1-3}$ 中注入水泥/t | 6021.6 | 106 | 1074 |  |  |  |  |
| 寒灰中注入水泥/t | 168.4 | 48 | 52 | 14632 | 271 | 40 | 108 |
| 食盐量/t | 34.6 | 66.69 | 8.73 | 78.53 | 1.36 | 2.07 | 1.1 |
| 三乙醇胺/t | 3.46 | 6.67 | 0.87 | 7.85 | 0.14 | 0.21 | 0.11 |
| 尾矿砂/t | 16.00 | 12.00 |  | 58.00 |  |  | 86.00 |
| 锯末/m³ |  | 17.0 | 4.5 |  | 0.5 |  | 22.0 |

2) 断层导水造成的煤层底板岩溶水突水

规模较大的断裂带常常是岩溶水强径流带，不仅控制着区域或井田范围岩溶水渗流的总体方向和渗流场空间分布，而且常是岩溶水进入矿井的通道。断层在矿井充水中的作用表现在：①断层切割岩层破坏了岩层的完整性，在隔水层中形成薄弱带。采煤时，在矿山压力和水头压力共同作用下，地下水常常突破这些薄弱带而发生突水。②构成垂向导水通道。断层带岩石破碎，裂隙岩溶发育，深部地下水沿断层带进入矿井。③改变断层两侧的含、隔水层组合方式，进而改变矿井直接充水含水层补给条件，如断层使得直接充水含水层和其他强含水层对接。④使煤层与含水层对接或接近，使含水层向矿井充水的可能性增大。

井田勘探和生产共揭露 117 条断层，以正断层为主。其统计特征是：①北西向断层数量多，规模大，分布范围广，断层落差达百米，延展长度数千米，往往构成井田边界；②北东向断层数量多，但规模小，断层破碎带较宽，张性特征明显；③以高角度正断层最为发育，逆断层仅在矿区中部局部发育；④沿断层走向落差常有明显变化。在井田以北，沿曹楼正断层和魏庄正断层，形成了寒武系的 2 个富水带，桐树张正断层和石龙王正断层是沟通 2 个富水带的主要通道，并通过断层与太原组石灰岩含水层段发生水力联系。北和北西方向有比较广阔的补给来源。区内的断层破碎带，在原始平衡破坏之前，通常是不含水的，甚至起了隔水的作用。但因为断层具有张性特征，所以沿断层两侧往往形成富水带，尤其是断层尖灭部位岩溶裂隙发育，富水较强。

3) 煤层底板隔水层因采动破坏而引起的突水

采动也会造成煤层底板岩层发生变形甚至破坏，根据破坏程度不同可以划分为"三带"，依次为：底板破坏带、完整岩层带和承压水原始导高带，如图 3-6 所示。

图 3-6　煤层底板岩层破坏"三带"
1-底板破坏带；2-完整岩层带；3-承压水原始导高带

(1) 底板破坏带：是指由于开采引起的矿山压力的作用，底板岩层连续性遭到破坏，导水性发生明显改变的层带，该带的厚度即底板破坏深度。底板破坏带包含层向裂隙带和竖向裂隙带，它们相互穿插无明显界线。层向裂隙主要是底板受矿压作用，底板经压缩—膨胀—压缩，产生反向位移所致，竖向裂隙主要是剪切及层向拉力破坏所致。在底板破坏深度范围之内，底板岩层产生大量的裂隙，其连续性和隔水性受到破坏，当裂隙与深部的含水层(或承压水导升带或导水断层)沟通时，发生底板突水。

(2) 完整岩层带：是指煤层底板岩层保持采前的完整状态及其阻水性能的部分，包含矿山压力影响带的未变形部分的底板。其特点是保持采前岩层的连续性，其阻水性能采后未发生变化。

(3) 承压水原始导高带：是指含水层中的承压水沿隔水底板中的裂隙或断裂破碎带上升

的高度(即出含水层顶面到承压水导升上限之间的部分)。有时受采动影响,采前原始导高还可再导升,但上升值很小,由于裂隙发育的不均匀性,故导高带的上界是参差不齐的。不同的矿区因其底部岩层性质及地质构造差异,承压水原始导高大小不一,有的矿区也许无原始导高带存在。

底板破坏深度与采动矿压、煤层赋存条件、工作面尺寸、开采方法及顶板管理方法、顶底板岩性及结构等多种因素有关,在自然条件不变的情况下,采动矿压越大,底板破坏深度越大。开采煤层底板"三带"理论在指导矿井水害防治方面起到了重要的作用,已经写入 2000 年国家煤炭工业局制定的《建筑物、水体、铁路及主要井巷煤柱留设与压煤开采规程》。然而,该理论至今尚有一些基本概念没有得到明确解释,各带形成力学机制也未能清楚地揭示,理论自提出十余年来,一直没有得到深入发展,多数停留在对现象的解释层面。

煤层采动过程中,对底板造成扰动破坏,破坏底板隔水层完整性,在破坏带内形成导水通道,使得煤层底板承压含水层水涌入井巷。对于底板破坏深度的确定主要有底板破坏深度的现场测试和选取经验公式计算两种方法。目前,现场测试的手段主要有钻孔放注水测量、钻孔声波测量、钻孔超声成像以及钻孔无线电波透视等;经验公式计算主要是通过临近矿区或相似条件下的经验统计公式进行预计。受客观条件限制,本书没能对底板破坏深度进行实测,采用经验公式进行计算。目前,国内计算底板破坏深度的经验和理论公式如下。

(1) 经验公式。
全国统计资料:
$$h = 0.707 + 0.1079L \tag{3-1}$$
$$h = 0.0085H + 0.1665\alpha + 0.1079L - 4.3579 \tag{3-2}$$

井陉矿务局统计公式:
$$h = 1.86 + 0.11L \tag{3-3}$$

邢台煤矿统计公式:
$$h = 3.2 + 0.085L \tag{3-4}$$

三下采煤规程:
$$h = 0.303L^{0.8} \tag{3-5}$$

式中,$h$ 为底板破坏深度,m;$L$ 为开采工作面斜长,m;$H$ 为开采深度,m;$\alpha$ 为开采煤层倾角,°。

式(3-1)和式(3-2)是山东科技大学特殊开采研究所李白英在总结全国实测的底板导水破坏带深度数据的基础上(表 3-3),经回归分析得到的预测底板导水破坏深度经验公式(相关系数 $R=0.944$);式(3-3)是井陉矿务局总结出来的经验公式,式(3-4)是中国矿业大学王希良等在邢台煤矿开采 9#煤层 7607 综放工作面和 7802 综采工作面 29 个钻孔底板破坏深度实测数据基础上总结出来的经验公式,对比显示综采和综放两种不同的采煤方法所造成的底板破坏深度基本一致;式(3-5)出自三下采煤规程。这些经验公式及开采实践表明,底板破坏深度 $h$ 与开采工作面斜长 $L$、开采深度 $H$、开采煤层倾角 $\alpha$ 等多种因素有关,但开采工作面斜长对煤层底板破坏深度起着决定性作用,控制开采工作面斜长采取合理开采方案,对控制煤层底板破坏深度有重要作用。根据平顶山矿区十一矿及永城矿区底板破坏深度实测数据，上述经验公式中，式(3-1)和式(3-2)计算值与实测值一致性最好。

表 3-3  实测工作面底板采动导水破坏带深度(李白英，1999)

| 序号 | 工作面地点 | 开采深度 $H$/m | 倾角 $\alpha$/(°) | 采厚 $M_1$/m | 工作面斜长 $L$/m | 破坏深度 $h$/m | 备注 |
|---|---|---|---|---|---|---|---|
| 1 | 邯郸王凤矿 1930 面 | 103～132 | 16～20 | 2.2 | 80 | 10 | |
| 2 | 邯郸王凤矿 1830 面 | 123 | 15 | 1.1 | 70 | 6～8 | |
| 3 | 邯郸王凤矿 1951 面 | | | | 100 | 13.4 | |
| 4 | 峰峰二矿 2701 面 | 145 | 16 | 1.5 | 120 | 14 | |
| 5 | 峰峰三矿 3707 面 | 130 | 15 | 1.4 | 135 | 15 | >10m 取 15m |
| 6 | 峰峰四矿 4804、4904 面 | | 12 | | 100+100 | 10.7 | 协调面开采 |
| 7 | 肥城曹庄矿 9203 面 | 132～164 | 18 | | 95～105 | 9 | |
| 8 | 肥城百庄矿 7406 面 | 225～249 | | 1.9 | 60～140 | 7.2～8.4 | 取斜长 80m |
| 9 | 淄博双沟矿 7024、1027 面 | 278～296 | | 1.0 | 60+70 | 10.5 | 对拉面开采 |
| 10 | 澄合二矿 22510 面 | 300 | 8 | | 100 | 10 | |
| 11 | 韩城马沟渠矿 1100 面 | 230 | | 2.3 | 120 | 13 | |
| 12 | 鹤壁三矿 128 面 | 230 | 26 | 3～4 | 180 | 20 | 采 2 分层破坏达 24m |
| 13 | 邢台矿 7802 面 | 234～284 | 4 | 3.0 | 160 | 16.4 | |
| 14 | 邢台矿 7607 窄面 | 310～330 | 4 | 5.4 | 60 | 9.7 | |
| 15 | 邢台矿 7607 宽面 | 310～330 | 4 | 5.4 | 100 | 11.7 | |
| 16 | 淮南新庄孜矿 4303 面 | 310 | 26 | 1.8 | 128 | 16.8 | |
| 17 | 井陉三矿 5701 面 | 227 | 12 | 3.5 | 30 | 3.5 | 断层带破坏<7m |
| 18 | 井陉一矿 4707 小面 | 350～450 | 9 | 7.5 | 34 | 8 | 分层采厚 4m 破坏深度约 6m |
| 19 | 井陉一矿 4707 大面 | 350～450 | 9 | 4.0 | 45 | 6.5 | 采一分层 |
| 20 | 开滦赵各庄矿 1297 面 | 900 | 26 | 2.0 | 200 | 27 | 包括顶部 8m 煤，折合岩石底板约为 23m |
| 21 | 开滦赵各庄矿 2137 面 | 1000 | 26 | 2.0 | 200 | 38 | 含 8m 煤且底板原生裂隙发育，折合正常岩石底板约 25m |
| 22 | 新汶华丰煤矿 41303 面 | 480～560 | 30 | 0.94 | 120 | 13 | |

(2)基于弹性力学理论和极限平衡条件得到的理论公式。

$$h = \frac{1.57\gamma^2 H^2 L}{4R_c^2} \tag{3-6}$$

式中，$\gamma$ 为底板岩体平均容重；$R_c$ 为岩体抗压强度。

平禹一矿二$_1$煤底板至 L$_8$ 灰含水层顶板间距为 11m，至太灰下段灰岩含水层间距为 57m，至寒灰层顶板间距为 87m，如图 3-7 所示。在开采工作面斜长 $L$=100m 的开采条件下，利用式(3-2)计算得到的底板采动破坏深度最小 10.0m，最大 19.0m，平均 12.8m。而二$_1$煤底板至 L$_8$ 灰间的隔水层厚度仅 11m，在采动影响下，太灰上段岩溶水在水压作用下，容易突破底板隔水保护层进入矿井。

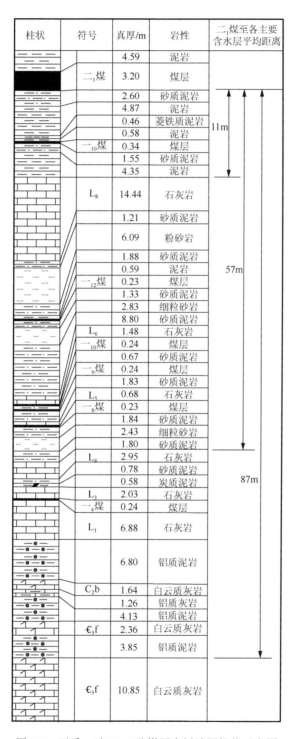

图 3-7 平禹一矿 3035 孔煤层底板地层柱状示意图

突水系数是评价煤层底板突水危险性的主要参数,计算公式为

$$T_S = \frac{P}{M} \tag{3-7}$$

式中，$T_S$ 为突水系数，MPa/m；$P$ 为隔水层承受的水压，MPa；$M$ 为隔水层厚度，m。

一般说来，突水系数值越大，越易发生突水。根据全国统计资料，底板受构造破坏块段 $T_S \leq 0.06$ MPa/m、正常块段 $T_S \leq 0.10$ MPa/m，采煤是安全的。2005 年 10 月 19 日 18 时 -200m 水平东大巷扩修砌碹段向外（向西）20m 段发生的底鼓突水，最大水量达 38056m³/h。该次突水的巷道位于 $L_{7-9}$ 与 $L_6$ 之间，巷道底板距寒灰顶面的距离尚有 40m，估算突水系数为 0.08MPa/m，超过构造破坏块段临界突水系数，导致寒灰水通过垂向导水的岩溶裂隙进入矿井。

5. 隔水层厚度的统计

根据地面瞬变电磁勘探成果，井田范围内寒灰和太灰富水异常区分布多且面积大，并沿断层分布，反映井田寒灰和太灰富水性整体较强，断层及断层带富水性更强。

本书首先查阅了井田范围内现有 100 余份柱状图，统计确定了煤层底板隔水层厚度，见表 3-4。统计显示，$二_1$ 煤底板至太灰上段灰岩间的隔水层厚度在 3.64～26.23m，平均值 11.3m，最小值 3.64m，最大值 26.23m。$二_1$ 煤底板至太灰下段灰岩间的隔水层厚度平均 57.1m，最小值 44.04m，最大值 73.5m，如图 3-8 所示。$二_1$ 煤底板至寒灰含水层间的隔水层厚度平均 87.3m，最小值 72.47m，最大值 108.83m，如图 3-9 所示。已有地质勘探工作得到的太灰下段和寒灰富水异常区分布如图 3-10 所示。

表 3-4 平禹一矿隔水层厚度统计表

| 孔号 | X 坐标 | Y 坐标 | $二_1$ 煤至太灰上段距离/m | $二_1$ 煤至太灰下段距离/m | $二_1$ 煤至寒灰距离/m | $C_2b$ 铝质泥岩厚度/m |
|---|---|---|---|---|---|---|
| 30010 | 38454560 | 3788003 | 16.13 | 60.03 | 83.11 | 12.8 |
| 3056 | 38455774 | 3786711 | 5.41 | | | |
| 3105 | 38457517 | 3787175 | | 59.51 | 72.47 | 2.14 |
| 3031 | 38455625 | 3787498 | 16.59 | | | |
| 3107 | 38457210 | 3786255 | 6.85 | | | |
| CK12 | 38457803 | 3787672 | 3.92 | | | |
| 3013 | 38454764 | 3787489 | 26.23 | 73.5 | 78.67 | 13.37 |
| 3109 | 38457632 | 3787292 | 11.11 | | | |
| 3032 | 38455417 | 3787005 | 11.05 | | | |
| CK5 | 38456866 | 3787918 | 12.3 | | | |
| CK4 | 38456501 | 3787040 | 8.13 | | | |
| 3094 | 38456722 | 3786364 | 5.08 | | | |
| 3073 | 38456280 | 3786601 | 14.9 | | | |
| 3101 | 38457283 | 3786403 | 8.92 | | | |
| CK20 | 38453393 | 3787667 | 10.3 | 56.3 | | |
| 3053 | 38456156 | 3787722 | 9.77 | | | |

续表

| 孔号 | X坐标 | Y坐标 | 二₁煤至太灰上段距离/m | 二₁煤至太灰下段距离/m | 二₁煤至寒灰距离/m | C₂b铝质泥岩厚度/m |
|---|---|---|---|---|---|---|
| 3035 | 38455587 | 3787418 | 15.6 | 66.76 | 87.96 | 7.19 |
| 3155 | 38459576 | 3785183 | 3.64 | | | |
| 3005 | 38454330 | 3787534 | 9.7 | | | |
| 风2 | 38456378 | 3788171 | 10.86 | 52.99 | | |
| 3091 | 38457192 | 3787565 | 17.25 | 59.22 | 80.72 | 7.6 |
| CK15 | 38454788 | 3788423 | 7.4 | | | |
| CK8 | 38457533 | 3787036 | 4.85 | | | |
| 3058 | 38455958 | 3787070 | 13.95 | 66.53 | 96.07 | 11.1 |
| 3033 | 38455751 | 3787745 | 8.33 | | | |
| CK2 | 38455504 | 3788149 | 18 | 52.77 | 100.71 | |
| CK3 | 38455290 | 3787713 | 13.83 | | | |
| 3144 | 38458993 | 3786401 | 13.24 | | | |
| 3092 | 38457056 | 3787188 | 13.9 | | | |
| CK10 | 38453728 | 3788525 | 12.09 | | | |
| 井检Ⅱ | 38458190 | 3786590 | 7.89 | | | |
| CK6 | 38458181 | 3786347 | 11.6 | | | |
| CK11 | 38453544 | 3788058 | 8.88 | | | |
| 朱2 | 3788372 | 38453059 | 8.61 | | | |
| 3072 | 38456623 | 3787413 | 12.68 | | | |
| 朱1 | 38453163 | 3788770 | 12.9 | | | |
| 3024 | 38455011 | 3787131 | 9.45 | | | |
| 3026 | 38455160 | 3787447 | 11.48 | 60.16 | 79.92 | 7.12 |
| CK9 | 38456636 | 3787429 | 14.05 | | | |
| 2992 | 38454009 | 3787923 | 7.92 | | | |
| 平1 | 38458059 | 3786608 | 8.73 | 54.13 | 80.72 | 7.85 |
| 平2 | 38456072 | 3787021 | 6.71 | | 94.82 | 20.81 |
| 平3 | 38459944 | 3786256 | 16.15 | 51.54 | 84.29 | |
| 平4 | 38459321 | 3785328 | 7.63 | 45.42 | 93.56 | 11.55 |
| 平6 | 38452573 | 3788639 | 15.68 | 48.97 | 88.27 | 14.07 |
| 平7 | 38458197 | 3786175 | 13.6 | 50.13 | 94.55 | 15.21 |
| 平8 | 38458719 | 3786620 | 12.6 | 47.6 | | 12.36 |

在开采工作面斜长 $L=100\mathrm{m}$ 的假设条件下，利用 $h=0.0085H+0.1665\alpha+0.1079L-4.3579$ 计算采动破坏深度，见表 3-5。计算表明，在开采工作面斜长 $L=100\mathrm{m}$ 的假定条件下，底板采动破坏深度最小值为 10.1m，最大值为 19.01m，均值为 12.7m。目前开采标高为 -220m，采深 $H=400\mathrm{m}$，开采工作面斜长 $L=100\mathrm{m}$，煤层倾角 $\alpha=20°\sim30°$，采动破坏深度在 12～15m。

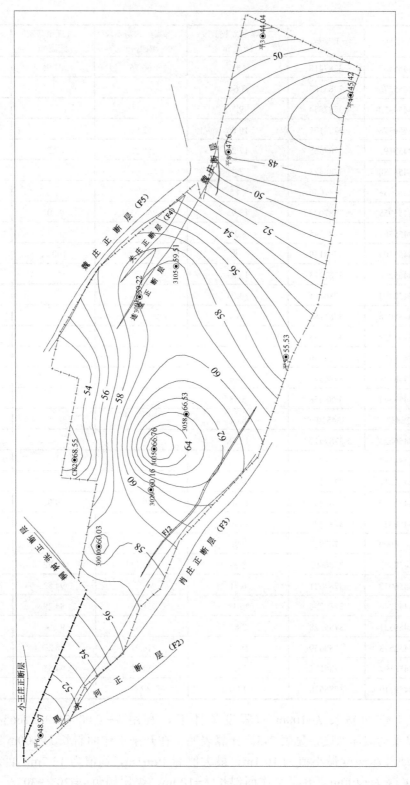

图 3-8 二₁煤底板至太灰下段顶板隔水层厚度等值线图(单位:m)

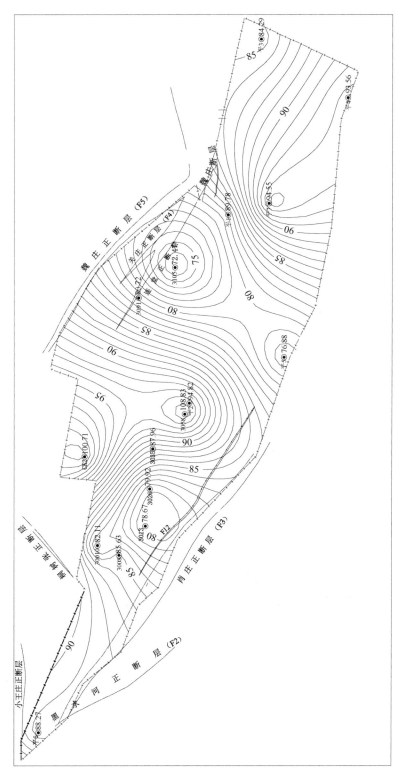

图 3-9 二₁煤底板至寒灰顶板隔水层厚度等值线图(单位: m)

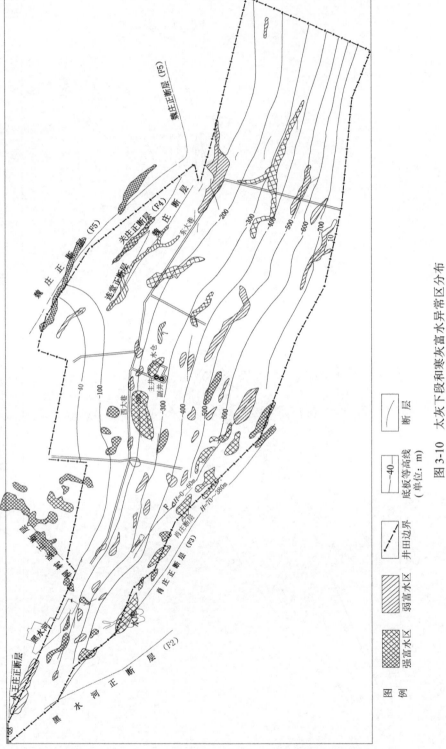

图 3-10 太灰下段和寒灰富水异常区分布

表 3-5　平禹一矿工作面采动破坏深度计算结果表

| 孔号 | X 坐标 | Y 坐标 | 地面标高/m | 开采标高/m | 开采深度/m | 倾角/(°) | L=100m 采动破坏深度/m |
|---|---|---|---|---|---|---|---|
| 2991 | 38454369 | 3788397 | 167.34 | 40.47 | 126.87 | 18.75 | 10.63 |
| 30010 | 38454560 | 3788003 | 164.09 | −67.08 | 231.17 | 20.72 | 11.84 |
| 3058 | 38455958 | 3787070 | 146.71 | −373.11 | 519.82 | 16.4 | 13.58 |
| 3008 | 38454460 | 3787770 | 160.12 | −200 | 360.12 | 17.32 | 12.37 |
| 3035 | 38455587 | 3787418 | 152.09 | −243.41 | 395.5 | 16.13 | 12.47 |
| CK2 | 38455504 | 3788149 | 164.05 | −28.9 | 192.95 | 13.87 | 10.38 |
| 平1 | 38458059 | 3786608 | 132.39 | −172 | 304.39 | 16.1 | 11.7 |
| 平2 | 38456072 | 3787021 | 145 | −378.6 | 523.6 | 16.4 | 13.61 |
| 平3 | 38459944 | 3786256 | 123.38 | −140.5 | 263.88 | 15.51 | 11.25 |
| 平4 | 38459321 | 3785328 | 126.16 | −786 | 912.16 | 28.98 | 19.01 |
| 平5 | 38456562 | 3786013 | 136 | −773 | 909 | 18.59 | 17.25 |
| 3056 | 38455774 | 3786711 | 144.62 | −544.21 | 688.83 | 17.3 | 15.17 |
| 3105 | 38457517 | 3787175 | 135.48 | −158.48 | 293.96 | 14.9 | 11.41 |
| 31410 | 38458605 | 38458605 | 124.55 | −733.45 | 858 | 24.4 | 17.79 |
| 3031 | 38455625 | 3787498 | 150.11 | −195.88 | 345.99 | 15.8 | 12.01 |
| 3107 | 38457210 | 3786255 | 135.53 | −480.53 | 616.06 | 17.9 | 14.65 |
| CK12 | 38457803 | 3787672 | 136.16 | −377.14 | 513.3 | 14.1 | 13.14 |
| 3152 | 38459800 | 3785665 | 122.17 | −368.3 | 490.47 | 23.71 | 14.55 |
| 3013 | 38454764 | 3787489 | 161.02 | −273.42 | 434.44 | 17.35 | 13.01 |
| 3109 | 38457632 | 3787292 | 136.22 | −149.86 | 286.08 | 14.76 | 11.32 |
| 3032 | 38455417 | 3787005 | 149.6 | −427.33 | 576.93 | 17.15 | 14.19 |
| CK5 | 38456866 | 3787918 | 152.3 | −89.2 | 241.5 | 14.13 | 10.84 |
| 3122 | 38458312 | 3786688 | 130.18 | −121.09 | 251.27 | 17.31 | 11.45 |
| CK4 | 38456501 | 3787040 | 143.55 | −328.85 | 472.4 | 15.95 | 13.1 |
| 3094 | 38456722 | 3786364 | 138.33 | −572 | 710.33 | 17.65 | 15.41 |
| 3073 | 38456280 | 3786601 | 141.84 | −546.54 | 688.38 | 17.26 | 15.16 |
| 3101 | 38457283 | 3786403 | 136.1 | −389.86 | 525.96 | 17.54 | 13.82 |
| CK20 | 38453393 | 3787667 | 160.9 | −257.1 | 418 | 19.15 | 13.17 |
| 3053 | 38456156 | 3787722 | 152.57 | −147.16 | 299.73 | 14.75 | 11.44 |
| 3005 | 38454330 | 3787534 | 158.63 | −322.38 | 481.01 | 17.86 | 13.49 |
| 风2 | 38456378 | 3788171 | 160 | 2.1 | 157.9 | 13.95 | 10.1 |
| 3091 | 38457192 | 3787565 | 142.53 | −135.62 | 278.15 | 14.51 | 11.21 |
| CK15 | 38454788 | 3788423 | 163.35 | 27.15 | 136.2 | 19.11 | 10.77 |
| CK8 | 38457533 | 3787036 | 135.03 | −170.61 | 305.64 | 15.4 | 11.59 |
| 3033 | 38455751 | 3787745 | 154.56 | −124.44 | 279 | 14.95 | 11.29 |
| CK3 | 38455290 | 3787713 | 153.51 | −121.2 | 274.71 | 14.92 | 11.25 |
| 3144 | 38458993 | 3786401 | 124.56 | −103.77 | 228.33 | 18.15 | 11.39 |
| 3092 | 38457056 | 3787188 | 142.9 | −205.25 | 348.15 | 15.15 | 11.91 |
| CK10 | 38453728 | 3788525 | 167.38 | 45.88 | 121.5 | 18.07 | 10.47 |
| 井检Ⅱ | 38458190 | 3786590 | 128.89 | −164.87 | 293.76 | 16.25 | 11.63 |
| CK6 | 38458181 | 3786347 | 130.07 | −259.8 | 389.87 | 17.86 | 12.72 |
| CK11 | 38453544 | 3788058 | 161.77 | −259.75 | 421.52 | 19.4 | 13.25 |
| 3072 | 38456623 | 3787413 | 147.02 | −191.35 | 338.37 | 15.13 | 11.83 |
| 3024 | 38455011 | 3787131 | 153 | −422.52 | 575.52 | 17.45 | 14.23 |
| 3026 | 38455160 | 3787447 | 160.58 | −267.36 | 427.94 | 16.85 | 12.88 |

续表

| 孔号 | X坐标 | Y坐标 | 地面标高/m | 开采标高/m | 开采深度/m | 倾角/(°) | L=100m 采动破坏深度/m |
|---|---|---|---|---|---|---|---|
| CK9 | 38456636 | 3787429 | 146.53 | −184.54 | 331.07 | 15.1 | 11.76 |
| 2992 | 38454009 | 3787923 | 168.8 | −245.4 | 414.2 | 18.85 | 13.1 |
| 平6 | 38452573 | 3788639 | 180.82 | −311.33 | 492.15 | 18.07 | 13.62 |
| 平7 | 38458197 | 3786175 | 129.25 | −317.05 | 446.3 | 18.94 | 13.38 |
| 平8 | 38458719 | 3786620 | 127.4 | −73.9 | 201.3 | 16.9 | 10.96 |

## 3.2 矿井前期帷幕注浆

### 3.2.1 Ⅰ期堵源截流

根据平禹一矿井田岩溶水补给径流和排泄条件，经过深入研究和专家论证，制定了地面和井下联合帷幕注浆截流的方案。井下在二采区轨道上山、二采区至四采区运输大巷、12061采面风巷、东部物探14#异常区对DF12断层进行堵截；地面沿魏庄断层二₁煤层露头以下20m、黑水河村庄煤柱绕过黑马水库进行堵截。由此在井田西部及中部形成一条横贯南北的注浆截流帷幕，减少区外岩溶水对井田的补给。

平禹一矿帷幕注浆截流工程包括地面工程和井下工程，地面工程分两个标段：一标段位于井田北部边界处，在垂直魏庄断层的区域布置地面注浆孔；二标段位于井田西南部边界处，在垂直肖庄断层的区域布置地面注浆孔，井下注浆工程是在井下二采区总回风巷、二采区轨道上山、二采区、四采区至西大巷中布置注浆孔。地面和井下注浆孔连接在一起，形成一条由井田西南边界至井田北边界延伸的注浆帷幕墙，阻断西部和西北部岩溶水进入井田的补给通道。

井田北部边界处，在垂直魏庄断层的区域共施工地面注浆孔19个（包括6个检查孔和1个水文观测孔），钻探总进尺5657m，共注入水泥4724.5t，如图3-11所示。

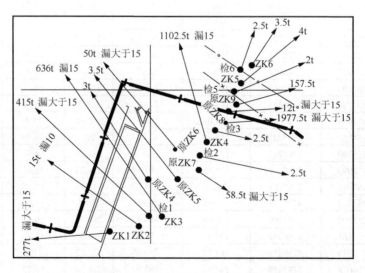

图3-11 魏庄断层附近帷幕注浆截流注浆孔分布图

井田西南部边界处共施工地面注浆孔16个（包括1个水文观测孔），钻探总进尺10220.8m，共注入水泥 1412t，如图 3-12 和图 3-13 所示。

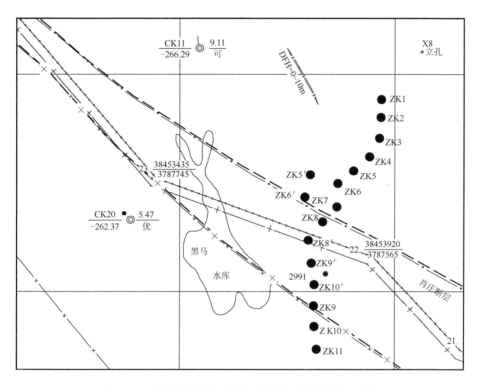

图 3-12　肖庄断层附近帷幕注浆截流工程注浆孔分布图

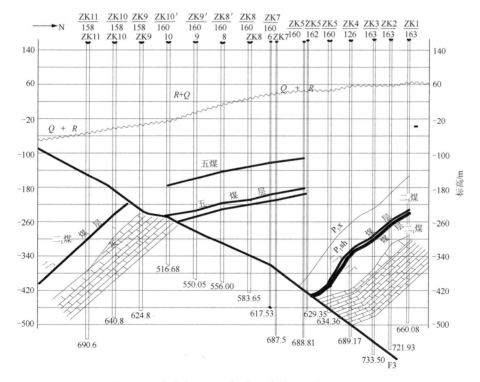

图 3-13　肖庄断层附近帷幕注浆截流注浆孔剖面图

井下注浆截流工程共施工 60 个注浆孔，钻探进尺近 10000m，共注入水泥 5910t，其中西大巷 4# 钻场 2 号孔单孔注浆量为 4150t，如图 3-14 所示。

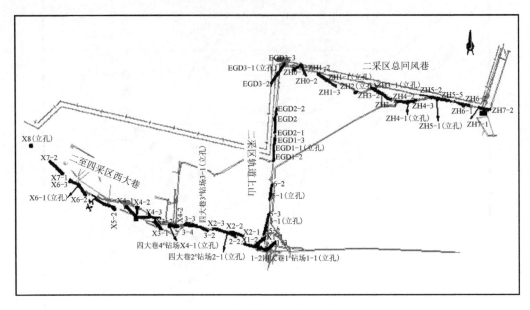

图 3-14 井下帷幕注浆截流注浆孔分布图

### 3.2.2 疏放水试验

**1. 试验目的与任务**

为了查明井田岩溶水水文地质条件，评价寒灰岩溶水疏水降压的难易程度，确定水文地质参数和疏放水量，检验前期帷幕注浆截流效果，研究决定进行寒武系灰岩岩溶水放水试验。为实现对岩溶水的疏水降压，井下布置了大量寒灰水放水孔，其中生产井三采区可以利用的寒灰水放水孔有 17 个，技改井水仓口已有 20 多个放水孔具备放水条件。

放水试验的主要目的与任务包括如下几个方面。

(1) 检验帷幕注浆截流工程的效果，结合井田水文地质条件，综合分析岩溶水补给井田的通道，为今后综合治理岩溶水水害提供依据。

(2) 借助大型放水试验所形成的岩溶水疏降流场及各观测孔水文动态等资料，分析平禹井田寒灰岩溶水补给径流和排泄条件，评价寒灰岩溶水疏放难易程度。

(3) 基于放水试验得到的水位和水量动态数据，运用相关分析、数值模拟、解析等方法建立预测未来疏放条件(降深)的涌水量，为疏放寒灰水及矿井排水系统和能力建设提供依据。

**2. 放水试验方法**

1) 试验方法

(1) 按群孔非稳定变流量或稳定流量进行试验，并进行三个落程。各落程均按有关要求进行水位(水压)、水量同步观测。前一个落程稳定后，再进行下一个落程。

(2) 在矿井排水能力许可的条件下，使放水量尽可能达到最大，最大限度地降低寒灰水位，全面揭露灰岩含水层的水文地质条件。

(3) 放水顺序是先小流量放水，然后逐级增加放水量。考虑到在放水过程中，总放水量虽然随着放水孔的增加而增大，但单孔放水量可能因水压降低而减小，进行第二落程和第三落程放水阶段时，新增放水孔数量根据实测的流量和矿井排水能力确定。

2) 放水孔的布置

放水试验前，技改井放水孔正在施工中，排水系统也尚未完成。考虑到各落程放水量递增幅度及技改井放水孔和排水系统施工结束时间，设计了两套方案：方案 1 是第二落程仅在三采区放水，开启三采区剩余放水孔；方案 2 是在三采区和技改井同时放水，在技改井开启 7 个放水孔。在实际实施过程中发现，老井三采区排水泵房排水能力不足，排水沟出现了局部漫流现象。因此，按方案 2 实施了放水试验，减少了老井三采区放水孔数量，实际放水量较设计值也有所降低。放水试验孔的布置及启用顺序如表 3-6 所示。

表 3-6　平禹一矿放水试验放水孔布置及启用顺序表

| 放水试验落程 | 放水孔位置 | 开启放水孔数量/个 | 稳定后的实际放水量/(m³/h) | | |
|---|---|---|---|---|---|
| | | | 三采区 | 技改井 | 总放水量 |
| 第一落程 | 三轨道 1 号钻场 | 2 | 1250 | 0 | 1250 |
| | 三轨道 2 号钻场 | 2 | | | |
| | 三轨道 3 号钻场 | 2 | | | |
| | 三轨道 4 号钻场 | 2 | | | |
| | 三总回风下部车场 | 2 | | | |
| 第二落程 | 新增东大巷绕巷 2 号钻场 | 2 | 1280 | 870 | 2150 |
| | 新增技改井 8 个放水孔 | 8 | | | |
| 第三落程 | 新增技改井 7 个放水孔 | 7 | 1280 | 1487 | 2767 |

3) 水位、水压观测孔的布置

本次放水试验共布置了 15 个观测孔，其中地面 9 个，井下 6 个，放水试验观测孔的布置及观测方法如表 3-7 所示。放水孔、水位(水压)观测孔分布如图 3-15 所示。

表 3-7　平禹一矿放水试验观测孔布置及观测方法表

| 序号 | 性质 | 观测孔 | 孔口标高或位置/m | 观测方法 | 相对于截流帷幕墙 |
|---|---|---|---|---|---|
| 1 | 地面观测孔 | 平 2 | 145.64 | 仪器自动 | 墙内 |
| 2 | | 平 4 | 122.18 | 仪器自动 | 墙内 |
| 3 | | 平 5 | 136.36 | 仪器自动 | 墙内 |
| 4 | | 平 6 | | 仪器自动 | 墙外 |
| 5 | | 平 7 | 129.20 | 仪器自动 | 墙内 |
| 6 | | 平 8 | 127.60 | 仪器自动 | 墙外 |
| 7 | | 平 9 | 162.73 | 仪器自动 | 墙外 |
| 8 | | 桐树张 | 164.00 | 仪器自动 | 墙外 |
| 9 | | 观 2 | 1 号风井口附近 | 仪器自动 | 墙外 |
| 10 | 井下测压孔 | 西区 2# | 井下，-200 | 仪器自动 | 墙内 |
| 11 | | 压 1 | 回风巷 1 号钻场 | 仪器自动 | 墙内 |
| 12 | | 压 2 | 东大巷绕巷 2 号钻场 | 仪器自动 | 墙内 |
| 13 | | 压 3 | 技改井底车场 | 压力表 | 墙内 |
| 14 | | 压 4 | 技改井底车场 | 压力表 | 墙内 |
| 15 | | 压 5 | 副井底，-200 | 仪器自动 | 墙内 |

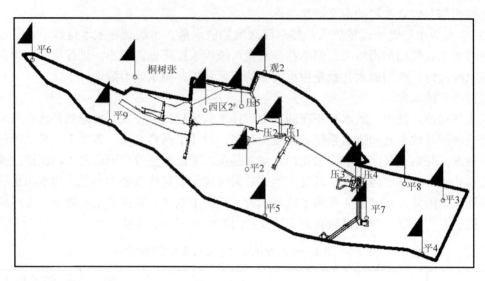

图 3-15 平禹一矿放水试验观测孔分布图

4) 放水试验过程

(1) 试验过程。

第一落程(Ⅰ)放水试验于 2010 年 5 月 3 日 16 时正式开始,开启三轨道 1 号钻场、2 号钻场、3 号钻场、4 号钻场、三总回风下部车场钻场共计 10 个放水孔,稳定后的放水量 1250m³/h。该落程放水试验至 2010 年 6 月 25 日 11 时结束,共持续时间 53 天。

第二落程(Ⅱ)于 2010 年 6 月 25 日 11 时开始,在第一落程开启的 10 个放水孔基础上,三采区新开启东大巷绕巷 2 个放水孔,技改井新开启放水孔 8 个,放水孔数量达到 20 个。稳定后的总放水量达到 2150m³/h,其中,三采区放水量 1280m³/h,技改井放水量 870m³/h。该落程放水试验至 2010 年 7 月 22 日 11 时结束,共持续时间 27 天。放水试验前两个落程各观测孔水位降深如表 3-8 所示。

表 3-8 放水试验各观测孔水位降深统计表

| 孔号 | 第一落程水位降/m | 第二落程水位降/m | 第三落程水位降/m | 备注 |
|---|---|---|---|---|
| 平 2 | 9.89 | 19.31 | 30.66 | |
| 平 4 | 11.36 | 27.27 | 40.73 | |
| 平 5 | 10.2 | 19.26 | 29.09 | |
| 平 6 | 4.4 | 23.86 | 30.97 | 墙外 |
| 平 8 | 12.7 | 26.44 | 41.32 | 距技改井放水孔近 |
| 平 9 | 10.78 | 18.76 | 26.34 | |
| 桐树张 | 9.44 | 18.07 | 24.04 | 墙外 |
| 压 1 | 10.6 | 19.4 | 23.4 | |
| 压 2 | 15.29 | 24.8 | 串孔 | 三采区放水孔附近 |
| 压 5 | 14.5 | 24.5 | 串孔 | |
| 平均 | 10.92 | 22.17 | 不正常 | |

第三落程(Ⅲ)于 2010 年 7 月 22 日 9 时开始,在第二落程开启的 20 个放水孔基础上,

在技改井新开启放水孔 7 个，放水孔总量达到 27 个。稳定后的总放水量达到 2767m³/h。其中，三采区放水量 1280m³/h，技改井放水量 1487m³/h。该落程放水试验持续到 2010 年 8 月 22 日，持续时间达 31 天。

(2) 试验变动情况。

① 第一落程放水试验原计划在 2010 年 6 月 10 日结束，但当开启技改井放水孔后，技改井排水系统由于是首次运行，排水泵工作出现不正常现象，且技改井地面排水沟排水不畅，导致排水流入麦田。为了安全起见，并考虑农民利益不受损害，被迫关闭了技改井放水孔，使得第一落程持续时间较设计延长了很多。

② 第三落程放水试验于 2010 年 7 月 22 日 9 时开始，设计持续时间为 20 天，由于恰逢雨季，水位波动较大，试验一直延续进行，直到 8 月 22 日水量虽然稳定，但水位仍然有小幅度下降，没有达到完全稳定。由于技改井排水泵房是单回路供电，供电系统出现了异常，临时关闭了(24h)技改井放水孔，导致水位快速回升 4～5m。考虑到第三落程放水试验持续时间已达 31 天，水位因短时关闭放水孔出现了回升，于是停止了正规研究性质的放水试验。但生产性质的放水试验仍在继续，水位和放水量仍在继续观测，与 8 月 22 日之前的放水试验相比，矿方可以根据放水孔施工进展并结合疏放水位要求，增加开启放水孔数量，加大放水强度，尽快把水位降至符合安全开采的标高。因水位和放水量仍在继续观测，放水工作仍在持续进行中。

③ 疏水降压将是平禹一矿防治水工作中的核心措施，由于疏放水不能中断，原放水试验设计中的水位恢复阶段试验未能按预期进行。

3. 水文地质条件分析与疏放水量预测

1) 寒武系灰岩富水性

单位涌水量是评价含水层富水性的重要指标，其大小等于涌水量与降深的比值。本次放水试验第一落程稳定后的放水量达到 1250m³/h，平均水位降深 10.92m，最大水位降深 15.2m(压 2 孔)，最小值 4.4m(平 6 孔)；第二落程稳定后的总放水量达到 2150m³/h，平均水位降深 22.17m，最大水位降深 27.27m(平 4 孔)，最小值 18.07m(桐树张水井)，13091 工作面注浆孔水位降深 32m。第三落程稳定后的总放水量达到 2767m³/h，平均水位降深 30.82m，最大水位降深 41.32m(平 8 孔)，最小值 23.4m(压 1 孔)。

按最大降深计算出单位涌水量分别为

$$q_1 = 82.24 \text{m}^3/(\text{h} \cdot \text{m})$$
$$q_2 = 78.84 \text{m}^3/(\text{h} \cdot \text{m})$$
$$q_3 = 66.97 \text{m}^3/(\text{h} \cdot \text{m})$$

2008 年 12 月 13 日 13091 工作面发生突水，突水水源为寒灰岩岩溶水，稳定后的水量为 1100m³/h。突水导致井田范围内寒武系灰岩岩溶水水位出现了整体性的下降，以平 4 孔水位降幅最大，为 18.64m，其次是平 8 孔和平 3 孔，降幅分别为 16.10m 和 15.27m，平 9 孔水位降幅达到 12.74m。突水后，对水位和水量进行了连续观测，相当于进行了一次单落程放水试验。以最大水位降深计算，单位降深涌水量为

$$q_{13091} = 59.01 \text{m}^3/(\text{h} \cdot \text{m})$$

将上述较为接近的三组数据取平均值,则平均单位涌水量为 $q=64.39\text{m}^3/(\text{h}\cdot\text{m})$。意味着要把寒灰水位每降低1m,每小时疏放水量约为64.39$\text{m}^3$。

2)寒武系灰岩导水性

放水试验期间,井田范围内大部分观测孔岩溶水水位都同步下降,在第一落程,以三采区放水孔为中心形成了水位下降漏斗,漏斗中心水位降深15.29m,距离放水孔最远的平6孔水位降深4.40m,井田北部边界附近桐树张水井水位降深9.44m。

在第二落程,三采区和技改井同时放水,由此形成了以两放水点为轴心的椭圆状漏斗,中心水位降深分别为26.44m和24.80m,井田最西端平6孔水位降深也达到23.86m,北部边界桐树张水井水位降深18.07m。各观测孔水位降幅差别较第一落程小,水位变化呈现了同步等幅下降的趋势。另据13091工作面机巷注浆钻孔测压数据,2010年5月3日放水试验前,13091工作面机巷往里440m处6号钻场注浆孔水压3.9~4.0MPa,巷道标高-273m,推算水位127m;至2010年7月底,13091工作面机巷往里560m处施工的注浆孔水压一般在3.2~3.3MPa,巷道标高-253m,水位标高-77m。受放水试验影响,13091工作面机巷水位降幅达到50m。

在第三落程,由于水位观测孔数量减少,生成的降深等值线形状略有变化。但由于水文地质条件没有实质变化,技改井至老井三采区一带仍是降落漏斗中心。

4. 试验结果分析

为分析平禹一矿寒武系灰岩岩溶水补给径流和排泄条件,检验前期帷幕注浆的效果,评价岩溶水疏放难易程度,预测未来疏放岩溶水条件下的涌水量,进行了三落程非稳定流放水试验。

(1)放水试验于2010年5月3日16时正式开始,至2010年8月22日结束,共持续了111天。其中第一落程用时53天,第二落程用时27天,第三落程用时31天。本次试验水位和水量的观测均采用自动观测系统连续观测,采样间隔5min一次,不仅获得了丰富的数据,而且数据精度高。

(2)在目前放水量条件下,已经完成的地面和井下帷幕注浆截流效果没有明显的反应。放水试验期间,分布在帷幕注浆截流墙外的三个水位观测孔(包括平6孔、桐树张水井和观2孔),与墙内观测孔同步下降,降幅和水位均没有显著差异。

(3)平禹一矿寒武系灰岩厚度大,富水性强,补给条件充沛。经过计算,放水试验各落程按最大降深计算出的单位涌水量分别为:$q_1=82.24\text{m}^3/(\text{h}\cdot\text{m})$,$q_2=78.84\text{m}^3/(\text{h}\cdot\text{m})$,$q_3=66.97\text{m}^3/(\text{h}\cdot\text{m})$。结合2008年13091工作面突水资料,单位涌水量为59.01$\text{m}^3/(\text{h}\cdot\text{m})$。

(4)平禹一矿寒武系灰岩导水性强,放水试验期间,井田范围内大部分观测孔岩溶水水位都同步下降,以三采区和技改井放水孔为中心形成了水位下降漏斗。

(5)按平禹一矿放水试验各落程平均降深计算,寒武系灰岩岩溶水降深与涌水量比值在0.5~0.6,属于难于疏放的级别。但从历次寒灰突水和本次放水试验结果来看,寒灰和太灰岩溶水是可以疏放的。其一,历次寒灰和太灰下段岩溶水突水,均造成岩溶水水位出现大幅度的下降。其二,本次放水试验自第二落程技改井放水开始,井田范围内水位整体性下降。

(6)各落程稳定后的放水量与水位之间均有显著的相关关系,为此建立了放水量与水位之间的幂指数型和对数型相关方程。经过预测，在目前继续疏放寒灰水的情况下，使平8孔水位降深达到70m(水位55.5m)时，预计总放水量为4039m³/h，技改井在现有基础上尚需要增加放水量1272m³/h。在目前继续疏放寒灰水的情况下，使平8孔水位降深达到100m(水位标高为25.5m)时，预计总放水量为5148m³/h，技改井在现有1517m³/h基础上尚需要增加放水量2381m³/h。

### 3.2.3 Ⅱ期堵源截流

通过疏放水试验发现，Ⅰ期帷幕注浆截流构建的帷幕注浆截流墙仍有缺口，存在过水通道，因此，需要再次进行帷幕注浆。Ⅱ期帷幕注浆截流工程的布置原则是"查漏堵缺"。其一是通过资料分析、水文物探、水文钻探等手段，查找Ⅰ期帷幕注浆截流墙上尚存在的过水通道；其二是通过井下打钻注浆方法封堵截流墙上的缺口(过水通道)。

平禹煤电公司物探队于2013年4月对西大巷进行了井下物探，于2013年6月对帷幕注浆1标段、2标段、12042采面以北和桐树张断层进行了地面瞬变电磁探测，探测范围约0.89km²。此外，还布置完成了"西大巷—东大巷"的井下瞬变电磁勘探工作。地面物探显示，在桐树张断层南端(井田北边界)至肖庄断层(井田南部边界)之间存在几处面积较大的富水异常区，结合水文地质资料分析，推断其是西部岩溶水进入井田的过水通道。在西区治水巷发现2处面积较大的富水异常区段(D11和D7)，在西大巷寒灰含水层发现3处富水异常区(D14、D15、D16)，在东大巷也有多处富水异常区。结合历年来水文地质资料综合分析，圈定了几条地下水径流通道，逐步对这些富水异常区和过水通道进行注浆封堵，如图3-16所示。

1) 魏庄断层异常区的井下注浆堵源工程

在东井13010工作面风巷原有注浆堵水钻场，朝魏庄断层方向布置注浆截流堵水钻孔。在魏庄断层转折端进行了地面瞬变电磁勘探，物探面积1km²。根据物探结果，朝魏庄断层设计了19个注浆孔，钻探工程量3401m。实际布置注浆孔19个，钻探工程量3558m，注浆量967t。

2) 西区治水巷—西大巷—东大巷井下堵源截流工程

在西大巷到西区治水巷之间富水异常区布置了7个钻场，共施工注浆孔31个，钻探工程量5148m，注浆量1809t。其中3#钻场1#孔、4#钻场2#孔、7#钻场2#孔吸浆量大，分别为276t、303t和954t，三孔注浆量共1533t，占全部钻孔总注浆量的85%，如图3-17所示。

3) 西区治水巷西端堵源截流工程

地面物探显示，在桐树张断层南端(井田北边界)至肖庄断层(井田南部边界)间仍然存在富水异常区，结合水文地质资料，推断其是西部岩溶水进入井田的过水通道。因此，决定在西区治水巷西端(即12042风巷正前处)朝物探查明的2处富水异常区(A区和B区)打钻注浆，构建一道南北向堵水帷幕。在2处富水异常区共设计了10个注浆孔，其中，A区4个，注浆量1334t，B区6个，注浆量1809t，钻探工程量4317m，如图3-18所示。

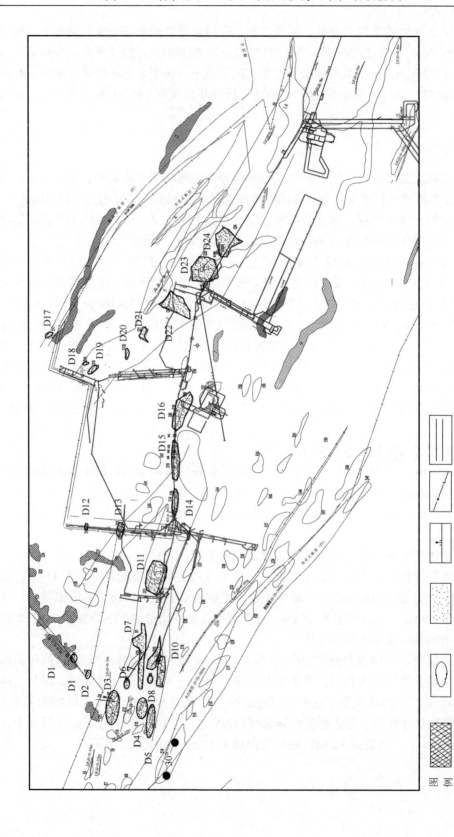

图 3-16 平禹一矿 Ⅱ 期堵源截流物探富水异常区分布图

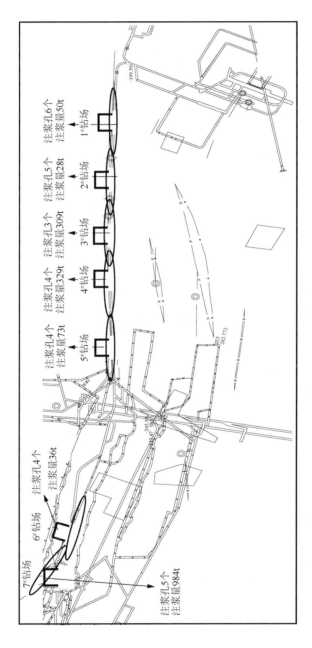

图 3-17 平禹一矿-200m 东西大巷堵源截流钻场分布图

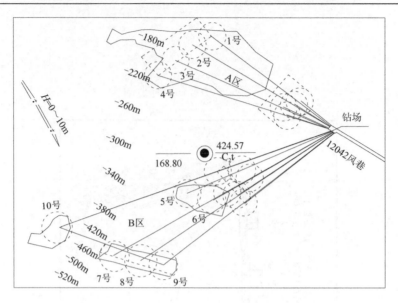

图 3-18　平禹一矿西区堵源截流注浆孔布置图

### 3.2.4　堵源截流实施效果

堵源截流工程实施后，三采区(-200m 水平)和五采区(-143m 水平)涌水量显著减少，实施前(2013 年 5 月)矿井总涌水量 2894m³/h，当前，矿井总水量为 2000m³/h，其中三采区剩余水量 1381m³/h，五采区-143m 水平剩余水量为 259m³/h，-415m 水平剩余水量为 360m³/h。与堵源截流工程实施前相比，总用水量减少 894m³/h，同比下降了 31%；其中，三采区(-200m 水平)和五采区(-143m 水平)当前剩余水量 1640m³/h，与堵源截流工程实施前相比，减少了 1254m³/h，下降了 43%。

## 3.3　煤层底板灰岩承压水的疏放

### 3.3.1　疏放寒灰水可行性分析

疏水降压是指通过疏水将含水层的水位降至预先设计的安全标高之下，从而减轻或消除矿井在开拓和生产过程中含水层水在水压力的作用下破坏其上下隔水层而涌入矿井。平禹一矿煤层底板太灰和寒灰岩溶发育，富水性强，补给条件充沛，矿井生产受煤层底板灰岩承压水突水的严重威胁。历史上曾发生多次灰岩突水事故，最大突水量 38056m³/h，多次造成淹井或淹采区，如 1985 年和 2005 年突水造成两次淹井事故、2001 年和 2008 年突水造成淹采区事故。经过分析，灰岩水害严重与太灰和寒灰岩溶发育、富水性强、承压水头高、隔水层厚度薄、突水系数超限等因素有关，为此，对寒灰岩溶水实施疏水降压成为解决水害问题的重要途径。

平禹一矿历次大型岩溶水突水，均造成了水位的大幅下降。1985 年 7 月 7 日，30m 水平西总回风巷发生突水事故，最大突水量为 2375m³/h，稳定水量为 1446m³/h，造成矿井被淹。本次突水是桐树张正断层上盘的采掘空间破碎带沟通了下盘强含水层，导致寒武系灰岩含水层水通过断层进入矿井。这次突水导致桐树张水井水位最大降深达到 100m。2005 年 10 月 19 日,东大巷发生寒灰水滞后型突水,最大突水量为 38056m³/h,突水后造成 4km 之外的桐树张水井寒灰水位大幅度下降,24 小时水位降幅达到 119m。

2008 年 12 月 14 日 13091 综采面回采过程中发生水量 1100m³/h 的寒灰水突水后,井田范围内观测孔水位出现了整体性的下降,以平 4 孔水位降幅最大,为 18.64m,其次是平 8 孔和平 3 孔,水位降幅分别为 16.10m 和 15.27m,位于井田最西部的平 9 孔水位降幅达到 12.74m。13091 综采工作面突水前寒灰水位如表 3-9 所示,突水前后寒灰水位变化情况、水位降幅等如图 3-19~图 3-22 所示。从开始突水到突水点被封堵前的 55 天内,突水量稳定在 1100m³/h,寒灰水位随着时间推移,出现了快速下降、缓慢下降直至稳定的动态变化。突水之前,井田范围内寒灰水位相差不大,平 9 孔水位最高,水位为 137.05m,桐树张水位最低,水位为 127.67m。寒灰水位高于孔口标高,一些水文孔长期处于自流状态。2009 年 5 月 28 日突水点堵水工作完成后(注 1 孔、注 2 孔及注 3 孔),东井出水量也由原来的最大出水量 80m³/h 减少到 20m³/h 左右,观测孔水位基本恢复至突水前的水平,2009 年 5 月 28 日平 2 孔水位为 130.81m,平 5 孔水位为 129.62m。

表 3-9 平禹一矿寒灰水位观测孔基本情况统计表

| 序号 | 观测孔 | 孔口标高/m | 突水前水位标高/m | 自流情况 |
| --- | --- | --- | --- | --- |
| 1 | 平 3 | 123.39 | 133.45 | 自流 |
| 2 | 平 4 | 122.18 | 132.35 | 自流 |
| 3 | 平 7 | 129.2 | 131.85 | 自流 |
| 4 | 平 8 | 127.6 | 132.90 | 自流 |
| 5 | 平 9 | 162.73 | 137.05 | |
| 6 | 平 1 | 132.39 | 133.72 | 自流 |
| 7 | 平 2 | 145.64 | 131.95 | |
| 8 | 桐树张 | 164.00 | 127.67 | |
| 9 | 平 5 | 136.36 | 130.83 | |
| 10 | 平 6 | | | |

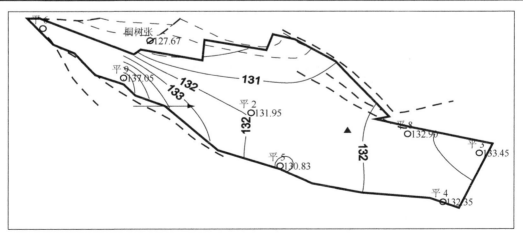

图 3-19 13091 工作面突水前井田寒灰观测孔水位等值线图(单位:m)

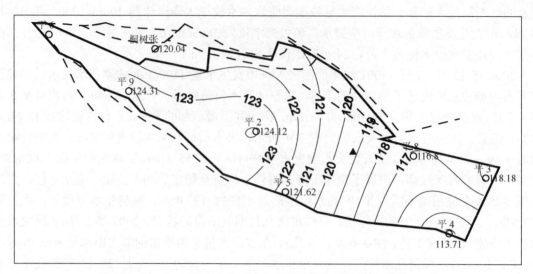

图 3-20　13091 工作面突水后寒灰观测孔水位等值线图(单位：m)

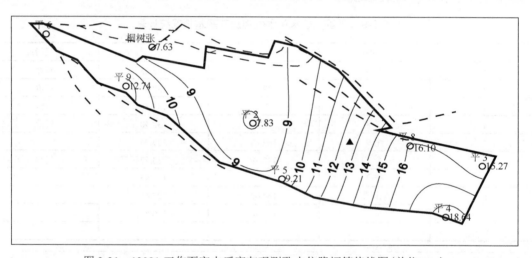

图 3-21　13091 工作面突水后寒灰观测孔水位降幅等值线图(单位：m)

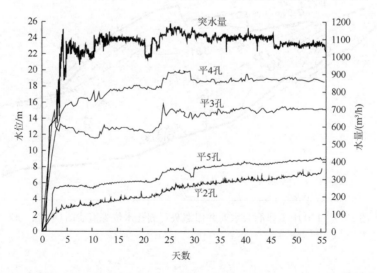

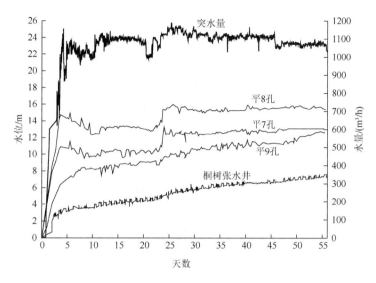

图 3-22 13091 工作面突水至堵水前的水量-水位降深动态曲线

历史突水资料说明，平禹一矿的岩溶水水文地质条件虽然复杂，但与焦作、邯郸、邢台、开滦等受奥灰水威胁的矿区相比，平禹一矿寒灰和太灰岩溶水是可以疏放的。

### 3.3.2 岩溶水补给量的均衡计算

目前地下水资源计算与评价的常用方法有水量均衡法、解析法、数值模拟法和抽水试验法。水量均衡法建立在水量均衡原理基础上，它通过地下水补给量、排泄量和含水层储水量变化反映水资源量，计算原理简单，适用性强，不受地域和水文地质条件复杂程度限制，在地下水资源评价中得到广泛的应用。数值模拟法是一种比较先进的计算方法，借助于计算机可以求解大型及任何复杂的地下水水流计算与预测问题。根据本次工作情况，采用均衡法计算与评价矿区岩溶水多年补给量和排泄量。

1. 均衡法原理

对于一个地下水系统来说，任意一个均衡时间段内，补给量与排泄量之差等于该均衡时段内地下水储存量的变化，即

$$Q_I - Q_O = \mu F \Delta H \tag{3-8}$$

式中，$Q_I$ 为均衡时段内地下水系统的天然补给总量；$Q_O$ 为均衡时段内地下水系统的天然排泄总量；$\mu$ 为潜水含水层给水度；$F$ 为均衡区含水层的分布面积；$\Delta H$ 为均衡时段内地下水水位变化幅度。

对于地下水来说，天然条件下，地下水的补给与排泄始终处于动平衡状态。在一个水文年内，降水季节后一段时间内，地下水补给量大于排泄量，地下水储存量增加，水位上升；非降水季节，地下水排泄量大于补给量，地下水储存量减少，水位下降。一个水文年内的地下水补给量与排泄量总处在变化状态，地下水水位随补给与排泄关系有所变化，但从多年来看，地下水补给量和排泄量基本上是相等的，即天然条件下，地下水多年天然补给量等于多年天然排泄量。天然条件下，地下水的均衡方程为

$$Q_I = Q_O$$

2. 岩溶水多年平均补给量

研究区岩溶水补给方式单一，以寒武系灰岩露头区接受大气降水入渗为主，排泄方式包括矿井排水、人工开采和泉（自流井）排泄等。平禹一矿井田是白沙向斜北翼岩溶水系统的集中排泄区，自流井常年处于自流状态，岩溶水多年水位稳定，维持在135～142m，多年水位变幅很小。因此，在目前平禹一矿尚未疏放岩溶水的条件下，研究区白沙向斜北翼岩溶水补给与排泄仍处在接近天然条件的均衡状态，多年补给量与多年排泄量大致平衡。

研究区岩溶水天然补给量主要是寒灰和奥灰露头区的大气降水入渗补给量，其大小按式(3-9)计算：

$$Q_{降渗} = \frac{\alpha \times P \times F \times 10^6}{365 \times 24} \quad (3-9)$$

式中，$\alpha$ 为大气降水入渗补给系数；$P$ 为多年平均年降水量，m；$F$ 为大气降水入渗补给面积，$km^2$；$Q_{降渗}$ 为大气降水入渗补给量，$m^3/h$。

补给区地表出露的地层不同，降水入渗补给条件不同，严格来讲，不同的区域取不同的降水入渗补给系数值，但平禹一矿没有开展这方面的相关研究。一般情况，在我国岩溶灰岩降水入渗补给系数一般在 0.2～0.5，参照密县及荥巩矿区岩溶水资源评价资料，取禹州地区的大气降水入渗补给系数 $\alpha = 0.3$。

在 1∶50000 禹州煤田水文地质图上，利用 MapGIS 绘图系统软件求得寒武系灰岩露头面积为 93.32$km^2$，奥陶系灰岩露头面积为 4.76$km^2$，石炭系灰岩露头面积为 7.72$km^2$，三者合计 105.8$km^2$。山区多年平均降水量为 719mm，采用式(3-9)计算求得白沙向斜北翼岩溶水的多年平均补给量为 2605$m^3/h$。

白沙向斜北翼山区居民多以基岩裂隙水（主要是岩溶水）为供水水源，根据调查，登封宣化镇人口 2.3 万人、禹州花石镇人口 5.7 万人、禹州苌庄镇人口 3.1 万人、禹州无梁镇人口 3.8 万人，合计 14.9 万人。人畜用水量根据用水定额法计算，人畜用水标准使用《水文地质手册》中的经验值，并参考新乡、安阳等地的经验值，农村人口为 50L/日，大牲畜 70L/日，小牲畜 30L/日。四个乡镇大小牲畜数量估计在 10 万头左右。据此推算，开采利用基岩水 500～600$m^3/h$。因此，现状条件下，平禹一矿井田范围的岩溶水多年补给量在 2000～2100$m^3/h$。

3. 岩溶水动储量和疏放量关系分析

平禹一矿井田 2100$m^3/h$ 的动补给量只是现状开采（排水）条件下的动补给量，并不意味着平禹一矿按超过 2100$m^3/h$ 甚至高于 2600$m^3/h$ 的强度疏放寒灰水，就会造成寒灰水位一直持续下降。这是因为，在平禹一矿疏放寒灰岩溶水的条件下，岩溶水水位下降后，不仅会激发补给量甚至袭夺外系统的岩溶水，也会导致泉水断流、自流井断流、向下游侧向径流排泄量减少，当岩溶水位下降至一定程度后，就会形成新的平衡，水位不再下降。继续增加疏放强度，水位又会下降，直至达到稳定。其机制可用地下水均衡原理说明。

对于一个地下水系统来说，任意一个均衡时间段内，补给量与排泄量之差等于该均衡时段内地下水储存量变化，公式可写为

$$Q_{补} - Q_{排} = \pm Q_{储} \tag{3-10}$$

在一个均衡时段内，如果补给量大于排泄量，储存量增加，表现为水位上升；排泄量多于补给量，储存量减少，表现为水位下降。

在天然状态下，地下水补给量 $Q_{天补}$ 与排泄量 $Q_{天排}$ 处于均衡状态，水位多年保持稳定，有

$$Q_{天补} = Q_{天排} \tag{3-11}$$

在开采条件下，水位下降可能导致补给量增加和排泄量减少，如分水岭外移，补给面积扩大，袭夺相邻系统水量；降落漏斗扩展到补给边界，水头差增大，补给量增大等。泉和自流井因水头下降，天然排泄量减少，潜水蒸发排泄量减少，岩溶水向边界外侧向径流量减少等，地下水的补给与排泄会形成新的平衡。

$$Q_{天补} + \Delta Q_{增补} - (Q_{天排} - \Delta Q_{减排}) - Q_{开} = -Q_{储} \tag{3-12}$$

所以，实际开采量(相当于疏放水量)等于补给增量、由于开采而减少的天然排泄量和可以动用的储存量三者之和，即

$$\Delta Q_{增补} + \Delta Q_{减排} + \Delta Q_{储} = Q_{开} \tag{3-13}$$

由于开采地下水可以激发补给量，并可减少天然排泄量，当地下水补给和排泄达到新的平衡后，地下水位由刚开始开采时的下降状态逐渐变为稳定。在这种条件下，地下水水位下降曲线为台阶状曲线，如图 3-23 所示。

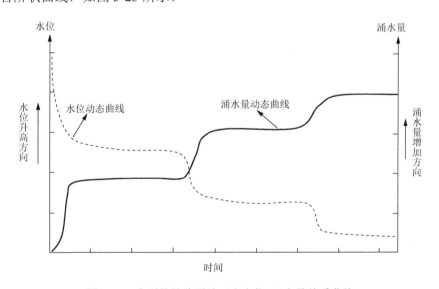

图 3-23 典型的补给型地下水水位-涌水量关系曲线

从白沙向斜北翼岩溶水补给径流和排泄条件分析，将会形成如图 3-23 所示的水位下降曲线，原因如下。

(1)登封岩溶水系统和禹州岩溶水系统目前以地下水分水岭为边界，岩溶水位最高点位于白沙水库附近，水位标高 250m 左右，登封岩溶水水位标高目前在 165~175m 波动，当平禹一矿疏放水大幅度降低岩溶水水位时，造成登封岩溶水也向禹州方向径流，造成补给量的增加。

(2) 平禹一矿疏放水大幅度降低岩溶水水位后，将导致基岩山区泉水和自流井断流、向第四系孔隙水的越流及向下游的侧向径流排泄减少，相当于增加了补给量。

(3) 基岩山区现有深水井变得无水，人工开采量减少。从平禹一矿13091工作面寒灰突水后的水文动态来看，突水后30天平4孔和平3孔水位进入稳定状态，在注浆显效至完全封堵期间平4孔水位再次达到稳定状态。这种现象说明，疏放条件的确激发了补给量和减少了排泄量。

### 3.3.3 疏放寒灰水的矿井涌水量预测

平禹一矿2005年10月东大巷发生寒灰水突水，最大突水量为38056m³/h，平均突水量为26639m³/h，导致矿井被淹，直至2006年6月才恢复生产；2008年12月13091底板注浆加固工作面又发生突水，突水量1100m³/h，使采区被淹。连续两次突水，改变了人们对平禹一矿水文地质条件的认识，它属于水文地质条件极复杂的矿井。

为了实现三采区13091综采面水压能降到2MPa以下，必须对寒灰和太灰下段灰岩岩溶水进行疏放，目前需要解决的问题是，寒灰水疏放强度达到多大，才能把寒灰水位从目前的135m降至-85m（相当于降深220m），实现三采区寒灰水压低于2MPa的目标。由于尚不具备进行大型专门放水试验的条件，以下主要基于13091工作面寒灰突水后水量和水位观测数据，并结合历史其他寒灰突水资料估算涌水量。

13091综采面煤层底板寒灰水突水后，井田范围内水位均出现下降，最大水位降幅达到20m。从一定意义上讲，本次突水相当于一次非人为控制的大型放水试验。借助对水量、水位动态和疏放流场空间特征的分析，可以总结平禹一矿井田寒灰水文地质特征，为今后防治水工作积累重要的基础资料。基于这些认识，在13091工作面发生寒灰水突水后，在突水点尚未被注浆堵住之前，利用煤矿原有地面水文观测孔及井下测流设施，抢在突水点被完全封堵前，对突水量和水位进行了连续观测，主要目的是：①通过对突水后水量、水位进行连续观测，获得水位及水量动态变化资料，全面分析寒灰含水层的水文地质条件，了解寒灰岩溶水可疏干性；②利用本次突水量、水位降深数据，并结合历年突水数据，初步估算寒灰水在不同疏放条件的疏放水量（正常涌水量），为矿井防治水系统的技术改造提供水文地质依据。

1. 非稳定流解析法

从2008年12月14日13091综采面开始突水，到2009年2月6日突水点截流工程开始发挥作用，历时55天。此间，突水量基本稳定在1100m³/h，寒灰水位随着时间推移，历经快速下降、缓慢下降直至接近稳定的过程。因此，13091综采面寒灰突水过程相当于进行了一个落程的非稳定流放水试验，从而可以借助非稳定流理论的泰斯(Theis)井流公式确定水文地质参数、预测未来疏放条件下的疏放水量。泰斯井流公式成立的基本条件是：

(1) 含水层均质各向同性、等厚，侧向无限延伸，产状水平；
(2) 抽水前天然状态下水力坡度为零；
(3) 完整井定流量抽水，井径无限小；

(4) 含水层中水流服从达西定律;

(5) 水头下降引起的地下水从储存量中的释放是瞬时完成的。

严格上讲,平禹一矿的水文地质条件并不完全符合泰斯井流条件,表现在:①寒灰和太灰岩溶裂隙含水层并非均值和各向同性的;②含水层厚度是变化的;③岩溶水的分布是不均匀的,含水介质是岩溶裂隙甚至存在溶洞;④岩溶水系统也并非侧向无限延伸,是有边界的。然而,13091 综采面突水后的水位动态和流场分布大致与泰斯井流公式的条件相符合,如整体性的水位下降、突水量稳定、水位下降影响范围超过 6000m、水位下降曲线符合泰斯井流特征等。鉴于此,利用泰斯非稳定井流理论反求水文地质参数,并预测未来疏放条件的涌水量。泰斯井流公式为

$$s = \frac{Q}{4\pi T} W(u) \tag{3-14}$$

$$u = \frac{r^2 \mu^*}{4Tt} \tag{3-15}$$

$$W(u) = \int_u^\infty \frac{e^{-y}}{y} dy \tag{3-16}$$

式中,$s$ 为抽水影响范围内,任一点任一时刻的水位降深;$Q$ 为抽水井的流量;$T$ 为导水系数;$t$ 为自抽水开始计算的时间;$r$ 为计算点到抽水井的距离;$\mu^*$ 为含水层贮水系数。

求解过程分两步,先利用配线方法求解水文地质参数,然后给定水位降深,利用泰斯井流公式预测涌水量。

1) 反求水文地质参数

将泰斯井流公式变为如下形式:

$$s = \frac{Q}{4\pi T} W(u)$$

$$t = \frac{1}{u} \frac{r^2 \mu^*}{4T}$$

两边同时取对数,有

$$\lg s = \lg W(u) + \lg \frac{Q}{4\pi T}$$

$$\lg t = \lg \frac{1}{u} + \lg \frac{r^2 \mu^*}{4T}$$

在模数相同的双对数坐标系内,分别作 $W(u)$-$\frac{1}{u}$ 的曲线(标准曲线)和抽水试验某个观测孔的 $s$-$t$ 的降深变化曲线(实际曲线),对于同一次定流量抽水来说,由于上式等号右边第二项均为常数,因此,两条曲线形状是相同的,只是纵坐标和横坐标平移了一定距离而已。选定某个观测孔在对数坐标系下的 $s$-$t$ 曲线,将实际曲线置于事先做好的标准曲线上,在保持对应坐标轴彼此平行的条件下相对平移,使两条曲线重合,任意选取匹配点,记下匹配点在两个坐标系下的坐标值,代入上式就可以求得导水系数和含水层贮水系数,这种方法称为降深-时间配线法。

自13091工作面2008年12月14日7时突水至2009年2月6日注浆截流工程显效，在此间的55天时间内各个观测孔水位均逐渐下降，而水量一致稳定在1100m³/h，近似一次定流量非稳定流放水试验，利用此间各个观测孔 s-t 曲线，如图3-22、图3-24～图3-31所示，采用降深-时间配线法求导水系数和含水层贮水系数。各个观测孔至突水点的距离 r 见表3-10。

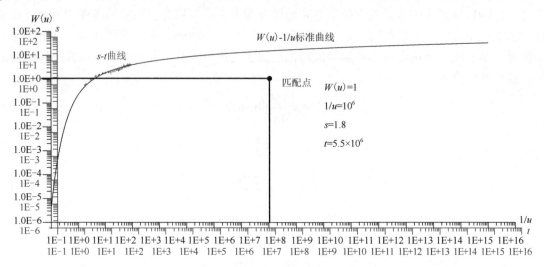

图3-24　平2孔降深-时间曲线与标准曲线匹配

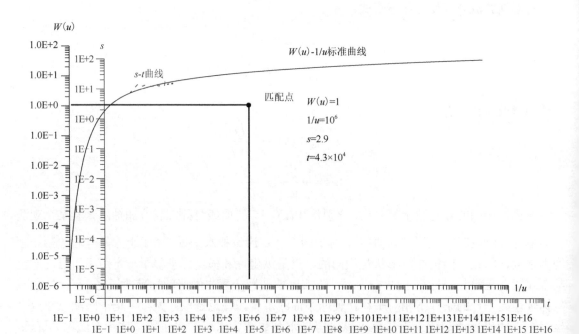

图3-25　平3孔降深-时间曲线与标准曲线匹配

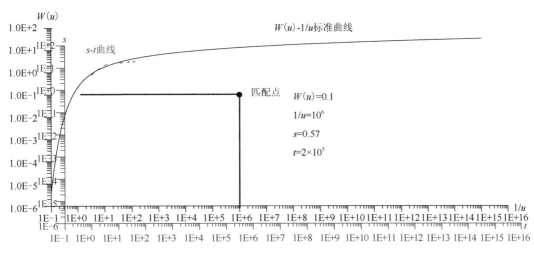

图 3-26 平 4 孔降深-时间曲线与标准曲线匹配

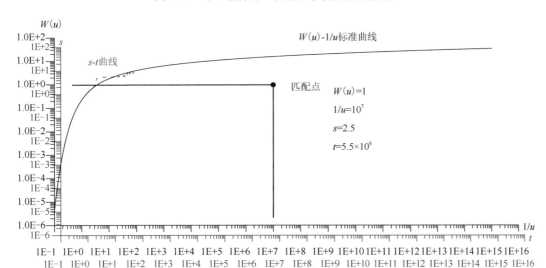

图 3-27 平 5 孔降深-时间曲线与标准曲线匹配

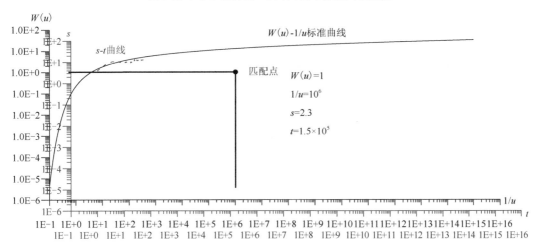

图 3-28 平 7 孔降深-时间曲线与标准曲线匹配

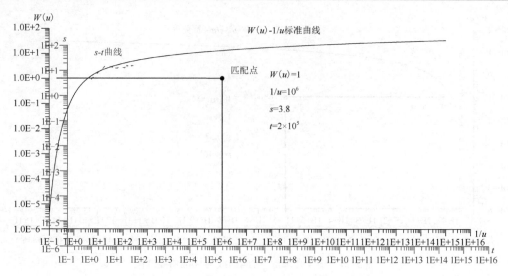

图 3-29 平 8 孔降深-时间曲线与标准曲线匹配

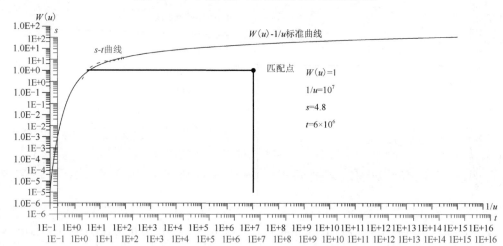

图 3-30 平 9 孔降深-时间曲线与标准曲线匹配

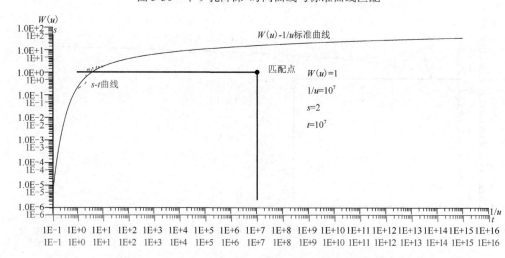

图 3-31 桐树张孔降深-时间曲线与标准曲线匹配

表 3-10 观测孔至突水点之间的距离

| 观测孔号 | 平 2 | 平 3 | 平 4 | 平 5 | 平 7 | 平 8 | 平 9 | 桐树张 |
| --- | --- | --- | --- | --- | --- | --- | --- | --- |
| 至突水点距离/m | 1670 | 2277 | 2125 | 1350 | 图外 | 1000 | 3918 | 3773 |

分别将观测孔的匹配点坐标代入泰斯井流公式中，就可求出导水系数和贮水系数，结果见表 3-11。

表 3-11 降深-时间配线法确定的水文地质参数

| 观测孔号 | 平 2 | 平 3 | 平 4 | 平 5 | 平 7 | 平 8 | 平 9 | 桐树张 |
| --- | --- | --- | --- | --- | --- | --- | --- | --- |
| 导水系数 $T/(m^2/d)$ | 1167.7 | 724.8 | 368.8 | 840.8 | | 553.1 | 808.4 | 1050.9 |
| 贮水系数 $\mu^*$ | $9.2\times10^{-4}$ | $2.4\times10^{-5}$ | $6.5\times10^{-5}$ | $1.1\times10^{-3}$ | | $4.4\times10^{-4}$ | $1.1\times10^{-4}$ | $3.0\times10^{-4}$ |

2) 预测不同疏放水平的涌水量

为保证三采区的安全开采，需要把寒灰水位从目前的 135m 降至-85m，水位降深 220m。13091 工作面寒灰突水形成的最大水位降深只有 20m，一般说来，向前预测幅度不宜大于放水试验最大降深的 1.75 倍。这是因为，降深增大可能导致水文地质条件发生变化，可能会袭夺更多的补给量，基于小降深求得的水文地质参数就会变化，导致预测结果出现较大的偏差。由于目前尚没有其他可以解决的办法，且寒灰和太灰岩溶水属于承压水，理论上泰斯井流条件的水位降深和开采量为线性关系，因此，暂按目前条件进行估测，结果尚需根据专门大流量放水试验结果进行校正。

寒灰含水层渗透性和导水性具有明显的不均匀性，使得 13091 工作面突水后并未形成以突水点为中心的水位降落漏斗，以平 4 孔最大，其次是平 8 孔和平 3 孔。很显然，在同样的预测目标条件下，若利用降深较小的观测孔去预测，预测涌水量将会偏大。考虑到平禹一矿今后开采区域主要在突水点东南方向的三采区，且解析法结果尚需和回归方法对比，因此，以平 4 孔确定的参数进行预测。预测条件为：距离 $r=2125m$，导水系数 $T=368.8m^2/d$，贮水系数 $\mu^*=6.5\times10^{-5}$，水位降深 $s=220m$，时间 $t=50$ 天，代入泰斯井流公式中，有

$$u = \frac{r^2\mu^*}{4Tt} = \frac{2125\times2125\times0.000065}{4\times368.8\times50} \approx 4\times10^{-3}$$

查泰斯井流函数表，$W(u)=4.9482$，涌水量为

$$Q = \frac{4\pi Ts}{W(u)} = \frac{4\times3.14\times368.8\times220}{4.9482\times24} \approx 8581.1 \text{ (m}^3/\text{h)}$$

2. 相关分析法

13091 工作面突水后的 55 天之内(突水点未被封堵前)，突水量稳定在 1100m³/h，平 4 孔最大水位降深 18.64m，平 4 孔水位降深动态曲线如图 3-32 所示。当突水点注浆堵水显效但尚未完全封堵期间，突水量在 400m³/h 水平上持续了 22 天，平 4 孔对应的降深稳定在 10.2m，平 4 孔水位降深动态曲线如图 3-33 所示。可见突水量和水位降深存在明显的对应关系。此外，根据 1985 年 7 月 7 日 30m 西总回风巷突水，最大突水量为 2375m³/h，桐树张水井最大水位降深达到 100m。

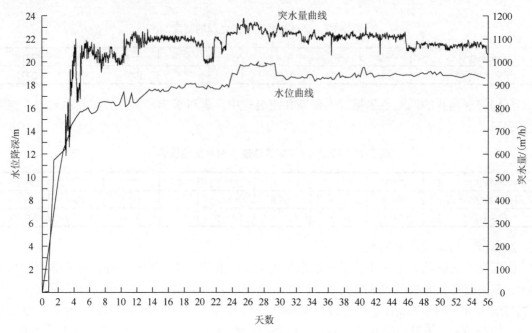

图 3-32  13091 突水点未被封堵前平 4 孔水位降深动态曲线

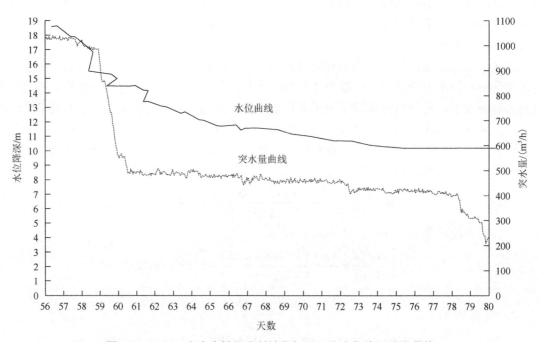

图 3-33  13091 突水点被部分封堵期间平 4 孔水位降深动态曲线

以上述水量和对应的水位降深三组数据为依据，以突水量为自变量，水位降深为因变量，分别采用线性相关、指数相关关系建立相关方程，如图 3-34 和图 3-35 所示。线性相关方程的相关系数为 0.967，指数相关方程的相关系数为 0.998，指数相关性略好于直线方程。经过显著性检验，各方程都有显著性意义（$P \leqslant 0.05$）。给定水位降深 $s=220\text{m}$，用直线相关方程求得涌水量：$Q_{线}=5001.0\text{m}^3/\text{h}$，用指数相关方程求得涌水量 $Q_{指}=2996.3\text{m}^3/\text{h}$。

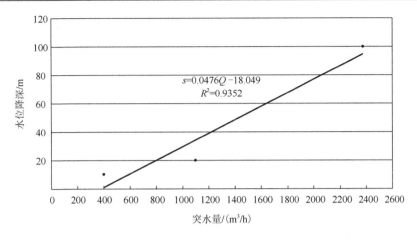

图 3-34 突水量 $Q$ 和水位降深之间的线性相关关系

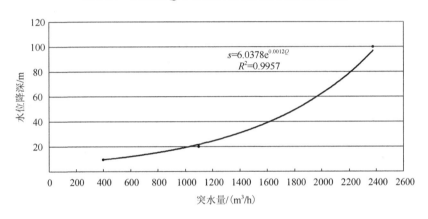

图 3-35 突水量 $Q$ 和水位降深之间的指数相关关系

3. 涌水量预测结果

考虑到平禹一矿水文地质条件的复杂性，取线性回归和解析方法预测值的平均值作为涌水量预测结果，即 $Q_{预测}=6791\text{m}^3/\text{h}$。未来疏放寒灰水位降深达到 220m 的条件下，矿井正常涌水量为 $6791\text{m}^3/\text{h}$。

平禹一矿二$_1$煤顶板砂岩正常涌水量一般小于 $10\text{m}^3/\text{h}$，最大为 $32\text{ m}^3/\text{h}$。煤层底板太灰上段灰岩岩溶水以静储量为主，动储量有限。根据 2001~2004 年全矿涌水量资料，在没有发生太灰和寒灰岩溶水突水的情况下，矿井涌水主要来源于太灰上段灰岩岩溶水，全矿涌水量在 180~720$\text{m}^3/\text{h}$，如图 3-36 所示。在未来开采条件下的涌水量可采用涌水量-开采面积、水位降深比拟法预测，公式为

$$Q = Q_0 \times \sqrt{\frac{s}{s_0}} \sqrt{\frac{F}{F_0}} \tag{3-17}$$

式中，$Q$ 为预测涌水量；$Q_0$ 为当前正常涌水量；$s$ 为未来水位降深；$s_0$ 为当前生产水平水位降深；$F$ 为未来开采面积；$F_0$ 为当前生产水平面积。

以目前开采标高-330m 为起点，$Q_0$=540m³/h，$s_0$=340m，$F_0$=7042800m²，$s$=690m，$F$=11042800m²。经过计算，-550m 水平涌水量为814m³/h，该值可作为煤层底板太灰上段岩溶水未来涌水量(该值来源于矿井生产报告)。

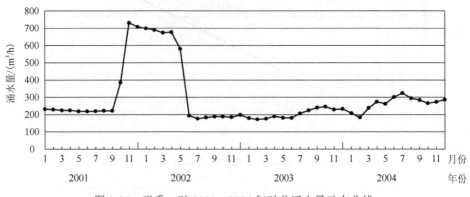

图 3-36　平禹一矿2001～2004年矿井涌水量动态曲线

未来疏放寒灰和太灰岩溶水条件下，全矿井正常涌水量是寒灰和太灰水疏放量、煤层顶板砂岩裂隙水涌水量及太灰上段灰岩岩溶水涌水量三者之和，即 $Q_{正常}$=7637m³/h。根据历史涌水量资料，雨季涌水量增幅不大，最大涌水量按正常涌水量的1.3倍取值，即 $Q_{最大}$=9928.1m³/h。

历次寒灰和太灰下段岩溶水突水，均造成岩溶水水位出现了大幅度的下降。由于矿井水文地质条件复杂、煤层底板岩溶含水层富水性强和承压水头高、太灰下段与寒灰相互沟通、承压水头高而隔水层厚度薄弱、突水系数超限以及矿井大型特大型水害频繁、深部水害问题更加严重等不利因素的存在，彻底疏放岩溶水，降低水压，消除突水隐患是非常有必要的。

### 3.3.4　疏水降压前期准备工作

为了安全、有效地实施疏水降压工作，在对寒灰岩溶水进行疏水降压前，做了大量的前期准备工作，主要包括以下几个方面。

1) 立体化和全方位的水文地质补勘

全井田进行地面瞬变电磁勘探，圈定富水异常区。2008～2009年矿方委托河南省煤田地质局物探测量队、中国煤田地质总局地球物理勘探研究院分别对井田西部和东部进行了地面瞬变电磁勘探，勘探面积东部为7.0km²，西部为5.1km²，总面积12.1km²，物探范围基本覆盖了整个井田。

2) 建立并完善了水文观测网

布置了9个地面水文地质勘探兼水位长观孔，井下布置6个，观测孔分布如图3-15所示，观测孔布置及观测方法如表3-7所示。除两个测压孔用压力表测压外，其余观测孔均安装煤炭科学研究总院西安研究院生产的水位自动或水压观测系统，能够自动遥测监控和传输水位与水量数据，为开展疏放水工业试验奠定了基础。

3) 改造矿井排水系统，提高排水能力，保证寒灰水疏放能力

为了确保大流量疏放寒灰岩溶水后，矿井排水系统能够将水顺利排出，以确保安全生产，在疏放寒灰水之前，对矿井原有排水系统进行了改造，建成了"主排能力富裕，下山采区系统可靠，采面涌水实现自流排水"的格局，大幅度提升了排水能力。

疏放水之前，西区中央泵房水仓容量 3600m³，安装 4 台 MD500-57×7 型水泵，4 台 MD720-60×6 型水泵，铺设排水管路 4 趟，其中 2 趟管径为 325mm、1 趟为 273mm、1 趟为 377mm，工作泵和备用泵排水能力为 3300m³/h。在原有一条排水沟的基础上，专门铺设了 2 条疏放水专用排水管路。东区中央排水泵房水仓容量 9254m³，配备 5 台 MD720-60×6 型水泵，2 台 MD450-60×6 型水泵，敷设 Φ377mm 排水管路 4 趟，最大排水能力 3200m³/h。此外，还扩建了三采区排水泵房。通过扩修外仓，水仓有效容量达到了 1500m³，在泵房安设了 2 台 D280 型和 2 台 MD450 型水泵，又重新敷设了 1 趟 Φ273mm 排水管路，配合原有的 2 趟 Φ200mm 排水管路，使三采区正常排水能力达到了 580m³/h，最大排水能力 1204m³/h。

生产井老排水系统最大排水能力达到 2836m³/h，并在生产井新增一套排水系统，建成后可以新增排水能力 3000m³/h。技改井排水系统最大排水能力为 3373m³/h。下山采区排水系统保证排水能力达到 1000m³/h 以上。

4) 浅部帷幕注浆截流，减少区域岩溶水向井田的补给量

平禹一矿位于白沙向斜的东北部，矿区北、西、南三面环山，为一向东南开阔的"箕形"向斜汇水盆地，平禹一矿位于向斜北翼东北翼，总体上为一单斜构造。白沙向斜东北翼的岩溶水在西北部灰岩裸露区接受大气降水入渗和地表水渗漏补给后，沿着地层倾斜与地形坡降方向自西北向东南径流，受张堂断层阻隔，岩溶水不能向南径流，而是在山前煤矿区自西向东径流。根据钻孔揭露的资料，平禹一矿 2010 年 5 月的岩溶水水位等值线图如图 3-37 所示。

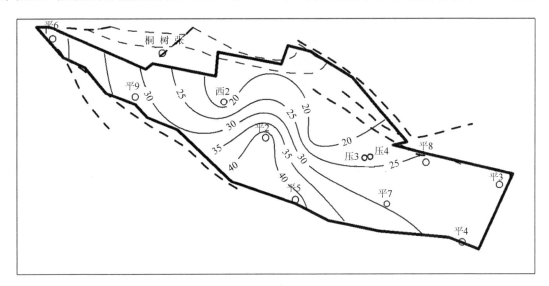

图 3-37  平禹一矿放水前 2010 年 5 月岩溶水水位等值线图(单位：m)

区域治理的原则是在平禹一矿西部，跨越井田南北两条导水断层带构成的边界，构建注浆帷幕截流墙，大幅度消减区域岩溶水向平禹一矿井田的径流量，不仅为疏水降压创造条件，也能缓解平禹一矿水害威胁程度。帷幕注浆截流工程分三段，如图 3-38 所示。

(1) 魏庄断层带截流：注浆段位于井田北部边界魏庄断层处，布置地面注浆孔 19 个，钻探总进尺 5657m，共注入水泥 4737.5t。

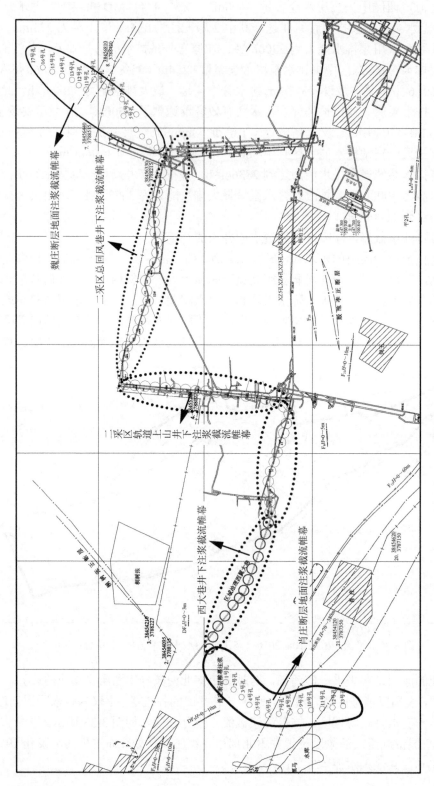

图 3-38 平禹一矿地面和井下注浆截流工程布置图

(2) 垂直肖庄断层的区域注浆段：注浆段位于井田西南部边界肖庄断层处，布置地面注浆孔 16 个，钻探总进尺 10220.8m，共注入水泥 1412t。

(3) 井下巷道注浆截流工程：在井下二采区总回风巷、二采区轨道上山、二采区至四采区西大巷中布置 68 个注浆孔，钻探进尺近 10000m，共注入水泥 5910t（其中西大巷 4 号钻场 2 号孔单孔注浆量为 4150t）。

地面和井下注浆孔连接在一起，形成一条由井田西南边界至井田北边界延伸的注浆帷幕截流墙，阻断西部和西北部岩溶水进入井田的补给通道。

5) 施工了完善的放水孔

平禹一矿在三采区施工了 20 个寒灰放水孔，最大出水量可达 1500m³/h；在技改井车场附近设计了 30 个放水孔，最大疏放量达 2000~2500m³/h，两处放水孔设计放水量最大可达 3500~4000m³/h。

### 3.3.5 寒灰水的疏放

平禹一矿自 2010 年 5 月 3 日 16 时开始，对寒灰岩溶水进行了大流量持续疏放。至 2015 年 11 月 3 日，放水试验已经持续了 5.5 年。放水量从初期的 1250m³/h 升至 2150m³/h，后升至 3000m³/h，峰值达到 3500~3900m³/h。随着水位的逐渐降低，放水孔出水量下降，为此，在西区又布置了不少放水孔，西区放水量略有增加，而东区（五采区）自 2012 年底开始，不少放水孔流量衰减甚至干涸，东区水量明显下降，较放水初期水量衰减了 2/3，如图 3-39 所示。因此，自 2012 年 9 月初以来，总放水量呈下降趋势，至 2013 年 9 月 23 日，总放水量为 2798m³/h，其中西区 2055m³/h，东区 743m³/h。

从水位变化来看，大流量持续疏放寒灰岩溶水以来，水位一直呈下降趋势，初期水位下降速度略大，后期逐渐变缓，如图 3-39~图 3-41 所示。寒灰水位在放水前在 120m 左右，至 2013 年 9 月降至-50m 左右，最低点在三下泵房，水位为-120.94m，如图 3-42~图 3-47 所示。

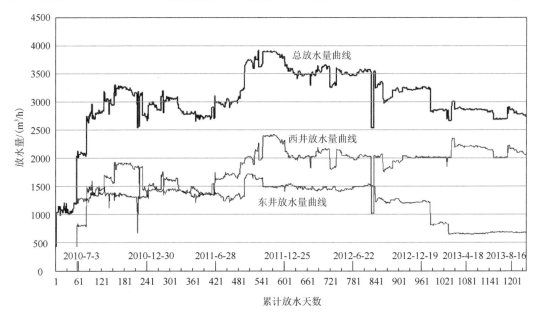

图 3-39　平禹一矿寒灰岩溶水疏放水量变化曲线(2010 年 5 月 3 日至 2013 年 9 月 23 日)

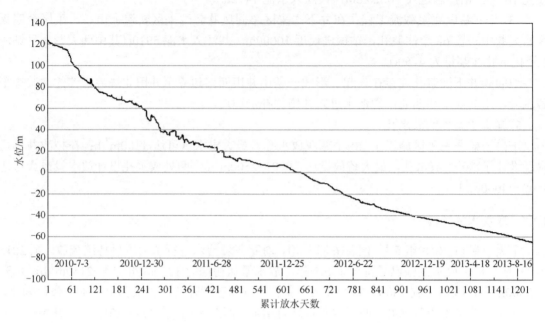

图 3-40 平禹一矿疏放寒灰水以来平 4 孔水位下降曲线

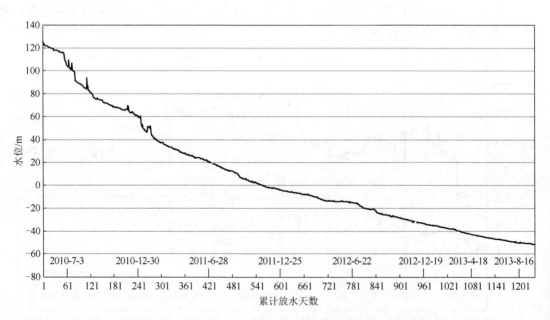

图 3-41 平禹一矿疏放寒灰水以来平 8 孔水位下降曲线

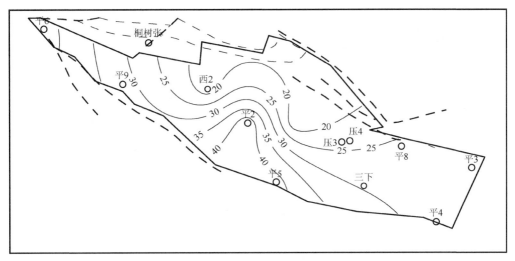

图 3-42　平禹一矿放水前(2010 年 5 月 3 日)寒灰水位等值线图(单位：m)

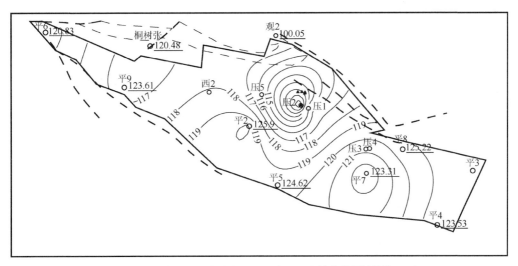

图 3-43　平禹一矿寒灰水位(2011 年 5 月)等值线图(单位：m)

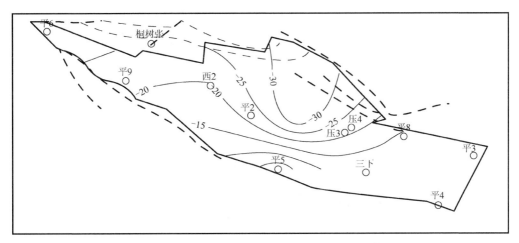

图 3-44　平禹一矿寒灰水位(2012 年 5 月)等值线图(单位：m)

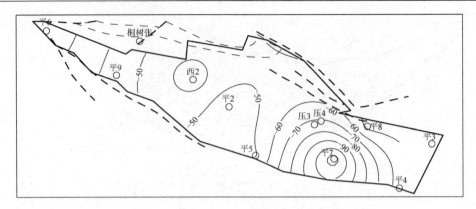

图 3-45　平禹一矿(2013 年 5 月)寒灰水位等值线图(单位：m)

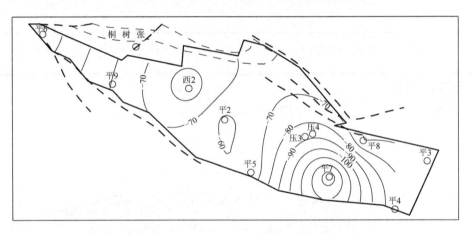

图 3-46　平禹一矿(2014 年 5 月)寒灰水位等值线图(单位：m)

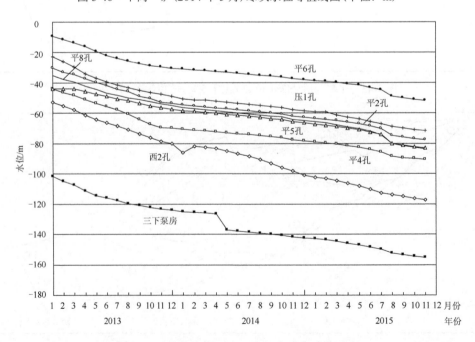

图 3-47　平禹一矿 2013~2015 年寒灰水位动态

自 2014 年 1 月开始，按照制定的堵源截流方案，陆续对魏庄断层异常区、西区治水巷-西大巷富水异常区、西区治水巷西端补给径流通道进行了注浆封堵，2014 年 10 月堵源截流工程基本结束。在东井 13010 工作面风巷原有注浆堵水钻场，朝魏庄断层方向布置注浆截流堵水钻孔 19 个，工程量 3558m，注浆量 967t。在西大巷到西区治水巷之间共布置了 31 个注浆孔，工程量 5148m，共注入水泥 1809t。在西区治水巷西端布置的 1 号孔，进入寒武系灰岩垂深 246.6m，共注入水泥 3888t。这些工程封堵了来自西北和东北方向的补给径流通道，封堵了浅部岩溶水向深部径流的补给径流通道，降低了寒灰含水层的富水性。堵源截流工程实施后，东区水量衰减很快，从 2013 年 9 月的 750m³/h 降至 2015 年 11 月的 259m³/h，减少了 491m³/h，如图 3-48 所示。

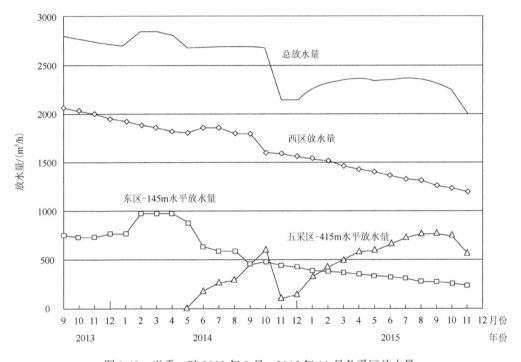

图 3-48　平禹一矿 2013 年 9 月～2015 年 11 月各采区放水量

与此同时，自 2014 年 5 月开始，在五采区-415m 水平也开始疏放寒灰水，疏放量最高时达到 800m³/h，后衰减至 520m³/h。由此加快了五采区-145m 水平井底车场放水量的衰减，五采区水位由 2014 年 1 月的-129.3m 降至 2015 年 11 月的-155.12m，如图 3-48 所示。

## 3.4　底板注浆加固改造技术

### 3.4.1　底板注浆加固改造机理

1. 孔隙裂隙岩体类型

根据孔隙裂隙理论对底板岩体类型进行划分(斯列萨列夫，1983；许学汉和王杰，1991；

王作宇和刘鸿泉，1993；施龙青和韩进，2004；赵阳升和胡耀青，2004；李见波，2016），考虑岩体的破碎度和裂隙连通度，将底板岩体分为 4 种类型，分别是：Ⅰ型——完整隔水岩体、Ⅱ型——非连通性裂隙岩体、Ⅲ型——连通性裂隙岩体和Ⅳ型——破碎岩体。为研究岩体的阻水和隔水性能，在孔隙裂隙理论基础上，对岩体的形态进行了概化。

1）Ⅰ型——完整隔水岩体

如果底板的岩层发育完整，基本无裂隙，宏观上可以将其概化为单一孔隙度模式，如图 3-49 所示，定义此类底板岩体为Ⅰ型完整隔水岩体。

该模型宏观上将底板岩体概化为均匀的孔隙型介质，孔隙分布连续、渗透率相同，介质具有单一孔隙度和单一渗透率。当岩层的渗透率很低，或者近于零时，该岩层可以视为隔水层。

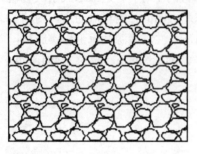

图 3-49 高孔隙度单一渗透率岩层

在有效应力和孔隙压力影响下，Ⅰ型岩层应力-应变关系方程可表示为

$$\varepsilon_{ij} = \frac{1+\nu}{E}\sigma_{ij} - \frac{\nu}{E}\sigma_{kk}\delta_{ij} - \frac{1}{3H}p\delta_{ij} \tag{3-18}$$

式中，$p$ 是流体压力；$\varepsilon_{ij}$、$\sigma_{ij}$ 分别为应变张量和应力张量；$\nu$ 是泊松比；$H$ 是比奥常数；$\sigma_{kk}$ 是静水压力，可以写成：$\sigma_{kk} = \sigma_1 + \sigma_2 + \sigma_3$；$E$ 是杨氏弹性模量；$\delta_{ij}$ 为换算符号，$i=j$ 时，$\delta_{ij}=1$，$i\neq j$ 时，$\delta_{ij}=1$（$i, j=1, 2, 3$）。

Ⅰ型岩体的固体相控制方程可表示为

$$Gu_{i,jj} + (\lambda + G)u_{k,ki} + \alpha p_j = 0 \tag{3-19}$$

式中，$G$ 是剪切模量；$\lambda$ 是拉梅常数；$\alpha$ 为比奥系数；$u_i$ 是位移。

Ⅰ型岩体的流体相控制方程为

$$-\frac{k}{\mu}p_{kk} = \alpha\varepsilon_{kk} - c^*\dot{p} \tag{3-20}$$

式中，$\dot{p}$ 表示 $p$ 对时间的导数；$k$ 为渗透率；$c^*$ 是集总可压缩性。

2）Ⅱ型——非连通性裂隙岩体

如果岩层存在明显的结构弱面，如裂隙或断层等，但是没有贯通。宏观上，如图 3-50 所示，包含裂隙不相互贯通的裂隙岩体定义为Ⅱ型非连通性裂隙岩体，如受断层构造影响的泥岩互层或者粉砂岩层。虽然工作面发生渗水等现象，但没有造成突水，此时可将该类型岩体视为相对隔水层。

由于裂隙（次生孔隙）的存在，此类型岩体介质被划分成岩隙（原生孔隙）和岩基。相对应，把不含裂隙的部分小岩块称为孔隙体，把含裂隙的部分小岩块称为裂隙体。原生孔隙的孔隙度称为原生孔隙度；次生孔隙的孔隙度称为次生孔隙度；该种类型岩体含有原生和次生双孔隙度。根据双孔隙度的定义，裂隙中的流体和岩基中的流体控制方程各自既独立，又可通过公用的函数进行叠加。此种岩体类型可模拟具

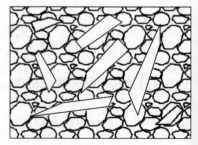

图 3-50 孔隙-孤立裂隙岩层

有高存储能力和低渗透能力的岩层。Ⅱ型非连通性裂隙岩体的固体相控制方程可表示为

$$Gu_{i,jj}+(\lambda+G)\mu_{k,ki}+\sum_{m=1}^{2}\alpha_m p_{m,i}=0 \qquad (3\text{-}21)$$

式中，$\alpha_m$ 表示 $m$ 相比奥系数，$m$=1、2，分别代表岩基和岩隙。

Ⅱ型非连通性裂隙岩体的流体相控制方程为

$$-\frac{\bar{k}}{u}p_{m,kk}=\alpha_m\varepsilon_{kk}-c^*\dot{p}\pm\varGamma(\Delta p) \qquad (3\text{-}22)$$

式中，$\varGamma$ 表征由压差 $\Delta p$ 引起的裂隙和孔隙的流体交换速率，正号表示从孔隙中流出，负号表示流入孔隙中；字母上面圆点对时间求导数；$\bar{k}$ 是等效单渗透率值。

3) Ⅲ型——连通性裂隙岩体

Ⅲ型连通性裂隙岩体(图3-51)比Ⅱ型非连通性裂隙岩体更加破碎。该种类型岩体裂隙间虽然连通导水，但是该型岩体用于储水的空间相对较小。薄层灰岩裂隙含水层、砂岩裂隙含水层可视为该种类型岩层，开采时工作面突水危险性大。

Ⅲ型连通性裂隙岩体由渗透性低/孔隙率高的孔隙体和渗透性高/孔隙率低的裂隙体组成，如图3-51所示。此种模型是双渗透率和双孔隙度模型，含有低渗透性孔隙的含裂隙地层适用本模型。

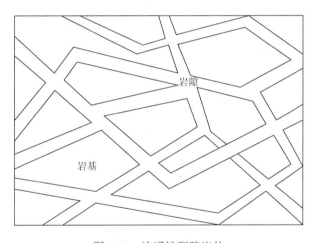

图 3-51　连通性裂隙岩体

Ⅲ型连通性裂隙岩体的固体控制方程与非连通性裂隙模型控制方程的形式相同，见式(3-21)。而Ⅲ型岩体的流体相控制方程可表示为

$$-\frac{k_m}{u}p_{m,kk}=\alpha_m\varepsilon_{kk}-c^*\dot{p}\pm\varGamma(\Delta p) \qquad (3\text{-}23)$$

式中，$k_m$ 为 $m$ 相的渗透率。

4) Ⅳ型——破碎岩体

该类型岩体(图3-52)非常破碎，岩层内部既有以小裂隙为主的次生裂隙通道，又有以较大裂隙为主的主裂隙通道，由于裂隙通道发育，该型岩层出水的概率很大。定义此种类型岩体为Ⅳ型破碎岩体，如灰岩岩溶裂隙型含水层等。工作面若突水，影响比较严重。

Ⅳ型岩体(图3-52)亦称为三孔隙度岩体,该类型岩体宏观上通过主干裂隙将岩体划分为多个渗透率较低的小裂隙系统,小裂隙系统视为孔隙体的组成部分,小裂隙系统与主干裂隙由于压力差存在流体交换。Ⅳ型岩体的固体相变形控制方程表示为

$$Gu_{i,jj} + (\lambda + G)\mu_{k,ki} + \sum_{m=1}^{3} \alpha_m p_{m,i} = 0 \tag{3-24}$$

式中,$m=1$、2、3,分别代表孔隙、裂隙和裂缝。

该模型流体相的对应方程为

$$-\frac{k_{13}}{u} p_{1,kk} = \alpha_1 \varepsilon_{kk} - c_1^* \dot{p}_1 \pm \Gamma_{12}(p_2 - p_1) + \Gamma_{13}(p_3 - p_1) \tag{3-25}$$

$$-\frac{k_{13}}{u} p_{2,kk} = \alpha_2 \varepsilon_{kk} - c_2^* \dot{p}_2 \pm \Gamma_{21}(p_1 - p_2) + \Gamma_{23}(p_3 - p_2) \tag{3-26}$$

$$-\frac{k_3}{u} p_{3,kk} = \alpha_3 \varepsilon_{kk} - c_3^* \dot{p}_3 \pm \Gamma_{31}(p_1 - p_3) + \Gamma_{32}(p_2 - p_3) \tag{3-27}$$

式中,$k_{13}$是裂隙与岩基的平均渗透率;$k_3$是裂缝渗透率;$\Gamma_{ij}$是流体交换率。

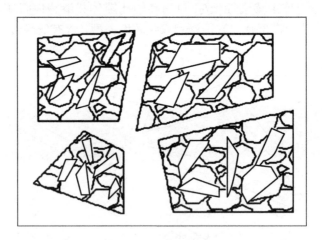

图3-52 三孔隙度岩体

**2. 注浆加固前孔隙裂隙岩体的流固耦合控制方程**

国内外专家学者对注浆前原始孔隙裂隙岩体的研究比较多,但在解决煤矿底板渗流与突水问题时发现,一些参数的推导与测定对结果影响很大,如渗透系数的变化影响流体相控制方程求解;而影响固体相变形控制方程的参数更多。按照孔隙裂隙弹性和损伤力学理论,材料的均质性、各向同性、各向异性和损伤等因素都是需要确定的变化参数。

1) 注浆加固前流体相控制方程及参数求解

按照孔隙裂隙弹性理论(Biot,1955;Barenblatt et al.,1960;Rice and Cleary,1976;白矛和刘天泉,1999),注浆加固前具有$m$相渗透率岩体的流体相控制方程可概括表达为

$$-\frac{k_m}{\mu} p_{m,kk} = \alpha_m \dot{\varepsilon}_{kk} - c^* \dot{p}_m \pm \Gamma(\Delta p) \tag{3-28}$$

对单一孔隙度模型,$\Delta p$无变化,流体相控制方程变为

$$-\frac{k}{\mu}p_{kk} = \alpha\dot{\varepsilon}_{kk} - c^*\dot{p} \tag{3-29}$$

式中，$k_m$ 为 $m$ 相的渗透率；$k$ 为单一渗透率岩层渗透率；$c^*$ 是集总可压缩性；$\Gamma$ 是裂隙和孔隙间流体交换速率，由压差 $\Delta p$ 引起，正号表示从孔隙中流出，负号表示流入孔隙中。

从式(3-28)和式(3-29)可以看出，渗透系数是流体相控制方程的重要参量，对方程有直接影响。渗透系数是底板岩体的固有属性，受到局部应力场的影响，会发生变化，使得现场渗透系数测量非常困难，如果可以换算成其他可以比较容易测量的参数会很方便。由黎水泉等(2001)的研究成果得到渗透率、孔隙度与净应力的回归关系式：

$$k = k_0\left[1 - \left(\frac{p}{n}\right)^m\right]^3 \tag{3-30}$$

$$\varphi = \varphi_0\left[1 - \left(\frac{p}{n}\right)^m\right] \tag{3-31}$$

式中，$k$ 为岩体渗透率；$k_0$ 为净应力为零时岩体初始渗透率；$\varphi_0$ 为岩体初始孔隙度；$p$ 为净应力，当有效应力系数为1时，与有效应力相等；$n$、$m$ 为系数。

学者尹尚先和王尚旭(2006)将孔隙裂隙概化成椭球体，研究得到有效压缩系数为

$$\beta_{\text{eff}} = \beta_s\left(1 + m\frac{\varphi}{\alpha}\right), \quad 其中， \quad m = \frac{E(3E+4G)}{\pi G(3E+G)} \tag{3-32}$$

式中，$E$、$G$ 分别是岩体弹性模量和剪切模量；$\varphi$ 为孔隙度；$\beta_s$ 为压缩系数；$\alpha$ 为纵横比。

当 $\alpha$ 很小趋近无穷小时近似为裂隙，趋近于1时近似为孔隙。

已知波速与弹性模量存在关系：

$$V_P = \sqrt{G/\rho} = \sqrt{E(1-\mu)/[\rho(1+\mu)(1-2\mu)]} \tag{3-33}$$

式中，$E$、$G$ 分别是弹性模量和剪切模量；$\mu$ 为泊松比；$\rho$ 为岩体密度。

根据式(3-33)可以得到波速表达的现场岩体的弹性模量和剪切模量。波速测试作为分析煤层底板岩体性质的重要手段，目前设备也容易测得现场岩体的波速。

所以，综合式(3-30)~式(3-33)，得到用波速和压缩系数表达的渗透系数公式为

$$k = k_0\left[\frac{\alpha(\beta_{\text{eff}} - \beta_s)}{\beta_s m \varphi_0}\right]^3 \tag{3-34}$$

式中，$m = \frac{E(3E+4G)}{\pi G(3E+G)}$；$E = V_P^2[\rho(1+\mu)(1-2\mu)]/(1-\mu)$；$G = \rho V_P^2$。

2) 不考虑岩体损伤各向异性的固体控制方程

不考虑岩体损伤的孔隙裂隙弹性岩体的固体相变形控制方程为

$$Gu_{i,jj} + (\lambda + G)u_{k,ki} + \sum_{m=1}^{3}\alpha_m p_{m,i} = 0 \tag{3-35}$$

式中，$m=1$、2、3，分别代表孔隙、裂隙和裂缝。

这些孔隙裂隙型岩体的流固耦合方程，很好地解释了水压作用下、饱和多孔隙度条件下含水层岩体的本构关系。但是，通过岩体的不同类型模型可以看出，II、III和IV型裂隙岩层

具有明显裂隙，存在损伤现象，损伤对于材料的影响是不可忽视的，而上述固体控制方程中没有考虑损伤的影响。

3) 考虑损伤的各向异性饱和孔隙裂隙岩体变形控制方程

Ⅱ、Ⅲ和Ⅳ型岩体裂隙比较发育，损伤现象明显。将其仍视为完整无裂隙近似均质的材料，然后进行求解得到固体相变形控制方程，一定程度上满足理论和数值计算的需要。但事实上，底板灰岩含水层一般是非均质的，而且由于形成阶段和天然裂隙存在等有很明显的各向异性，求解考虑材料的各向异性和非均质性条件的裂隙岩层的固体相控制方程很有必要。与均质岩体的本构方程相比，裂隙各向异性岩体的本构方程要求更严格、更复杂。

(1) 破碎岩体的损伤张量表述。

20 世纪 50 年代末，Kachanov 和 Akad(1958)等引进损伤概念，用来表示结构有效承载面积的相对减少。损伤现象使岩体细观结构发生变化，使得岩体的强度等参数趋向降低。在 Sayers 和 Kachanov(1991)、Lubarda 和 Krajcinovic(1993)、Shao(1998)的相关研究中，岩体被视为被许多节理或裂隙分割岩块结构体，并定义了二阶损伤张量 $\tilde{D}$ 为

$$\tilde{D} = \sum_{k=1}^{N} m_k \left( \frac{\hat{a}_k^3 - a_0^3}{a_0^3} \right) (\boldsymbol{n} \otimes \boldsymbol{n})_k \tag{3-36}$$

式中，$a_0$ 为初始裂纹的平均半径；$\hat{a}_k$ 为第 $k$ 类簇裂纹的平均半径；$k$ 为具有相同单位法向量的类簇；$\boldsymbol{n}$ 为裂纹单位法向量；$m_k$ 为第 $k$ 类簇裂纹的数量。

(2) 考虑损伤的各向异性饱和的孔隙裂隙岩体变形控制方程。

损伤现象使得岩体的弹性模量受到影响，理论分析时需要求解损伤岩体的有效弹性模量。因为能量守恒原理可以很好地解释不可逆应变或者残余应力，在此借鉴 Cormery(1994)、Halm 和 Dragon(1996)、Shao(1998)等热力学势能函数，假设岩体是饱和的、各向异性损伤的，属于孔隙弹性材料，温度恒定时，热动力学势能函数为

$$w = w_1(\tilde{\varepsilon}, \tilde{D}) + w_2(\tilde{\varepsilon}, \tilde{D}, \zeta) \tag{3-37}$$

$$w_1(\tilde{\varepsilon}, \tilde{D}) = g\mathrm{tr}(\tilde{\varepsilon}, \tilde{D}) + \frac{\lambda}{2}(\mathrm{tr}\tilde{\varepsilon})^2 + \mu\mathrm{tr}(\tilde{\varepsilon}\tilde{\varepsilon}) + \alpha\mathrm{tr}\tilde{\varepsilon}\mathrm{tr}(\tilde{\varepsilon}, \tilde{D}) + 2\beta\mathrm{tr}(\tilde{\varepsilon}\tilde{\varepsilon}\tilde{D}) \tag{3-38}$$

$$w_2(\tilde{\varepsilon}, \tilde{D}, \zeta) = g_v^0 \zeta - \zeta M(\tilde{D})\tilde{\alpha}(\tilde{D}):\varepsilon + \frac{1}{2}M(\tilde{D})\zeta^2 \tag{3-39}$$

式中，$w_1$ 为干燥岩体热动力学势能函数；$w_2$ 为饱和时受到损伤的孔隙裂隙岩体热力学势能函数；$g_v^0$ 为流体的初始体积焓；$M$ 为比奥模量，属于标量，与损伤张量有关；$\alpha$ 为对称二阶张量，$\alpha_{ij}=\alpha_{ji}$；$\beta$ 为损伤各向异性岩体的比奥有效应力系数；$\lambda$、$\mu$ 为拉梅弹性常数。

假设初始孔隙水压力为零，当饱和流体满足线性状态规律时，可得到不排水条件下孔隙裂隙岩体的状态方程：

$$\tilde{\sigma} = \tilde{M}^u(\tilde{D}):\tilde{\varepsilon} - \tilde{M}(\tilde{D})\tilde{\alpha}(\tilde{D})\zeta \tag{3-40}$$

$$p = M(\tilde{D})\left[\zeta - \tilde{\alpha}(\tilde{D}):\tilde{\varepsilon}\right] \tag{3-41}$$

式中，$\tilde{M}^u$ 为注浆加固前不排水条件下岩体的四阶损伤弹性张量。

同理，在排水条件下，可以得到考虑损伤的注浆加固前各向异性饱和孔隙裂隙岩体固体相变形控制方程：

$$\tilde{\sigma} = \tilde{M}^b(\tilde{D}):\tilde{\varepsilon} - \tilde{\alpha}(\tilde{D})p \tag{3-42}$$

式中，$\tilde{M}^b$ 为注浆加固前排水条件下岩体四阶损伤弹性张量。

根据 Biot(1955)、Thompson 和 Willis(1991)的相关研究，不排水弹性张量和排水弹性张量的对称性相同，且满足下面关系：

$$\tilde{M}^u = \tilde{M}^b + M\tilde{\alpha} \otimes \tilde{\alpha} \tag{3-43}$$

根据 Thompson 和 Willis（1991）的研究及 Cheng 等(1997)的细观力学分析，岩体的宏观孔隙裂隙弹性常数可以通过孔隙裂隙介质的细观性质得到。对于一个尺寸合适的表征单元体，若其满足两个假设，岩体各个参数之间的关系便可得到。第一个假设要满足细观上岩体是均质的，即细观尺度上孔隙裂隙岩体骨架是均质的，但空间中不同的细观均质材料的分布结构不同，使得宏观尺度上，表现为各种各样的材料。第二个假设要满足细观上岩体是各向同性的，在细观尺度上，孔隙及骨架颗粒表现为各向同性，而宏观尺度上材料的各向异性主要是由构造成因和孔隙裂隙的分布等造成的。据此可以将模量间的关系进行简化：

$$\alpha_{ij}(\tilde{D}) = \delta_{ij} - \frac{M^b_{ijkk}(\tilde{D})}{3K_s} \tag{3-44}$$

$$M(\tilde{D}) = \frac{K_s}{\left(1 - \frac{M^b_{iijj}(\tilde{D})}{9K_s}\right) - \varphi(1 - K_s/K_f)} \tag{3-45}$$

$$B_{ij}(\tilde{D}) = \frac{1}{\eta}\left[3C^b_{ijkk}(\tilde{D}) - c_s\delta_{ij}\right] \tag{3-46}$$

$$\eta(\tilde{D}) = \left(C^b_{iijj}(\tilde{D}) - c_s\right) + \varphi(c_f - c_s) \tag{3-47}$$

式中，$C^b_{ijkk}$ 为岩体颗粒四阶弹性柔度张量，一般假定为常数；$c_f$ 为流体的压缩系数；$\varphi$ 为材料的孔隙度；$c_s = 1/K_s$，表示固体颗粒的体积压缩性、孔隙流体的体积压缩性。

3. 注浆加固后孔隙裂隙岩体变形控制方程

1) 控制方程

注浆加固后，岩体裂隙得到充填，充填后岩体的强度会增加。若注浆后岩体的致密性和强度均达到完好的 I 型岩体，则运用方程式(3-20)便可求解。

更多情况下，注浆加固后，虽然岩体裂隙得到充填，而且充填后岩体的强度增加，但是很难达到原始致密岩体的状态，仍然有一定的损伤现象。假设充填充分，注浆稳定后，原始的饱和孔隙裂隙岩体变为由原始岩体骨架和充填浆液组成的复合型岩体。根据热动力学势能原理，假设注浆后岩体为近似干燥材料，温度恒定时，借鉴 Halm 和 Dragon(1996)的热动力学势能函数得到

$$w(\tilde{\varepsilon}, \tilde{D}_z) = g\text{tr}(\tilde{\varepsilon}\tilde{D}_z) + \frac{\lambda}{2}(\text{tr}\tilde{\varepsilon})^2 + \mu\text{tr}(\tilde{\varepsilon}\tilde{\varepsilon}) + \alpha\text{tr}\tilde{\varepsilon}\text{tr}(\tilde{\varepsilon}\tilde{D}_z) + 2\beta\text{tr}(\tilde{\varepsilon}\tilde{\varepsilon}\tilde{D}_z) \tag{3-48}$$

所以，

$$\tilde{\sigma} = \tilde{M}_{ijkl}(\tilde{D}_z):\tilde{\varepsilon} + g\tilde{D}_z \tag{3-49}$$

其中，

$$\tilde{M}_{ijkl} = \lambda\delta_{ij}\delta_{kl} + \mu(\delta_{ik}\delta_{jl} + \delta_{il}\delta_{jk}) + \alpha(\delta_{ij}D_{kl} + D_{ij}\delta_{kl}) + \beta(\delta_{ik}D_{jl} + \delta_{il}D_{jk} + D_{ik}\delta_{jl} + D_{il}\delta_{jk})$$

式中，$\tilde{D}_z$ 为注浆加固后岩体的损伤张量，其他参数的含义同前。

2) 各向异性参数 $g$、$\alpha$、$\beta$ 求解

简化岩体的参数和实验过程，模量常数可以通过常规卸载-加载三轴压缩试验获得。根据卸载实验过程中损伤应力应变曲线上任一点的应力、应变和弹性模量值以及损伤张量可以求得 $g$、$\alpha$ 和 $\beta$ 参数（Shao，1998）。

$$g = \frac{E_1\varepsilon_1 - \sigma_1 + 2v_{31}\sigma_3}{2v_{31}D_3}$$

$$\alpha = \frac{1}{D_3}\left(\frac{\lambda + 2\mu - E_1}{2v_{31}} - \lambda\right) \tag{3-50}$$

$$\beta = \frac{1}{2D_3}\left[\frac{\lambda + 2\mu - E_1}{4v_{31}^2} - (\lambda + \mu)\right] - \alpha$$

3) 注浆加固前后损伤张量的波速表达

损伤现象使岩体细观结构发生变化，使得岩体的强度等参数趋向降低，一些可测的参数亦会发生相应的改变。根据这种思想专家发明了许多间接的测量损伤的方法。在诸多探测方法中，弹性模量法，或者等效应变法，是非常简洁有效的计算方法，简单地用公式表达为

$$D = 1 - \frac{\tilde{E}}{E_0} \tag{3-51}$$

式中，$\tilde{E}$ 为损伤岩体的弹性模量；$E_0$ 为完整无损伤时岩体的弹性模量。

只要测得杨氏弹性模量 $E$ 的变化，就可计算出岩体的损伤程度。Hult（1974）从唯象学角度得到相同的结论。将损伤材料视为包含孔穴的复合材料，并且根据弹性模量混合律求解复合材料弹性模量 $E$，表示为

$$\tilde{E} = E_0(I - D) + E_r D \tag{3-52}$$

式中，$D$ 是岩体孔隙裂隙所占的分数，即损伤变量，由于第二组相空穴的模量 $E_r = 0$，注浆后的岩体更符合 Hult 的复合材料弹性模量的混合律。

在现场实测方面，利用电阻涡流损失法、交变电阻法、交变电抗及磁阻或电位的改变来检测损伤，而声发射、超声技术、红外显示技术、CT 技术等检测损伤适用范围较广，可以分辨尺寸较大的损伤，所以适用于岩石、混凝土等非金属材料（谢和平，1990）。本书选用的是现场和实验室较为常用的波速探测。

以波速评价围岩的注浆效果及弱化强度，根据声波和弹性模量的关系：

$$V_P = \sqrt{G/\rho} = \sqrt{E(1-\mu)/[\rho(1+\mu)(1-2\mu)]}$$

式中，$E$、$G$ 是固体介质的杨氏弹性模量和切变模量；$\mu$ 是固体介质的泊松比；$\rho$ 是固体介质的密度。

可以得到损伤张量与波速的关系：

$$D = I - \frac{E_{di}}{E_i} = I - \frac{\rho_1 V_{P1i}}{\rho_0 V_{P0i}} \tag{3-53}$$

$$D_z = I - \frac{E_{ti}}{E_{di}} = I - \frac{\rho_2 V_{P2i}}{\rho_1 V_{P1i}} \tag{3-54}$$

式中，$D_z$ 为注浆加固体的加固张量；$D$ 为孔隙裂隙岩体加固前的损伤张量；$V_{P0}$ 是原始岩体的纵波波速；$V_{P1}$ 为裂隙岩体的纵波波速；$V_{P2}$ 为加固岩体的纵波波速。

将式(3-54)代入式(3-50)，然后代入式(3-49)便可以得到波速控制的注浆加固后孔隙裂隙岩体各向异性本构方程。代入式(3-42)得到注浆加固前的波速控制的孔隙裂隙岩体饱和各向异性本构耦合方程。

4. 注浆加固降低岩体类型的作用机理

注浆加固是防治底板含水层突水的重要手段。无论是强度提升还是置换作用，浆液难以改变岩体内岩石固有的原始力学性质。注浆主要通过浆液充填破碎岩体间的裂隙，岩体裂隙得到充填更加致密，使得岩体裂隙间连通性降低，从而降低岩体的破碎类型，使得一些破碎岩体的受力状态从单向转变为二向或者三向应力状态。注浆效果如果理想，不管是Ⅳ型破碎岩体，还是Ⅲ型裂隙岩体，还是Ⅱ型裂隙岩体，都会变成Ⅰ型较完整岩体。然而较为常见的情况是，注浆加固充填岩体后，岩体的破碎类型一般提升一个级别，Ⅳ型破碎岩体注浆加固后降到Ⅲ、Ⅱ型裂隙岩体，Ⅲ型裂隙岩体可以改变为Ⅱ型岩体，而Ⅱ型岩体可以改造成Ⅰ型完整岩体。由于Ⅰ型岩体比较致密，裂隙类型不降低。矿井生产实践中，通过直流电法探测注浆加固前后的工作面底板岩体，能够很好地认识分析不同裂隙类型的相互转变。

注浆加固后，注浆加固体视为复合材料，由岩石和充填料组成，根据弹性模量的混合律(谢和平，1990；凌建明等，1992)，得到注浆加固体的复合弹性模量为

$$E = E_0(I - D) + E_r D \cdot \eta \tag{3-55}$$

式中，$E_0$ 为原岩弹性模量；$E$ 为注浆加固后加固体弹性模量；$D$ 为空隙比矩阵；$I$ 为单位矩阵；$\eta$ 为充填系数矩阵；$E_r$ 为注浆材料凝固后的弹性模量。

因此，注浆加固后，破碎岩体类型转变为Ⅰ型岩体时考虑损伤的流固耦合控制方程应该满足：

$$\begin{cases} \tilde{\sigma} = \tilde{M}^b(\tilde{D}) : \tilde{\varepsilon} - \tilde{\alpha}(\tilde{D})p \\ E = E_0(I - D) + E_r D \cdot \eta \\ -\dfrac{k}{\mu} p_{kk} = \alpha \dot{\varepsilon}_{kk} - c^* \dot{p} \end{cases}$$

## 3.4.2 底板注浆加固技术

工作面底板注浆加固和含水层改造技术，就是沿工作面巷道大面积布置注浆钻孔，通过注浆钻孔注浆充填底板灰岩含水层岩溶裂隙或隔水层导水裂隙，从而减弱含水层的富水性并切断水源补给通道，使含水层被改造为不含水或弱含水层，并增强煤层底板隔水层的强度，消除工作面推进过程中底板岩溶水突水威胁。注浆加固层位可以是薄含水层，也可以是隔水层的导水裂隙带(图3-53和图3-54)。注浆改造含水层技术经过20年来的发展，经历了地面打孔、地面注浆，以及井下打孔、井下注浆两个发展阶段后，许多煤矿均建设了地面注浆站，实现了井下大面积布置注浆钻孔和连续大流量注浆的新工艺。注浆材料也经历了从单液水泥

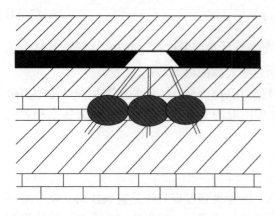 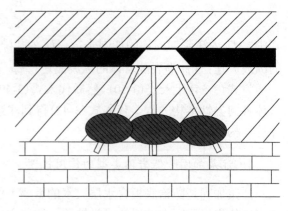

图 3-53　隔水层下含水层注浆加固示意图　　　图 3-54　隔水层裂隙带注浆加固示意图

浆到水泥、黏土、水玻璃等多元材料的发展过程，水泥黏土浆双液浆因成本低，材料来源广，浆液流动性好，充填效果佳，改造质量高，成为目前普遍采用的注浆材料。工作面煤层底板加固和含水层改造是目前预防工作面底板突水及减少矿井排水的重要措施，技术上也已经成熟，在全国许多岩溶水充水煤矿中得到普遍使用，效果明显。

完整的煤层底板注浆改造系统通常包括：地面造浆系统、注浆系统、井下注浆钻孔，如图 3-55 所示。地面造浆系统由储土棚、粗浆池、精浆池、一搅池、二搅池、注浆棚、清水池等设施组成，主要设备有制浆机、搅拌机、杂污泵、泥浆泵、空压机等。注浆系统由泥浆泵、压力表、注浆管路、送料孔等组成。注浆钻孔通常在工作面上巷、下巷或上下两巷同时布孔，每隔一定距离施工一个钻场，每个钻场内施工 3~4 个注浆钻孔，具体参数根据被改造含水层具体水文地质条件确定，一般按浆液扩散半径 10~30m 的原则布孔，使浆液在整个工作面或改造范围内覆盖率达 80%以上。工作面初压及周压段、构造发育段、含水层富水段、隔水层变薄区要加密布孔，并使钻孔尽量与裂隙发育方向垂直或斜交，穿透含水层。

在对工作面底板隔水层和含水层进行注浆加固改造时，通常是在工作面巷道中每隔一定距离施工一个钻场，每个钻场内以不同的倾角、方位角分别向工作面底板上、中、下各部位施工数个注浆孔。工作面斜长小于 80m 时，可在工作面上巷或下巷布置钻孔；工作面斜长超过 80m 时，通常要在工作面上巷、下巷甚至切巷同时布置注浆孔，以便于钻进施工并确保浆液能够全部覆盖到注浆加固区。每个钻场及整个工作面注浆孔的布置数量，取决于工作面水文地质条件、充水条件及强度、突水威胁程度和涌水量等。对于煤层底板隔水层薄、含水层富水性强和水压高、突水危险大的工作面，需要对整个工作面进行普遍注浆加固；而对于局部存在着薄隔水层、断层导水或含水层富水的工作面，可重点对异常区进行注浆加固。工作面底板注浆加固孔布置的原则要求如下。

(1) 注浆孔尽量垂直或斜交主构造方向，以揭露更多的节理裂隙，提高注浆效果，减少钻孔工程量。

(2) 浆液扩散半径一般按 10~30m，并力求浆液对注浆加固范围的覆盖率达到 100%或覆盖全部异常区。

(3) 在底板突水危险大的地段，如工作面初期和周期来压显现地段、导水构造发育段、含水层富水段、隔水层变薄区、封闭不良钻孔附近等，要加密布孔。

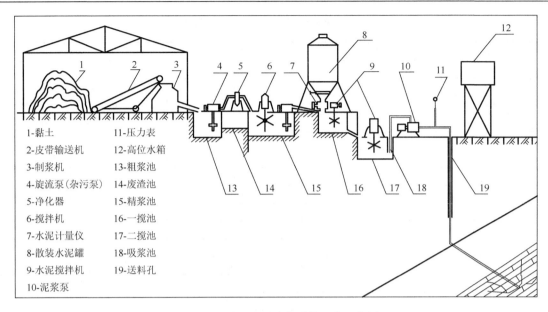

图 3-55 利用地面造浆系统注浆示意图

## 3.4.3 工作面底板注浆加固改造技术的应用

**1. 工作面底板注浆加固改造的必要性**

当前平禹一矿寒灰水位为-70m，不同开采标高带压开采条件下，突水系数不同。按照中国平煤神马集团煤矿灰岩水区域治理规划，采煤工作面底板灰岩承压水突水危险划分为非承压水突水危险区(或非承压水突水危险采煤工作面)、突水威胁区(突水威胁采煤工作面)、突水危险区(突水危险采煤工作面)三类(图3-56)。利用式(3-7)对平禹一矿煤层底板突水危险性进行了评价，不同采深突水危险评价结果见表3-12。从表中可以看出从-500～-200m 范围内均有突水危险，从-540～-500m 范围内突水危险大。因此，在工作面开采前对底板进行注浆加固是十分必要的。

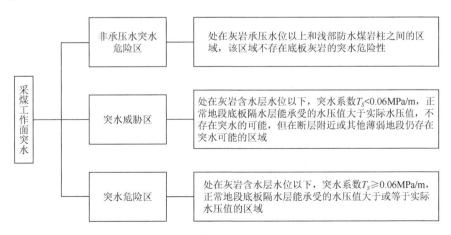

图 3-56 采煤工作面底板承压水突水危险性划分方法

表 3-12 平禹一矿不同采深突水危险评价结果

| 开采标高/m | 当前水压/MPa | 突水系数/(MPa/m) | 突水危险 |
|---|---|---|---|
| -200 | 1.40 | 0.04 | 带压开采时受底板灰岩承压水突水威胁，在底板隐伏构造导水或隔水层减薄处存在突水危险 |
| -220 | 1.60 | 0.04 | |
| -240 | 1.80 | 0.04 | |
| -260 | 2.00 | 0.05 | |
| -280 | 2.20 | 0.05 | |
| -300 | 2.40 | 0.06 | 突水危险 |
| -320 | 2.60 | 0.06 | 突水危险 |
| -340 | 2.80 | 0.06 | 突水危险 |
| -360 | 3.00 | 0.07 | 突水危险 |
| -380 | 3.20 | 0.07 | 突水危险 |
| -400 | 3.40 | 0.08 | 突水危险 |
| -420 | 3.60 | 0.08 | 突水危险 |
| -440 | 3.80 | 0.08 | 突水危险 |
| -460 | 4.00 | 0.09 | 突水危险 |
| -480 | 4.20 | 0.09 | 突水危险 |
| -500 | 4.40 | 0.09 | 突水危险 |
| -520 | 4.60 | 0.10 | 突水危险大 |
| -540 | 4.80 | 0.10 | 突水危险大 |

2. 工作面底板注浆加固改造的原则

为了确保带压条件下的安全回采，消除煤层底板承压水的突水威胁，凡带压开采工作面均在开采前按照"物探—钻探—工作面注浆加固—钻探验证—制定带压开采安全措施及避灾路线—安全开采防治水安全评价"的技术路线，对底板水害进行了综合防治，重点对工作面底板地层采取注浆加固改造措施。根据平禹一矿多年来带压开采成功防治水经验，应根据工作面承压大小，采取不同的防治水措施。

(1) 当水压<2.0MPa 时，通过坑透和钻探排查工作面内部的隐伏构造，在工作面交叉布置钻孔以排查隐伏构造，并进行瞬变电磁勘探，查明煤层底板富水异常区，重点对富水异常区进行注浆加固。

(2) 当 2.0MPa≤水压<3.0MPa 时，对工作面底板采取全面注浆加固措施。

(3) 当水压≥3.0MPa 时，工作面禁止开采。

3. 工作面底板注浆加固设计要点

每个钻场交叉施工 3~5 个不同方向的注浆孔，对工作面底板太原组下段灰岩进行全面加固。注浆钻孔的设计和施工考虑了以下要点。

(1) 终孔和注浆加固层位为太原组下段灰岩。

(2) 每个钻场至少有一个钻孔在寒灰层位终孔。

(3) 在瞬变电磁圈定的富水异常区，注浆孔均进入寒灰层位 10m 以上。

(4) 根据以往工作面注浆加固经验，注浆影响半径取值为 20~25m。

(5) 钻孔采用二级或三级套管，第一级套管多为 $\Phi$146mm，部分为 $\Phi$127mm 或 $\Phi$108mm，第二级套管为$\Phi$127mm 或 $\Phi$108mm 或 $\Phi$89mm，穿过破碎带的钻孔增加第三级套管，直径为$\Phi$89mm 或 $\Phi$75mm，终孔孔径 $\Phi$75mm。第一级套管原则上穿过二$_1$煤层进入岩石段，第二级套管进入 $L_6$ 灰岩。套管外用水泥进行加固封闭，封闭 24h 后进行耐压试验，耐压试验压力不小于施工地点实测水压的 1.5 倍，持续时间不少于 30min。

(6) 注浆孔施工过程中，按照"逢涌必注、逢漏必堵"的原则，采用分孔、分次序、下行连续注浆方式，相邻两个钻孔不同时揭露同一含水层，注浆段不得跨越两个主要含水层。

(7) 每个钻场内均布置 1 个全取芯钻孔，用于查明揭露地层岩性、层位、岩溶发育状况、富水性以及含水层到所采煤层之间的隔水层的岩性和厚度情况。

(8) 注浆方式采用全段连续注浆方式，分孔、分序次连续灌注，直到达到终孔压力，以最大量进浆、最大范围扩散、最大限度地充填岩溶裂隙为目的。对初始水量大于 100m³/h 的钻孔，可采取分段注浆，穿透含水层或构造破碎带后最终达到注浆终孔标准。相邻钻孔在含水层段间距小于 50m 时，不得同时穿透含水层，以免串浆。若发现井下跑浆，可采取间歇注浆，间歇时间一般为 24h。平禹一矿建设有地面造浆站，采用地面造浆、井下注浆的方法，能够实现大流量和连续注浆。

(9) 注浆材料选用水泥单液浆，水泥采用 325#普通硅酸盐水泥。水灰比一般控制在 0.6：1～2：1，比重在 1.3～1.7。

(10) 单孔注浆结束标准为：泵量 80L/min 以下，孔口压力不得低于水压的 2.5 倍，持续时间为 30min 以上。但当发现巷道底鼓或大量跑浆时，可采用间歇法或调整浆液比重和注浆参数进行封堵。

4. 二$_1$-13110 采煤工作面底板注浆加固技术的应用

1) 二$_1$-13110 工作面概况

(1) 工作面基本情况。

二$_1$-13110 工作面位于三采区东翼下部，北邻二$_1$-13091 工作面（已回采），西邻三采区皮带下山，南部为未开采区域，东邻五采区-143m 水仓保护煤柱。工作面对应地面位置为庄稼地，地面标高 132m；工作面井下标高-328～-316m，埋深 448～452m；采面设计走向长 980m，可采走向长 820m，采长 121m，平均煤层倾角 20°，二$_1$ 煤层平均厚度 5.5m，预计可采储量 80 万 t；采面煤层赋存相对稳定，煤层结构简单；工作面风巷、机巷均采用 36U 型钢支护，采煤方法为走向长壁后退式，用综采工艺进行回采，用全部垮落法管理顶板。

(2) 煤层顶底板及地质情况。

根据 3102 钻孔柱状资料得知，二$_1$ 煤层厚度 6.32m，煤层直接顶为中粒砂岩，厚度 2.39m，直接底为砂质泥岩，厚度 11.1m。

从原二$_3$-13110 工作面回采期间得知，该工作面机巷 335～355m、390～410m、580～610m 煤层出现起伏，在 450～462m 煤层合层；风巷 200～255m、850～865m、875～925m 出现煤层起伏；回采期间平均煤厚 1.8m；风巷、机巷均呈 5°～10°伪斜上山。

(3) 工作面水文地质情况。

① 二叠系顶板砂岩水。二叠系顶板砂岩水为二$_1$煤层顶板直接含水层，从五采区施工巷道揭露情况来看，该区域顶板砂岩水补给性弱，以静储量为主，顶板砂岩水常以滴水、渗水、淋水等形式表现。

② 石炭系上段灰岩水。石炭系上段灰岩水为二$_1$煤层底板直接含水层，从三采区二$_1$-13072工作面、二$_3$-13110工作面注浆加固情况来看，石炭系上段灰岩出现漏水现象，说明该区域石炭系上段灰岩水已基本疏干，另外三采区下山泵房处施工石炭系上段灰岩放水孔，现石炭系上段灰岩水位标高为-331m，该工作面最低标高为-330m，因此该区域不受石炭系上段灰岩水影响。

③ 石炭系下段灰岩水和寒灰水。石炭系下段灰岩水和寒灰水为二$_1$煤层底板间接含水层，由于该区域石炭系下段灰岩水和寒灰水联系较密切，石炭系下段灰岩水位等同寒灰水位，该区域寒灰水位标高为-154.6m，该工作面最低标高为-330m，因此该区域承受寒灰水压为1.75MPa。

2) 二$_1$-13110工作面底板注浆加固设计

(1) 注浆加固范围。

原二$_3$-13110工作面注浆加固钻孔覆盖整个工作面，在施工期间已对钻孔出水点进行了注浆封堵，另外对该工作面底板岩溶裂隙已进行了注浆充填，增加了隔水层厚度，切断局部含水层水力联系，减弱含水层富水性，降低地下水威胁，因此二$_1$-13110工作面采取重点加固，即对物探异常地段进行有针对性加固和重点探查加固。

(2) 注浆改造深度确定。

根据煤矿防治水规定，受水害威胁的工作面必须采用钻探、物探等方法查清水文地质条件。底板受构造破坏块段突水系数大于0.06MPa/m，正常块段大于0.1MPa/m的，要采取疏水降压或注浆加固改造等有效措施后方可回采。

为确保回采安全，底板所承受的$L_{1-3}$灰岩水压取寒灰水压，该区段寒灰水压为1.75MPa（最低点处水压）。

① 正常块段突水系数临界值取0.1MPa/m，底板隔水层安全厚度为

$$M=p/T_S=1.75/0.1=17.5(m)$$

② 构造破坏块段突水系数临界值取0.06MPa/m，底板隔水层安全厚度为 $M=p/T_S=1.75/0.06=29.2(m)$

正常块段底板隔水层厚度17.5m，构造破坏块段底板隔水层厚度29.2m。

底板扰动破坏深度计算公式：

$$h_1=0.0085H+0.1665a+0.1078L-4.3579$$

式中，$h_1$为底板扰动导水破坏带深度，m；$H$为开采深度，m，取463m；$a$为煤层倾角，°，取20°；$L$为壁式工作面斜长，m，取121m。

经计算底板扰动破坏深度$h_1$=15.95m。

二$_1$煤层底板距$L_{1-3}$灰岩顶界面隔水层厚度为60m，减去底板扰动导水破坏带深度15.95m，二$_1$煤层底板距$L_{1-3}$灰岩顶界面有效隔水层厚度为44.05m，大于在构造破坏块段突水系数临界值取0.06MPa/m时底板隔水层安全厚度29.2m。

但为确保二$_1$-13110工作面安全回采，需对二$_1$-13110工作面进行底板注浆加固，注浆加固钻孔终孔层位于$L_{1-3}$灰岩；通过对底板注浆加固改造，增加底板隔水层厚度，并对裂隙进行有效充填，减弱含水层富水性，进一步降低水害威胁。

(3) 注浆钻孔布置。

① 确定钻孔扩散半径。根据二$_1$-13091工作面、二$_1$-13072工作面、二$_1$-13012工作面底

板注浆加固改造情况得知：浆液在目的层内扩散较好，范围在 20m 左右，故同一层钻孔间距为 40m，部分地段加密布置，二$_1$-13110 工作面底板注浆加固设计布置 9 个钻场，31 个钻孔，钻孔施工后根据实际钻探资料分析及时调整，适当增减钻孔，以保证均匀布置。

② 钻孔施工顺序。二$_1$-13110 工作面钻孔参数根据重点加固原则进行设计，钻孔施工顺序按设计参数表进行施工，若遇地质构造区或富水区，根据钻孔施工情况对钻孔参数进行适当调整。

③ 钻孔参数。二$_1$-13110 工作面底板注浆加固钻孔共布置 9 个钻场，31 个钻孔，工程量 2943m，见表 3-13。

表 3-13　二$_1$-13110 工作面底板注浆加固钻孔参数表

| 钻场 | 孔号 | 方位角/(°) | 倾角/(°) | 孔深/m | 终孔岩性 |
|---|---|---|---|---|---|
| 1 | 1 | 301 | -81 | 63.0 | $L_{1-3}$灰岩 |
|  | 2 | 44 | -62 | 63.0 | $L_{1-3}$灰岩 |
|  | 3 | 114 | -59 | 71.0 | $L_{1-3}$灰岩 |
| 2 | 1 | 5 | -13 | 115.0 | $L_{1-3}$灰岩 |
|  | 2 | 32 | -12 | 113.0 | $L_{1-3}$灰岩 |
|  | 3 | 55 | -7 | 132.0 | $L_{1-3}$灰岩 |
|  | 4 | 0 | -90 | 67.0 | $L_{1-3}$灰岩 |
| 3 | 1 | 354 | -21 | 110.0 | $L_{1-3}$灰岩 |
|  | 2 | 31 | -13 | 110.0 | $L_{1-3}$灰岩 |
|  | 3 | 57 | -12 | 111.0 | $L_{1-3}$灰岩 |
|  | 4 | 0 | -90 | 67.0 | $L_{1-3}$灰岩 |
| 4 | 1 | 351 | -19 | 118.0 | $L_{1-3}$灰岩 |
|  | 2 | 15 | -12 | 116.0 | $L_{1-3}$灰岩 |
| 5 | 1 | 298 | -40 | 93.0 | $L_{1-3}$灰岩 |
|  | 2 | 27 | -14 | 106.0 | $L_{1-3}$灰岩 |
|  | 3 | 65 | -18 | 104.0 | $L_{1-3}$灰岩 |
|  | 4 | 0 | -90 | 67.0 | $L_{1-3}$灰岩 |
| 6 | 1 | 334 | -25 | 107.0 | $L_{1-3}$灰岩 |
|  | 2 | 15 | -16 | 104.0 | $L_{1-3}$灰岩 |
|  | 3 | 54 | -22 | 91.0 | $L_{1-3}$灰岩 |
|  | 4 | 0 | -90 | 67.0 | $L_{1-3}$灰岩 |
| 7 | 1 | 329 | -22 | 116.0 | $L_{1-3}$灰岩 |
|  | 2 | 13 | -16 | 103.0 | $L_{1-3}$灰岩 |
|  | 3 | 59 | -17 | 103.0 | $L_{1-3}$灰岩 |
|  | 4 | 0 | -90 | 67.0 | $L_{1-3}$灰岩 |
| 8 | 1 | 340 | -20 | 108.0 | $L_{1-3}$灰岩 |
|  | 2 | 24 | -16 | 101.0 | $L_{1-3}$灰岩 |
|  | 3 | 66 | -22 | 95.0 | $L_{1-3}$灰岩 |
|  | 4 | 0 | -90 | 67.0 | $L_{1-3}$灰岩 |
| 9 | 1 | 5 | -25 | 87.0 | $L_{1-3}$灰岩 |
|  | 2 | 55 | -17 | 101.0 | $L_{1-3}$灰岩 |
| 合计 | 9 个钻场 31 个钻孔 |  |  | 2943.0 |  |

(4) 钻场施工要求。

① 钻场要求。钻场是施工注浆孔的场所，为保证安全施工需满足如下要求。

a．注浆钻场应布置在煤层稳定、无构造、支护和通风符合安全技术要求的位置，钻场及附近巷道必须加固，同时清净巷道内的浮碴，并铺设排水槽。

b．必须能够满足按设计方位、倾角施工注浆钻孔。

c．在完整的煤、岩层中施工，支护要牢固可靠，能够确保施工人员的安全。

d．能保证自然泄水，扩散通风。

② 钻场布置。$二_1$-13110 工作面共布置 9 个钻场，31 个钻孔。

(5)钻孔施工工艺。

① 钻孔结构。

钻机采用 ZLJ-2350 型坑道钻机。钻孔采用二级套管三级孔径，一开 $\varPhi$113mm 钻头钻进 $L_{7-8}$ 灰岩顶界面，下入 $\varPhi$108mm 套管；二开 $\varPhi$93mm 钻头钻进 $L_{5-6}$ 灰岩顶界面，下入 $\varPhi$89mm 套管，三开 $\varPhi$75mm 钻头钻进终孔(开孔处岩层破碎下入 $\varPhi$146mm 或 $\varPhi$127mm 护壁管；若遇地质构造破碎带以及其他异常情况，应下入三级套管 $\varPhi$75mm，后用 $\varPhi$65mm 钻头钻进终孔；下套管深度以实际揭露深度为准)，钻孔结构图如图 3-57 所示，钻孔孔口装置示意图如图 3-58 所示。

各级套管采用 425#水泥进行固管，固管 48h 后进行透孔耐压试验，一级套管耐压试验压力不低于施工处水压的 1.5 倍，持续时间不低于 30min；二级套管耐压试验不低于施工处水压的 2.5 倍，持续时间不低于 30min，各阶段耐压试验均以钻孔周围不漏水为合格，合格后应安设 PN40-DN100 高压闸阀后方可继续施工。

② 钻孔施工技术要求。

a．施工单位必须严格要求防治水技术人员标定钻孔的方位、倾角，在施工过程中不得随意改动。

b．钻孔孔口套管必须进行耐压试验，注浆前应测定孔内实际水压、水量，并根据实测水压、水量确定注浆压力、浆液浓度和配比；采用单液水泥浆浆液比重为 1.3～1.7，实际操作时应先稀后稠。注浆终压终量标准：泵量小于 40L/min，注浆压力达到受注点静水压 2.5 倍的时间在 30min 以上。不合格必须重封，合格后在套管上安装规格为 PN40-DN100 高压闸阀，阀门的最大抗压能力要与注浆终孔压力相匹配。

c．注浆孔施工过程中，必须坚持"逢涌必注、逢漏必堵"的原则，采用分孔、分次序、下行连续注浆方式，相邻两个钻孔不得同时揭露同一含水层，注浆段高不得跨越两个主要含水层。

d．认真做好现场小班记录，记录要符合"及时、准确、完整、清晰"的要求。准确记录各含水层的初始水量、最大水量、稳定水量和水压、岩层层位、名称、换层深度、进入含水层前有无"导高"、进入含水层后岩溶发育程度、位置等简易水文观测数据，以便于收集、分析资料。

e．防止钻孔塌孔及缩径措施。由于 $二_1$ 煤层底板为泥岩，遇水易变软膨胀，在钻孔施工过程中，可能发生塌孔及钻孔缩径现象，不但给钻孔施工带来很多麻烦，而且打不成孔，也无法进行注浆，这是目前井下钻孔施工的一大技术难题，没有特别有效的措施，只能因地制宜，采取综合性预防措施。

a)尽量不带岩心管施工。

b)对下套管的孔段要尽量加大孔径。

c)钻头的合金片在镶嵌过程中要尽量靠外，一般要大出标准钻头直径 3～4mm。

d) 钻进冲洗液用水采用钻机配备的灌浆泵供水,不直接用地面供水冲洗,以防增加高压水对孔壁的破坏。

e) 在钻孔孔壁比较破碎处,可加压注浆加固后再钻进。

f) 使用能力较大的钻机,加快钻进速度。

g) 钻孔施工结束后,应尽快注浆。

h) 钻孔没有注浆前,钻机最好不要搬走,以便随时用钻机扫孔后再注浆。

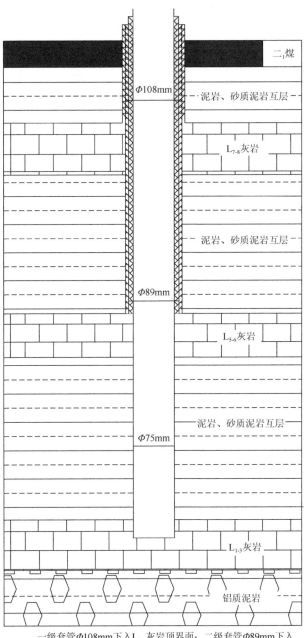

一级套管$\Phi$108mm下入$L_{7-8}$灰岩顶界面;二级套管$\Phi$89mm下入$L_{5-6}$灰岩顶界面;三级套管$\Phi$75mm钻头钻进终孔

图 3-57 钻孔结构图

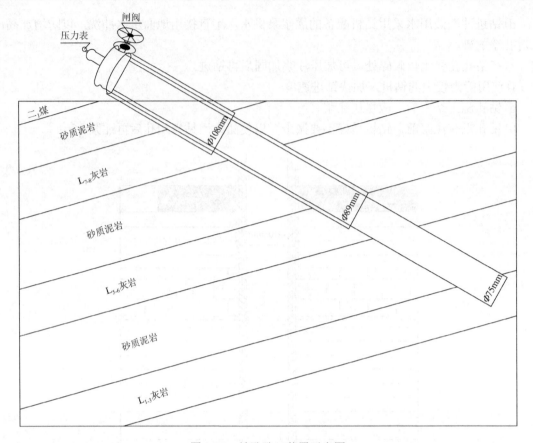

图 3-58　钻孔孔口装置示意图

i)钻孔在施工过程中如果困难较大,可采用自上而下分段注浆的方式。

(6)供水、排水系统。

钻场必须有良好的供水、排水系统。每部钻机供水水量不得小于 $15m^3/h$;必须保证机巷、风巷排水系统畅通。由于二$_1$-13110 工作面机巷呈伪斜上山,涌水可以实现自流,排水槽通过排水能力不小于 $100m^3/h$。

二$_1$-13110 工作面机巷排水路线为:二$_1$-13110 工作面机巷钻场→二$_1$-13110 工作面机巷水槽→三下泵房。

(7)通信系统。

钻场必须装有直通调度室的电话,不得与其他电话串用。

(8)供电系统。

供电电压 660V,电源取自三采区变电所,采用三专供电瓦斯电闭锁。

3)注浆工艺

(1)注浆系统。

注浆系统由地面制浆系统、注浆泵、送料孔、井下注浆管路和井下注浆孔组成。地面制浆系统由黏土制浆机、水泥添加器、搅拌机以及其他辅助设施组成。堵水钻孔按技术要求配制一定比重的单液水泥浆,根据现场堵水需要适时添加水玻璃等速凝材料和骨料;加固钻孔按技术要求配制一定比重的黏土水泥浆,根据底板加固需要,可以加入适量的粉煤灰、锯末等细骨料;井下注浆管路选用 $\Phi$60mm×6mm 高压无缝钢管,并用相匹配的高压快速接头连接,耐压不得低于 15MPa,管路应铺设在便于管理和维护的巷道内,不影响运输和行人;注浆孔孔口要安设耐振压力表,耐压不得低于 10MPa,注浆前要对注浆管路进行耐压试验,试验压力不得低于 15MPa,持续时间不得低于 30min,发现漏水及时更换,直到试验合格。

(2) 注浆方式。

一般采用全段连续注浆方式,分孔、分序次连续灌注,直到达到终孔压力,以最大量进浆、最大范围扩散、最大限度地充填岩溶裂隙为目的。具体要求同 3.4.3 节"工作面底板注浆加固设计要点"部分的注浆方式。

(3) 注浆材料。

工作面底板加固以注水泥浆为主,主要由水泥和水配制形成。

① 水泥:对凝胶体起结构成形作用,通常采用 425# 普通硅酸盐水泥。

② 水:洁净的非酸性水。

(4) 注浆量估算。

根据二$_1$-13072 工作面、二$_1$-13091 工作面注浆情况,浆液扩散半径 20m,平均每个注浆加固钻孔注浆量为 50m³,二$_1$-13110 工作面底板注浆加固钻孔 31 个,注浆量为 1550m³,水灰比采用 0.6:1~2:1 的水泥浆液,1m³ 水泥浆液需水泥 0.895~1.090t,平均为 0.99t/m³;水泥量为 1550m³×0.99t/m³=1534.5t。

二$_1$-13110 工作面底板注浆加固钻孔 31 个,工程量 2943m,总注浆量 1534.5t。

(5) 注浆参数。

注浆参数的选择视单孔涌水量、岩溶发育程度以及施工现场情况具体确定,一般情况下参考以下参数。

① 浆液的比重。该参数反映了在一定体积的浆液中黏土和水泥的含量,是直接关系到浆液质量的重要参数。一般讲,单液水泥浆的水灰比一般控制在 0.6:1~2:1,即比重在 1.3~1.7(表 3-14),特殊条件下可添加锯末等骨料进行注浆。

表 3-14 水泥浆比重对比表

| 水灰比 | 2:1 | 1:1 | 0.8:1 | 0.6:1 |
| --- | --- | --- | --- | --- |
| 比重 | 1.3 | 1.5 | 1.6 | 1.7 |

② 浆液的黏度。黏度表示浆液内部分子之间、颗粒之间、分子团之间相互运动时产生的摩擦力的大小,从浆液可泵性和可注性角度来看,水泥浆的黏度在 25~60s。如果钻孔涌水量小,可调小浆液的黏度,钻孔水量大时,可适当加大浆液的黏度。

③ 泵量与泵压。泵量是根据含水层岩溶裂隙的发育程度及泵压确定的,正常情况下,裂隙发育、泵压在 2MPa 以内时,采用全泵量(300L/min)大流量灌注;裂隙发育较差、泵压在 2MPa 以上时,采用中泵量(80~150L/min);达到终孔压力时用小泵量(40~80L/min)。

④ 单孔注浆结束标准。单孔注浆结束标准为泵量 40L/min 以下,孔口压力不得低于水压的 2.5 倍,持续时间为 30min 以上。但当发现巷道底鼓或大量跑浆时,可采用间歇法或调整浆液比重和注浆参数进行封堵。

(6) 注浆技术措施。

① 注浆期间各工种作业人员要坚守岗位,各负其责,保证注浆各个环节正常运转。对

含水层水位和涌水量要加强观测,并做好记录。

② 注浆前,首先要对注浆管路进行检查、冲洗,确保管路畅通,然后对注浆管路进行耐压试验,试验压力不低于15MPa,持续时间不得低于30min,合格后方准注浆。

③ 每孔注浆前都要观测其水量和水压,并进行单孔放水,放水时间不少于10min,以孔内无岩粉、水变清为宜,合上注浆管路后向孔内压水,其目的是扩张裂隙,确定钻孔的吸水量,以便调整注浆参数,提高注浆效果,压入孔内的水量不少于管路总体积的2倍,无异常变化时可以开始注浆。

④ 注浆过程中,化验记录员要严格浆液配比标准,并根据现场情况及技术人员的要求及时调整浆液的比重等参数,并认真做好记录。

⑤ 要严格要求注浆顺序、注浆方式、注浆结束标准,不经批准,注浆过程中不得擅自改变或随意停止注浆。

⑥ 注浆过程中发现钻孔串浆、堵塞或钻孔进浆量明显较少时,要重新扫孔或补打检查孔注浆。

⑦ 注浆过程中要有专人巡视管路,当注浆管路发生故障时,要快速处理,若需较长时间,要及时将管路冲洗干净,防止管路堵塞。

⑧ 若达到注浆结束标准,关闭孔口阀门、卸下孔口高压胶管,及时为注下一个孔做好准备,注浆结束的钻孔24h内不得打开阀门。注浆结束后,要及时将管路冲洗干净,以免沉淀堵塞管路。

⑨ 注浆孔口附近必须设专用直通电话,不得与其他电话串用,以便能及时与地面注浆站联系。

⑩ 由于二$_1$-13110机巷呈伪斜上山布置,涌水可以实现自流,因此在二$_1$-13110机巷敷设排水能力不小于100m$^3$/h的排水槽,保证出水后,积水自流。

(7) 钻探安全措施。

① 打钻注浆施工地点避灾路线。

注浆加固施工地点的避灾路线主要分为水灾避灾路线和火灾、瓦斯避灾路线。其中水灾、火灾、瓦斯避灾路线为:二$_1$-13110机巷→三皮带下山→明斜井联巷→明斜井→地面,如图3-59所示。

② 钻孔突水应急预案。

a. 在钻进过程中要密切注意,有出水时要记录具体出水位置,并测出水量。在钻进过程中要密切注意孔内情况,发现钻进异常或涌水异常,要立即停止钻进但不得拔出钻杆,同时通知调度室及地测科。

b. 跟班队干第一时间向调度室汇报。

c. 如果出水量大,排水能力达不到要求,及时把钻杆拥入钻孔内,关闭阀门。等到加大排水量后再打开阀门,实施提钻。

(8) 单孔注浆结束标准及注浆效果检验。

单孔注浆结束标准:实践证明,黏土水泥浆注浆压力越大,扩散的范围越大,对裂隙充填越饱满,形成的结实体强度也就越高,但压力超过一定限度时,容易造成巷道底鼓、跑浆。

施工钻孔注浆结束达到要求后,可施工检查孔进行检查,也可利用物探手段进行检测。

# 第 3 章 大流量底板承压水治理技术

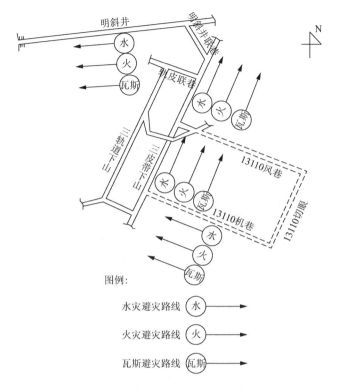

图 3-59 水灾、火灾、瓦斯避灾路线图

4) 二$_1$-13110 工作面注浆加固工程实施情况

二$_1$-13110 工作面底板注浆加固工程于 2015 年 12 月开始施工，2016 年 3 月施工完毕，施工 9 个钻场，31 个钻孔，工程量 2992m，注浆量 1216t，见表 3-15，具体施工钻孔参数见表 3-16。

5) 底板注浆加固效果检验

(1) 二$_1$-13110 工作面物探结果。

二$_1$-13110 工作面注浆加固工程于 2016 年 3 月 24 日施工完毕，平禹煤电公司瓦斯水害工作室于 2016 年 3 月 26 日对二$_1$-13110 工作面进行瞬变电磁物探，共获得煤层底板下 40m、60m、80m 顺层切面图，分别如图 3-60～图 3-62 所示。

表 3-15 二$_1$-13110 工作面底板注浆加固钻孔汇总表

| 钻场 | 钻场底板标高/m | 孔数/个 | 工程量/m | 注浆量/t | 备注 |
|---|---|---|---|---|---|
| 机 1 | -326 | 3 | 202 | 178 | |
| 机 2 | -326 | 4 | 450 | 196 | |
| 机 3 | -324 | 4 | 394 | 106 | |
| 机 4 | -318 | 2 | 241 | 213 | |
| 机 5 | -312 | 4 | 392 | 166 | |
| 机 6 | -291 | 4 | 369 | 70 | |
| 机 7 | -283 | 4 | 389 | 78 | |
| 机 8 | -275 | 4 | 382 | 48 | |
| 机 9 | -269 | 2 | 173 | 161 | |
| 合计 | 9 个钻场，31 个钻孔 | | 2992 | 1216 | |

表 3-16 二₁-13110 工作面底板注浆加固钻孔情况表

| 钻场 | 孔号 | 方位/(°) | 倾角/(°) | 实际孔深/m | 终孔岩性 | 累计注浆量/t | 扩孔管直径Φ/mm | 扩孔管长度/m | 一级套管直径Φ/mm | 一级套管长度/m | 二级套管直径Φ/mm | 二级套管长度/m | 三级套管直径Φ/mm | 三级套管长度/m | 见水深度/m | 漏(涌)水层位 | 漏(涌)水量/(m³/h) | 水压/MPa | 封孔压力/MPa | 处理情况 |
|---|---|---|---|---|---|---|---|---|---|---|---|---|---|---|---|---|---|---|---|---|
| 1 | 1 | 301 | -81 | 63 | L₁₋₃ | 22 | 146 | 4 | 108 | 10.5 | 89 | 31 | | | 14 | L₇₋₈ | 14 | | 3 | 注浆7t |
| | | | | | | | | | | | | | | | 15.2 | L₇₋₈ | 0.5 | | | 注浆4t |
| | | | | | | | | | | | | | | | 20 | L₇₋₈ | 8 | | | 注浆2t |
| | | | | | | | | | | | | | | 透孔 | 20.5 | L₇₋₈ | 15 | | 2.8 | 注浆5t |
| | | | | | | | | | | | | | | | 20 | L₇₋₈ | 7 | | 3.5 | 注浆8t |
| | | | | | | | | | | | | | | | 21 | L₁₋₃ | 1 | 0.6 | 3 | 注浆2t |
| | 2 | 44 | -62 | 68 | L₁₋₃ | 21 | | | 108 | 10 | 89 | 29 | | | 59 | L₇₋₈ | 3 | 0.6 | 3.5 | 注浆8t |
| | | | | | | | | | | | | | | | 11 | L₇₋₈ | 10 | | 6 | 注浆39t |
| | 3 | 114 | -59 | 71 | L₁₋₃ | 135 | 146 | 2 | 108 | 10.5 | 89 | 29 | | | 11.5 | L₇₋₈ | 2 | 0.6 | 2.6 | 注浆87t |
| | | | | | | | | | | | | | | | 20 | L₁₋₃ | 1 | 0.8 | 3.5 | 注浆8t |
| | | | | | | | | | | | | | | | 65 | L₇₋₈ | 10 | | | |
| | | | | | | | | | | | | | | | 23.5 | L₇₋₈ | 20 | 0.6 | | |
| | | | | | | | | | | | | | | | 28 | L₁₋₃ | 2 | | | |
| | | | | | | | | | | | | | | | 29 | L₇₋₈ | 13 | | | |
| | | | | | | | | | | | | | | | 71 | L₁₋₃ | 2 | | | |
| 小计 | | | | 202 | | 178 | | | | | | | | | | | | | | |
| 2 | 1 | 5 | -13 | 120 | L₁₋₃ | 130 | 146 | 4 | 127 | 10.5 | 89 | 32 | | | 30 | L₇₋₈ | 0.5 | | 5.5 | 注浆126t |
| | | | | | | | | | | | | | | | 65 | L₅₋₆ | 18 | | 1.9 | 注浆30t |
| | | | | | | | | | | | | | | | 103 | L₅₋₆ | 20 | | 5 | 注浆13t |
| | 2 | 32 | -12 | 120 | L₁₋₃ | 45 | 108 | 12.5 | 89 | 33 | | | | | 115 | L₁₋₃ | 25 | 0.6 | | |
| | | | | | | | | | | | | | | | 34 | L₇₋₈ | 15 | 0.5 | | |
| | 3 | 55 | -7 | 132 | L₁₋₃ | 8 | 108 | 12.5 | 89 | 31 | | | | | 90 | L₅₋₆ | 2 | 1.2 | 5.5 | 注浆5t |
| | | | | | | | | | | | | | | | 17 | L₇₋₈ | 0.5 | | | |
| | | | | | | | | | | | | | | | 31.5 | L₅₋₆ | 2 | 1.6 | | |
| | 4 | 0 | -90 | 78 | L₁₋₃ | 13 | 127 | 4 | 108 | 10.5 | 89 | 30 | | | 88 | L₅₋₆ | 5 | | | |
| | | | | | | | | | | | | | | | 14 | L₇₋₈ | 4 | | 3.8 | 注浆4t |
| | | | | | | | | | | | | | | | 19 | L₇₋₈ | 10 | 2 | 5.5 | 注浆8t |
| | | | | | | | | | | | | | | | 70 | L₁₋₃ | 10 | | | |
| 小计 | | | | 450 | | 196 | | | | | | | | | | | | | | |

续表

| 钻场 | 孔号 | 方位/(°) | 倾角/(°) | 实际孔深/m | 终孔岩性 | 累计注浆量/t | 护孔管直径φ/mm | 护孔管长度/m | 一级套管直径φ/mm | 一级套管长度/m | 二级套管直径φ/mm | 二级套管长度/m | 三级套管直径φ/mm | 三级套管长度/m | 见水深度/m | 漏(涌)水层位 | 漏(涌)水量/(m³/h) | 水压/MPa | 封孔压力/MPa | 处理情况 |
|---|---|---|---|---|---|---|---|---|---|---|---|---|---|---|---|---|---|---|---|---|
| 3 | 1 | 354 | −21 | 110 | $L_{1-3}$ | 34 | 127 | 2 | 108 | 10.5 | 89 | 29.5 | | | 21.5 | $L_{7-8}$ | 0.5 | | | |
| | | | | | | | | | | | | | | | 39 | $L_{7-8}$ | 2 | | | |
| | 2 | 31 | −13 | 106 | $L_{1-3}$ | 19 | 127 | 2 | 108 | 10 | 89 | 29 | | | 110 | $L_{1-3}$ | 10 | 1.8 | 5.6 | 注浆30t |
| | 3 | 57 | −12 | 111 | $L_{1-3}$ | 14 | 127 | 6 | 108 | 10.5 | 89 | 29 | | | 41 | $L_{7-8}$ | 2 | 0.5 | 4.5 | 注浆15t |
| | | | | | | | | | | | | | | | 40 | $L_{5-6}$ | 1 | 0.8 | 5 | 注浆10t |
| | | | | | | | | | | | | | | | 100 | $L_{7-8}$ | 4 | | | |
| | 4 | 0 | −90 | 67 | $L_{1-3}$ | 39 | 127 | 2 | 108 | 10 | 89 | 31 | | | 13.5 | $L_{7-8}$ | 10 | 0.3 | 1.2 | 注浆30t |
| | | | | | | | | | | | | | | | 20.5 | $L_{7-8}$ | 1 | | | |
| 小计 | | | | 394 | | 106 | | | | | | | | | 27.5 | $L_{1-3}$ | 2 | 1.7 | 5.5 | 注浆6t |
| 4 | 1 | 351 | −19 | 120 | $L_{1-3}$ | 6 | 146 | 2 | 127 | 6 | 108 | 10.5 | 89 | 29 | 61 | $L_{7-8}$ | 2 | | | |
| | | | | | | | | | | | | | | | 30 | $L_{5-6}$ | 1 | 0.8 | 5.5 | 注浆3t |
| | 2 | 15 | −12 | 121 | $L_{1-3}$ | 207 | 146 | 2 | 127 | 6 | 108 | 11.5 | 89 | 29 | 98 | $L_{7-8}$ | 8 | 0.8 | 2 | 注浆58t |
| | | | | | | | | | | | | | | | 31.5 | $L_{5-6}$ | 5 | | | |
| | | | | | | | | | | | | | | | 104 | $L_{7-8}$ | 15 | | | |
| 小计 | | | | 241 | | 213 | | | | | | | | | 112 | $L_{1-3}$ | 20 | 1.9 | 5 | 注浆145t |
| 5 | 1 | 298 | −40 | 105 | $L_{1-3}$ | 54 | 146 | 2 | 127 | 8.5 | 89 | 30 | | | 121 | $L_{1-3}$ | | | | |
| | | | | | | | | | | | | | | | 20.1 | $L_{7-8}$ | 6 | 0.6 | 3.5 | 注浆49t |
| | | | | | | | | | | | | | | | 30 | $L_{7-8}$ | 10 | 0.6 | 5 | 注浆3t |
| | 2 | 27 | −14 | 110 | $L_{1-3}$ | 93 | | | 127 | 10.5 | 108 | 31 | | | 57 | $L_{5-6}$ | 1 | | | |
| | | | | | | | | | | | | | | | 27.5 | $L_{7-8}$ | 20 | 0.6 | 2.8 | 注浆82t |
| | 3 | 65 | −18 | 110 | $L_{1-3}$ | 6 | | | 146 | 2 | 108 | 10.5 | 89 | 29 | | | | | 5.5 | 注浆5t |
| | 4 | 0 | −90 | 67 | $L_{1-3}$ | 13 | | | 127 | 6 | 108 | 12.5 | 89 | 31 | 15.5 | $L_{7-8}$ | 5 | 0.6 | 5 | 注浆5t |
| | | | | | | | | | | | | | | | | | | | 3 | 注浆6t |
| | | | | | | | | | | | | | | | | | | | 5 | 注浆4t |
| 小计 | | | | 392 | | 166 | | | | | | | | | | | | | | |

续表

| 钻场 | 孔号 | 方位/(°) | 倾角/(°) | 实际孔深/m | 终孔岩性 | 累计注浆量/t | 扩孔管 直径φ/mm | 扩孔管 长度/m | 一级套管 直径φ/mm | 一级套管 长度/m | 二级套管 直径φ/mm | 二级套管 长度/m | 三级套管 直径φ/mm | 三级套管 长度/m | 见水深度/m | 漏(涌)水层位 | 漏(涌)水量/(m³/h) | 水压/MPa | 封孔压力/MPa | 处理情况 |
|---|---|---|---|---|---|---|---|---|---|---|---|---|---|---|---|---|---|---|---|---|
| 6 | 1 | 334 | −25 | 107 | $L_{1-3}$ | 26 | 146 | 2 | 127 | 6 | 108 | 10.5 | 89 | 31 | 105 | $L_{1-3}$ | 20 | 1.6 | 6 | 注浆23t |
|   | 2 | 15 | −16 | 104 | $L_{1-3}$ | 18 | 146 | 2 | 127 | 6 | 108 | 10.5 | 89 | 29 | 100 | $L_{1-3}$ | 4 | 1.4 | 5 | 注浆15t |
|   | 3 | 54 | −22 | 91 | $L_{1-3}$ | 17 | 146 | 2 | 108 | 10.5 | 89 | 29 |  |  |  |  |  |  | 5.5 | 注浆13t |
|   | 4 | 0 | −90 | 67 | $L_{1-3}$ | 9 | 146 | 2 | 127 | 10.5 |  |  |  |  |  |  |  |  | 6 | 注浆6t |
|   | 小计 |  |  | 369 |  | 70 |  |  |  |  |  |  |  |  |  |  |  |  |  |  |
| 7 | 1 | 329 | −22 | 116 | $L_{1-3}$ | 44 | 146 | 2 | 108 | 10.5 | 89 | 29 |  |  | 29.5 | $L_{7-8}$ | 1 | 0.6 | 3.5 | 注浆32t |
|   |  |  |  |  |  |  |  |  |  |  |  |  |  |  | 55 | $L_{5-6}$ | 4 |  | 5.5 | 注浆11t |
|   | 2 | 13 | −16 | 103 | $L_{1-3}$ | 7 | 146 | 2 | 108 | 10.5 | 89 | 15 |  |  | 103 | $L_{1-3}$ | 2 | 0.4 | 6 | 注浆2t |
|   | 3 | 59 | −17 | 103 | $L_{1-3}$ | 13 | 146 | 2 | 108 | 10.5 | 89 | 29 |  |  | 67 | $L_{1-3}$ | 1 | 0.4 | 6 | 注浆6t |
|   | 4 | 0 | −90 | 67 | $L_{1-3}$ | 14 | 146 | 2 | 127 | 6 | 108 | 11.5 | 89 | 29 |  |  |  |  | 5.5 | 注浆5t |
|   | 小计 |  |  | 389 |  | 78 |  |  |  |  |  |  |  |  |  |  |  |  |  |  |
| 8 | 1 | 340 | −20 | 110 | $L_{1-3}$ | 7 | 146 | 2 | 127 | 6 | 108 | 10.5 | 89 | 29 | 110 | $L_{1-3}$ | 2 | 0.5 | 5.5 | 注浆3t |
|   | 2 | 24 | −16 | 110 | $L_{1-3}$ | 19 | 127 | 6 | 108 | 10.5 | 89 | 31 |  |  | 30 | $L_{7-8}$ | 3 |  | 3 | 注浆10t |
|   |  |  |  |  |  |  |  |  |  |  |  |  |  |  | 71 | $L_{5-6}$ | 6 | 1.2 | 5 | 注浆7t |
|   | 3 | 66 | −22 | 95 | $L_{1-3}$ | 13 | 127 | 6 | 108 | 12 | 89 | 29.5 |  |  | 22.5 | $L_{7-8}$ | 15 |  | 5.5 | 注浆5t |
|   |  |  |  |  |  |  |  |  |  |  |  |  |  |  | 88 | $L_{1-3}$ | 8 | 1.5 | 4.5 | 注浆4t |
|   | 4 | 0 | −90 | 67 | $L_{1-3}$ | 9 | 146 | 2 | 127 | 6 | 108 | 10.5 | 89 | 29.5 | 27 | $L_{7-8}$ | 4 |  | 4.5 | 注浆3t |
|   | 小计 |  |  | 382 |  | 48 |  |  |  |  |  |  |  |  |  |  |  |  |  |  |
| 9 | 1 | 5 | −25 | 87 | $L_{1-3}$ | 140 | 127 | 10.5 | 108 | 27 |  |  |  |  | 55 | $L_{5-6}$ | 漏水 |  | 4.5 | 注浆2t |
|   |  |  |  |  |  |  |  |  |  |  |  |  |  |  | 83 | $L_{1-3}$ | 1 | 0.4 | 4.5 | 注浆132t |
|   | 2 | 55 | −17 | 86 | $L_{1-3}$ | 21 | 127 | 10.5 | 105 | 15 |  |  |  |  | 20.5 | $L_{7-8}$ | 漏水 |  | 4 | 注浆16t |
|   |  |  |  |  |  |  |  |  |  |  |  |  |  |  | 86 | $L_{1-3}$ | 10 | 1.3 | 4 | 注浆2t |
|   | 小计 |  |  | 173 |  | 161 |  |  |  |  |  |  |  |  |  |  |  |  |  |  |
| 合计 |  |  |  | 2992 |  | 1216 |  |  |  |  |  |  |  |  |  |  |  |  |  |  |

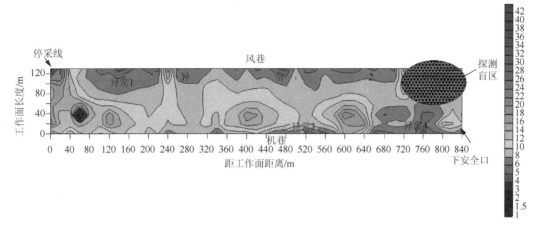

图 3-60 二$_1$-13110 工作面-40m 瞬变电磁物探成果图

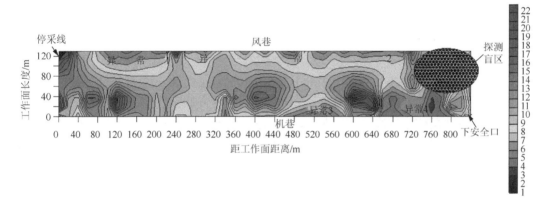

图 3-61 二$_1$-13110 工作面-60m 瞬变电磁物探成果图

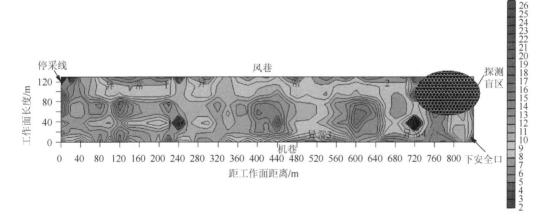

图 3-62 二$_1$-13110 工作面-80m 瞬变电磁物探成果图

(2) 二₁-13110 工作面物探分析。

① 二₁-13110 工作面底板下 40m 顺层图。本次探测共发现异常区域 4 个，异常 1、2 主要分布在风巷侧，向采面内部最多延伸 35m，但在走向上贯穿整个探测范围，该两个异常性质相近，程度中等，范围较大，建议关注；异常 3 位于机巷侧 450~580m，向采面内延伸 10m 左右，异常程度中等，建议适当关注；异常 4 位于机巷侧 660~800m，向采面内部延伸超过 40m，异常范围大，程度较深，建议给予高度关注。

② 二₁-13110 工作面底板下 60m 顺层图。本次探测共发现异常区域 4 个，异常 1、2 主要分布在风巷侧，向采面内部最多延伸 30m，但在走向上贯穿整个探测范围，该两个异常性质相近，程度中等，范围较大，建议关注；异常 3 位于机巷侧 460~580m，向采面内延伸 20m 左右，异常程度较深，范围较大，建议关注；异常 4 位于机巷侧 660~800m，向采面内部延伸超过 40m，异常范围大，程度较深，建议给予高度关注。

③ 二₁-13110 工作面底板下 80m 顺层图。本次探测共发现异常区域 4 个，异常 1、2 主要分布在风巷侧，向采面内部最多延伸 20m，但在走向上基本贯穿整个探测范围，该两个异常性质相近，程度中等，范围较大，建议关注；异常 3 位于机巷侧 450~580m，向采面内延伸 15m 左右，异常程度较深，建议关注；异常 4 位于机巷侧 660~800m，向采面内部延伸超过 40m，异常范围大，程度较深，建议给予高度关注。

综上所述，根据矿井二₁-13110 工作面底板下 40m、60m、80m 顺层图分析情况可知，物探图中异常区域随着深度增加逐渐减少，说明物探异常纵向联系较弱，另外二₁-13110 工作面底板注浆加固终孔层位为石炭系下段灰岩，即二₁煤层底板以下 60m 处，因此物探异常验证重点对二₁-13110 工作面底板下 60m 顺层图中的异常进行加固，以增加隔水层厚度，减弱含水层富水性，并对底板裂隙进行注浆充填，降低水害威胁。

(3) 二₁-13110 工作面物探验证钻孔。

二₁-13110 工作面物探异常验证孔共施工 4 个钻场，7 个钻孔，工程量 770m，注浆量 116t，验证钻孔的情况见表 3-17。

表 3-17 二₁-13110 工作面底板物探验证情况表

| 钻场 | 孔号 | 方位 /(°) | 倾角 /(°) | 实际孔深/m | 终孔岩性 | 累计注浆量/t | 套管情况 护孔管 直径 φ /mm | 套管情况 护孔管 长度 /m | 套管情况 一级套管 直径 φ /mm | 套管情况 一级套管 长度 /m | 套管情况 二级套管 直径 φ /mm | 套管情况 二级套管 长度 /m | 套管情况 三级套管 直径 φ /mm | 套管情况 三级套管 长度 /m | 见水深度/m | 漏(涌)水层位 | 漏(涌)水量/(m³/h) | 水压/MPa | 封孔压力/MPa | 处理情况 |
|---|---|---|---|---|---|---|---|---|---|---|---|---|---|---|---|---|---|---|---|---|
| 2 | 验6 | 22 | -35 | 140 | L₁₋₃ | 9 | 146 | 2 | 127 | 10.5 | 108 | 29 | | | 23.5 | L₇₋₈ | 1 | | | |
| 2 | | | | | | | | | | | | | | | 102 | L₅₋₆ | 2 | | | |
| 2 | | | | | | | | | | | | | | | 110 | L₅₋₆ | 4 | 1.5 | 7 | 注浆5t |
| 2 | 验7 | 61 | -30 | 163 | L₁₋₃ | 13 | 146 | 2 | 127 | 10.5 | 108 | 30 | | | 140 | L₅₋₆ | 2 | | | |
| 2 | | | | | | | | | | | | | | | 150 | L₁₋₃ | 4 | 0.8 | 7 | 注浆7t |
| 6 | 验5 | 109 | -59 | 82 | L₁₋₃ | 4 | | | 108 | 10.5 | 89 | 29 | | | | | | | 6 | 注浆1t |
| 8 | 验3 | 88 | -60 | 83 | L₁₋₃ | 7 | | | 108 | 10.5 | 89 | 30 | | | 80 | L₁₋₃ | 2 | 0.6 | 6.5 | 注浆5t |
| 8 | 验4 | 301 | -50 | 94 | L₁₋₃ | 7 | | | 127 | 10.5 | 89 | 29 | | | 94 | L₁₋₃ | 5 | 1.3 | 6.5 | 注浆5t |
| 9 | 验1 | 320 | -37 | 75 | L₁₋₃ | 17 | 127 | 2 | 108 | 10.5 | 89 | 29.5 | | | 18 | L₇₋₈ | 漏水 | | 6.5 | 注浆13t |
| 9 | 验2 | 37 | -26 | 133 | L₁₋₃ | 59 | 127 | 10.5 | 108 | 29 | | | | | 110 | L₅₋₆ | 10 | 1.2 | 6.2 | 注浆55t |
| 合计 | | | | 770 | | 116 | | | | | | | | | | | | | | |

综上所述，二$_1$-13110 工作面注浆加固工程施工 13 个钻场，38 个钻孔，工程量 3762m，注浆量 1332t，其中物探前施工 9 个钻场，31 个钻孔，工程量 2992m，注浆量 1216t，物探后施工 4 个钻场，7 个钻孔，工程量 770m，注浆量 116t。通过对该工作面底板含水层进行注浆加固改造，该区域上段灰岩出现漏水现象，对漏水处进行注浆充填；对出水钻孔进行注浆封堵裂隙；通过对各个出水钻孔、漏水钻孔注浆使之对底板裂隙进行有效充填，切断了局部承压含水层的补给，减弱了含水层富水性，增加了隔水层厚度，降低了水害威胁。

5. 其他工作面底板注浆加固技术的应用

平禹一矿还先后对二$_1$-13091 综采工作面、二$_3$-13110 综采工作面、二$_1$-13010 综采工作面、二$_1$-13072 综采工作面、二$_1$-13012 综采工作面进行了底板注浆加固改造措施，这些工作面在带压条件下均已实现安全回采。

二$_1$-13091 综采工作面位于矿井三下采区东翼，采面走向长 1030m，倾斜长 138m。2008 年 12 月 14 日，二$_1$-13091 综采工作面在边进行底板注浆加固边回采过程中发生突水事故，最大突水量 1200m$^3$/h，稳定突水量 1100m$^3$/h。三采区排水能力有限，导致三采区被淹。突水后，采用地面注浆堵水措施对突水点进行了治理，对 L$_7$ 灰岩下各含水层都进行了注浆加固，共注水泥 9212t，封堵了主要来水方向的导水通道。突水点被封堵后，为二$_1$-13091 综采工作面剩余资源，2010 年重新布置巷道，并对新开辟的工作面底板进行了注浆加固工程。一期在原二$_1$-13091 综采工作面中东部布置施工了 65 个注浆孔，钻探工程量 7413m，注浆量 8929.6t。二期对新二$_1$-13091 综采工作面中西部进行了注浆加固，并对第一期底板注浆加固后物探检查异常区进行了补强加固，布置 85 个注浆孔，钻探进尺 11114m，注浆量 2967t。两期注浆孔实现了对工作面的全部覆盖，加固层位全部达到 L$_{1-3}$ 灰，部分钻孔达到奥灰或寒灰顶界面下 15m。采用钻探和物探手段对加固效果进行了检验，检查孔出水量满足水量小于 5m$^3$/h 的设计要求，富水异常区范围缩小，二$_1$ 煤底板下 50m 深度无低阻异常，综合第二期注浆孔单孔出水量和注浆量明显下降等现象，二$_1$-13091 综采工作面底板注浆加固效果显著。新二$_1$-13091 综采工作面采取底板注浆加固措施后，在带压 2.98MPa 的条件下，实现了安全生产。

二$_3$-13110 综采工作面位于三采区下山东翼，该采面北临二$_1$-13091 综采工作面，南为原始煤体，西至三采区轨道、皮带下山，东靠技改井水仓保护煤柱。二$_3$-13110 综采工作面煤层底板标高-331～-245m，对应地面标高 134～140.1m，机巷长 967m，风巷长 978m，倾斜长 154m，采面面积 13720 m$^2$。该采面二$_3$ 煤层结构较简单，平均煤厚 2m，煤层平均倾角 25°。煤层直接顶为砂质泥岩，老顶为细粒砂岩，直接底为砂质泥岩。该工作面机巷为上山巷道，机巷口最低标高为-326.71m，至切眼与机巷交叉点标高-265.15m。二$_3$-13110 综采工作面煤层底板标高-327～-265m，作用在煤层底板的岩溶水水压最高为 2.8MPa，回采过程中存在底板突水的可能。在二$_3$-13110 综采工作面机巷每间隔 60m 的距离设置 1 个钻场，在每个钻场交叉施工 3～5 个不同方向的注浆孔，对工作面底板太原组下段灰岩进行全面加固。共布置注浆孔 68 个，钻探进尺 9000m，共注入水泥 2454t，注浆质量经过了物探和钻探探查、补钻验证及注浆。在带压 2.8MPa 的条件下，实现了安全生产。

二$_1$-13010 综采工作面位于五采区，工作面标高-160～-67m，地面标高 123～133m，埋深 190～293m。采面东临南水北调运河煤柱，北部为二$_1$ 煤层隐伏露头带，南部为原始煤体，西部为连堂村保护煤柱。机巷长 1010m，风巷长 1015m，斜长 130m。工作面最低点最大承压 1.47MPa，带压开采条件下，煤层底板岩溶水可能通过底板破坏裂隙和隐伏通道向矿井突水。采前对二$_1$-13010 综采工作面底板地层进行了注浆加固改造，在风巷和机巷共布置注浆孔 35 个，钻探工程量 6200m，共注入水泥 1671t。采用瞬变电磁物探和钻探对注浆堵水效果进行了检验，对尚存的几处富水异常区进行了补钻和注浆。工作面在带压 1.47MPa 条件下，实现了安全生产。

二$_1$-13072 综采工作面位于三采区下山东翼，北临二$_1$-13071 综采（已回采），南临二$_3$-13110 综采工作面（已回采），西至三皮带下山保护煤柱，东至东井水仓保护煤柱。地面相应位置位于郭贾庄以北，工业广场以东，地面标高 135m。工作面走向长 900m，倾斜长 138m，煤层倾角 22°，煤层厚度 4.5m，可采储量 42.8 万 t。井下标高-261～-176m，寒灰水压 1.84MPa，局部地段属于二$_1$-13091 综采工作面的下分层。2014 年 1 月～9 月，对二$_1$-13072 综采工作面底板进行了注浆加固，共布置施工 61 个注浆孔，工程量 5550m，注浆量 2562t。

二$_1$-13012 综采工作面位于三采区东翼，南距机轨合一大巷 80m（平距），北部、东部均为未开采区域，西邻三皮带上山保护煤柱。地面标高为 136m，工作面井下标高-172～-140m，其中机巷标高-172～-154m，风巷标高-166～-140m；工作面走向长 440m，倾斜长 87m，平均煤层倾角 5°，平均二$_1$ 煤厚度 4m，可采储量 20.7 万 t。根据钻探及采掘巷道掘进揭露，太原组上段灰岩无水，而下段灰岩和寒灰均富水，水压分别为 0.96MPa 和 1.06MPa。此外，二$_1$-13012 综采工作面局部地段位于二$_1$-13011 综采工作面采空区中，经过探查，二$_1$-13011 综采工作面采空区不存在积水，风巷低洼处可能存在积水，掘进巷道时对其进行了有效探放。二$_1$-13012 综采工作面主要受底板寒灰承压水威胁。2014 年 8 月～2015 年 4 月对二$_1$-13012 综采工作面进行了底板注浆加固，在 8 个钻场中布置 58 个注浆孔，工程量 5259m，注浆量 2363t，已安全回采完毕。

应用底板注浆加固技术的工作面汇总情况见表 3-18。

表 3-18　平禹一矿工作面底板注浆加固实施情况汇总表

| 工作面名称 | 工作面尺寸 | 注浆加固时间 | 采前水压/MPa | 注浆孔/个 | 钻探进尺/m | 注浆量/t | 回采情况 |
| --- | --- | --- | --- | --- | --- | --- | --- |
| 二$_1$-13091 | 1030m×138m | 2008.5～2008.12 | 4.20 | 65 | 7413 | 8930 | 注浆封闭 |
| 新二$_1$-13091 | 697m×126m | 2010.2～2011.3 | 2.98 | 85 | 11114 | 2967 | 安全回采 |
| 二$_3$-13110 | 978m×154m | 2012.4～2012.12 | 2.80 | 68 | 9000 | 2545 | 安全回采 |
| 二$_1$-13010 | 1010m×130m | 2011.4～2011.12 | 1.47 | 35 | 6200 | 1671 | 安全回采 |
| 二$_1$-13072 | 900m×138m | 2014.1～2014.9 | 1.84 | 61 | 5550 | 2562 | 安全回采 |
| 二$_1$-13012 | 440m×87m | 2014.1～2015.8 | 1.06 | 58 | 5259 | 2363 | 安全回采 |

### 3.4.4　二$_1$-13110 工作面带压开采参数计算

1）二$_1$-13110 工作面水害评价

二$_1$-13110 工作面水害评价采用突水系数法，突水系数法预测煤层底板突水，易于理解，计算简单。突水系数即单位隔水层厚度所承受的水压，而临界突水系数则为单位隔水厚度所能承受的最大水压。

《煤矿防治水规定》规定底板受构造破坏块段突水系数 $T_S \leqslant 0.06$MPa/m、正常块段 $T_S \leqslant 0.10$MPa/m，采煤是安全的。其数学表达式见式(3-7)。

突水系数临界值确定：由于平禹一矿水文地质条件复杂，因此突水系数临界值选用

$T_S$=0.06MPa/m。

水压确定依据：主要是二$_1$-13110 工作面异常区验证孔实测水压。

隔水层厚度确定：采用二$_1$-13110 工作面异常区验证孔出水位置的深度。

2) 突水系数计算

计算突水系数时分不考虑和考虑工作面采动对煤层底板的破坏两种情况进行。

(1) 不考虑工作面采动对煤层底板的破坏，利用式(3-7)进行计算。

利用公式(3-7)计算 8 个验证钻孔附近区域煤层底板突水系数值，通过计算得出，各钻孔石炭系下段灰岩突水系数最大值为 0.035MPa/m，小于《煤矿防治水规定》中突水系数临界值(0.06MPa/m)，说明采面开采无突水危险性。

(2) 如果考虑工作面采动对煤层底板的破坏，则突水系数用(3-56)计算：

$$T_S = p/(M - C_P) \tag{3-56}$$

式中，$T_S$ 为煤层底板突水系数，MPa/m；$M$ 为隔水层厚度(垂直煤层底板的法线距离)m；$C_P$ 为采动对煤层底板的破坏深度，m；$p$ 为隔水层底板承受水压，MPa。

式(3-56)中隔水层厚度和隔水层底板承受水压均已知，采动对煤层底板的破坏深度采用下述公式计算。

二$_1$-13110 工作面斜长 $L$=126.5m，煤层倾角平均 $a$=20°，采深 $H$=469m，煤层平均厚度 5m，计算底板破坏深度的经验公式为

$$h = 0.0085H + 0.1665a + 0.1079L - 4.3579$$

$$h = 0.707 + 0.1079L$$

利用公式(3-2)计算得底板破坏深度 17.11m；利用公式(3-1)计算得底板破坏深度 14.36m。底板破坏深度采用较大的，因此计算二$_1$-13110 综采工作面突水系数采用公式(3-2)计算的底板破坏深度 17.11m。

利用上面公式计算验证钻孔附近区域煤层底板突水系数值，如果考虑底板破坏深度，得到各钻孔附近石炭系下段灰岩突水系数最大值为 0.053MPa/m，仍小于《煤矿防治水规定》中突水系数临界值(0.06MPa/m)，说明采面开采无突水危险性。

## 3.5 结果分析

(1) 平禹一矿在 I 期堵源截流的基础上，通过进一步物探和钻探，制定了以查漏补缺为核心的 II 期堵源截流工程实施方案，重点对魏庄断层转折端过水通道、西区治水巷—西大巷—东大巷径流补给通道、西区治水巷西端南北向过水通道进行了注浆截流。在魏庄断层布置注浆孔 19 个，工程量 3558m，注浆量 967t；在西大巷到西区治水巷之间富水异常区布置了 7 个钻场，共施工注浆孔 31 个，钻探工程量 5148m，注浆量 1809t；在西区治水巷西端布置注浆孔 6 孔，因塌孔严重，实际有效注浆孔 1 个，孔深 457m，注浆量 3888t。

(2) II 期堵源截流工程实施后，三采区(-200m 水平)和五采区(-143m 水平)水量显著减少，实施前(2013 年 5 月)矿井总涌水量 2894m$^3$/h，当前，矿井总水量为 2000m$^3$/h，其中三采区剩余水量 1381m$^3$/h，五采区-143m 水平剩余水量为 259m$^3$/h，-415m 水平剩余水量为 360m$^3$/h。与 II 期堵源截流工程实施前相比，总涌水量减少 894m$^3$/h，同比下降了 31%；其中，

三采区(-200m水平)和五采区(-143m水平)当前剩余水量1640m³/h，与II期堵源截流工程实施前相比，减少了1254m³/h，下降了43%。

(3) 为使带压开采工作面能够安全回采，按照"物探—钻探—工作面注浆加固—钻探验证—制定带压开采安全措施及避灾路线—安全开采防治水安全评价"的技术路线，对底板水害进行了综合防治，重点对工作面底板地层采取注浆加固改造措施。先后对二$_1$-13091综采工作面、二$_3$-13110综采工作面、二$_1$-13010综采工作面、二$_1$-13072工作面、二$_1$-13012综采工作面、二$_1$-13110工作面进行了底板注浆加固改造措施，这些工作面在带压条件下均已实现安全回采。

## 3.6 矿井排水的资源化利用

### 3.6.1 矿井排水资源化利用的必要性和可行性

禹州山区是严重缺水地区，岩溶水是非常宝贵的资源，每到天旱少雨季节，很多乡村不得不靠买水解决生活用水问题，有的村镇需要常年买水。根据野外调查访问，在禹州的神垕、磨街、方山等地，附近煤矿大量排放地下水，造成地下水位下降，最近几年利用国家水利补助资金打的基岩深井出现了干枯无水现象，群众吃水再次出现了困难。在白沙向斜北翼岩溶水子系统内，平禹一矿是一个水文地质条件复杂的大水矿井，为了保证安全生产，对寒灰水需要采取疏水降压和注浆截流措施。由此带来了新的问题，一方面，禹州北部严重缺水，地下水是山区居民的宝贵水源；另一方面，处在岩溶水系统最下游的平禹一矿，为保证安全开采，必须对岩溶水进行疏水降压。解决供水和排水矛盾的途径，就是实现排供结合。

1) 矿井排水资源化利用的必要性

白沙向斜北翼岩溶水是一个相对独立的岩溶水子系统，补给区在登封宣化镇、禹州花石镇、苌庄镇、浅井镇和无梁镇寒武系灰岩露头区，补给水源主要是大气降水入渗。在目前平禹一矿尚未大量疏排岩溶水的条件下，岩溶水以居民开采、泉和自流井、侧向径流、矿井排水的方式排泄，在未来疏排寒灰水的条件下，矿井排水就会成为主要排泄方式。由于矿井处在白沙向斜北翼岩溶水系统的最下游，疏放寒灰水是安全生产的保证，而疏放灰岩水势必造成区域水位下降，一些山区基岩水井干枯，造成群众吃水困难。

1985年总回风巷发生寒灰岩溶水突水，最大突水量达2375m³/h，稳定水量为1446m³/h。突水后，岳庄水井(太原组下段灰岩水)和北东8km外的唐寨水井(寒灰水)都相继干枯，桐树张水井水位降深100m。2005年东大巷突水淹井，前7h平均涌水量为26639m³/h，最大突水量为38056m³/h。突水造成4km之外的桐树张水井水位下降119m。2008年12月13091工作面寒灰水突水，突水量1200m³/h，造成相距8km的长葛坡胡镇海子李村暖泉湖水和磨河村幸福湖泉水断流，距离突水点3.8km的桐树张水井水位降幅7.63m。从这些突水实例可以看出，白沙向斜北翼岩溶水在平禹一矿周围连通性是非常强的，矿井大流量疏放岩溶水后，波及范围可能很大。

2) 矿井排水资源化利用的可行性

在疏放灰岩水的条件下，矿井排水主要来源于寒武系灰岩岩溶水，而区内岩溶水水质良好，没有人为污染或污染轻微，作为生活供水水源是没问题的。但考虑到矿井排水来源途径较多，不仅包括煤层顶板砂岩裂隙水、煤层底板石炭系薄层灰岩和寒武系灰岩岩溶水，也有采空区积水。各种水源在井下与岩石、煤层、煤矸石接触过程中，将煤系地层的硫化物等成分溶解至地下水中，而且井下采煤生产和人为活动也会造成矿井水污染，由此导致矿井排水中 $SO_4^{2-}$、氯化物、悬浮物、溶解性总固体、卫生学指标、感官性指标等达不到生活用水要求，因此，必须经处理后才能利用。

平禹一矿大量疏放寒灰岩溶水时，矿井排水量较大且稳定，水质符合生活饮用水和工农业用水的要求，将矿井排水用于周边村镇居民生活用水和农业灌溉是可行的。

### 3.6.2 矿井排水的水质评价

为了解研究区岩溶水水化学类型及特征，在研究区共采集了水样 90 个，其中基岩地下水（主要为寒灰岩溶水，少量为砂岩裂隙水）水样 73 个，地表水（主要为水库、颍河水）17 个。对 90 个水样中的 44 个水样进行了全分析，分析项目包括 $K^+$、$Na^+$、$Ca^{2+}$、$Mg^{2+}$、$HCO_3^-$、$SO_4^{2-}$、$Cl^-$、$NO_3^-$、$NO_2^-$、$NH_4^+$、pH、硬度、碱度、固形物、$CO_2$、$COD_{Mn}$、$H_2SiO_3$、$F^-$、Al、TFe、$HPO_4^{2-}$ 等共 28 项；对 46 个水样进行了简分析，分析项目主要为七大离子及硬度、碱度、固形物、pH 等。所采集水样主要分布在禹州矿区岩溶水系统的补给区即基岩山区，在岩溶水的集中排泄区即平禹一矿井田（地面和井下）采集了 8 个岩溶水水样。

1. 生活饮用水水质评价

根据《生活饮用水卫生标准》（GB 5749—2006），在化验的 32 项水质指标中，选取总硬度、pH、$SO_4^{2-}$、$NO_3^-$、$COD_{Mn}$、$F^-$、铁、Na、Al、TDS 等 10 项指标对采集的 73 个岩溶水水样进行评价，评价标准如表 3-19 所示。为了评价岩溶水质量，依据《地下水质量标准》（GB/T 14848—1993），选取了总硬度、pH、$SO_4^{2-}$、$NO_3^-$、$COD_{Mn}$、$F^-$、铁、氯化物、Al 和 TDS 共 10 项指标对平禹矿区岩溶水进行质量评价，各项指标的评价标准见表 3-20。《地下水质量标准》按地下水水质现状、人体健康基准值及地下水质量保护目标，并参照生活饮用水、工业、农业用水水质最高要求，将地下水质量划分为五类。

表 3-19 平禹矿区岩溶水生活饮用水水质评价标准

| 评价指标 | 总硬度/(mg/L) | pH | $SO_4^{2-}$/(mg/L) | $NO_3^-$/(mg/L) | $COD_{Mn}$/(mg/L) | $F^-$/(mg/L) | 铁/(mg/L) | Na/(mg/L) | Al/(mg/L) | TDS/(mg/L) |
|---|---|---|---|---|---|---|---|---|---|---|
| 标准 | 450 | 6.5~8.5 | 250 | 88.5 | 3.0 | 1.0 | 0.3 | 200 | 0.2 | 1000 |

表 3-20 平禹矿区岩溶水质量评价标准

| 指标类别 | 总硬度/(mg/L) | pH | $SO_4^{2-}$/(mg/L) | $NO_3^-$/(mg/L) | $COD_{Mn}$/(mg/L) | $F^-$/(mg/L) | 铁/(mg/L) | 氯化物/(mg/L) | Al/(mg/L) | TDS/(mg/L) |
|---|---|---|---|---|---|---|---|---|---|---|
| Ⅰ | ≤150 | 6.5~8.5 | ≤50 | ≤2.0 | ≤1.0 | ≤1.0 | ≤0.1 | ≤50 | ≤0.001 | ≤300 |
| Ⅱ | ≤300 | 6.5~8.5 | ≤150 | ≤5.0 | ≤2.0 | ≤1.0 | ≤0.2 | ≤150 | ≤0.01 | ≤500 |
| Ⅲ | ≤450 | 6.5~8.5 | ≤250 | ≤20 | ≤3.0 | ≤1.0 | ≤0.3 | ≤250 | ≤0.1 | ≤1000 |
| Ⅳ | ≤550 | 5.5~6.5<br>8.5~9.0 | ≤350 | ≤30 | ≤10 | ≤2.0 | ≤1.5 | ≤350 | ≤0.5 | ≤2000 |
| Ⅴ | >550 | <5.5<br>>9.0 | >350 | >30 | >10 | >2.0 | >1.5 | >350 | >0.5 | >2000 |

Ⅰ类：主要反映地下水化学组分的天然低背景含量，适用于各种用途。

Ⅱ类：主要反映地下水化学组分的天然背景含量，适用于各种用途。

Ⅲ类：以人体健康基准值为依据，主要适用于集中式生活饮用水水源及工、农业用水。

Ⅳ类：以农业和工业用水要求为依据。除适用于农业和部分工业用水外，适当处理后可作为生活饮用水。

Ⅴ类：不宜饮用，其他用水可根据使用目的选用。

平禹矿区岩溶水生活用水水质评价结果如表 3-21 和表 3-22 所示，岩溶地下水评价结果如表 3-23 和表 3-24 所示，评价结果显示出如下几点。

(1) 平禹矿区岩溶水水质良好，参与评价的 73 个水样中，仅 7 个水样的总硬度、$NO_3^-$ 含量超过《生活饮用水卫生标准》(GB 5749—2006)，其余水样参评指标均符合饮用水要求。

(2) 平禹矿区岩溶水硬度普遍较高，73 个水样最小硬度为 137.16mg/L，最大硬度为 648.17mg/L，平均值为 338.47mg/L，这主要与形成岩溶水化学成分的水文地球化学环境有关。

(3) 平禹矿区岩溶水质量以Ⅱ类水和Ⅲ类水为主，少数因硬度和 $NO_3^-$ 偏高为Ⅳ类水，可以用于集中式生活饮用水供水水源及工农业用水水源。

平禹一矿排水大部分来源于钻孔疏放的寒武系灰岩岩溶水，少量来自于采煤工作面顶板砂岩裂隙水。区内岩溶水水质良好，没有人为污染或污染轻微，作为生活供水水源是没问题的。

表 3-21 平禹矿区岩溶水(全分析)生活用水水质评价结果表

| 编号 | Na /(mg/L) | $SO_4^{2-}$ /(mg/L) | $NO_3^-$ /(mg/L) | 总硬度 /(mg/L) | $COD_{Mn}$ /(mg/L) | $F^-$ /(mg/L) | Al /(mg/L) | TFe /(mg/L) | TDS /(mg/L) | pH | 评价结果 |
|---|---|---|---|---|---|---|---|---|---|---|---|
| PA009 | 23.33 | 19.35 | 37.80 | 403.57 | 0.77 | 0.34 | <0.01 | <0.04 | 536.61 | 7.3 | 符合 |
| PA010 | 17.73 | 58.69 | 58.20 | 371.30 | 1.18 | 0.40 | <0.01 | <0.04 | 491.15 | 7.1 | 符合 |
| PA014 | 9.17 | 19.26 | 10.92 | 282.73 | 1.13 | 0.21 | <0.01 | <0.04 | 325.77 | 7.3 | 符合 |
| PA027 | 19.54 | 57.30 | 6.36 | 371.75 | 1.00 | 0.03 | <0.01 | <0.04 | 457.61 | 7.2 | 符合 |
| PA031 | 3.68 | 77.47 | 41.40 | 354.63 | 0.86 | 0.39 | <0.01 | <0.04 | 422.02 | 7.3 | 符合 |
| PA032 | 3.24 | 65.75 | 8.92 | 360.54 | 0.87 | 0.18 | <0.01 | <0.04 | 420.19 | 7.1 | 符合 |
| PA036 | 6.66 | 62.92 | 35.40 | 407.03 | 1.00 | 0.18 | <0.01 | <0.04 | 479.76 | 7.1 | 符合 |
| PA037 | 7.33 | 29.11 | 22.50 | 278.37 | 1.35 | 0.19 | <0.01 | <0.04 | 326.98 | 7.7 | 符合 |
| PB024 | 5.65 | 52.59 | 6.58 | 247.05 | 0.98 | 0.46 | <0.01 | <0.04 | 297.37 | 7.5 | 符合 |
| PB044 | 8.79 | 123.97 | 82.40 | 446.16 | 1.64 | 0.23 | <0.01 | 0.04 | 564.05 | 7.3 | 符合 |
| PB052 | 9.46 | 111.77 | 10.20 | 441.70 | 1.18 | 0.20 | <0.01 | <0.04 | 510.07 | 7.3 | 符合 |
| PC010 | 15.95 | 24.88 | 16.90 | 257.36 | 0.77 | 0.45 | <0.01 | <0.04 | 333.93 | 7.2 | 符合 |
| PC015 | 12.07 | 50.24 | 41.00 | 275.92 | 1.37 | 0.29 | <0.01 | <0.04 | 354.83 | 7.5 | 符合 |
| PC016 | 10.87 | 22.53 | 23.40 | 276.37 | 1.41 | 0.20 | <0.01 | <0.04 | 331.22 | 7.7 | 符合 |
| PC020 | 15.70 | 88.28 | 16.60 | 334.12 | 1.45 | 0.29 | <0.01 | <0.04 | 429.53 | 7.3 | 符合 |
| PC029 | 7.08 | 93.42 | 6.38 | 254.85 | 1.50 | 0.11 | <0.01 | <0.04 | 325.92 | 6.9 | 符合 |
| PC031 | 6.74 | 30.98 | 16.10 | 305.24 | 1.18 | 0.20 | <0.01 | <0.04 | 351.64 | 7.3 | 符合 |
| PD008 | 7.00 | 24.40 | 12.80 | 287.63 | 0.81 | 0.27 | <0.01 | <0.04 | 330.19 | 7.5 | 符合 |
| PD012 | 34.47 | 84.05 | 65.40 | 495.10 | 2.01 | 0.42 | <0.01 | <0.04 | 652.65 | 7.2 | 总硬度 |
| PD015 | 12.58 | 45.05 | 11.72 | 283.23 | 0.78 | 0.21 | <0.01 | <0.04 | 347.87 | 7.1 | 符合 |
| PD023 | 15.19 | 225.84 | 135.00 | 620.30 | 1.44 | 0.17 | <0.01 | <0.04 | 822.46 | 7.3 | $NO_3^-$、总硬度 |
| PD026 | 5.01 | 77.47 | 74.00 | 334.62 | 1.25 | 0.22 | <0.01 | <0.04 | 418.50 | 7.2 | 符合 |
| PD028 | 58.11 | 61.53 | 0.34 | 280.77 | 1.12 | 0.60 | <0.01 | <0.04 | 457.74 | 7.4 | 符合 |
| PE005 | 14.11 | 19.26 | 21.40 | 170.74 | 1.52 | 0.72 | <0.01 | <0.04 | 241.41 | 7.1 | 符合 |

续表

| 编号 | Na /(mg/L) | $SO_4^{2-}$ /(mg/L) | $NO_3^-$ /(mg/L) | 总硬度 /(mg/L) | $COD_{Mn}$ /(mg/L) | $F^-$ /(mg/L) | Al /(mg/L) | TFe /(mg/L) | TDS /(mg/L) | pH | 评价结果 |
|---|---|---|---|---|---|---|---|---|---|---|---|
| PE031 | 5.93 | 33.81 | 8.00 | 380.10 | 0.34 | 0.22 | <0.01 | <0.04 | 413.60 | 7.2 | 符合 |
| PE037 | 5.24 | 88.28 | 16.10 | 425.59 | 1.23 | 0.17 | <0.01 | <0.04 | 481.25 | 7.5 | 符合 |
| P2 | 23.61 | 93.42 | 94.40 | 469.13 | 0.39 | 0.26 | <0.01 | <0.04 | 630.00 | 7.3 | $NO_3^-$、总硬度 |
| P3 | 16.68 | 17.39 | 12.30 | 254.90 | 0.58 | 0.49 | <0.01 | <0.04 | 325.34 | 7.2 | 符合 |
| P4 | 6.88 | 38.95 | 20.20 | 332.62 | 0.47 | 0.22 | <0.01 | <0.04 | 378.91 | 7.4 | 符合 |
| P5 | 7.91 | 99.09 | 18.70 | 427.09 | 0.73 | 0.20 | <0.01 | 0.08 | 502.54 | 7.4 | 符合 |
| PAN5# | 16.80 | 15.51 | 9.34 | 264.66 | 0.24 | 0.49 | <0.01 | <0.04 | 340.82 | 7.1 | 符合 |
| 1# | 23.28 | 33.33 | 1.38 | 272.97 | 1.12 | 0.72 | <0.01 | <0.04 | 382.68 | 7.3 | 符合 |
| 3# | 15.20 | 43.18 | 10.84 | 224.68 | 1.12 | 0.47 | <0.01 | <0.04 | 325.21 | 7.5 | 符合 |
| 5# | 27.89 | 31.94 | 0.20 | 143.81 | 1.40 | 0.49 | <0.01 | <0.04 | 244.10 | 7.7 | 符合 |

表 3-22 平禹矿区岩溶水(简分析)生活用水水质评价结果表

| 送样编号 | Na/(mg/L) | $SO_4^{2-}$/(mg/L) | 总硬度/(mg/L) | TDS/(mg/L) | pH | 评价结果 |
|---|---|---|---|---|---|---|
| PA008 | 32.10 | 75.12 | 463.52 | 615.11 | 7.3 | 总硬度 |
| PA011 | 27.63 | 75.12 | 348.53 | 472.41 | 7.3 | 符合 |
| PA012 | 22.20 | 24.55 | 384.01 | 451.63 | 7.2 | 符合 |
| PA020 | 7.98 | 65.75 | 255.60 | 298.38 | 7.3 | 符合 |
| PA025 | 16.15 | 22.29 | 342.42 | 361.82 | 7.7 | 符合 |
| PA026 | 12.80 | 58.69 | 166.33 | 211.90 | 7.9 | 符合 |
| PA029 | 11.15 | 36.41 | 286.18 | 315.83 | 7.3 | 符合 |
| PA030 | 14.95 | 59.85 | 320.41 | 373.61 | 7.1 | 符合 |
| PA033 | 7.73 | 55.19 | 346.13 | 384.14 | 7.1 | 符合 |
| PA034 | 7.83 | 31.70 | 336.32 | 355.52 | 7.4 | 符合 |
| PA038 | 11.15 | 66.91 | 388.91 | 418.45 | 7.1 | 符合 |
| PB008 | 36.08 | 32.85 | 373.00 | 506.12 | 7.2 | 符合 |
| PB014 | 16.13 | 61.05 | 352.23 | 409.00 | 7.1 | 符合 |
| PB039 | 8.45 | 32.85 | 277.62 | 319.60 | 7.7 | 符合 |
| PB041 | 11.95 | 37.56 | 300.84 | 314.37 | 7.2 | 符合 |
| PB046 | 17.23 | 111.53 | 412.18 | 514.53 | 7.2 | 符合 |
| PB049 | 24.03 | 239.48 | 551.59 | 670.81 | 7.2 | 总硬度 |
| PB051 | 53.05 | 223.05 | 441.50 | 626.48 | 7.3 | 符合 |
| PC009 | 0.63 | 41.07 | 305.74 | 314.99 | 7.3 | 符合 |
| PC017 | 8.88 | 52.83 | 288.63 | 320.94 | 7.7 | 符合 |
| PC018 | 40.28 | 88.04 | 648.17 | 897.55 | 7.2 | 总硬度 |
| PC022 | 17.90 | 61.05 | 326.51 | 384.68 | 7.2 | 符合 |
| PC023 | 4.23 | 34.05 | 284.98 | 298.86 | 7.6 | 符合 |
| PC036 | 10.30 | 85.69 | 403.62 | 451.38 | 7.3 | 符合 |
| PC038 | 6.98 | 51.63 | 474.53 | 499.49 | 7.2 | 总硬度 |
| PD013 | 17.85 | 86.55 | 407.73 | 477.69 | 7.2 | 符合 |
| PD014 | 29.73 | 83.00 | 504.10 | 641.48 | 7.1 | 总硬度 |
| PD019 | 3.75 | 65.22 | 359.54 | 390.18 | 7.2 | 符合 |
| PD022 | 3.08 | 60.47 | 370.65 | 388.24 | 7.4 | 符合 |
| PD025 | 1.93 | 78.29 | 345.93 | 366.70 | 7.2 | 符合 |
| PD027 | 3.83 | 43.90 | 285.38 | 300.33 | 7.4 | 符合 |
| PE012 | 13.35 | 35.59 | 137.16 | 179.15 | 6.9 | 符合 |

续表

| 送样编号 | Na/(mg/L) | $SO_4^{2-}$/(mg/L) | 总硬度/(mg/L) | TDS/(mg/L) | pH | 评价结果 |
|---|---|---|---|---|---|---|
| PE017 | 11.90 | 74.69 | 274.27 | 325.80 | 7.1 | 符合 |
| PE030 | 7.28 | 83.00 | 145.77 | 192.00 | 7.6 | 符合 |
| PE036 | 6.28 | 98.41 | 340.97 | 384.22 | 7.3 | 符合 |
| PE038 | 0.10 | 62.87 | 308.90 | 322.98 | 7.4 | 符合 |
| 2# | 8.73 | 30.84 | 280.47 | 301.67 | 7.2 | 符合 |
| 7# | 28.55 | 62.87 | 248.35 | 326.21 | 7.4 | 符合 |
| 8# | 17.30 | 40.30 | 282.98 | 325.92 | 7.2 | 符合 |

表 3-23  平禹矿区岩溶地下水（全分析）质量评价结果表

| 编号 | 氯化物/(mg/L) | $SO_4^{2-}$/(mg/L) | $NO_3^-$/(mg/L) | 总硬度/(mg/L) | $COD_{Mn}$/(mg/L) | $F^-$/(mg/L) | Al/(mg/L) | TFe/(mg/L) | TDS/(mg/L) | pH | 评价结果 |
|---|---|---|---|---|---|---|---|---|---|---|---|
| PA009 | Ⅰ | Ⅰ | Ⅲ | Ⅲ | Ⅰ | Ⅰ | Ⅱ | Ⅰ | Ⅲ | Ⅱ | Ⅲ |
| PA010 | Ⅰ | Ⅱ | Ⅲ | Ⅲ | Ⅱ | Ⅰ | Ⅱ | Ⅰ | Ⅱ | Ⅱ | Ⅲ |
| PA014 | Ⅰ | Ⅱ | Ⅱ | Ⅱ | Ⅱ | Ⅰ | Ⅱ | Ⅰ | Ⅱ | Ⅱ | Ⅱ |
| PA027 | Ⅰ | Ⅱ | Ⅰ | Ⅲ | Ⅱ | Ⅰ | Ⅱ | Ⅰ | Ⅱ | Ⅱ | Ⅲ |
| PA031 | Ⅰ | Ⅱ | Ⅲ | Ⅲ | Ⅰ | Ⅰ | Ⅱ | Ⅰ | Ⅱ | Ⅱ | Ⅲ |
| PA032 | Ⅰ | Ⅱ | Ⅲ | Ⅲ | Ⅰ | Ⅰ | Ⅱ | Ⅰ | Ⅱ | Ⅱ | Ⅲ |
| PA036 | Ⅰ | Ⅱ | Ⅲ | Ⅲ | Ⅰ | Ⅰ | Ⅱ | Ⅰ | Ⅱ | Ⅱ | Ⅲ |
| PA037 | Ⅰ | Ⅰ | Ⅲ | Ⅱ | Ⅰ | Ⅰ | Ⅱ | Ⅰ | Ⅱ | Ⅱ | Ⅲ |
| PB024 | Ⅰ | Ⅱ | Ⅰ | Ⅱ | Ⅰ | Ⅰ | Ⅱ | Ⅰ | Ⅰ | Ⅱ | Ⅱ |
| PB044 | Ⅱ | Ⅱ | Ⅲ | Ⅲ | Ⅰ | Ⅰ | Ⅱ | Ⅰ | Ⅲ | Ⅱ | Ⅲ |
| PB052 | Ⅱ | Ⅱ | Ⅱ | Ⅲ | Ⅱ | Ⅰ | Ⅱ | Ⅰ | Ⅲ | Ⅱ | Ⅲ |
| PC010 | Ⅰ | Ⅰ | Ⅱ | Ⅱ | Ⅰ | Ⅰ | Ⅱ | Ⅰ | Ⅱ | Ⅱ | Ⅱ |
| PC015 | Ⅰ | Ⅱ | Ⅲ | Ⅱ | Ⅰ | Ⅰ | Ⅱ | Ⅰ | Ⅱ | Ⅱ | Ⅲ |
| PC016 | Ⅰ | Ⅰ | Ⅲ | Ⅱ | Ⅰ | Ⅰ | Ⅱ | Ⅰ | Ⅱ | Ⅱ | Ⅲ |
| PC020 | Ⅰ | Ⅱ | Ⅱ | Ⅱ | Ⅰ | Ⅰ | Ⅱ | Ⅰ | Ⅱ | Ⅱ | Ⅱ |
| PC029 | Ⅰ | Ⅱ | Ⅰ | Ⅱ | Ⅱ | Ⅰ | Ⅱ | Ⅰ | Ⅱ | Ⅱ | Ⅱ |
| PC031 | Ⅰ | Ⅰ | Ⅱ | Ⅲ | Ⅱ | Ⅰ | Ⅱ | Ⅰ | Ⅱ | Ⅱ | Ⅲ |
| PD008 | Ⅰ | Ⅰ | Ⅱ | Ⅱ | Ⅰ | Ⅰ | Ⅱ | Ⅰ | Ⅱ | Ⅱ | Ⅱ |
| PD012 | Ⅰ | Ⅱ | Ⅲ | Ⅳ | Ⅰ | Ⅰ | Ⅱ | Ⅰ | Ⅲ | Ⅱ | Ⅳ |
| PD015 | Ⅰ | Ⅰ | Ⅱ | Ⅱ | Ⅰ | Ⅰ | Ⅱ | Ⅰ | Ⅱ | Ⅱ | Ⅱ |
| PD023 | Ⅰ | Ⅲ | Ⅳ | Ⅳ | Ⅰ | Ⅰ | Ⅱ | Ⅰ | Ⅲ | Ⅱ | Ⅳ |
| PD026 | Ⅰ | Ⅱ | Ⅱ | Ⅲ | Ⅱ | Ⅰ | Ⅱ | Ⅰ | Ⅱ | Ⅱ | Ⅲ |
| PD028 | Ⅰ | Ⅱ | Ⅰ | Ⅱ | Ⅱ | Ⅰ | Ⅱ | Ⅰ | Ⅱ | Ⅱ | Ⅱ |
| PE005 | Ⅰ | Ⅰ | Ⅱ | Ⅱ | Ⅰ | Ⅰ | Ⅱ | Ⅰ | Ⅰ | Ⅱ | Ⅱ |
| PE031 | Ⅱ | Ⅰ | Ⅰ | Ⅲ | Ⅰ | Ⅰ | Ⅱ | Ⅰ | Ⅱ | Ⅱ | Ⅲ |
| PE037 | Ⅱ | Ⅰ | Ⅱ | Ⅲ | Ⅱ | Ⅰ | Ⅱ | Ⅰ | Ⅱ | Ⅱ | Ⅲ |
| P2 | Ⅰ | Ⅱ | Ⅳ | Ⅳ | Ⅰ | Ⅰ | Ⅱ | Ⅰ | Ⅲ | Ⅱ | Ⅳ |
| P3 | Ⅰ | Ⅰ | Ⅱ | Ⅱ | Ⅰ | Ⅰ | Ⅱ | Ⅰ | Ⅱ | Ⅱ | Ⅱ |
| P4 | Ⅰ | Ⅰ | Ⅱ | Ⅲ | Ⅰ | Ⅰ | Ⅱ | Ⅰ | Ⅱ | Ⅱ | Ⅲ |
| P5 | Ⅰ | Ⅱ | Ⅱ | Ⅲ | Ⅰ | Ⅰ | Ⅱ | Ⅰ | Ⅲ | Ⅱ | Ⅲ |
| PAN5# | Ⅰ | Ⅰ | Ⅱ | Ⅱ | Ⅰ | Ⅰ | Ⅱ | Ⅰ | Ⅱ | Ⅱ | Ⅱ |
| 1# | Ⅰ | Ⅰ | Ⅱ | Ⅱ | Ⅰ | Ⅰ | Ⅱ | Ⅰ | Ⅱ | Ⅱ | Ⅱ |
| 3# | Ⅰ | Ⅰ | Ⅱ | Ⅱ | Ⅱ | Ⅰ | Ⅱ | Ⅰ | Ⅱ | Ⅱ | Ⅱ |
| 5# | Ⅰ | Ⅰ | Ⅱ | Ⅰ | Ⅱ | Ⅰ | Ⅱ | Ⅰ | Ⅰ | Ⅱ | Ⅱ |

表 3-24 平禹矿区岩溶地下水(简分析)质量评价结果表

| 送样编号 | 氯化物/(mg/L) | $SO_4^{2-}$/(mg/L) | 总硬度/(mg/L) | TDS/(mg/L) | pH | 评价结果 |
|---|---|---|---|---|---|---|
| PA008 | II | II | IV | III | II | IV |
| PA011 | I | II | III | II | II | III |
| PA012 | I | I | III | II | II | III |
| PA020 | I | II | II | I | II | II |
| PA025 | I | I | III | II | II | III |
| PA026 | I | II | II | I | II | II |
| PA029 | I | I | II | II | II | II |
| PA030 | I | II | III | II | II | III |
| PA033 | I | II | III | II | II | III |
| PA034 | I | I | III | II | II | III |
| PA038 | I | II | III | II | II | III |
| PB008 | I | I | III | III | II | III |
| PB014 | I | II | III | II | II | III |
| PB039 | I | I | II | II | II | II |
| PB041 | I | I | III | II | II | III |
| PB046 | I | II | III | III | II | III |
| PB049 | I | III | V | III | II | IV |
| PB051 | I | III | III | II | II | III |
| PC009 | I | I | III | II | II | III |
| PC017 | I | II | II | II | II | II |
| PC018 | I | II | V | III | II | V |
| PC022 | I | II | III | II | II | III |
| PC023 | III | I | II | I | II | III |
| PC036 | I | II | III | II | II | III |
| PC038 | I | II | IV | II | II | IV |
| PD013 | I | II | III | II | II | III |
| PD014 | I | IV | III | III | II | IV |
| PD019 | I | II | III | II | II | III |
| PD022 | I | II | III | II | II | III |
| PD025 | I | II | III | II | II | III |
| PD027 | II | I | II | II | II | II |
| PE012 | I | I | I | I | II | II |
| PE017 | I | II | II | II | II | II |
| PE030 | I | II | I | I | II | II |
| PE036 | I | II | III | II | II | III |
| PE038 | I | II | III | II | II | III |
| 2# | I | I | II | II | II | II |
| 7# | I | II | II | II | II | II |
| 8# | I | I | II | II | II | II |

2. 工业用水水质评价

工业用水首先考虑锅炉用水的用途,评价其成垢作用、腐蚀作用和起泡作用,并以锅垢总量 $H_0$、硬垢系数 $K_n$、腐蚀系数 $K_k$ 和起泡系数 $F$ 进行评价。这四项评价指标计算方法如下。

1) 锅垢总量 $H_0$

$$H_0 = S + C + 36\gamma Fe^{2+} + 17\gamma Al^{3+} + 20\gamma Mg^{2+} + 59\gamma Ca^{2+}$$

$$\begin{cases} H_0 < 125 \text{ 为锅垢很少}; \\ 125 < H_0 < 250 \text{ 为锅垢较少}; \\ 250 < H_0 < 500 \text{ 为锅垢较多}; \\ H_0 > 500 \text{ 为锅垢很多}。 \end{cases}$$

2) 硬垢系数 $K_n$

$H_n = SiO_2 + 20\gamma Mg^{2+} + 68(\gamma Cl^- + \gamma SO_4^{2-} - \gamma Na^+ - \gamma K^+)$

$K_n = H_n / H_0$

$$\begin{cases} K_n < 0.25 \text{ 为软沉淀物水}; \\ 0.25 < K_n \leqslant 0.50 \text{ 为中等沉淀物水}; \\ K_n > 0.50 \text{ 为硬沉淀物水}。 \end{cases}$$

3) 腐蚀系数 $K_k$

$K_k = 1.008(\gamma Mg^{2+} - \gamma HCO_3^-)$

$$\begin{cases} K_k > 0 \text{ 为腐蚀性水}; \\ K_k < 0 \text{ 且 } K_k + 0.0503\gamma Ca^{2+} > 0 \text{ 为半腐蚀性水}; \\ K_k < 0 \text{ 且 } K_k + 0.0503\gamma Ca^{2+} < 0 \text{ 为非腐蚀性水}。 \end{cases}$$

4) 起泡系数 $F$

$F = 62\gamma Na^+ + 78\gamma K^+$

$$\begin{cases} F < 60 \text{ 为不起泡水}; \\ 60 \leqslant F \leqslant 200 \text{ 为半起泡水}; \\ F > 200 \text{ 为起泡水}。 \end{cases}$$

式中，$S$ 为悬浮物总量，mg/L；$C$ 为胶体总量，mg/L；$SiO_2$ 为二氧化硅含量，mg/L；$\gamma Fe^{2+}$、$\gamma Al^{3+}$ 为离子含量，mol/L。

工业锅炉用水水质评价结果如图 3-63～图 3-66 所示。

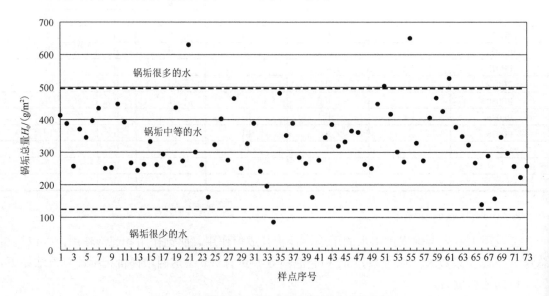

图 3-63　平禹矿区岩溶水锅垢总量分布散点图

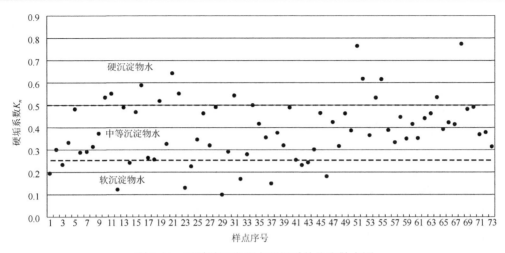

图 3-64 平禹矿区岩溶水硬垢系数分布散点图

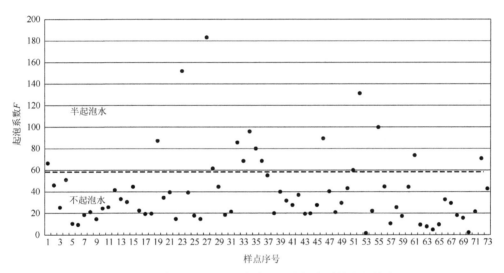

图 3-65 平禹矿区岩溶水起泡作用评价起泡系数分布散点图

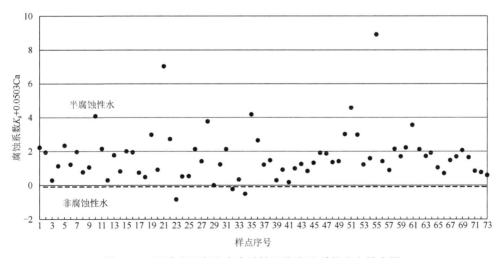

图 3-66 平禹矿区岩溶水腐蚀性评价腐蚀系数分布散点图

考虑为工业锅炉用水时，整体上属于锅垢中等的水、中等沉淀物水、不起泡水或半起泡水、半腐蚀性水，经过工业性处理后，可以用于锅炉用水。

### 3.6.3 矿井排水的可利用量评价

在没有疏放寒灰岩溶水的条件下，平禹一矿井下涌水主要来源于煤层顶板砂岩裂隙水和底板太灰上段岩溶水，工作面正常涌水量一般小于 $10m^3/h$，最大为 $32m^3/h$。根据 2010～2015 年全矿涌水量观测资料，涌水量一般在 $200～300m^3/h$。这部分涌水量主要来自于采煤工作面的顶板砂岩淋水、滴水和底板灰岩的渗水，流经采煤工作面，混入大量煤尘和岩粉，并受到井下生产活动废弃物的污染，水质差，色度、浊度超标，悬浮物很高，经过净化处理后，可以作为生产用水(井下降尘、注浆用水、地面洗煤厂生产用水、农田灌溉)等。

在未来开采条件下的涌水量可采用涌水量-开采面积、水位降深比拟法预测，公式为

$$Q = Q_0 \times \sqrt{\frac{s}{s_0}} \sqrt{\frac{F}{F_0}}$$

以目前开采标高-270m 为起点，$Q_0 =540m^3/h$，$s_0 =340m$，$F_0 =7042800m^2$，$s=690m$，$F=11042800m^2$。经过计算，-550m 水平涌水量为 $814m^3/h$。

为了安全生产，平禹一矿对寒灰岩溶承压水采取了以疏水降压为主的防治方式，在井下西区、东区和东区三水平布置了数十个疏放寒灰水钻孔。平禹一矿 2013～2015 年矿井涌水量如表 3-25 和图 3-67 所示，在全矿当前 $2000m^3/h$ 的排水量中，$1700m^3/h$ 的水量来自于疏放寒灰水钻孔，这部分水量水质很好，能够用管道输送至净水水仓，再通过专门管道排至地表。经沉淀净化、消毒等简单处理后，便可作为矿区及周边居民生活饮用水。按照 75%的保证率，可以作为矿区及周边居民生活饮用水利用的优质矿井排水量为 $1300m^3/h$。

表 3-25 平禹一矿 2013～2015 年矿井涌水量统计表

| 年份 | 月份 | 西区涌水量/(m³/h) | 东区涌水量/(m³/h) | -415m 水平涌水量/(m³/h) | 总涌水量/(m³/h) |
|---|---|---|---|---|---|
| 2013 | 1 | 2010 | 825 | 0 | 2835 |
| | 2 | 2010 | 832 | 0 | 2842 |
| | 3 | 2355 | 675 | 0 | 3030 |
| | 4 | 2211 | 663 | 0 | 2874 |
| | 5 | 2201 | 661 | 0 | 2862 |
| | 6 | 2150 | 682 | 0 | 2832 |
| | 7 | 2020 | 688 | 0 | 2708 |
| | 8 | 2185 | 693 | 0 | 2878 |
| | 9 | 2055 | 743 | 0 | 2798 |
| | 10 | 2025 | 729 | 0 | 2754 |
| | 11 | 2000 | 736 | 0 | 2736 |
| | 12 | 1950 | 762 | 0 | 2712 |
| 2014 | 1 | 1918 | 777 | 0 | 2695 |
| | 2 | 1876 | 969 | 0 | 2845 |
| | 3 | 1859 | 986 | 0 | 2845 |
| | 4 | 1815 | 985 | 0 | 2800 |
| | 5 | 1800 | 880 | 0 | 2680 |
| | 6 | 1850 | 635 | 195 | 2680 |

续表

| 年份 | 月份 | 西区涌水量/(m³/h) | 东区涌水量/(m³/h) | -415m 水平涌水量/(m³/h) | 总涌水量/(m³/h) |
|---|---|---|---|---|---|
| 2014 | 7 | 1845 | 590 | 261 | 2696 |
|  | 8 | 1800 | 585 | 300 | 2685 |
|  | 9 | 1786 | 449 | 455 | 2690 |
|  | 10 | 1602 | 483 | 588 | 2673 |
|  | 11 | 1593 | 442 | 102 | 2137 |
|  | 12 | 1560 | 425 | 146 | 2131 |
| 2015 | 1 | 1537 | 398 | 325 | 2260 |
|  | 2 | 1508 | 377 | 430 | 2315 |
|  | 3 | 1467 | 368 | 506 | 2341 |
|  | 4 | 1428 | 357 | 580 | 2365 |
|  | 5 | 1400 | 335 | 599 | 2334 |
|  | 6 | 1356 | 329 | 671 | 2356 |
|  | 7 | 1329 | 306 | 731 | 2366 |
|  | 8 | 1311 | 274 | 770 | 2355 |
|  | 9 | 1263 | 272 | 774 | 2309 |
|  | 10 | 1230 | 255 | 755 | 2240 |
|  | 11 | 1197 | 238 | 571 | 2006 |
|  | 12 | 1231 | 228 | 560 | 2019 |

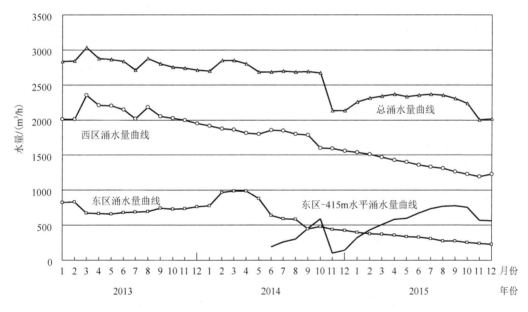

图 3-67 平禹一矿 2013~2015 年矿井涌水量动态曲线

### 3.6.4 矿井排水的资源化利用途径

1. 国内矿井排水资源化途径

目前，国内矿井排水资源化的途径包括：①井下实行清水污水分流，清水经过简单处理后直接利用；②农业灌溉；③矿井水净化处理后利用。

(1) 井下实行清水污水分流，清水经过简单处理后直接利用。华北石炭-二叠系岩溶型煤田煤层底板岩溶水是矿井水的重要来源，发生岩溶水突水或从疏放钻孔、泄水巷流入矿坑的岩溶水，未在采煤巷道或采空区长距离流动且没有与其他矿井水混合时，其水质保持天然水质，可以直接作为生产和生活用水。煤矿可将直接从含水层中流出并未受污染的地下水，与从采空区或工作面流出的被污染矿井水分开排放，将清水排至地面简单处理后加以利用。

(2) 农业灌溉。资料显示，我国煤矿目前约有80%的矿井的矿井水悬浮物(SS)浓度小于300mg/L，可以达到《污水综合排放标准》中规定的新、改、扩建二级排放的要求。对于含一般悬浮物矿井水，SS小于200mg/L，一般可满足《农田灌溉水质标准》(GB 5084—2005)。华北石炭-二叠系岩溶型煤田各煤矿涌水量都较大，水质普遍较好，这为煤矿周边农田灌溉提供了水源条件。焦作矿区在20世纪70~80年代，利用矿井水灌溉农田近10万亩，取得较好的社会效益。

(3) 矿井水净化处理后利用。从空间角度，矿井水净化处理工程主要分为两类：地面处理工程和井下处理工程。前者是井下各处产生的矿井水经巷道汇集到矿井的中央水仓，由中央泵房将混合的矿井水提升至地面，在地面建净化站处理，达标后再分别输送到各用水部门使用；后者是在矿井水进入中央水仓前，经过井下净化站处理，达标后进入中央水仓，中央泵房再将清水输送到各用水部门使用。地面处理工程的优点是集中统一处理，水质相对稳定，能适应大规模处理的需要。缺点是对矿井各处产生的矿井水不能做到"优水优用，劣水劣用"；中心水仓因淤积需定期清理，中心泵房负荷重，水泵因腐蚀或堵塞而寿命缩短，管道因井下长距离输送需承受较大的压力，在处理成本中，动力费用占很大比例。井下处理工程的优点是分散处理，工艺灵活多样，可以做到水质分级使用，动力消耗低，初期基建投资低，设备寿命相对较长，适合小规模处理的需要。缺点是水质不稳定，常引起处理效果的恶化，管理费用高，需建设多套输水管路和处理设施。

2. 平禹一矿矿井排水资源化利用

为提高矿井排水利用水平，结合平禹一矿疏放水工程，将矿井的疏水降压和矿井排水的资源化利用结合在一起，在井下实施了矿井水分类外排，实现了优水优用，并向矿区周边居民供水，使优质的矿井排水经过简单处理后作为生活饮用水。实现途径如下。

(1) 将西井和东井车场泄水钻孔的洁净岩溶水通过专用管道送至东井车场清水仓，经清水泵房及清水管路抽至地面，送至水处理厂进行处理。一部分水经过深度处理后，制成瓶装矿泉水和桶装矿泉水，作为平禹一矿职工饮用水，利用量100$m^3$/h。剩余洁净岩溶水经过简单沉淀消毒处理后，用专门管道输送至煤矿及周边居民区，作为生活饮用水加以利用。往周边村镇铺设供水管路八条，其中桐树张村两条(管径$\Phi$100mm)，关庄村一条(管径$\Phi$100mm)，岗王村三条(管径$\Phi$100mm)，长葛市两条(管径$\Phi$500mm)，桐树张村、关庄村、岗王村利用清水350$m^3$/h，长葛市利用清水550$m^3$/h。洁净岩溶水直接利用量为1000$m^3$/h，约占矿井排水总量的50%。

(2) 把混有煤岩粉的普通矿井水通过泵房排至地面水净水池，作为平禹一矿洗煤厂生产用水，这部分利用量为400$m^3$/h。

(3) 剩余600$m^3$/h矿井排水经过沉淀处理后，排放至周边灌溉渠道，用于农业灌溉。

在当前2000$m^3$/h总排水量中1000$m^3$/h的洁净岩溶水被作为生活饮用水加以利用，

400m³/h 的一般矿井水被洗煤厂利用，直接利用率达到 70%，其余 600m³/h 被排放至灌溉渠道中，作为农业灌溉用水，平禹一矿矿井排水利用情况见表 3-26。

表 3-26 平禹一矿矿井排水利用情况统计表

| 序号 | 用水类型 | 实际用新鲜水量/(m³/h) | 矿井水来源 |
|---|---|---|---|
| 1 | 平禹一矿周边居民及矿泉水厂利用洁净岩溶水 | 100 | 平禹一矿三采区和五采区钻孔疏放的岩溶水 |
| 2 | 桐树张村、关庄村、岗王村利用洁净岩溶水 | 350 | 平禹一矿三采区和五采区钻孔疏放的岩溶水 |
| 3 | 长葛市利用洁净岩溶水 | 550 | 平禹一矿三采区和五采区钻孔疏放的岩溶水 |
| 4 | 平禹一矿洗煤厂生产用水 | 400 | 平禹一矿日常生产排水 |
| 5 | 外排农业灌溉利用量 | 600 | 平禹一矿日常生产排水 |
| 合计 | | 2000 | |

# 第4章 "三软"煤层深孔注水技术

深孔注水技术是被动防尘措施向主动防尘措施转变的一次重大突破,注水后煤层含水量增加,水湿润了煤体内的原生煤尘,使其失去飞扬能力,并有效地包裹煤体的细小部分,当煤体破碎时,避免了细粒煤尘的飞扬。水的湿润作用使煤的塑性增加,脆性减弱,当煤体受外力作用时,许多脆性破碎变为塑性变形,因而大量减少了煤体破碎为尘粒的可能性,降低了产尘量。同时,由于煤层经过水的充分湿润后,其原生结构发生变化,塑性增加,能有效控制煤壁片帮,防止冒顶事故的发生,有利于工作面的顶板管理。

平禹一矿为"三软"煤层,煤体松软破碎,硬度低,工作面在回采和掘进期间产尘量较大,综合防尘一直是矿井一通三防管理工作中的难题,特别是综采放顶煤工作面,正常生产期间工作面及回风巷粉尘飞扬,最高粉尘浓度达到28.95mg/m$^3$,危害了职工的身心健康。同时,由于煤体破碎,工作面在割煤期间极易出现连续大面积的煤壁片帮现象,单独维护治理煤壁片帮,每班就需要抽调3~5人耗时2h以上,严重制约了安全生产。为降低回采作业期间的产尘量,消除煤壁片帮,改善井下劳动条件,进一步优化综采工作面回采工艺,保证安全高效生产,结合矿井实际,通过现场摸索、查阅资料和不断总结,采取以本煤层深孔注水技术为主的治理优化手段,最终实现了综采放顶煤工作面安全高效生产。

## 4.1 煤层注水除尘及固结的微观机理

### 4.1.1 煤层注水除尘机理

1. 煤尘产生的来源

煤矿在开拓、掘进、采煤、运输及提升各个生产环节中,随着岩体和煤体的采动破坏,产生大量的粉尘(李崇训,1981;杨胜强,2007)。也就是说在煤炭开采的整个过程中,几乎所有工作场所都存在粉尘污染的问题。在煤层尚未开采之前,煤的内部有许多裂隙中就已经存在着一些煤尘。这些煤尘是由于煤层受挤压或在开采前受地层集中压力的作用而产生的,它们和裂隙同时形成并存在于这些裂隙之中,随着煤层的开采和破碎而进入井下空间,这些煤尘称为原生煤尘。岩尘主要产生于岩石或半岩掘进工作面。岩巷中风钻打眼将岩石粉碎为极细的颗粒,形成高浓度的飘浮的粉尘。在采煤工作面放顶或移动支架时也会产生大量煤岩尘。还有一部分煤尘是在煤炭开采过程中因煤岩的破碎而产生的,这些煤尘称为次生煤尘。研究表明,井下粉尘的主要来源为开采过程中产生的次生煤尘,而不是由地质作用形成的原生煤尘。

采煤过程中,煤炭相互碰撞而破碎,在装煤、运输和转载过程中还会继续碰撞破碎,不断产生煤尘。随着机械化程度提高和合理集中生产,煤尘的生成量也更大、更集中。在现代化煤矿中,煤尘的生成量可以达到煤炭产量的 3%。根据相关部门的统计,综合机械化采煤产生的粉尘中的煤尘是开采过程中生成的,其次是运输系统中的各转载点,另外,井下巷道施工用的粉状材料有时会成为高浓度的有害粉尘。例如,在掘进工作面进行锚喷作业时,喷射水泥砂浆或混凝土就会产生大量的水泥和砂粒粉尘,它已经成为掘进工作面的主要粉尘来源之一。

2. 除尘的机理

1)润湿煤体内的原生煤尘

在煤体内部各种裂隙、孔隙中,多少都会存在着原生煤尘,伴随着煤体破碎在矿井空气中飞扬。在水进入煤体裂隙后,可在煤体未破碎前将其中的原生煤尘预先润湿,使其失去飞扬的能力,从而有效消除尘源。

2)有效地包裹煤体的每一个细小部分

水进入煤体各类层理、裂隙和空隙之中,不仅在较大的层理、节理和构造裂隙中充满水,而且在孔径细微的孔隙内部都存在注入的水,甚至在以下的微孔隙中有靠毛细吸附作用而吸附的水,这样就有效地将整个煤体用水包裹起来了。当开采煤体破碎时,因绝大部分破碎面预先得到湿润,因而减少了细微粉尘的飞扬,即便煤体破碎的粒径极小,渗流于细微孔隙中的水也能使之预先润湿,预防浮游煤尘产生。

3)改变煤体的物理力学性质

煤层注水后使煤体塑性增强,脆性减弱,改变了煤的物理力学性质。水进入煤层后,还可以使煤体摩擦角和内聚力降低,改善煤体应力集中及支承压力和上覆岩层对煤体的影响。当煤体受到外力作用时,许多脆性破碎变为塑性变形,因此大大增强了煤体不被破碎为尘粒的能力,减少了粉尘的产生量。合理地采用煤层注水防尘,粉尘的产生量比综合采用其他多种防尘措施时低数倍,落煤效率可提高。在自然界里可以发现一些天然湿润的煤层,开采时产生的粉尘量都比较少,在有的自然含水率大的煤层中,不需要采用任何降尘措施,就可以保证工作面粉尘浓度达到规定的排放标准。但在一些比较干燥的煤层中,即使开采时采用注水技术使注水量达到和自然含水量一样的标准,也绝不可能达到相同的防尘效果。研究表明,当煤体的水分增加率达 1%以上时,进行煤炭开采时的降尘率可达 50%以上。

4)附带的连续防尘作用

落煤前对煤体的预先湿润,对装载、运输、提升到地面等煤炭生产环节均起到一定的防尘作用。采煤工作面是粉尘产生量最高的地方,采煤过程中如果采用煤层注水,可以降低整个开采系统中的粉尘产生量,防止粉尘飞扬、沉积和再飞扬,较好地改善整个矿井危害的情况。通过煤层注水预先进行湿润煤体,在整个矿井生产环节中都具有连续防尘作用。不仅在落煤破碎时可以减少粉尘的产生量,而且在破碎过程中具有防尘作用,而其他的降尘技术多数为局域性措施,不具备这种连续防尘作用。

## 4.1.2 煤层注水对软煤固结的微观机理

通过分析湿煤颗粒间的作用力和微观分子力学对湿煤颗粒的作用,并构建湿煤颗粒间的液桥力模型,分析液桥力促进湿煤颗粒固结的微观作用机理,来说明在合理水分情况下对煤颗粒间的团聚固结作用(焦杨等,2014;李滕滕,2017)。

1)湿颗粒间的主要微观作用力

颗粒的主要分子间相互作用力主要包括以下几种。

(1)静电库仑力：煤颗粒间的静电库仑力是颗粒自身带电离子层相互作用影响的结果。当煤颗粒间相互运动时，带电层内的电子相互转移。相对运动导致电子电动势不同，根据不同的电动势和相互运动的结果，电荷在颗粒间集聚转移。电荷的不均匀分布，使得某些颗粒或者带正电荷或者带负电荷，颗粒间因此就存在作用力，这就是静电力。

(2)范德瓦耳斯力：是广泛存在于分子间的相互吸引的力。物质状态的转化，说明分子间存在某种作用力，这种力就是范德瓦耳斯力。范德瓦耳斯力对物质的物理学性质有着重要影响。范德瓦耳斯力一般随着分子相对质量的增加而增加，随着分子半径的增大而增大，并且当分子间的间距减小时，分子间的范德瓦耳斯力相对增大。

(3)液桥力：液桥力一般认为是液体表面张力和毛细孔力的外在表现。当颗粒间的空隙有水分凝结时，颗粒之间就通过桥链状态的液体连接。颗粒体表面的水分增多后，颗粒连接的接触点形成环装液体桥，此时就开始产生液桥力。液桥可以加速颗粒体的团聚，随着水膜的增厚、液桥的增多，颗粒体间的液桥形成多种不同的液桥状态。颗粒体的分离，首先是液桥的断裂，因此液桥的产生将对颗粒体的分离造成困难。

(4)机械力：煤颗粒间的机械力是指煤颗粒通过相互挤压紧密结合嵌入，这使得颗粒与颗粒间的机械摩擦力增大。机械力的大小与挤压力有紧密关系。煤颗粒通过挤压，细小的颗粒进入颗粒间隙中，填充孔隙，并且增加了煤颗粒接触的表面积，从而增大了接触的摩擦力。

颗粒间主要作用力与颗粒自身质量的量级比较如表 4-1 所示。

表 4-1　颗粒间主要作用力与颗粒自身质量的量级比较(李战军，2004)

| 颗粒粒径/μm | 静电力/N | 范德瓦耳斯力/N | 液桥力/N | 颗粒质量/kg |
| --- | --- | --- | --- | --- |
| 0.1 | $6\times10^{-15}$ | $4\times10^{-12}$ | $1.7\times10^{-8}$ | $5\times10^{-35}$ |
| 1 | $6\times10^{-13}$ | $4\times10^{-11}$ | $1.7\times10^{-7}$ | $5\times10^{-15}$ |
| 10 | $6\times10^{-11}$ | $4\times10^{-10}$ | $1.7\times10^{-6}$ | $5\times10^{-12}$ |
| 100 | $6\times10^{-9}$ | $4\times10^{-9}$ | $1.7\times10^{-5}$ | $5\times10^{-9}$ |

从表 4-1 可以看出，对于湿煤颗粒，在同等粒径情况下，颗粒间的液桥力要比静电力和范德瓦耳斯力大出几个数量级。因此在考虑其他外在因素的情况下，湿煤颗粒间的团聚力主要是颗粒间的液桥力。

2)煤颗粒间的液桥力模型

(1)液桥力理论。

颗粒间的液体经过凝结，产生环状液桥架，因而颗粒间产生液桥力。液桥的液体含量与液桥力的大小有着密切关系。颗粒间的液桥含量用饱和度表示，可用式(4-1)表示：

$$S=\frac{V_L}{V_T} \tag{4-1}$$

式中，$S$ 为饱和度；$V_L$ 为颗粒间液体的体积；$V_T$ 为颗粒间的孔隙体积。

颗粒间液体的饱和度影响颗粒间的液桥力，根据液体饱和度将煤颗粒间的液桥状态进行分类，分类类型如表 4-2 所示。

液体在煤颗粒表面集聚凝结成水膜，在颗粒间隙水膜连接成为环状桥架的液桥。随着水膜的增厚，液桥逐渐增多，产生液桥力。液桥体积的变化影响液桥力的变化，液体体积并不是越多就代表液桥力越大，当液桥体积处于适量状态时，液桥之间的连接类似于链索状态或者网状状态时，液桥力的作用效果最明显。当煤颗粒发生相对移动时，首先就必须挣脱链索状的液桥，使液桥结构发生断裂。液桥的断裂需要更大的力和更多的做功。可以看出，液桥力对湿煤颗粒的团聚和集聚有着促进作用。

表 4-2 颗粒间液体的饱和度与液桥状态的对应关系

| 液体的饱和度 | 液桥状态 | 示意图 | 物理作用机制 |
| --- | --- | --- | --- |
| 0 | — | 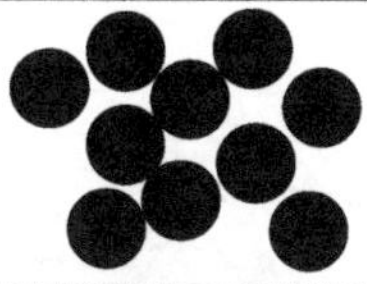 | 颗粒间没有液桥力 |
| $S<30\%$ | 摆动状态 | 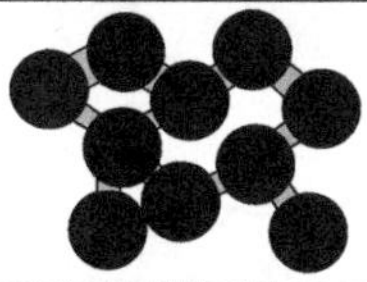 | 颗粒接触点间存在环状的液桥，液相不连续，液桥比较细长 |
| $30\%<S<70\%$ | 链索状态 | 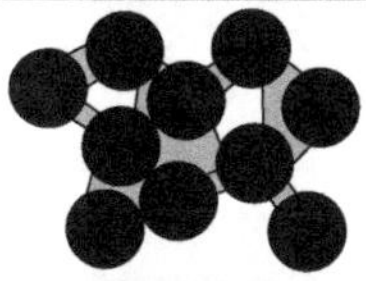 | 随着液体的增多，环状液桥增多，液桥之间相互连接成网状，液桥力增大 |
| $70\%<S<100\%$ | 毛细管状态 | 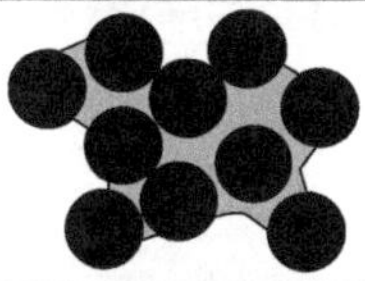 | 颗粒间的孔隙被液体充分充满，液桥力显著增大 |
| $S<70\%$ | 浸润状态 | 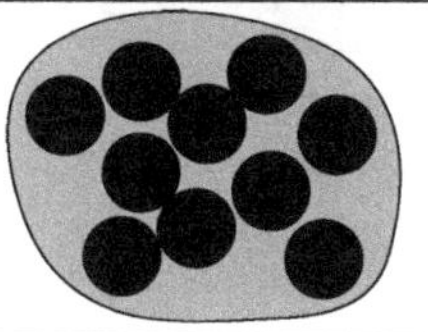 | 煤颗粒被液体完全浸润起来，以自由液面形式存在，颗粒间没有黏结力 |

(2) 煤颗粒间液桥力的计算模型。

湿煤颗粒间的液桥力归根到底是颗粒孔隙间所连接的液体表现出的物理力学性质。液桥是液相的桥架，因此液桥的压力差是液桥力产生的直接原因。当液桥形成时，液体的表面张力和黏性阻力造成液压差。液桥内部仅仅在表面张力和毛细压差的作用下形成的液桥力是静态液桥力；当湿煤颗粒发生相对运动时，液体黏性使得液桥拉伸而产生的液体黏性阻力是动态液桥力。

在不考虑液体其他性质及两煤颗粒其他作用力影响的情况下，假设两个等径圆煤颗粒之间充填有一定液体，分析煤颗粒之间的液桥力。相同半径的颗粒与颗粒之间的液桥模型如图 4-1 所示。

式(4-2)为颗粒间的静态液桥力表达式：

$$F_{\text{cap}} = 2\pi\rho_2 - \pi\rho_2^2 \gamma \left[ \frac{1}{\rho_1} + \frac{1}{\rho_2} \right] \tag{4-2}$$

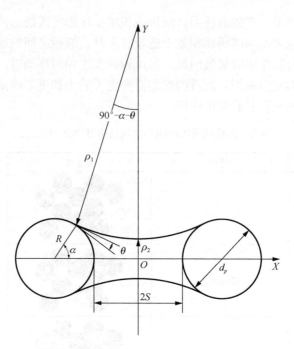

图 4-1 相同半径的颗粒与颗粒之间的液桥模型图

当煤颗粒发生相对位移时,动态液桥力可用式(4-3)表示:

$$F_{vis} = \frac{3}{2}\pi\mu R^2 \left[1 - \frac{S}{H(b)}\right]^2 \frac{1}{S}\frac{dS}{dt} \tag{4-3}$$

因此颗粒间总液桥力是式(4-2)和式(4-3)之和,其表达式为

$$F_{tot} = 2\pi\rho_2 - \pi\rho_2^2\gamma\left[\frac{1}{\rho_1} + \frac{1}{\rho_2}\right] + \frac{3}{2}\pi\mu R^2\left[1 - \frac{S}{H(b)}\right]\frac{1}{S}\frac{dS}{dt} \tag{4-4}$$

其中,

$$\rho_1 = \frac{S + R(1-\cos\alpha)}{\cos(\theta+\alpha)}$$

$$\rho_2 = R\sin\alpha - \frac{[1-\sin(\theta+\alpha)][S+R(1-\cos\alpha)]}{\cos(\theta+\alpha)}$$

$$H(b) = S + \frac{b^2}{R}$$

式中,$S$ 代表煤颗粒间的距离;$dS/dt$ 代表煤颗粒间的滑动速率;$b$ 代表煤颗粒被润湿的周长;$\alpha$ 代表半填充角;$\theta$ 代表液桥与煤颗粒的接触角;$\rho_1$ 代表液桥轮廓的曲率半径;$\rho_2$ 代表液桥颈部的曲率半径。

3) 水分对粉煤堆积角的影响

堆积角反映了散体颗粒堆积体综合作用的宏观特性,是散体自组织临界性的体现,是堆积体稳定性的指标,其大小主要受颗粒粒径和含水率的影响。堆积体内部颗粒是稳定的,只有在其表面的颗粒在自重影响下，可能从表面滑落，导致堆积体失稳，堆积体重新平衡后，堆积角不再变化，此时，斜面上的颗粒在重力和斜面对其沿垂直斜面方向压力、沿斜面向上的摩擦力共同作用下处于平衡。

李滕滕(2017)对不同含水率的堆积角进行了研究，结果如图4-2所示。

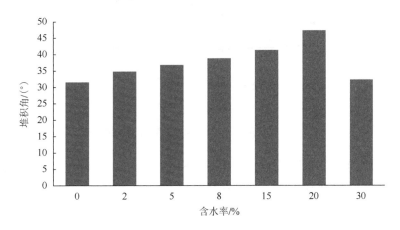

图4-2 煤颗粒堆积角随含水率变化的趋势

从图4-2可以看出，随着含水率的增大，煤颗粒的堆积角呈现出先增大后减小的趋势，并且在含水率处于15%~20%时，煤颗粒的堆积角达到最大。试验表明，合理的水分对干燥煤颗粒有促进其团聚的作用，当水分超过这个合理的水分时，水分对煤颗粒的团聚作用减弱。根据颗粒间的液桥力理论分析，干燥煤颗粒添加的水分在合理水分之前时，随着含水率的增大，煤颗粒间形成的液桥数增多，颗粒间隙的液桥体积增大，液桥力增大，液桥促进煤颗粒的团聚，黏结力增大，颗粒的分离意味着需要更大力和做更多的功，煤颗粒堆积体表现出更强的稳定性，更容易成型；当干燥煤颗粒添加的水分超过合理水分之后，颗粒间的液桥体积继续增大，将颗粒体逐渐包裹浸润在液体中，颗粒间的黏结力逐渐减小，煤颗粒堆积体的整体性下降，容易失稳破坏。对湿煤颗粒堆积角的研究，从宏观的角度反映出颗粒间的液桥力对煤颗粒团聚的作用效果。

4) 水分对型煤力学特性的影响

李滕滕(2017)通过对不同含水率的型煤力学特性进行了研究，得出以下主要结论。

(1)煤样的成型水分含量为7%时，单轴破坏应力最大为0.821MPa，当成型水分为2%时，型煤的单轴抗压强度最小，为0.543MPa。根据图4-3可以看出，随着成型水分的增大，型煤样的强度呈现先增大再减小的趋势。合理的成型水分有助于粉煤的成型。型煤弹性模量随成型水分含量的增加，呈现先增大后减小的趋势。当含水率在7%时，型煤的弹性模量是最大值，为1.332GPa。泊松比随含水率的增大呈现先减小后增大的趋势，最小为0.267。单轴试验表明，型煤在合理的含水率条件下，单轴破坏应力有所提高，弹性模量增大，型煤刚度略有加强，在超过合理的含水率情况下，型煤弹性模量减小，泊松比加大，型煤塑性提高。

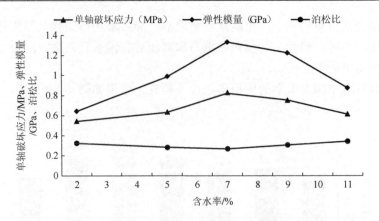

图 4-3  不同含水率型煤单轴压缩试验测定结果

(2)通过求解不同成型水分型煤在不同围压下的内聚力和内摩擦角,得出了内摩擦角和内聚力随成型含水率的变化规律,如图 4-4 和图 4-5 所示。随着含水率的增加,内聚力及内摩擦角呈现凸型抛物线,即存在一个合理的成型水分使内聚力及内摩擦角达到最大。内聚力及内摩擦角反映型煤样抗剪强度的性质,因此通过添加合理的水分,可以提高型煤试样的抗剪强度。

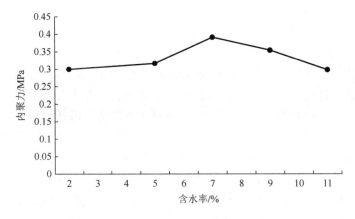

图 4-4  不同含水率型煤内聚力测定结果

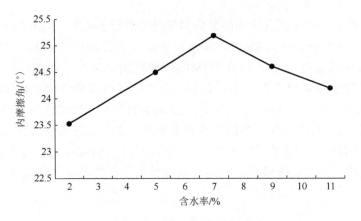

图 4-5  不同含水率型煤内摩擦角测定结果

通过对煤层注水除尘机理分析、水分对软煤固结的宏微观的理论与试验分析，可以得出：合理水分含量能够有效地防止煤尘含量并促进粉煤的固结，为在"三软"煤层放顶煤开采过程中，采用深孔注水降低回采过程中煤尘生成量、防止煤壁片帮提供了依据。

## 4.2 注水设备及参数设计

### 4.2.1 打钻、封孔、注水设备

合理地选用设备是降低生产成本、提高劳动效率的关键。在二$_1$-13072综采放顶煤工作面和二$_3$-15040工作面的深孔注水过程中，使用ZDY3200型深孔钻机虽然能够满足施工的需要，但设备过于笨重，不易拆装，迁移困难，在现场施工中需要6人用4h来完成钻机和注水泵的迁移及调试工作，严重制约着钻探效率。根据二$_1$煤层的特性，经过理论分析，决定放弃ZDY3200型深孔钻机，采用ZDY4000R型钻机。ZDY4000R型钻机是一种低转速、大扭矩、能够钻进大口径孔的全液压坑道钻机，具有结构合理、技术性能先进、工艺适应性强、操作省力、安全可靠、解体性好、搬迁方便等优点。改用该型钻机后，迁移和调试钻机仅需4人用2h就能完成，大大提高了劳动效率，同时还降低了工人的劳动强度。

在钻杆方面，继续采用$\Phi$73mm三棱螺旋中空钻杆进行打钻。三棱中空螺旋钻杆主要是圆形钻杆、螺旋钻杆的替代品，采用的是三棱圆弧凸棱形中空合金钢管结构，以其特有的传动连接方式，有效地解决了应力集中的问题。三棱螺旋中空钻杆在钻进过程中，对煤渣有效地搅拌使钻孔内钻渣围绕钻杆做轴向运动，并使钻渣得到粉碎和扬起，使之处于悬浮状态，而不会出现沉淀、堆积。在旋转径差的作用下，形成三棱钻杆对钻孔壁连续的腻抹加固。三棱形快插连接方式方便倒转，根据钻进情况适时倒转和退钻，因而极大地减少了塌孔造成钻杆抱死的现象。

在封孔方面，利用注浆泵高于2MPa的压力进行动压注浆封孔。动压封孔能够有效地充填在打钻期间生成的钻孔周围的裂隙，提高封孔成功率，选用水泥砂浆封孔的方式及时封孔，减少了材料费用的支出。具体就是：封孔段以下为注水管（花管）。在封孔段下端（15m位置处）捆扎棉纱，捆扎棉纱距离不小于0.5m，捆扎好的棉纱应呈马尾状，避免将棉纱捆扎成一团，造成钻孔封孔段堵塞不严，少量水泥浆渗漏对注水管产生影响，封孔段封孔时从注水管外侧向孔内灌浆，用水泥与水1∶2的比例进行灌浆封堵（封至距空口3m时，可在水泥砂浆内掺入少量速凝剂），封孔时浆液应由稀到稠。

在注水方面，注水钻孔形成以后，能够简化深孔注水程序，缩短注水时间，这是提高注水成果的关键因素。在二$_1$-13072综采放顶煤工作面和二$_3$-15040工作面的深孔注水过程中，采用移动YBZ-100L型号注水泵提供动压注水配合工作面静压注水，这种注水方式从实际的注水效果来看：一是注水泵太大、太重，迁移困难，并且影响巷道的运输工作；二是注水泵迁移困难就需要利用铺设管路和静压注水来弥补，造成管路众多，管理难度大，影响文明生产；三是静压注水需要时间过长，严重制约着注水效率，往往一个孔要达到设计注水量，要在孔形成之后不间断静压注水直到采面开采。鉴于以上两个工作面遇到的问题，二$_1$-13110工作面改用BRW200/31.5型乳化液泵，在巷道内铺设一趟动压管路，专门给采面深孔和浅孔注水提供动压，淘汰静压注水，在不低于16MPa的供给压力情况下，间歇性注水达到160h就

能达到设计注水量,大大提高了注水效率。

二$_1$-13110 工作面深孔注水采用的设备如下。

钻机:ZDY4000R 型全液压坑道钻机。

钻杆:Φ73mm 三棱螺旋钻杆。

钻头:Φ75mm 钻头。

注水泵:BRW200/31.5 型乳化液泵。

封孔注浆泵:ZBQ-8/2 型气动注浆泵。

注水压力流量表:SGS 双功能高压水表。

配套附件:Φ16mm 高压软管等。

### 4.2.2 钻孔参数

(1)首孔位置:设计在二$_1$-13110 工作面风巷下帮沿工作面倾向垂直于煤壁施工下行钻孔;首孔选择在距切眼 20~50m 位置(经现场实际摸索后,可根据煤层赋存及打钻、注水和工作面生产组织等实际情况进行确定和调整)。

(2)钻孔间距:钻孔间距为 10m(钻孔间距取决于煤层的透水性、煤层厚度及封孔工艺、注水压力等综合因素,由于各矿井地质条件不一,可根据本矿井实际情况摸索后,科学合理选择)。

(3)钻孔深度:该工作面倾斜长度 126m,按照《长钻孔煤层注水方法》(MT 501—1996)要求保留工作面下段煤体宽度 20~40m(考虑巷道松动泄压范围 15m),钻孔设计孔长确定为 85m±5m。

(4)钻孔倾角:钻孔倾角与煤层倾角一致(随工作面地质条件和回采条件变化及时调整,施工时考虑钻杆自重下垂,下行钻孔施工时一般小于煤层实际倾角 2°)。

(5)钻孔直径:采用 Φ73mm 三棱螺旋钻杆配合 Φ75mm 钻头。

(6)封孔工艺:采用 ZBQ-8/2 型气动注浆泵动压封孔,封孔压力不低于 2MPa。

封孔材料:水泥砂浆(膨胀水泥)。

封孔长度:下管长度 30m,其中孔口以里 5~15m 为封孔段。

(7)注水量:单孔注水量 $Q$ 按式(4-5)计算:

$$Q = LBh\gamma q \tag{4-5}$$

式中,$Q$ 为单孔注水量,m$^3$;$L$ 为钻孔深度,m;$B$ 为钻孔间距,m;$h$ 为开采厚度,m;$\gamma$ 为煤的容重,t/m$^3$;$q$ 为吨煤注水量,m$^3$/t。

单孔注水量 $Q$ 计算:$L$ 为钻孔深度,$L$=85m-15m-5m=65m(减去封孔段长度,考虑注水湿润半径 5m);$h$ 为开采厚度,取 $h$=2.5m(采面采高);$\gamma$ 为煤的容重,$\gamma$=1.34t/m$^3$;$q$ 为吨煤注水量,取 $q$=0.02m$^3$/t。根据钻孔参数计算得出当钻孔间距为 10m 时,单孔注水量为 43.55m$^3$。

$$Q = LBh\gamma q = 65 \times 10 \times 2.5 \times 1.34 \times 0.02 = 43.55(m^3)$$

(8)注水时间:在实际注水过程中,受采动和巷道松动圈范围的限制等,单孔注水量一次很难达到设计要求。为保证注水量达标,往往需要不断提高注水压力,但只一味地提高注水压力并不能有效解决该问题,我们在这个问题上的做法如下。

① 控制注水时的最大注水压力,注水时泵站压力调整在 8~10MPa,孔口压力控制在

6MPa 以下，防止因注水压力过大出现管路接头爆裂、破坏封孔效果，引发注水孔漏水，同时注水压力达到 6MPa 时，注水流量开始衰减直至衰减为 0。

② 采用反复、循环、多轮的方法进行注水，反复、循环、多轮的意思是指：若一号孔注水因注水流量衰减而达不到设计注水量停止注水，则连接二号注水孔进行注水，当一号注水孔停止注水 24h 后，重新连接一号注水孔继续注水，直至达到设计注水量；依次类推，直至所有的注水孔全部达到设计注水量要求。

二$_1$-13110 采煤工作面煤层深孔注水示意图如图 4-6 所示。

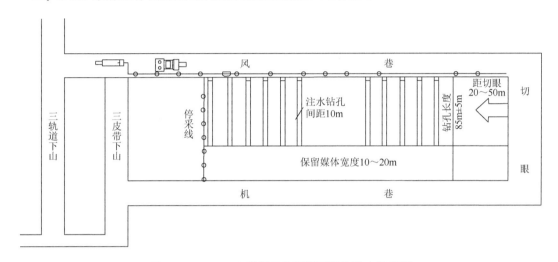

图 4-6  二$_1$-13110 采煤工作面煤层深孔注水示意图

## 4.3 施 工 组 织

成立专职注水队伍，实行"四专"管理，即专业队伍施工、专用设备打钻、专项考核验收、专项资金支持。矿井专门抽调人员在通风维修队成立本煤层深孔注水小组，采用三班连续作业的方式组织施工。

工艺程序化就是通过对作业系统调查分析的探索，尽可能将现行作业方法的每一操作程序和每一动作进行分解，以科学技术、规章制度和实践经验为依据，以安全、质量、效益为目标，对作业过程进行改善，从而形成一种优化作业程序，逐步达到安全、准确、高效、省力的作业效果。本着这样的理念，经过前两次的采面深孔注水的作业程序摸索，以及二$_1$-13110 综采放顶煤工作面前期的深孔注水工作实践，找出最能提高劳动时效的工艺程序，尽可能地降低平行作业期间的相互影响，将工艺程序化工作日趋完善，本书总结了一套现阶段最适合本煤层深孔注水的作业程序，在作业程序中规定标准人员共 18 人，每天下午 4 点负责设备检修、打钻工作 4 人，2 人负责注水；零点负责移动设备、固孔，清理 4 人，2 人负责注水；上午 8 点 3 人负责注水工作，深孔注水工作贯穿整个作业过程(在矿井要求的安全管理中，每班需要增加区队的安全管理人员 1 名)。

二$_1$-13110 采煤工作面深孔注水正规循环图表如图 4-7 所示。

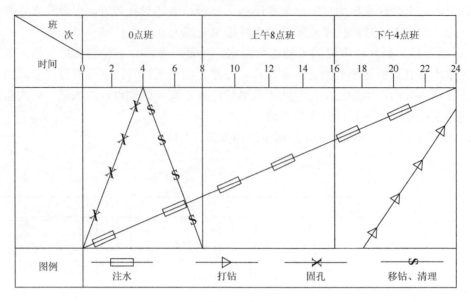

图 4-7  二$_1$-13110 采煤工作面深孔注水正规循环图表

## 4.4 效 果 分 析

通过在平禹一矿实施本煤层深孔注水技术，既增加了煤体强度，提高了生产效率，又有效地减少了工作面产尘量，取得了显著的效果，见图 4-8 和表 4-3。

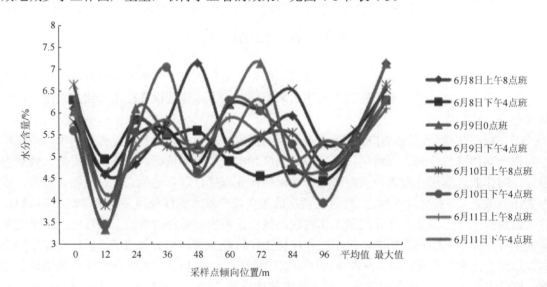

图 4-8  二$_1$-13110 采面深孔注水水分含量化验结果

表 4-3　二$_1$-13110 采面粉尘浓度监测结果表

| 煤尘性质(煤/岩) | 采样工序 | 测定结果 | | | | 国标 | | 注水措施前作业地点粉尘浓度 /(mg/m³) | 粉尘浓度下降率/% |
|---|---|---|---|---|---|---|---|---|---|
| | | 呼吸性粉尘 /(mg/m³) | | 浮游粉尘 /(mg/m³) | | 呼吸性粉尘 /(mg/m³) | 浮游粉尘 /(mg/m³) | | |
| | | 煤尘 | 岩尘 | 煤尘 | 岩尘 | | | | |
| 煤 | 割煤作业 | | | 10.62 | | 2.5 | 4 | 28.95 | 63.3 |
| | 驾驶人操作采煤机 | | | 6.55 | | 2.5 | 4 | 15.28 | 57.1 |
| | 移架 | | | 3.55 | | 2.5 | 4 | 12.6 | 71.8 |
| | 转载作业 | | | 4.26 | | 2.5 | 4 | 13.4 | 68.2 |
| | 回风巷 | | | 4.15 | | 2.5 | 4 | 18.22 | 77.2 |

(1) 煤层含水量增加。工作面注水后煤层含水量最高达到 7.15%，平均达到 5.37%，较注水前的 2.8% 最高增加了 4.35%，平均增加了 2.57 个百分点。

(2) 回风侧粉尘浓度明显下降。工作面割煤期间由原来的 28.95mg/m³ 下降至 10.62mg/m³，降尘率达到了 63.3%。

(3) 优化了工作面回采期间的作业环节，有效防止了由煤壁片帮造成的空顶现象，为采面回采作业解放了生产时间，提高了工作效率，提供了安全生产的保障。

(4) 创造了较好的经济效益。该项技术应用后有效防止了回采和掘进期间的煤壁片帮、冒顶现象，优化了生产环节和环境。

# 第 5 章 "三软"煤层沿底托顶煤快速掘进支护技术

平禹一矿主采煤层为二叠系山西组二$_1$煤层和二$_3$煤层，二$_1$煤层的基本顶为泥岩与细粒砂岩的互层，为典型的复合顶板；二$_1$煤层底板为砂质泥岩，遇水膨胀，巷道沿底煤掘进时，同时受底板承压水的威胁，并且随着采深的不断增加，相当一部分巷道布置在采空区或者紧邻采空区，巷道围岩破碎，巷道支护难度大，特别是在掘进期间的顶板难控制，这些问题严重制约着掘进速度，同时巷道在服务年限内变形快，传统的 U 型钢支护方式很难再满足需求，因此急切需求一种综合的支护措施。

平禹一矿针对以上问题，通过数值模拟的方法找到合理的支护方案，在巷道沿底托顶煤施工期间，在架设金属支架的基础上，采取对工作面顶板上绳和打锚索加固等综合措施，形成的复合支护结构使支护具有一定的弹塑性特性，可为破碎煤体提供有效的结构性约束，能够实现应力强化特性。同时对工作面正前煤体实施超前深孔注水，增加巷道顶板的整体性，有效控制巷道快速变形，实现快速掘进目的，确保一次支护到位。

## 5.1 数值模拟软件简介

FLAC 即快速拉格朗日差分分析(fast Lagrangian analysis of continua)，是由美国的 Itasca 公司开发、基于显式快速拉格朗日差分分析的方法。近些年来，随着计算机水平的快速发展，FLAC 数值模拟软件也不断升级，现在使用的 FLAC$^{3D}$ 软件是在二维有限差分程序 FLAC$^{2D}$ 的基础上发展而来的。FLAC$^{3D}$ 数值模拟软件具有强大的模拟分析功能，现广泛应用于岩土工程等方面，极大地推动了数值计算的发展。FLAC$^{3D}$ 能将岩石、土体和其他材料进行三维结构受力特性模拟及塑性流动分析，其通过调整三维网格中的多面体单元对实际结构进行拟合。目前，FLAC$^{3D}$ 程序已在巷道硐室开挖、岩土力学计算等领域得到广泛应用。

FLAC$^{3D}$ 能够较好地对材料的弹塑性以及大变形进行模拟，因此，应用该软件对巷道围岩的变形情况进行模拟具有一定的可靠性。该软件具有多种材料本构模型，包括三种弹性模型及七种塑性模型，有动力、静力、蠕变、温度、渗流等多种计算模式，且各种模式之间可相互耦合，故可模拟多种结构形式，如岩体、土体或其他介质实体，也可对梁、杆、壳体及其他人工结构进行模拟，如支护、衬砌、锚杆、支架等，也可以模拟复杂的岩土工程力学问题。因此应用比较广泛。该软件操作简单，能够定性地反映巷道围岩的变形特征，近些年来，在采矿工程中得到了广泛的应用。

## 5.2 试验工作面的基本概况

### 5.2.1 工作面概况

二$_1$-13110 工作面位于三采区下山东翼第六个工作面，其位置示意图如图 5-1 所示。该工

# 第 5 章 "三软"煤层沿底托顶煤快速掘进支护技术

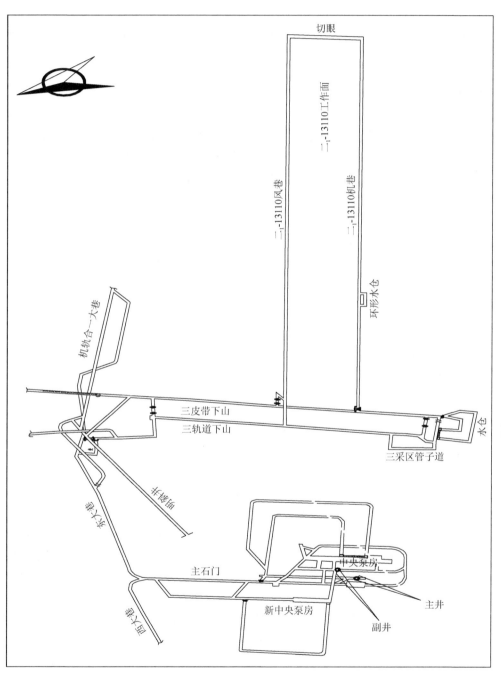

图 5-1 二₁-13110 工作面布置示意图

作面北临二$_1$-13091工作面(已回采)，南临三采区未开采区域，西临三采区皮带下山保护煤柱，东至东井水仓保护煤柱；地面相应位置位于张堂村西侧，连堂村南，郭贾庄以北，地面对应位置为耕地，地面标高132m；该工作面井下标高-328～-316m，该工作面走向长980m(可采走向长820m)，倾斜长126.5m，煤层倾角16°～32°，平均20°，可采工作面积为103730m$^2$，煤厚4.1～5.9m，平均煤厚5m。可采储量为80万t。

### 5.2.2 工作面地质情况

1) 煤层顶、底板情况

煤层厚度4.1～5.9m，煤层倾角平均20°，煤层结构简单，煤层赋存相对较稳定，局部煤层起伏变化较大。煤层底板由砂质泥岩组成，厚度10.5m。煤层顶板由砂质泥岩和中粒砂岩组成，伪顶为厚约0.2m的炭质泥岩，直接顶为9.8m砂质泥岩。

2) 地质构造情况

该工作面区域内煤(岩)层整体为一单斜构造，局部煤层略有起伏。其中机巷210～300m处煤层底板略有起伏，煤厚4.8m，机巷418～500m处巷道底板破岩1.4～2.5m，平均煤层厚度4.4m；风巷360～390m处巷道底板破岩1.4～2.1m，煤层厚度4.1m，800～840m处巷道底板破岩0.6～2.1m，煤层厚度3.8m，870～880m处巷道底板破岩0.6～1.3m，煤层厚度4.8m。

## 5.3 巷道支护数值模拟分析

### 5.3.1 数值模拟方案确立

**1. 模型建立**

平禹一矿二$_1$煤层，埋深约450m，煤层厚度4.1～5.9m，煤层结构简单，煤层赋存相对较稳定，局部煤层起伏变化较大，煤层倾角平均20°，煤层易风化、崩解，呈散体状，承载能力极低。煤层底板由强度较低的砂质泥岩组成，厚度10.5m。煤层顶板由强度较低的砂质泥岩和中粒砂岩组成，伪顶为厚约0.2m的炭质泥岩，局部见二$_3$煤层，直接顶为9.8m砂质泥岩，如图5-2(a)所示。因此，二$_1$煤层回采巷道为典型"三软"煤层巷道。巷道断面形式为拱形断面，净宽4200mm，巷高3500mm。以二$_1$-13110机巷为背景，运用有限差分软件FLAC$^{3D}$建立数值模拟模型。为简化计算，煤层厚度取6m(取最大厚度)，煤层倾角取0°，对模型进行了简化。

除计算模型边界条件上部为垂直荷载边界外，其余各侧面和底面为法向约束边界，计算时按原岩应力场考虑。为了减少边界效应，模型范围取开挖巷道跨度的5倍，可设置模型水平宽度55m，垂直高度50m，巷道轴向深度10m，巷道沿底掘进，本次模拟取托顶煤厚度为2.8m，巷道开挖断面为直墙半圆拱形，直墙高1m，半圆拱半径2.2m。巷道围岩视为各向同性均质岩体，岩层材料采用Mohr-Coulomb屈服准则，大应变变形模式，计算模型按岩体分层建立，与巷道实际所处层位岩层柱状图基本一致。模型的上边界条件施加10.75MPa的应力，模型的底边界和左、右边界采用零位移边界条件，可按以下方式处理：在左、右边界处，模型的水平位移为零，竖直位移不为零，即单约束边界；在下部边界处，模型的水平位移和竖直位移都为零,即全约束边界;上部边界不约束,为自由边界,如图 5-2(b)所示。

| 地层系 | 组 | 层位 | 厚度/m | 模拟厚度/m | 柱状 1:500 | 岩性描述 |
|---|---|---|---|---|---|---|
| 二叠系 | 山西组 | 中粒砂岩 | 8 | 8 | | 浅灰-灰色,成分以石英为主,次为长石和岩屑等 |
| | | 砂质泥岩 | 9.8 | 10 | | 深灰色,含白云母及植化石碎片,中间夹一薄煤层,厚度0.2m,煤层光泽暗淡 |
| | | 二₁煤 | 1.8 | 2 | | 黑色,粉状少量块状,强玻璃光泽 |
| | | 砂质泥岩 | 2.6 | 3 | | 深灰色,薄层状,层面含炭质,具水平层理 |
| | | 二₁煤 | 5.0 | 6 | | 黑色,玻璃光泽 |
| | | 砂质泥岩 | 6 | 6 | | 深灰色泥岩夹细粒砂岩,含植物化石,菱铁质结核 |
| 石炭系 | 太原组 | 砂质泥岩 | 5 | 5 | | 深灰色泥岩,含植物化石,菱铁质结核 |
| | | 上段灰岩 | 10 | 10 | | 灰色,隐晶质,含较多动物化石 |

(a) 二₁-13110工作面综合柱状图

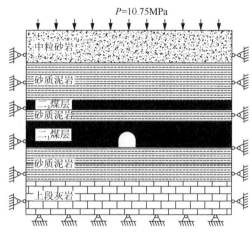

(b) 数值模拟边界条件

图 5-2 数值模拟条件

## 2. 模拟方案

为了重点分析主动支护、被动支护与主被动协同支护在巷道支护中的性能差异,在选取对比方案时略去铁丝网等因素的影响。运用 FLAC³ᴰ 分别模拟了无支护、主动支护(预应力锚杆-锚索支护)、被动支护(原支护即 U 型钢支护)、主被动协同支护(锚杆-锚索-U 型钢协同支护)四种方案的支护情况,如图 5-3 所示。

(a) 无支护

(b) 被动支护

(c) 主动支护

(d) 主被动协同支护

图 5-3 模拟方案

## 5.3.2 巷道不同支护方式数值模拟

巷道围岩的变形破坏直接影响矿井的安全与生产，对巷道进行支护的目的就是防止围岩变形。此次模拟将从水平位移、垂直位移、水平应力、垂直应力和塑性区的分布特征五方面来分析其稳定性及支护效果的不同。

**1. 不同支护条件下巷道围岩位移变化规律**

通过 FLAC$^{3D}$ 软件计算，得到了巷道分别在无支护、被动支护、主动支护和主被动协同支护四种支护状态下的水平位移、垂直位移分布。

1）水平位移

观察到不同支护方式下水平位移分布特征较为类似，都类似于蝴蝶状。巷道左、右两帮水平位移比较对称，体现了左右两帮水平位移关于巷道中心垂直轴线对称分布的特性。其中，巷道左侧位移向右，数值为正，形状类似于向右开口的大写字母"C"，右侧位移向左，数值为负，形状则类似于向左开口的大写字母"C"。

由图 5-4(a)可知，巷道在无支护状态下，最大水平位移量达 239mm，位于两帮的中部，对矿井的安全生产有严重影响，必须进行相应的支护。

由图 5-4(b)可知，巷道在被动支护状态下，水平位移较主动支护有一定改善。水平位移最大处位于巷道两帮的肩部，最大水平位移量为 89mm。表明被动支护对托顶煤厚度较大的"三软"煤层巷道具有较好的支护作用，两帮位移进一步缩小，巷道稳定性进一步增加。

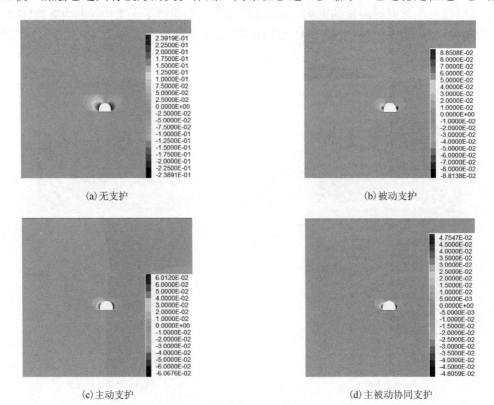

(a) 无支护　　　　　　　　　　　　　　(b) 被动支护

(c) 主动支护　　　　　　　　　　　　　(d) 主被动协同支护

图 5-4　不同支护状态下巷道水平位移分布图(单位：m)

由图 5-4(c)可知，巷道在主动支护状态下，水平位移最大处位于直墙与拱部结合处，较无支护时两帮水平位移量明显减小，最大水平位移量为 60mm。表明主动支护对托顶煤厚度较大的"三软"煤层巷道控制效果也有一定的作用，能够使巷道围岩强度提高，增强巷道围岩的稳定性。

由图 5-4(d)可知，巷道在主被动协同支护状态下，巷道水平位移量显著减小，最大水平位移处在巷道两帮中部，最大水平位移量为 48mm。主被动协同支护对"三软"煤层巷道具有较好的适用性，支护效果较好，有效控制了围岩的水平位移。

2) 垂直位移

由图 5-5(a)可知，巷道在无支护时，顶板最大下沉量为 327mm，位于巷道圆拱中部，巷道顶板变形量较大，对矿井的安全生产有极大的影响，必须对其进行合理的支护。

由图 5-5(b)可知，巷道在被动支护条件下，最大垂直位移量为 111mm，位于巷道圆拱与直墙接合处附近，拱顶垂直位移量为 80mm，较无支护时顶板下沉量减小 216mm，说明合理的被动支护对两帮及顶板松软破碎煤体的位移有一定的控制作用。

由图 5-5(c)可知，巷道在主动支护条件下，顶板最大下沉量为 82mm，位于巷道圆拱中部，较无支护时顶板下沉量减小了 245mm。与被动支护相比，巷道的最大位移出现在顶板区域，两者对于巷道位移均能进行控制，单一的主动支护对"三软"煤层巷道支护有一定的效果，仍需配合其他支护才能达到良好的支护目的。

由图 5-5(d)可知，巷道在主被动协同支护条件下，最大垂直位移量为 47mm，位于巷道圆拱与直墙接合处附近，拱顶垂直位移量仅为 40mm，较被动支护顶板下沉量减小了 40mm，顶板垂直位移分布均匀。虽然在数值上的差异不是很明显，但均比主动支护和被动支护单独采用时巷道位移量小，表明主被动协同支护体现了其优势，既改善了主动支护时顶板下沉量大、下沉位置集中的缺点，同时减小了被动支护时顶板及两帮煤层的滑移，这是由于主被动协同支护既充分发挥了主动支护快速提供支护阻力，围岩被锚固成锚岩支护体共同承担上部载荷的作用，又协同了被动支护护表能力强、支护阻力大的优点，两者协同合作，"合力"达到控制围岩变形的目的。

2. 不同支护条件下围岩应力数值模拟

1) 水平应力

由图 5-6 可知，四种支护条件下水平应力分布特征大致相似，即巷道附近的水平应力大致呈椭圆状分布，椭圆的长轴为水平方向，短轴为垂直方向，表明水平应力在水平方向上变化速率比较慢，垂直方向上变化速率比较快，并在巷道顶底板深部围岩形成应力集中区。

由图 5-6(a)可知，巷道在无支护条件下，巷道周围形成水平应力降低区，降低区范围较大，两帮方向应力降低明显。水平应力在两帮方向上向深部围岩逐渐增加，增加速率较慢，直至恢复到原岩应力，在顶底板方向上向深部围岩逐渐增加，增加速率较快，很快恢复到原岩应力，并继续升高，形成应力集中区。表明巷道在无支护条件下，应力屈服范围较大，出现了较大范围的塑性变形，极大地影响矿井安全生产，因此巷道需要进行相应支护。

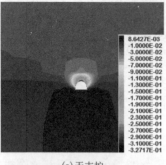 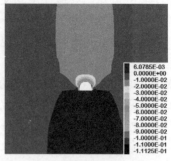

(a) 无支护　　　　　　　　　　　　　(b) 被动支护

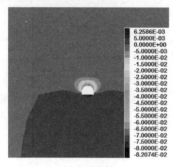 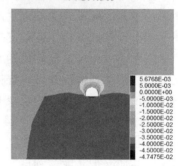

(c) 主动支护　　　　　　　　　　　　(d) 主被动协同支护

图 5-5　不同支护状态下巷道垂直位移分布图(单位：m)

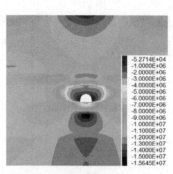 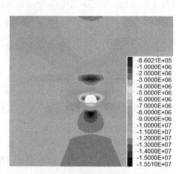

(a) 无支护　　　　　　　　　　　　　(b) 被动支护

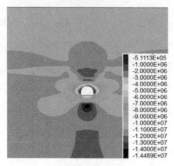 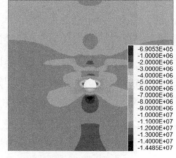

(c) 主动支护　　　　　　　　　　　　(d) 主被动协同支护

图 5-6　不同支护状态下巷道围岩水平应力分布图(单位：Pa)

由图 5-6(b)可知，巷道在被动支护条件下，应力降低区范围较无支护时明显减小，主要集中在巷道肩部。水平应力总体变化趋势仍是由巷道向周围逐渐增加，直至恢复到原岩应力，但其增加的速度较无支护时明显加快。在巷道顶板上方及底板下方，其水平应力也由巷道向周围对称发展，水平应力先增加达到一定峰值后再逐渐减小并趋于稳定，形成应力集中区，应力集中区范围有所减小，巷道围岩发生塑性破坏的范围也相应减小。表明被动支护对提高"三软"煤层巷道围岩强度效果良好，使其承载能力有一定的提高，应力向围岩深部的传递得到了一定的限制，控制了围岩塑性区向其深部的发展。

由图 5-6(c)可知，巷道在主动支护条件下，应力降低区范围较无支护时明显减小，主要集中在巷道周围。水平应力总体变化趋势是由巷道向周围逐渐增加，直至恢复到原岩应力，但其增加的速度明显加快。在巷道顶板上方及底板下方，其水平应力也由巷道向周围对称发展，水平应力先增加达到一定峰值后再逐渐减小并趋于稳定，形成应力集中区，应力集中区范围有所减小，但应力集中区距巷道中心更近，巷道围岩发生塑性破坏的范围也相应减小。表明主动支护对提高围岩强度有一定的作用，使其承载能力有一定的提高。

由图 5-6(d)可知，巷道在主被动协同支护条件下，巷道周边的水平应力增加速率更快，距巷道很近的区域即达到了稳定状态，恢复到原岩应力，巷道顶板上方及底板下方的应力集中区域也距巷道更近。表明主被动协同支护对"三软"煤层巷道具有更好的支护效果。U 型钢具有较高的支护阻力和较好的护表能力，锚杆(索)能够锚固围岩，提高围岩的强度及自承能力，阻止了应力向围岩深部的传递，主被动协同支护综合了主动支护与被动支护的优点，能够很好地控制"三软"煤层巷道围岩的变形破坏。

2) 垂直应力

不同支护状态下的垂直应力分布规律大致相似，在巷道附近形成垂直应力降低区，大致呈"O"形，水平方向比较短，垂直方向比较长，即垂直应力值在水平方向上的变化比较慢，在垂直方向上的变化比较快，并在两帮深部围岩形成应力集中区。

由图 5-7(a)可知，无支护状态下，巷道周围垂直应力降低区范围较大，垂直应力由巷道向外侧对称发展，垂直方向上增加速率较慢，最终达到原岩应力，水平方向上增加速率较快，达到一定峰值形成应力集中区，应力集中区范围较大，此后应力值减小并最终逐渐趋于稳定。由此可知，无支护状态下，巷道应力降低区范围较大，两帮围岩深部出现较大范围的应力集中区，巷道松动破坏范围较大，因此巷道需要进行相应的支护。

由图 5-7(b)可知，被动支护状态下，垂直应力降低区及集中区范围较无支护时有所减小，垂直应力增加速率较无支护时更快，最终达到原岩应力，应力集中区更靠近巷道两帮。表明被动支护对控制应力向深部传递起到了一定作用。

由图 5-7(c)可知，主动支护状态下，垂直应力降低区及集中区范围较无支护时有所减小，垂直应力增加速率较被动支护时更快，最终达到原岩应力，应力集中区更靠近巷道两帮。表明主动支护状态下，巷道发生塑性破坏的范围有所减小。

由图 5-7(d)可知，主被动协同支护状态下，垂直应力增加速率更快，顶底板方向上很快达到原岩应力，应力集中区距两帮更近，应力降低区和集中区范围较被动支护时显著减小。表明主被动协同支护提供了较大的支护阻力，进一步提高了围岩的强度，充分发挥了围岩的自承能力，阻止了垂直应力向深部围岩传递。

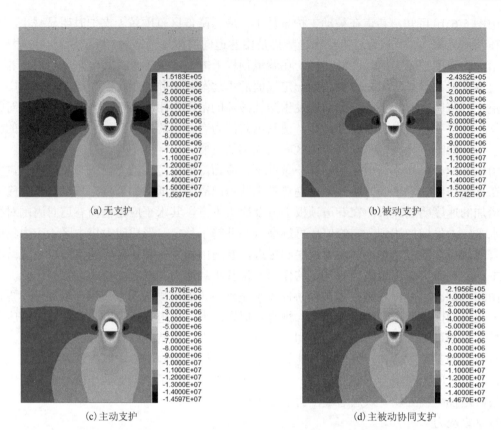

图 5-7 不同支护状态下巷道围岩垂直应力分布图(单位：Pa)

### 3. 不同支护条件下塑性区数值模拟

塑性区范围的大小直接关系巷道围岩受破坏范围的大小，同时也是锚杆(索)能否有效锚固的基础，因此塑性区是分析巷道围岩稳定性的一个重要指标。不同支护状态下巷道塑性区分布图如图 5-8 所示。

巷道在无支护状态下，塑性区范围较大，顶板方向塑性区边界为 7～8m，两帮方向塑性区边界为 5～6m，围岩大面积失稳破坏，因此，巷道开挖后必须进行相应支护。被动支护和主动支护状态下，巷道塑性区范围较无支护时有明显减小，顶板方向塑性区范围 3～4m，两帮方向塑性区范围 2～3m，围岩松动范围得到了明显的控制，单一支护形式对巷道围岩失稳破坏有一定的作用。主被动协同支护状态下，巷道塑性区范围较单一支护形式时进一步减小，顶板方向塑性区范围 2m 左右，两帮方向塑性区范围 2m 左右，表明巷道围岩比被动支护更加稳定，松动范围进一步减小，巷道稳定性大大提高。

主被动协同支护改善了围岩与支护体的相互关系，充分发挥了围岩的自承能力，整个支护系统的工作阻力得到提高。巷道围岩达到三向受力平衡状态，形成共同承载结构，有效阻止围岩塑性区向深部发展，控制巷道围岩变形，使巷道趋于稳定。因此，主被动协同支护塑性区范围较小，能够有效控制巷道围岩位移，维持巷道稳定，保证矿井安全生产。

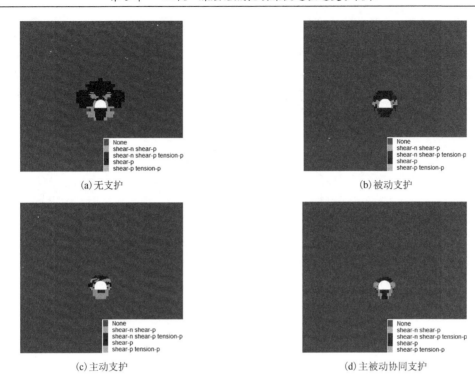

图 5-8 不同支护状态下巷道塑性区分布图

4. 不同支护方式数值模拟结论

二$_1$-13110工作面风巷为工程背景,在托顶煤厚度2.8m条件下,运用FLAC$^{3D}$分别模拟了无支护、主动支护、被动支护、主被动协同支护四种方案的支护情况,得到如下结论。

(1)单一的主动支护或被动支护巷道围岩位移、应力降低区、应力集中区、塑性区较未支护时小,支护效果明显,但支护效果各有优势,仍未达到最佳。

(2)主被动协同支护条件下,巷道围岩位移、应力降低区、应力集中区、塑性区显著减小,取得了较好的协同支护效果。

(3)主被动协同支护条件下U型钢垂直、水平位移显著减小,应力分布较为均匀,U型钢起到了较大的支护作用。锚杆(索)滑移现象不明显,锚杆(索)轴力分布较为均匀,U型钢和锚杆(索)都充分发挥了作用。

## 5.4 巷道支护设计

### 5.4.1 巷道断面规格

两巷采用36U型钢三节拱支护,巷道断面形式为拱形断面。巷道断面:$S_{掘}=12.9m^2$,$S_{净}=10.5m^2$。

### 5.4.2 巷道支护方式

1)临时支护

采用前探梁临时支护,4m长的11#工字钢,一梁三卡沿巷道中心对称布置两根,使用时用木楔刹实背牢,开口期间前探梁无法使用时,可采用单体柱或圆木打中柱支撑顶梁作临时支护,待掘进长度超过 3m 时,可缩短前探梁长度使用,之后过渡到标准临时支护。工作面前探梁使用步骤如下:工作面每次掘出空间后,先逐个松开前探梁卡子螺栓,向前方移动前探梁抵住煤墙,之后开始上梁,使前探梁托住顶梁,最后拧紧前探梁卡子螺栓并刹实背牢,形成临时支护,如图 5-9 所示。

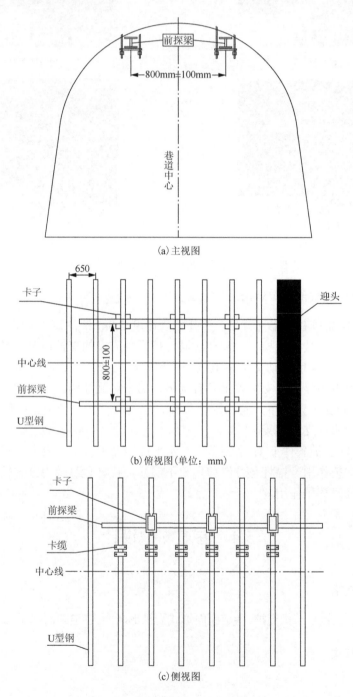

图 5-9 巷道临时支护示意

2)永久支护

巷道采用 36U 型钢三节拱支护,棚距(中至中)650mm≤50mm,中高 3200mm,下宽 4180mm。巷道顶部采用钢丝绳、背板、冷拔钢丝网护顶,两帮采用串杆配合塑料网闭帮,如图 5-10 所示。

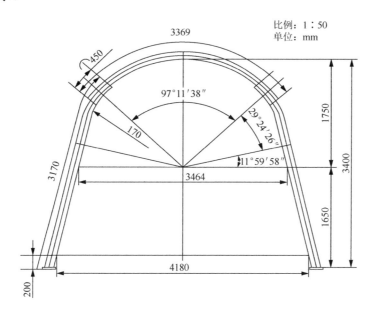

图 5-10 巷道永久支护断面示意图

(1)U 型钢:巷道断面采用 36U 型钢三节拱支护,梁弧长 3369mm、腿长 3170mm。

(2)钢网规格:采用 $\Phi3.5mm×700mm×2400mm$ 冷拔钢丝网护顶,帮网与顶网搭接长度不小于 100mm。

(3)钢丝绳规格:采用直径不小于 15mm、长度为 15~20m 的钢丝绳,沿巷道中心线、每隔 600mm 在巷道顶部布置 5 根。

(4)塑料网规格:采用 700mm×2200mm 阻燃性塑胶网闭帮,塑胶网前后搭接长度不小于 100mm。

(5)背板规格:700mm×150mm×50mm 马尾松半圆木,顶部背板间距 300mm/块;串杆规格:700×50mm 杉杂木,两帮串杆间距 400mm/根。

(6)卡缆:采用 36U 卡缆,间距 200mm。

(7)铁拉杆:采用 $\Phi20mm×400mm$ 的铁拉杆,每棚三道铁拉杆,顶部卡缆一道,两帮卡缆各一道,要求打设成一条直线。

(8)柱靴:200mm×200mm×50mm 方木,若巷道不见底板,必须加垫柱靴。

## 5.5 掘进工作面支护综合补强技术

二$_1$-13110 采煤工作面布置在二$_3$-13110 采煤工作面采空区下方,顶板破碎,矿压显现明显。巷道在棚架完成支护1～2个月后，就出现支架变形，且正前易出现冒顶，极大地拖延了掘进速度，且影响安全生产。针对二₁煤"三软"煤层破碎特性，矿井创造性地采取巷道后方补打锚索、顶板上绳加固、深孔注水等综合补强措施，有效地改善巷道围岩条件，有力地控制棚架变形速度，实现了安全快速掘进。

### 5.5.1 锚索加固支护技术

根据巷道围岩松动特性，结合工程实际与施工技术等情况，经过巷道围岩观测，决定在后方巷道打设锚索配合锚索梁(11#工字钢)，来增加支架两侧的抵抗力，同时根据煤层厚度、倾角等来确定采用锚索直径、长度及打设角度、间排距等标准，锚索加固示意图如图5-11所示。

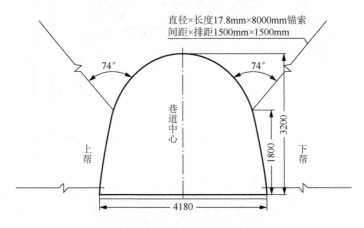

图 5-11 锚索加固示意图(单位：mm)

1)施工方法

采用 Φ17.8mm 长度 8000mm 的锚索，配合 2.3m 长的 11#工字钢当锚索梁使用，加固部位为：分别在两帮棚腿距底板向上 300mm 处、梁腿搭接处向上 200～400mm 处各打一道锚索加固支架，锚索外露长度 150～250mm。每根锚索使用 6 卷锚固剂。

2)施工工序

(1)施工前，首先保证巷道为设计高度，掩护好两帮风筒、电缆等管线。

(2)打眼施工采用 MQF-130 锚杆钻机，确定好锚索间距，锚索打好后及时上紧锚索梁，使用锚索张拉机具上紧锁具。

(3)两道锚索梁要分别安设成一条直线。

### 5.5.2 钢丝绳加固顶板技术

在巷道成型以后，U 型钢配合锚索支护虽然能够控制支架变形速度，但棚架之间的背板、锚网辅助支护抗压性能在"三软"煤层中的效果明显达不到设计标准，根据现场观察，巷道在成型1～2 个月之后，棚架之间背板弯曲变形，特别是在巷道顶部随处可见背板折断、钢网断裂等，为保证增加支架顶部棚架间的支护强度，经过多次论证与实践，决定在巷道顶部增加钢丝绳辅助支护。在顶梁上方布置 5 根直径不小于 15mm 钢丝绳，具体要求如下(图 5-12)。

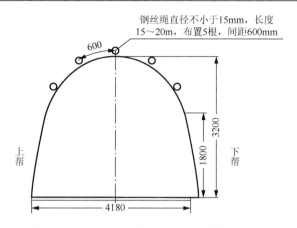

图 5-12 顶部钢丝绳加固示意图(单位：mm)

(1) 所上钢丝绳与巷道掘进方向一致，每根绳长 15～20m，钢丝绳间距 600mm，误差 ±100mm。要求拉直铺平，形成五条直线。
(2) 每根绳绳头搭接不小于 0.3m，采用 2 个绳卡固定，均匀布置。
(3) 钢丝绳敷设在顶梁上面，钢网下面，每隔 0.5m 用铁丝将绳与钢网捆扎在一起。
(4) 开始铺设钢丝绳的重型卡头固定在抬棚上，保证牢固可靠。
(5) 剩余的绳每根盘在一起固定在两帮腿子上，不能影响正常施工。

### 5.5.3 注浆锚索加固技术

1. 中空注浆锚索

1) 中空注浆锚索的结构

中空注浆锚索采用中空结构设计，索体由高强度螺旋肋预应力钢丝围绕中心管杆呈螺旋状捻制而成，可分为中部柔性段和端部刚性段，中部柔性段可弯曲，满足锚索运输、盘卷要求，端部刚性段可起到强化保护作用，便于实现端锚和张拉预紧，满足施工强度要求。

中空注浆锚索由索体、止浆塞、托盘、锁具组成，上部实心段用于搅拌树脂实现端锚，中间段内有软性芯管，便于锚索弯曲和注浆，中间段与上部实心段具有出浆口。锚索尾部为紧固段，内用高强合金管，保证锚具紧固时索体不收缩，如图 5-13 所示。

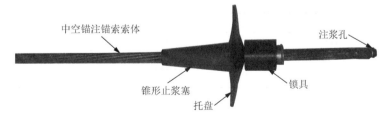

图 5-13 中空注浆锚索实物

2) 中空注浆锚索的特点

新型树脂端锚+后期注浆全锚的笼型结构锚索同以往的注浆锚索相比有以下优点。

(1) 锚索索体以高强度螺旋肋预应力钢丝为原材料,强度等级可达到 1860MPa,且伸直性好、松弛值低,最主要的特点是表面有 3 条连续凸起的螺旋肋,它是在原光面钢丝的基础上采用塑性变形拉拔工艺处理使其凸起螺旋肋,可有效增加其与注浆材料或锚固剂的摩擦力和抗剪强度。

(2) 采用树脂端锚和锚具张拉预紧,安装后可立即承载,且索体破断力分别达到 42t 和 60t,即使在不注浆的情况下也能立刻承受较大载荷作用,有效提高支护结构的整体性和承载能力。对于深部高应力软岩巷道的初期稳定是非常有利和必要的,也是现有各种注浆锚索产品均无法做到的。

(3) 锚索索体为中空结构,自带芯管,安装时采用反向注浆,不仅消除了产生气穴空洞的可能,保证锚固浆液充满钻孔,而且省去了排气管和注浆管专用接头,也无需在现场绑扎注浆管、排气管以及封堵注浆孔,使施工步骤大为简化。

(4) 采用全新索体结构,在保证注浆通径的前提下,使索体直径达到最小化,所需安装孔径小,可实现小孔径、大吨位,索体结构本身满足高压注浆的要求,可以实现锚、注结合。

2. 中空注浆锚索的施工

在施工工艺上,中空注浆锚索与普通钢绞线锚索一样,钻孔可采用锚杆钻机或轻型锚索钻机,按支护设计确定锚索孔位。在钻孔时,要保持钻机不挪动,以免钻孔轴线不在一条直线上,给锚索安装带来困难。

钻孔完成后,将锚索孔内的岩粉清除干净,按树脂锚固剂凝胶快慢顺序将其送入钻孔中,用锚索索体慢慢将其推到孔底,将钻机与锚索索体连接稳定后,开动钻机边搅拌边推进,将锚索索体安装到孔底,达到树脂锚固剂产品使用说明书中规定的搅拌时间后,停止钻机旋转但不落钻机,等待树脂锚固剂凝固后再落下钻机,卸下搅拌连接器,完成锚索的锚固。

待树脂锚固剂达到其锚固强度后,再装托盘、锚具,并使它们紧贴岩面,挂上张拉千斤顶,进行张拉并达到设计的预紧力,停止张拉。卸下张拉机具,到此整个安装过程结束。

注浆工作可滞后巷道支护工作完成,根据注浆材料特性、配比、要求及注浆设备操作要求制备浆液,卸下中空注浆锚索尾部注浆螺母,连接注浆孔,开始注浆,待注浆完成后安上注浆螺母,防止浆液回流。

中空注浆锚索的主要技术参数如表 5-1 所示。

表 5-1 中空注浆锚索技术参数表

| 规格型号 | | SKZ22-1/1860 | SKZ29-1/1770 |
|---|---|---|---|
| 公称直径/mm | | 22±0.4 | 29±0.4 |
| 钢丝抗拉强度/MPa | | ≥1860 | ≥1770 |
| 延伸率 | | ≥3.5% | ≥3.5% |
| 树脂锚固段长度/mm | | ≤1500 | ≤1500 |
| 锚索抗拔力/kN | | ≥265 | ≥386 |
| 钢绞线最大力/kN | | ≥395 | ≥570 |
| 托盘承载力/kN | | ≥379 | ≥552 |
| 锚具静载性能 | 极限荷载下总应变 $\varepsilon_{apu}$ | ≥2.0% | |
| | 锚具效率系数 $\eta_a$ | ≥0.95 | |

3. 水泥注浆添加剂

1)水泥注浆材料的不足

水泥注浆材料具有结石体强度高、抗渗透性好、价格低廉、取材简便、配制简单等优点，是应用最为广泛的注浆材料。但是采用水泥净浆作为注浆材料主要存在以下问题。

(1)水灰比太高影响强度。水泥水化所需的用水量为水泥重量的15%~25%，为了便于注浆，现场施工时用水量为水泥重量的50%~60%，在水泥硬化后多余的水在水泥石中形成大量的孔隙和气泡，导致水泥硬化后强度下降。

(2)水泥硬化过程中具有一定的干缩性，并在内部产生微裂隙，不利于提高加固围岩的整体强度。

(3)流动性和可泵性差，注浆阻力大。

(4)稳定性较差，容易离析和沉淀。

(5)水泥颗粒度大，使浆液难以注入细小裂隙或孔隙中，扩散半径小。

(6)凝结时间不易控制，结石率低。

因此，为了适应各种不同加固工程的需要，可以在水泥浆液中加入不同的添加剂来改善水泥浆液的性能，以降低注浆成本和满足单一水泥浆液不能实现的性能。针对深部高应力软岩巷道的注浆加固，研制高效改性水泥注浆添加剂来改进水泥注浆材料的可注性和稳定性，是简单有效的技术途径，也是巷道支护的必然选择。

2)ACZ-1型水泥注浆添加剂的特点

针对煤矿井下锚注加固使用环境开发了ACZ-1型水泥注浆添加剂，它由多种有机和无机成分复合而成，包括早强剂、超塑化剂、微膨胀成分等，使水泥基锚注加固注浆材料具有较好的早强与高强、自流态、微膨胀和耐久性等优良性能，从而大大改善锚注加固的效果。

ACZ-1型水泥注浆添加剂的主要用途是在对围岩进行锚注加固时对水泥基注浆材料起到减水、增塑、增强、微膨胀的作用，克服目前水泥浆水灰比高、强度低、硬化收缩、泵送阻力大、稳定性较差等问题。

将ACZ-1型水泥注浆添加剂按8%的比例加入硅酸盐水泥中配成注浆材料可以大大改善锚注加固的效果，按水灰比0.5∶1，在锚固长度仅为300mm的情况下，拉拔力可达到110kN，比净浆提高了2倍多。目前，ACZ-1型水泥注浆添加剂在我国大多数软岩矿区和深部矿区得到了广泛的应用，并取得了较好的现场应用效果。

3)ACZ-1型水泥注浆添加剂的主要技术指标

(1)外观：砖红色粉末。

(2)膨胀率：0.5%~0.8%。

(3)1天抗压强度：25MPa。

(4)28天抗压强度：72MPa。

(5)添加量：占水泥量的8%。

(6)采用防潮包装，对锚杆金属杆体(钢筋)无锈蚀，无毒，无污染。

(7)质量：25kg/袋。

## 4. 二₁-15040风巷注浆锚索加固

由于二₁-15040风巷与二₁-13110采面沿同一煤层施工,间距为56m,受二₁-13110采面动压影响,现巷道顶板压力大,支护困难,为保证在二₁-13110采面动压影响期间的巷道围岩的稳定性,对二₁-15040风巷里段(910～1436m)采用壁后注浆加固措施。

1)注浆前准备工作

(1)施工前提前接好风水管路等。

(2)施工前准备好注浆材料,并归类放置整齐。

(3)施工前应把该处的电线、电缆等落下并保护好,对不能落下的设备应进行简单掩护。

(4)对巷道内的电缆、管路、牌板、皮带、路标等采用旧风筒进行简单包扎,防止注浆时浆液污损。

(5)清理施工场地,将风、水管线接好,打开供风、供水阀门,检查风压、水压,并检查风水管路是否漏风、漏水、畅通,若有问题及时处理。

2)注浆材料及参数

(1)注浆材料。注浆材料以单液水泥浆为主,注浆水泥采用425#普通硅酸盐水泥,水灰比为0.7∶1.0或1.0∶1.0;并将ACZ-1型水泥注浆添加剂按8%的比例加入硅酸盐水泥中配成注浆材料。

(2)锚注钻孔的规格。锚注钻孔深度:钻孔直径$\Phi$32mm,孔深7.0m;注浆孔布置:每排4个孔,间距×排距2400mm×1200mm;钻孔角度:巷道两帮距底板1000mm±100mm处及距底板2800mm±100mm处的锚索均与巷道周边轮廓垂直布置,角度大于75°,如图5-14所示。

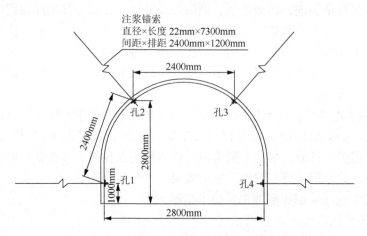

图5-14 二₁-15040风巷里段注浆孔布置示意图

(3)锚注钻杆的规格。注浆锚索采用直径22mm,长度为7.3m的中空注浆锚索;注浆泵采用2ZBQ-5/18型双液注浆泵。

(4)注浆压力为≤10MPa。

3)注浆锚索施工工艺

注浆锚索施工工艺主要包括:钻孔-安装锚索及封孔-注浆。

(1)钻孔采用MQT-130/2.8型气动锚杆钻机打眼,$\Phi$32mm钻头配合$\Phi$26mm的六棱钻杆钻孔，钻孔深度为7.0m。

(2)安装锚索及封孔时，首先用中空注浆锚索把3卷Z2335树脂锚固剂推入孔底，用锚杆机进行搅拌，然后装上橡胶塞，橡胶塞应与孔壁充分接触，用棉纱缠绕橡胶塞下部索体表面，使索体与孔壁之间的空隙充填密实，装上托盘紧固锚索。

(3)注浆采用普通425#普通硅酸盐水泥，按水灰比将清水和水泥(筛去杂质)加入拌料桶内，并将ACZ-1型水泥注浆添加剂按8%的比例加入硅酸盐水泥中配成注浆材料，搅拌均匀，搅拌时间不少于5min。开动注浆泵以检查与注浆泵连接的注浆管是否通畅，关闭注浆泵，用连接头连接好注浆管，开动注浆泵及搅拌机，边搅拌边进行注浆，直至注满。

(4)由外向里、自上而下逐排对巷道实施注浆。

4)质量要求

(1)注浆孔施工时，严格按照设计间排距和角度布置，间排距最大误差控制在±100mm，孔深误差控制在0~50mm，锚杆角度不小于75°。

(2)注浆系统的调试技术要求。注浆前，先对各连接管路、阀门、设备等进行检查，然后用清水调定注浆压力道需要的规定压力。

(3)浆液制作及注浆技术要求。浆液制作时，严格掌握注浆参数、浆液配比、水灰比和注浆终压。

(4)注浆结束待压力稳定后及时把注浆锚索孔口的螺帽拧紧，防止浆液回流。

5)安全技术措施

(1)加强顶板及巷帮压力的观测。注浆前，应认真检查巷道的顶帮变化情况。

(2)注浆期间，应注意观察巷道顶帮的变化情况，严格控制注浆压力，防止因注浆压力过大而造成顶帮大面积开裂和脱落。

(3)做好个人防护。注浆人员要佩戴眼镜、手套等个人防护用品，防止窜浆伤眼或烧坏皮肤。注浆及处理堵管时，切勿面对注浆管或堵管，以防伤人。

(4)施工人员要注意来往行人，严禁在皮带上施工。

(5)施工时要对皮带、管线等做可靠性掩护。

(6)钻眼施工前要对巷道全面检查，发现危岩活石及时处理，在眼位处用手镐刨出眼窝，防止钻头乱跑。

(7)要设专人负责制备浆液。采用新鲜的425#普通硅酸盐水泥，同时掌握好注浆和搅拌速度，尽可能缩短浆液搁置时间。

(8)吸浆口处要设置过滤网，防止结块水泥和纸袋等其他杂物进入浆液。

(9)注浆时要注意观察压力表的升压情况，同时设专人观察巷道顶帮、孔口管等处是否有异常现象，发现问题要及时停注处理。

(10)注浆时若需暂停注浆，应向孔内压入一定量的清水，以保持注浆通道的畅通。

(11)注浆期间，应注意泵的运转状况、吸排浆情况，每次注浆结束后，应用清水冲洗管路和机具，并及时进行检查维修。

(12)注浆期间，所有人员不得站在孔口管或阀门下面；注浆阀要侧向操作，防止喷浆伤人。

(13)遇到漏浆时，可暂停注浆，采取措施封堵渗漏处。

(14)注浆期间，各班要做好原始记录。要求专人负责对注浆孔号、注浆压力、注浆量做好原始资料记录和整理，以便于以后分析和评估注浆效果。

(15)其他按《煤矿安全规程》《各工种操作规程》中的有关规定执行。

## 5.6 掘进工作面正前深孔注水技术

由于巷道布置在采空区下方，顶板破碎，在掘进期间容易空顶、漏顶，大量的绞顶工作不仅严重制约了掘进速度，也增加了安全风险，而煤体注水不仅能够改变煤体的原生结构，使煤体的塑性增加，同时能够减少掘进期间的产尘量。

### 5.6.1 施工组织

按照掘进进尺，每2天执行一个循环（每循环八点班为注水班），每循环注水超前距不低于2m。

### 5.6.2 注水孔参数

(1)钻具：采用ZQSJ-140/S钻机和配套钻杆，钻头直径70mm。
(2)钻孔参数。
① 孔深：不得低于20m。
② 孔数：2个。
③ 孔位：分别布置在巷道两帮，距帮500mm，距底板2m。
④ 角度：仰角10°~15°，水平向外80°。
(3)封孔方式：采用2m长橡胶封孔器，封孔深度3~5m。
(4)注水方式：动压注水。
(5)注水参数。
① 注水压力：泵站控制在8~10MPa，最小注水压力不得低于6MPa。
② 注水时间：采用两个钻孔施工完成后，同时一次性注水，直至完成设计注水量。

注水量计算：单孔注水量 $Q$ 按式(5-1)计算（按吨煤注水量计算）：

$$Q = \frac{LS\gamma q}{B} \tag{5-1}$$

式中，$Q$ 为单孔注水量，$m^3$；$L$ 为钻孔深度，m；$\gamma$ 为煤的容重，$t/m^3$；$q$ 为吨煤注水量，$m^3/t$；$S$ 为巷道断面，$m^2$；$B$ 为钻孔个数。

单孔注水量 $Q$ 计算（按吨煤注水量计算）：$L$ 为钻孔深度，$L=20m-5m=15m$（减去封孔段长度）；$\gamma$ 为煤的容重，$\gamma=1.34t/m^3$；$q$ 为吨煤注水量，取 $q=0.02m^3/t$；$S$ 为巷道断面，取 $S=12.4\ m^2$（毛断面）；$B$ 为钻孔个数，$B=2$。

$$Q = \frac{LS\gamma q}{B} = \frac{15 \times 12.4 \times 1.34 \times 0.02}{2} = 2.5(m^3)$$

### 5.6.3 注水系统及注水设备

在掘进工作面巷道口安装一台BRW200/31.5型乳化液泵，并铺设专用注水管路，实现动压注水；采用ZGS-10MM矿用高压流量表进行计量，进入注水系统的水必须是无杂质的水；钻机：ZQSJ-140/S钻机；钻杆：Φ70mm三棱螺旋钻杆；钻头：Φ70mm钻头；封孔：FKSS-73/2

煤层注水用水压式封孔器。图 5-15 为二$_1$-13110 风、机巷煤层深孔注水钻孔布置示意图，注水结束后注水数据及时登记台账。

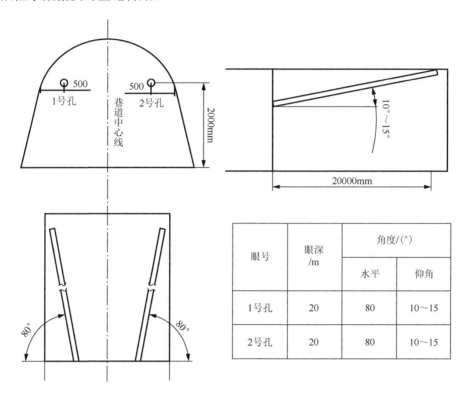

图 5-15 二$_1$-13110 风、机巷煤层深孔注水钻孔布置示意图

采用综合补强措施后，二$_1$-13110 风、机巷现状充分说明煤巷打锚索、顶板上绳加固及深孔注水技术在对煤层顶板控制方面作用明显，对增强巷道抗压强度起到关键作用，避免了巷道边掘进边维修的恶性循环，实现了一次支护到位。

## 5.7 沿底托顶煤快速掘进支护效果分析

针对"三软"煤层巷道掘进期间、巷道支护困难、巷道变形大、二次维护的问题，本章采用了数值模拟、理论分析和现场实践的方法，采取锚索加固、钢丝绳加固和深孔注水的方法，对掘进工作面进行试验，总结出了成套的沿底托顶煤快速掘进支护技术，取得了良好的效果。

(1) 增加了巷道围岩顶板完整性，控制了巷道顶底板及两帮的位移，消除了片帮、冒顶等隐患，提高了稳定性和安全性，从而减少了巷道返修次数，增加了巷道服务时间，降低了工人劳动强度，为顺利安全回采创造条件。

(2) 巷道支护强度增加，提高了掘进效率，掘进工作面由原来每月平均掘进 80m，提高到每月平均掘进 220m，月最高掘进 240m，掘进效率提高了 175%，实现了安全快速掘进。

(3) 煤层深孔注水改变了煤体的原生结构，增加了煤体的塑性，增加了巷道围岩的稳定性，同时降低了掘进作业环节的产尘量，改善了工人的工作环境。

# 第6章　破碎顶板大断面巷道快速掘进的浅固深注技术

矿山压力显现较为剧烈，且顶板破碎，造成大断面巷道支护非常困难，反复扩修，不仅影响了掘进速度，而且对安全生产带来了严重影响。二$_1$-15040 切眼岩性比较特殊，切眼沿二$_1$煤顶板施工，切眼上口向下 30～115m 顶板压力大，顶板离层量较大，常规支护方案无法形成有效支护，因此经试验研究提出了浅固深注技术进行支护。

浅固深注技术是指对 2.6m 破碎顶板进行注胶加固，使之形成一个整体；对深部进行注浆锚索加固，以控制其变形量，保证支护的有效性。

## 6.1　浅部注胶加固技术

二$_1$-15040 切眼位于五采区西翼，北临二$_1$-13110 采面，西部为三采区皮带下山，南部为未开采区域，东临二$_1$-15040 采面实体煤。该区域煤层结构简单，据现有地质资料分析，采面范围内没有断层存在，但不排除隐伏(小型)断层存在，巷道没有大的构造发育，对掘进影响不大。但根据地质柱状图(图 6-1)可以看出，二$_1$煤顶板上部有 2.6m 破碎岩石(二$_1$煤顶板上为二$_1$煤和二$_3$煤夹矸，厚度2.6m)，然后是 2m 的二$_3$煤。

在切眼施工的过程中，二$_1$-15040 切眼上口向下 30～115m 顶板压力大、破碎严重，顶板离层量较大，原来设计的支护方案无法有效控制变形量。经分析研究后决定采用浅部注胶加固技术，双液注胶泵的高压力使固瑞斯材料充分注入二$_1$和二$_3$煤层间隔层岩石裂隙中，使切眼顶板形成整体。

### 6.1.1　施工方案

提前使用 QBT-130 气动锚杆钻机向预注顶板进行打眼，然后向顶板预埋导管，使用封孔器将导管与注胶泵连接，再将固瑞斯注胶材料使用气动双液泵压进顶板裂隙中，达到充填裂隙的目的。

### 6.1.2　施工参数

(1) 钻孔设计沿巷道中心布置，倾角垂直顶板，钻孔间距 2～5m，钻头直径 $\Phi$42mm，打眼深度 4～5m，进入二$_3$煤层内停止，具体布孔参数由厂家技术人员根据现场浆液扩散半径确定。

(2) 打眼结束后，穿入约 1m 长 4 分钢管 3 根，钢管用抱箍连接。第一根导管为花管(每隔 200mm 打孔)，便于浆液扩散，之后使用封孔器封孔。

(3) 注浆量根据工作面顶板的空顶及裂隙发育情况具体确定，并按以下标准作为单孔注胶结束的标准：①注胶泵压力增大直至停止工作；②注胶泵没有停止工作，但巷道周围窜浆严重；注胶过程中发现异常情况，及时停泵处理。

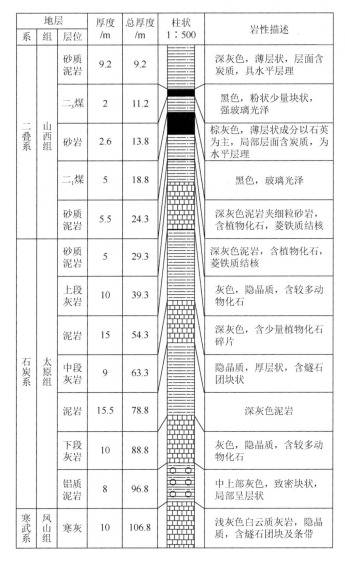

图 6-1 二₁-15040 工作面地质柱状图

(4)固瑞斯为快速凝胶材料,注胶结束后 3~5h 凝固效果最佳,此时可在两组钻孔之间打钻验证注胶效果。

(5)为防止浆液窜浆,设计每次只打一个钻孔注胶,注完之后再打下一个钻孔注胶。

### 6.1.3 施工步骤

(1)把注胶泵及其附件组装好。

(2)开始注胶,把两根吸料管分别插入固瑞斯两种材料 AB 胶桶中,活塞在气马达的作用下运动,压力的作用使原料经过活塞进入输送管,通过导管注入岩层,原料渗入裂隙,进而与周围岩石胶结成一体,达到加固的目的。

(3)注胶泵压力增大或周围窜浆严重,确认单孔注胶结束。

(4)停止注胶,用机油冲洗注胶泵和管路。

(5)换孔注胶,重复步骤(2)～(5)。

(6)注胶完毕后,用机油清洗注胶泵和附件。

浅部注胶施工流程图如图 6-2 所示。

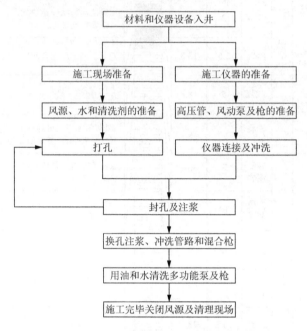

图 6-2　浅部注胶施工流程图

### 6.1.4　施工安全技术措施

(1)施工前先将固瑞斯 AB 胶、注胶泵、管线及打眼工具运到施工现场,将供风管路敷设到施工地点。

(2)人员进入施工地点打眼前先检查周围巷道支护情况,用长把工具进行敲帮问顶。

(3)施工前先检查风路、风压、风钻、顶板支护情况,检查风管接头连接是否牢固。然后送风试运转。

(4)注胶前,作业地点顶板要严格执行"敲帮问顶"制度,无关人员撤到注胶地点以外后方准开始注胶,防止注胶期间造成冒顶及片帮伤人事故。

(5)将注胶泵放置在支护完好的适当位置,将固瑞斯码放在泵的附近,先将吸料管插在机械油桶内,再开泵用机油冲洗管路,之后将进液管敷设到存放固瑞斯的地点,将注液三通接到送液管上。

(6)注胶时由于压力过大,注射孔前后 3m 范围内严禁站人,防止注射管喷出伤人。

(7)将吸料管插在固瑞斯桶内,开泵注固瑞斯,当周围顶板岩体缝隙渗出少量固瑞斯时,立即通知开泵人员停泵。待不再外渗并凝固后,通知开泵人员慢慢开泵,逐步恢复正常。当泵出现压力过高、外渗严重时停止。停泵关闭供液阀门,卸下三通,清洗泵体,准备注下一个孔。

(8) 作业人员必须严格执行矿井有关规定，杜绝违章作业。随时监测作业地点瓦斯浓度，当风流中瓦斯浓度≥1%时严禁作业。

(9) 注胶时认真观察工作面顶板及漏浆情况，发现问题立即停机处理，严禁大面积漏浆，出现漏浆时要及时封孔。

(10) 换眼位或检修泵及管路时，必须先卸压后处理，卸压放浆时严禁人员站在卸压阀前，严禁带压工作。

(11) 注胶时，要穿戴好劳动防护服，防止出现意外伤害。

(12) 参加施工的人员，要做到相互照应，相互配合，协调一致，防止出现问题。

(13) 固瑞斯有一定的毒性，施工时必须穿好衣服、戴好手套，防止其溅到皮肤上，如果溅到皮肤上或眼睛内要及时用清水冲洗干净。

(14) 若有开桶后没有使用完的固瑞斯，必须将桶盖盖严，防止固瑞斯凝固失效。

(15) 在施工的过程中由专人负责监护，发现顶板出现意外情况及时通知施工人员停止施工，待采取措施处理完毕后再继续施工。

(16) 处理高压设施时，必须先卸压后处理，防止高压伤人及管路甩管伤人。

(17) 全部施工完毕，再用机械油冲洗管路和泵缸，然后撤除各管路，将泵和剩余的固瑞斯运到料场，码放整齐。

(18) 使用后的棉纱、机油应妥善处理、回收或清理，机油严禁随意泼洒或扔入采空区。现场存放的棉纱、机油应按规定存放，不得乱扔。

(19) 上述措施未涉及之处严格按照《煤矿安全规程》、审批意见及煤矿有关规定执行。

## 6.2 锚注一体化支护技术

通过对破碎顶板进行注胶加固后，还需要采用锚注一体化技术进一步加固支护。

### 6.2.1 锚注一体化支护机理

根据现代岩石力学的基本理论，巷道围岩稳定性控制技术的关键和核心就是采用工程手段保持与提高围岩强度，充分利用围岩自身的强度来保持巷道围岩系统的稳定性。锚杆支护就是通过锚杆的轴向和径向作用力将一定范围内围岩的应力状态由单向(或双向)受压转变为三向受压，在巷道周围形成一个整体而又稳定的岩石压缩带，使其既可承受自身重量，又可承受一定的外部载荷，使其有效地控制围岩变形，达到维护巷道稳定的目的。它是一种积极主动的支护方法，是矿山支护的重大变革。

锚杆支护具有成本低、施工简便、有利于机械化操作、施工速度快、支护效果好的特点，在我国矿山支护领域具有广泛的应用。但是对于深部高应力软岩巷道，由于其特殊的应力环境和围岩结构，锚杆支护不能及时封闭围岩，防止围岩风化；高应力集中造成围岩持续蠕变变形，造成锚杆之间裂隙岩石不断剥落，最终导致巷道失稳，锚杆支护具有一定局限性。

注浆加固技术能够在原位对岩土进行加固和改性，通过改善破碎围岩物理力学性质，提高岩体围岩强度，发挥围岩自身承载力等，充分挖掘岩土体的潜力，有效控制围岩变形，进而显著改善巷道支护效果。

注浆加固技术是将注浆材料压入并扩散到岩土体内部，对岩体裂隙起到充填、封闭作用，将原破碎岩块胶结形成完整类岩体，加大原岩体破碎弱面摩擦力，增大岩块内相对应位移的阻力，即提高原岩体的内摩擦角和黏聚力，改变了原岩体物理力学性质；另外，其可以阻止地下水、空气等对岩体的泥化、风化作用，防止对支护材料的持续锈蚀侵害，保证支护材料力学性能和围岩结构强度稳定。

锚注一体化支护技术就是将锚杆支护技术与注浆加固技术优势合为一体，采用树脂锚固剂进行端部锚固，为锚杆、锚索提供预紧力，满足初次支护强度要求，在锚杆支护的基础上，利用锚杆、锚索自身中空结构通过注浆对围岩进行增强改性，提高围岩-支护系统承载强度和支护安全可靠性的支护形式。锚注一体化支护技术更符合高应力软弱围岩控制技术要求，也较为完善地解决了一些棘手的岩土工程稳定与安全问题，是一种极具潜力的巷道围岩控制技术，成为国内外采矿界较为前沿的理论技术。

在锚注一体化支护体系中，锚杆、锚索既满足其作为支护材料的结构和强度要求，保证巷道稳定性；又作为注浆通道，利用其中空结构向煤岩体中压注可凝性胶结材料，不仅强化了锚固性能，为锚杆、锚索提供了可靠的着力基础，从根本上保证了锚固可靠性，而且注浆材料在高压作用下能够扩散渗透到周围一定范围的煤岩体中，使已出现破裂的岩体或原本就松散破碎的围岩重新胶结固化为整体，从而显著提高围岩的整体性和自承能力，特别是在松散破碎岩体中，注浆材料固化后，松散破碎围岩重新胶结成整体，形成一定厚度的注浆壳体，既强化了支护材料与围岩的力学联系，同时利用锚杆、锚索自身的轴向约束和径向约束对围岩产生支护与加固作用，与围岩共同形成可靠的组合拱承载结构(包括浅部锚网加固拱、中部注浆加固拱及深部浆液扩散加固拱)，进而改善围岩受力状态，扩大支护系统结构的有效承载范围，充分发挥围岩的自稳能力，有利于巷道长期稳定。

从应力分布上看，根据最大水平应力理论，由于注浆加固后围岩整体性和强度得到提高，顶板承载水平应力和帮部承载垂直应力的能力均会明显提高。同时相当厚度的可以承受外载的多层有效组合拱，间接地降低了底板荷载集中度，进而控制了底板的塑性变形破坏，因此从一定程度上讲锚注一体化支护也起到控制底鼓的作用。

随着注浆加固技术的应用和发展，与其相配套的注浆加固支护材料也相继出现并发展，而国外发展尤为迅速，注浆锚杆、注浆锚索在不断提高强度的基础上，易操作性也逐步改善，使得注浆加固由最初的低强度辅助注浆支护逐渐发展成为高强度锚注支护，代表了锚注一体化支护新的发展方向。

## 6.2.2 锚注一体化支护技术的优点

在锚注一体化支护体系中，支护材料所起的作用与注浆材料所起的作用并不只是简单的叠加关系，两者之间是相辅相成的。注浆材料能够对支护材料的作用效果起到放大作用，这是锚注一体化加固支护效果优于其他支护方式的根本原因所在。采用中空注浆锚杆、锚索对巷道围岩进行锚注一体化加固支护，支护效果显著提高，其技术优势与常规锚网索支护相比具有以下特点。

(1) 及时承载，阻止围岩形变，满足巷道初期稳定要求。

锚注一体化支护所采用的支护材料包括中空注浆锚杆、中空注浆锚索，强度性能均不低于常规支护材料，其外部结构、施工工艺也与现有支护材料相同，无需购置额外设备。在巷道掘出后即采用锚注一体化支护技术，可对围岩立即施加支护阻力，并及时承受较大围岩形变载荷作用，保证巷道稳定，完全可以满足巷道支护强度要求，减少了后期二次钻孔安设注浆管工序，避免对围岩整体性再次破坏。

(2) 实现了锚杆、锚索全长锚固。

锚注一体化支护后锚杆、锚索由端部锚固(也称为端锚)变为全长锚固，使得锚杆、锚索自由段和周围裂隙空间与围岩紧密连接为一体，使得整个围岩-支护系统相比端锚支护更具有技术优势。

① 防水防气，延长锚杆(锚索)服务年限。

锚杆(索)在服务期限内受地下水和空气影响，杆(索)体表面和螺母(夹片)螺纹不断锈蚀，强度不断降低甚至失效，井下现场也经常会遇到锈断的锚杆和失效的锚具。而实现全长锚固后的锚杆(索)整体由固化后的注浆浆液所包裹，隔绝了空气和水分，阻止了对锚杆(索)的持续锈蚀侵害，保证锚杆(索)强度性能稳定，延长锚杆(索)服务年限。

② 改变支护材料承载模式，提高了整体支护系统的刚度。

在全长锚固范围内，不同部位岩层的离层和变形致使应力与应变沿杆(索)体长度上的分布是极不均匀的，岩层离层和变形大的部位对应的杆(索)体小范围区域的受力将会很大，即杆(索)体受力对围岩变形和破坏敏感度很高，能及时控制围岩变形，围岩-支护系统刚度高。

也就是说，在锚杆(索)受力时，全长锚固的锚杆(索)的变形主要集中在与岩层出现变形破坏的层位相对应的局部范围内，而端锚支护的锚杆(索)由于杆(索)体与孔壁之间的自由空间会在通过锚固端和锁紧端沿杆(索)体全长均匀变形，因此当岩层产生相同离层量时，全长锚固的锚索所提高的支护载荷比端锚锚索要高得多。

如图 6-3 所示，对比规格为 $\Phi 20\text{mm} \times 2400\text{mm}$，端锚长度为 1000mm 的锚杆在锚固区外自由段内发生 0.5mm 的离层，以及全长锚固时发生 0.5mm 离层变形破坏的局部影响长度为 300mm，其支护抗力分别为

$$F_1 = E\varepsilon_1 A \tag{6-1}$$

$$F_2 = E\varepsilon_2 A \tag{6-2}$$

式中，$F_1$、$F_2$ 分别为端锚和全长锚固支护抗力，kN；$E$ 为锚杆钢弹性模量，GPa；$\varepsilon_1$ 和 $\varepsilon_2$ 为锚杆应变量；$A$ 为锚杆横截面积，$\text{m}^2$；

则有

$$F_1 = E\varepsilon_1 A = 210\text{GPa} \times \frac{0.5\text{mm}}{2400\text{mm}} \times 3.14 \times (0.01\text{m})^2 = 13.7\text{kN}$$

$$F_2 = E\varepsilon_2 A = 210\text{GPa} \times \frac{0.5\text{mm}}{300\text{mm}} \times 3.14 \times (0.01\text{m})^2 = 110\text{kN}$$

通过对比可以看出，对于相同规格锚杆，全长锚固时其支护抗力可达到端锚锚杆支护抗力的 8 倍，有效提高了整个支护系统的刚度。

③ 提高了岩体抗拉拔、抗剪切能力。

锚杆支护作用的实质是对巷道围岩提供轴向约束和横向约束。轴向约束的作用是在岩层发生沿轴向的离层时，锚杆、锚索会主动产生拉拔力约束岩层的轴向位移。横向约束作用是在岩层发生径向错动时，锚杆、锚索会产生切向应力约束岩层的横向位移。全长锚固下锚杆(索)通过胶结材料和锚固材料与岩体固化为一体，并在岩体内扩散，使得锚杆、锚索与岩层

面上的摩擦阻力显著增大,可以明显抑制岩体的轴向位移和横向位移,即岩体的抗拉拔和抗剪切能力显著增加。

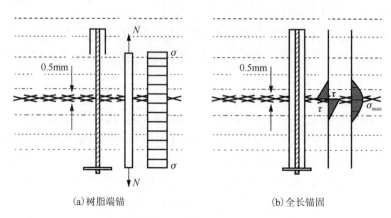

(a) 树脂端锚　　　　　　　(b) 全长锚固

图 6-3　树脂端锚与全长锚固受力分析

试验结果表明,通过在混凝土内 $\Phi$42mm 锚索钻孔内注入水泥浆进行剪切破坏试验,锚索的抗剪力为破断力的 1.1~1.2 倍。而未注浆的钢绞线的抗剪力为破断力的 70%左右,其抗剪切能力明显提高。

④ 强化了支护材料与围岩之间的力学联系。

根据锚杆(索)测力计现场监测结果,端锚支护的锚杆(索)经常出现支护阻力降低情况,究其原因主要是端锚锚杆(索)与围岩作用点在两端,受到应力作用影响,树脂锚固端呈圆柱状与孔壁煤岩体破碎后形成的煤岩粉形成润滑剂,造成锚固阻力减小,其次锁紧端托盘孔口受到的螺母或索具集中载荷较大,造成应力集中而破裂、岩层被"压酥"而失效,使锚杆(索)支护阻力降低、减弱或失去对围岩的控制能力。

全长锚固将围岩与支护材料通过浆液固化黏结为一体,消除了锚杆(索)自由段滞后、被动受力状态,减轻了外露段锚杆(索)应力集中程度,提高了锚杆(索)整体承载状态,使得支护材料及时、主动与围岩变形相耦合。

(3) 实现了围岩的增强改性。

① 网络骨架作用。

松散破碎围岩完整性遭到严重破坏,成为具有一定残余强度的连续多裂隙岩体,通过注浆加固作用,具有液态流动性的注浆材料在高压作用和虹吸作用下填充到岩体的裂隙中,待注浆材料固结后,会在围岩内形成新的网络状的骨架结构,破碎围岩转变为围岩-注浆材料组合体,围岩的完整体得以修复,重新成为较好的弹-塑性结构和具有较高黏结强度的固体,如图 6-4 所示。

 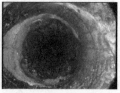

图 6-4　围岩-注浆材料组合体

② 黏结补强作用。

锚注一体化支护加固的对象主要是巷道浅部裂隙比较发育、承载能力较差的破碎带，这些岩体是受到应力剪胀作用而破坏的，其支护作用所依靠的是锚杆、锚索锚固范围内岩体的残余强度，这往往是不能满足承载强度要求的。

根据莫尔强度理论，由强度曲线：$\tau = C + \sigma \tan\varphi$ 可知，岩体的强度与黏结力 $C$ 和内摩擦角 $\varphi$ 密切相关。在巷道支护初期，围岩浅部岩体在应力集中作用下原应力平衡状态遭到破坏，岩体黏结力 $C$ 及内摩擦角 $\varphi$ 值降低，使得岩体抗剪强度 $\tau$ 难以抵抗应力集中影响而发生破碎，此过程不断向围岩深部转移，直至遇到足够强度的围岩，最终形成松散破碎的围岩松动圈。

由于注浆材料本身强度较岩体强度要高，注浆材料与破碎围岩所形成的固结岩体黏结力 $C$ 及内摩擦角 $\varphi$ 值要比原岩高得多，这使得巷道围岩松动圈内岩体强度提高，形成连续完整的支护结构，使强度包络线高于莫尔圆范围，如图 6-5 所示。降低了应力集中危害，同时增强了锚杆（索）的轴向力和切向力，提高了裂隙面的连续性和抗剪强度，阻止了裂隙面的张开和错动，进而增强了破碎岩体的整体强度、完整性与稳定性。

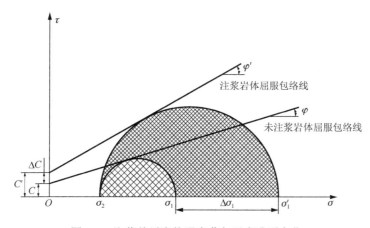

图 6-5 注浆前后岩体强度莫尔强度准则变化

③ 压密增强作用。

在高压注浆作用下，胶结材料不但可以对岩体内相互贯通的裂隙进行填充，还可将岩体内部的封闭孔隙和难以渗透的微细毛孔进行压缩，提高岩体的密实性，岩体的抗压强度和弹性模量也相应得以提高。

④ 转变岩体破坏机制的作用。

巷道掘出后由于施工扰动，原密实围岩转变为由大量裂隙和岩块组成的多相体，这些裂隙空间对于围岩承载能力起到负面作用，裂隙端部会引起强烈的应力集中现象，如图 6-6 所示，根据断裂力学理论，应力集中系数 $K$ 主要取决于裂隙端部半径 $\rho$、裂隙长度 $c$ 与岩体尺寸 $W$ 之比，应力集中造成这些裂隙不断扩展贯通成为裂隙带，使得巷道松动圈不断扩大。

锚注一体化支护的目的就是在这些裂隙发育初期将应力集中消除，防止裂隙进一步扩展。通过注浆，裂隙内部充满了注浆材料，强化了裂隙面的黏结作用，将原本处于平面受力状态的裂隙面（裂隙面法向应力为零）转变为立体受力状态，消除了裂隙端部应力集中的力源，进而转变了岩体破坏机制。

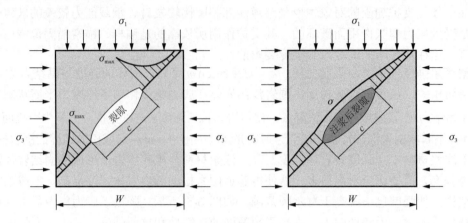

图 6-6　注浆前后裂隙端部应力集中示意图

(4) 改变了岩体变形特征，提高了巷道塑性承载能力。

深部高应力软岩巷道开挖后，围岩由原地应力场状态下的三向稳定应力状态转化为单向、两向或低侧向应力的三向应力状态，瞬间释放的弹性能使得围岩浅层岩体因径向卸载而破坏，进而引起深部切向应力集中并超过软岩自身强度，导致巷道松动破碎范围很大。

注浆加固后，巷道围岩松动圈范围降低，原破碎岩块恢复原岩状态，使得锚注加固拱结构内岩体的变形重新呈现出典型的理想弹塑性特点，峰后不出现应力软化，在产生较大轴向和侧向应变的情况下，轴向应力能维持在较高的应力状态，呈现应力强化特征。因此，锚注岩体既具有较高的承载能力，又具有极好的让压性能，能较好地适应深部高应力软岩巷道的让压要求，支护结构具有柔性特点。

### 6.2.3　锚注一体化支护结构特征

深部高应力软岩巷道开挖后其表面径向应力消失，切向应力达到最大值。在原岩应力作用下，巷道围岩将由巷道内表面首先发生屈服破坏，使得围岩应力向深部转移集中，巷道松动圈和塑性区范围也逐步向外扩展。而锚注一体化支护的范围一般要求超过巷道松动圈进入塑性区深部，将中空注浆锚索端锚于深部稳定或完整岩层内，在围岩中形成组合拱结构，并对不同加固范围内岩体提供有效径向约束。因此，由围岩和支护材料组成的锚注一体化支护结构主要由以下几部分组成，如图 6-7 所示。

(1) 锚喷加固拱：主要为巷道掘出断面以内由锚网、砂浆喷层以及外露的托盘、杆体等组成的锚喷层，其自身具有一定强度和柔性，可吸收围岩部分变形能和变形量，使应力均匀分布于巷道表面，降低应力集中风险，减少围岩变形的剧烈程度，同时封闭围岩，隔绝水和空气，防止围岩风化和吸水膨胀。

(2) 锚杆压缩拱：主要为锚杆锚固范围内的围岩体，可为锚固范围内破裂岩体提供可靠的径向约束，显示出应力强化特征，提高破碎岩体的残余强度，使其具有较高的极限承载能力和抗变形能力，同时可使深部未破坏岩体处于高应力约束条件下的三维应力状态，显著提高深部岩体的应力峰值强度，防止深部完整岩体的再破坏，保证巷道支护结构的整体稳定。

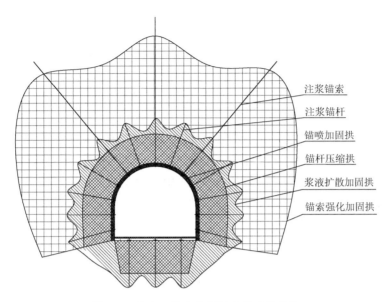

图 6-7 锚注一体化支护组合拱承载结构

(3) 浆液扩散加固拱：可有效提高破碎围岩的整体性和力学性能，从而提高支护结构的整体性和承载能力，使围岩塑性区的发展和塑性变形得到有效控制，相应由弹性、塑性变形及膨胀作用在围岩加固区产生的应力分布趋于均匀和稳定。

(4) 锚索强化加固拱：锚索注浆一方面使浆液扩散到更深围岩内部，实现深孔注浆，消除深部围岩裂隙带和岩体结构弱面，与锚杆注浆形成空间互补，保证支护效果；另一方面强化锚杆支护范围和强度，将巷道深部稳定岩体与锚杆压缩拱、浆液扩散加固拱更加紧密地联系在一起，同时为巷道浅部支护拱提供正向护表压力。

### 6.2.4 锚注一体化支护材料

1) 中空注浆锚杆的结构

中空注浆锚杆主要由螺母、托盘、止浆塞、中空杆体、锚头等组成，结构如图 6-8 所示。锚杆杆体选用 Q345 级及以上级无缝钢管为原材料，采用热轧工艺形成连续梯形螺纹，托盘选用 A3 钢板冲压成型，螺母采用铸件或锻件制作。

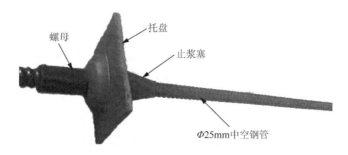

图 6-8 中空注浆锚杆实物图

这种锚杆结构简单，施工便捷，可以将锚固、注浆分开施工，既不影响掘进速度，又能提高支护效果。

2）中空注浆锚杆的特点

(1) 采用厚壁无缝钢管作为材料，采用表面螺纹成型工艺以及做工精良的配件，真正实现了注浆、锚固的统一。

(2) 锚杆杆体具有连续的波形螺纹，提高浆液与杆体的结合力，也可以作为钻杆配合钻头完成钻孔。

(3) 作为钻杆的锚杆体无需拔出，其中空可作为注浆通道，从里至外进行注浆。

(4) 止浆塞使注浆能保持较强的注浆压力，充分地充填空隙，固定破碎岩体，高强度的垫板、螺母可以将深层围岩应力均匀地传递到周壁围岩上，达到围岩与锚杆互为支护的目的。

3）安装使用方法

(1) 钻锚杆孔。用锚杆机采用 $\Phi$22mm 钻头钻锚杆孔，孔深为"锚杆长度-50mm"，并将锚杆孔内的岩粉用水或风清除干净。

(2) 安装锚杆。将安装好锚头的中空注浆锚杆用中空注浆锚杆杆体将树脂锚固剂推入钻孔孔底后，操作钻机搅拌树脂锚固剂，插入锚杆孔，锚头上的倒刺立即将锚杆挂住。

(3) 待树脂将锚杆和围岩凝固在一起形成初锚力后，安装止浆塞、托盘、螺母，并拧紧螺母达到设计预紧力。

(4) 注浆。通过快速接头将锚杆尾部和注浆机连接完毕后，开动注浆机，浆液注入锚孔中，直到锚杆尾端不再出气且注浆压力达到设计值，取下注浆接头，安上止浆帽防止浆液回流。

4）中空注浆锚杆的主要技术参数

(1) 规格型号：MZGK200-42/25。

(2) 杆体直径：25mm。

(3) 安装孔径：$\Phi$32mm。

(4) 屈服强度：≥500MPa。

(5) 破断强度：≥700MPa。

(6) 破断力：≥210kN。

(7) 延伸率：≥15%。

### 6.2.5 锚注一体化注浆工艺参数

注浆参数的设计和确定受到岩体状态、技术水平、施工工艺等方面的影响，水灰比、注浆压力、注浆时机等具有极度不确定性，对于深部高应力软岩巷道围岩注浆来说，其注浆效果也不是受单一注浆参数的影响，而是多因素综合指标决定的。

现有的注浆理论(包括渗透注浆理论、劈裂注浆理论等)都尚不够成熟，具有一定的局限性，适用范围难以满足深部高应力软岩巷道复杂多变的环境要求，浆液以充填、渗透、挤压和劈裂等物理机械作用方式与软岩发生相互作用，在注浆过程中可能以某一种或两种作用方式为主，而且随着围岩结构、浆液性能不同，这几种注浆作用方式可以相互转化。一般地来说，层状碎裂结构围岩以充填、渗透注浆为主；松散结构围岩以渗透、劈裂注浆为主；松弱结构围岩以劈裂、挤压注浆为主；碎块结构围岩以渗透注浆为主。因此，现场注浆应用还主要依据现场情况采用经验类比法，或开展尽可能模拟现场实际条件的注浆试验或原位试注浆以确定注浆参数。

### 1. 水灰比

若采用水泥作为注浆材料,水灰比是影响锚注一体化支护后水泥-围岩固结体物理力学性能的重要参数,它对锚注一体化支护效果的影响主要体现在两个方面。

(1) 强度性能。水泥类注浆材料的固结强度主要体现在固结后的结石体与岩体结构面之间的黏结力,随着水灰比增加,浆液固结体的力学性能逐渐下降,必然影响固结强度。

(2) 渗透性能。随着水灰比增加,水泥的颗粒效应增加,浆液的渗透能力也增加,使得浆液能够注入更微小的裂隙中,有利于注浆材料与岩体结构面的黏结面积增加。

浆液的强度性能与渗透性能是相互制约的,水泥净浆难以全部满足,因此采用水泥改性注浆材料可以明显改善浆液流动性和结石率,满足强度性能和渗透性能要求。

根据 ACZ-1 型水泥注浆添加剂对水泥净浆注浆效果的试验结果,对于新掘软岩巷道支护,在水灰比为 1:2 并添加质量比为 8%ACZ-1 型水泥注浆添加剂,其渗透性能较好,结石体固结强度也高。因此建议首次注浆采用水灰比 1:2 的水泥浆液配比,对注浆压力不达标、注浆量过低的注浆锚杆、锚索进行二次补注,二次补注采用水灰比 1:1 的水泥浆液,二次补注仍达不到注浆压力和注浆量过低的注浆锚杆、锚索,分析可能原因,无可靠原因的及时补打补注。

对于破碎巷道修复,由于原有裂隙已很发育,水灰比为 1:2 并添加质量比为 8%ACZ-1 型水泥注浆添加剂,完全可以满足渗透和充实度要求,实现破碎围岩高强度固结。

### 2. 注浆压力

注浆压力是浆液泵送入围岩中并不断扩散的动力,必须保证一定的注浆压力,这是实现注浆的基础。其压力值的确定在国内外具有两种观点:一种是尽可能提高注浆压力,保证浆液扩散效果和裂隙充实度;另一种是尽可能用低压注浆,避免引起裂隙的扩展和注浆垫层的破坏,导致注浆过程的失败。这两种观点各有利弊,对于不同的工程具有不同的指导意义,一般来说,化学注浆比水泥注浆压力要小得多,浅部注浆比深部注浆压力要小得多,渗透系数大的岩层比渗透系数小的岩层的压力要小得多。需要根据不同的工程类型合理选取注浆压力才能取得最好的注浆效果。

对于软弱围岩,建议选择高压注浆技术,对中空注浆锚杆采用 7~10MPa 注浆压力,可使浆液完全充填裂隙,并将节理面压密,保证围岩完整性。待围岩适当变形和应力释放后,对钻孔注浆锚索采用 7~10MPa 注浆压力,实现新生裂隙的黏结补强和围岩改性增强。

针对深部松散围岩,可选择可控调压注浆技术,即低压浅孔初注,压力在 3MPa 左右,使浆液充分扩散并首先固结巷道周边破裂岩体,待浆液固结后,注浆锚杆和注浆锚索即实现全长锚固并与围岩黏结于一体,再在该区实施高压复注,压力在 7MPa 以上,充分利用已固结区形成的注浆垫层消除次生裂隙,但在注浆工程中应采取有利于减少注浆压力的技术和措施,以尽量降低注浆压力,适应巷道围岩注浆的特点。锚注一体化支护采用中空注浆锚杆实施浅部注浆与中空注浆锚索实施深部注浆相结合的优势也体现于此。

### 3. 注浆顺序

根据裂隙的分布特征,沿巷道内主导裂隙面的延展方向浆液渗透距离长,与主导裂隙面垂直的方向浆液渗透距离短。浆液沿某方向渗透较远，并不一定能形成有效的注浆范围，由偏流效应知，只有大裂隙注入浆液后，小的裂隙才可能得到较好的注入。沿主导裂隙间隔注浆，交替进行，可以保证浆液在整个围岩的充分加固。

另外，巷道围岩注浆过程产生的浆液阻力是一个逐渐增加的过程，初期注浆量大，阻力小，后期注浆量小，阻力大。逐渐衰减的注浆压力不利于浆液的渗透，不断提高的注浆压力不利于注浆过程的控制，对安全也有影响。

因此，在注浆顺序上，应遵循先两帮后顶板，先下部后上部，先锚杆后锚索的原则进行注浆。在围岩破碎情况比较严重的条件下，由于同一排注浆锚杆/注浆锚索所注浆液扩散范围大，压力衰减率高，难以保证有效的全面加固，采取隔排注浆模式可以在主要裂隙加固后，复注浆固结一些死角，以增强锚固煤体或岩体的注浆量。

4. 注浆时机

注浆时机是充分体现深部高应力软岩巷道支护思想的重要注浆参数，必须根据巷道的类型（新掘、修复）采用不同的注浆时机。

新掘软岩巷道采用滞后注浆加固方式，对控制围岩变形、维护巷道稳定具有显著的科学合理性。从围岩裂隙发育情况看，高应力软岩巷道开挖后围岩裂隙表现出先充分发育后转向闭合的过程，其渗透系数呈现逐渐增加达到最大又进一步降低的变化规律。也就是说，岩石裂隙发育最好的状态既不在峰值强度，也不在完全破坏后的残余破坏段，而在应变软化的某个位置；相应地，围岩裂隙有一个发育过程，裂隙的张开度和间距不断变化，因而围岩的渗透性能也发生变化，巷道围岩渗透性能的峰值点既不在巷道刚开掘时，也不在巷道围岩严重破坏、裂隙趋向闭合以后，因而从注浆条件看，注浆时机应该在围岩变形的某个阶段，选择渗透系数较大的时间段注浆，有利于提高围岩的可注性，方便注浆作业。

根据工业性现场试验和矿压监测结果，考虑到浆液固化时间问题以及深部高应力软岩巷道锚注时机与时间的关系，在巷道掘出后 3 天或滞后 10m 位置为注浆锚杆最佳注浆时机，锚杆注浆后 3 天或滞后 10m 位置为注浆锚索最佳注浆时机。

修复巷道围岩的变形和破坏是持续增长的，并由于采动影响而表现出明显的阶段性，不同的注浆时机所起的作用悬殊，它受注浆固结体强度和支护抗力、裂隙发育状态及渗透性能、围岩内部应力调整和自稳性能、注浆工艺等因素影响，不可固守一个原则。

注浆时间早则围岩破坏程度小，注浆固结后强度可能会更高；但围岩破坏程度小，固结系数较小，注浆效果不明显，同时对浆液强度及渗透性能要求较高，不利于实施。滞后注浆时间，围岩破坏程度增加，利弊正相反。

初步的研究表明，破裂程度大的岩体注浆固结后适应变形的能力大，尤其是侧向变形能力得到显著提高，因此巷道修复后及时注浆可以提高固结体抗变形能力，允许围岩更多的变形。当然固结体的承载能力主要还是靠固结岩体自身的强度，固结体的绝对强度越低，固结圈的承载能力就越小，控制巷道后期变形的储备能力就越低，过迟的注浆难以发挥其效能。

5. 扩散范围

扩散范围根据岩层渗透系数、裂隙开度、注浆压力、浆液流动特征、注入时间等因素的变化而不同，它决定着注浆工程量和工程进度，常常利用一些理论或经验公式估算，但地质构造和渗透性在空间上的分布是不均匀的,尤其在深度方向上,很难得到满足适用于整体工程的理论结果,最终往往仍需通过试验确定。

裂隙的赋存特征、注浆压力和注浆材料性能是决定扩散范围的直接性因素,由于锚注一体化支护注浆是由点及面,最后形成立体空间浆液充填体,因此为了达到更好的注浆效果,必须使注浆扩散范围达到设计标准。可以采取以下措施。

(1) 调压注浆控制注浆过程。实现高低压搭配,满足不同注浆阶段压力需求。

(2) 优化注浆孔布置。保证注浆孔方位全覆盖,深浅互补。

(3) 采用复注浆技术。多次注浆,查缺补漏,保证裂隙充实度。

## 6.3 使用效果

二$_1$-15040 切眼采用浅固深注技术进行加固支护后,巷道变形量得到了有效控制,完全满足了采面设备安装的需要,如图 6-9 所示。

图 6-9 二$_1$-15040 切眼浅固深注加固后的效果

# 第7章 "三软"煤层综采放顶煤技术

平禹一矿是个水文地质极其复杂的老型矿井，主采$二_1$、$二_3$煤层，传统工艺炮采为主，长期存在人员多、工效低、成本高、效益差、安全状况不稳定的现象。随着我国煤炭工业的飞速发展，煤炭行业面临着优胜劣汰的局面，部分规模小、工效低、工艺落后的煤矿必将被淘汰。

伴随着平禹一矿采掘活动向深部延伸，防治水的难度越来越大，水害治理的周期越来越长，与接替之间的矛盾将会更加凸显；平禹一矿井田内地面村庄较多，占压煤量近2/3，严重制约着矿井接替工作的部署。当下可采区域受限，现有开采技术很难在产能上有所突破。

为缓解接替困境，同时在安全的前提下保证产能，在复杂地质条件下应用综采放顶煤技术迫在眉睫。应用综放技术，生产集中、系统简单、单产水平高，且对煤层地质变化适应性强，比悬移和一般综采更灵活和适用。综放液压支架顶梁前端支撑力大，伸缩梁、护帮板可有效解决片帮和冒顶。同时应用综放技术可减少回收安装的次数及掘进工程量、维修工程量、机电设备投入，从而减少了安全事故发生的概率，有效保证安全管理。单位进度采煤能力加大，放顶煤工作面煤量1/2以上的顶煤是利用地压破煤，依靠自重放煤，所以综采放顶煤采煤法是一种动力消耗最小的综合机械化采煤法。

## 7.1 综采放顶煤采煤法

20世纪初，欧洲一些国家开始应用放顶煤开采技术。由于受到客观条件的限制，回采时要预留煤，这部分煤在工作面推过后落入采空区，为了减少煤炭损失，从采空区捡回一部分煤炭，就逐渐发展为有意留厚顶煤的放顶煤开采法，如法国沿用至今的房式和仓式放顶煤采煤法。40年代末，法国、南斯拉夫等正式开始应用长壁和短壁放顶煤采煤法；1957年，苏联研制出了KTY型掩护式放顶煤液压支架，并在库兹巴斯煤田的托姆乌辛斯克使用；1963年法国研制成功了"香蕉"支撑掩护式放顶煤液压支架，1964年在布朗齐区使用并获得成功。随着液压支架技术的发展，苏联、法国、南斯拉夫等正式采用放顶煤开采煤厚并获得成功。

我国20世纪50年代曾在开滦、大同、峰峰和鹤壁等矿区采用放顶煤采煤法。我国综放的发展始于80年代。在1982年引进了综采放顶煤技术，并于1984年6月在沈阳蒲河矿开始工业性试验。1987年，平顶山矿务局一矿引进了匈牙利VHP-732型高位插底式放顶煤液压支架，取得了月平均44206t，最高月产55000t，回采率79.6%，平均工效25.5t的初步成绩。1988年阳泉矿务局、1989年潞安矿务局开始试验，超过了以前各局所取得的效果。由于这种采煤法具有掘进率低、效率高、适应性强及易实现高产等明显的优势，所以在我国得到了迅速发展(刘一博等，2011)。

## 7.1.1 综采放顶煤基本特点及适用条件

放顶煤采煤法的实质是在厚煤层中,沿煤层(或分段)底部布置一个采高 2～3m 的长壁工作面,用常规方法进行回采,利用矿山压力的作用或辅以人工松动方法,使支架上方的顶煤破碎成散体后由支架后方(或上方)放出,并经由刮板输送机运出工作面,如图 7-1 所示。在所有煤矿开采技术中,其属于一种新型开采技术,能把分层开采中的一些不利因素全部克服,具有简单、高效、施工量小的优点,这种技术不但能达到集中生产的目的,且对煤层地质变化也有较好适应性,具有显著技术经济效益,其具体的适用条件见表 7-1。

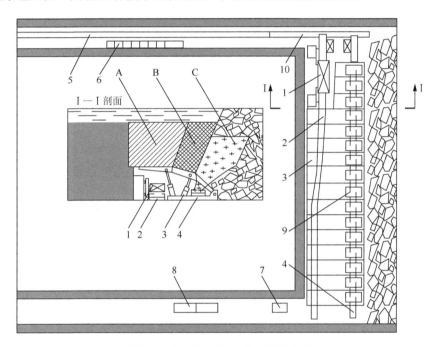

图 7-1 综采放顶煤工作面设备布置
1-采煤机;2-前部输送机;3-放顶煤液压支架;4-后部输送机;5-平巷胶带输送机;6-配电设备;7-安全绞车;
8-泵站;9-放煤窗口;10-转载破碎机;A-不充分破碎煤体;B-较充分破碎煤体;C-待放出煤体

表 7-1 综采放顶煤的一般适用条件

| 煤层条件 | 较小 | 适宜 | 较大 |
| --- | --- | --- | --- |
| 煤层厚度 | 过小容易发生超前冒顶 | 厚度在 5～12m | 过大破坏不充分,如果>12m 就应分段放煤开采 |
| 煤体强度 | 煤体强度 $f<1$,煤壁易于片帮,顶煤易超前垮落,不但工作机道上方难维护,而且支架受力状态也不合理,即前重后轻,支架不能实现良好的支护作用 | 煤的强度 $f<2$ 最好 | $f>3$ 时,支架向前移动后,顶煤形成悬顶不能自行垮落,垮落时块度过大,难以破碎,在放煤时势必要采用人为放顶煤措施,使放顶煤工作复杂化 |
| 煤层倾角 | $\alpha$ 不宜过大,缓倾斜煤层中一般 $\alpha<15°$,太大影响支架的稳定性,25°～30°煤层中也试验成功。在顶板条件允许且管理水平较高时,也可用于倾斜或急倾斜煤层 ||| 
| 煤层结构 | 过厚过硬的夹矸影响顶煤放落,单层夹矸厚度大于 0.5m 或 $f>3$ 要采取措施,顶煤中的夹矸总厚度不宜大于顶煤厚度的 10%～15% |||
| 顶板条件 | 顶板岩性最理想的条件是基本顶Ⅰ、Ⅱ级,直接顶有一定厚度,采空区不悬顶,冒落后松散体基本充满采空区 |||
| 地质构造 | 煤层厚度变化大、地质构造复杂、断层切割块段、阶段煤柱等,无法应用分层长壁采煤法时,可放顶煤;采面短,也可放顶煤,如回采鸡窝煤 |||

综采机械化放顶煤工艺过程如下：在沿煤层（或分段）底部布置的综采工作面中，采煤机 1 割煤后，液压支架 3 及时支护并移到新的位置。推移工作面前部输送机 2 至煤帮。此后，操作后部输送机专用千斤顶，将后部输送机 4 相应前移。这样，采过 1~3 刀后，按规定的放煤工艺要求，打开放煤窗口，放出已松碎的煤炭，待放出煤炭中的矸石含量超过一定限度后，及时关闭放煤口。完成上述采放全部工序为一个采煤工艺循环。

### 7.1.2 矿压显现特点及顶煤破碎机理

1. 岩层活动及矿压显现特点

放顶煤开采时，由于煤层一次采出厚度的增大，直接顶的垮落高度成倍增加，可达煤层采出厚度的 2.0~2.5 倍，其中 1.0~1.2 倍范围内的直接顶为不规则垮落带，而在上位直接顶中则形成某个临时性"小结构"，其活动可对采场造成明显影响。综放采场上方仍可形成稳定的"砌体梁"式基本顶结构，如图 7-2 所示，但其形成的位置远离采场。

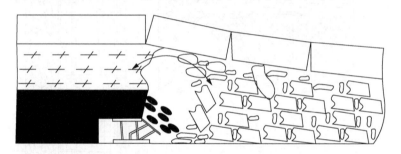

图 7-2 综放工作面顶板结构

上位直接顶中可形成"半拱"式小结构，并与其上的"砌体梁"式结构相结合，共同构成综放开采覆岩结构的基本形式。由于松软顶煤的参与，综放支架阻力通常不大于分层开采的支架阻力。综放基本顶初次来压与分层开采相比步距增大，一般可达 50m 以上；周期来压步距相对减少，约为其初次来压步距的 1/3。

2. 顶煤破碎机理

综放开采时，实现顶煤的有效破碎和顺利放出是放顶煤工作的核心问题，而顶煤的有效破碎又是顶煤顺利放出的前提，同时也是支架选型及确定放顶煤工艺的依据。顶煤的破碎是支承压力、顶板运动及支架反复支撑共同作用的结果。其中支承压力对顶煤具有破坏作用，是顶煤实现破碎的关键；顶板回转对顶煤的再破坏作用使顶煤进一步破坏，但是以支承压力破煤作用为前提，而支架仅对下位 2~3m 范围的顶煤作用明显。

支架反复支撑的实质是对顶煤多次进行加载卸载，使顶煤内的应力发生周期性的变化，形成交变应力作用促使顶煤破坏的发展，支架对顶煤的反复支撑次数与顶梁的长度及采煤机截深有关，可表示为

$$L = nB \qquad (7-1)$$

式中，$L$ 为顶梁的长度，m；$B$ 为采煤机截深，m；$n$ 为支架对顶煤反复支撑的次数，$n$ 通常

取 3～7，顶煤强度小或节理发育时，$n$ 应取小值，此时顶梁宜短，相反 $n$ 取大值，顶梁宜长。顶梁的长度过短，对顶煤破碎不利；而顶梁过长，将使顶煤破碎加剧，易出现架前或架上冒空现象，并增大煤炭损失，会造成采出率下降。

根据顶煤的变形和破坏发展规律，沿工作面推进方向将顶煤划分为四个破坏区，如图 7-3 所示。

A-完整区：该区段的顶煤处于弹性变形阶段，尚未破坏。

B-破坏发展区：煤体已发生破坏，进入塑性变形阶段，随着应力值的减小，其应变值不断扩大，顶煤中的裂隙得到扩展，但仍保持相对完整。

C-裂隙发育区：由于支架的"支撑-卸载"作用，顶煤中的裂隙进一步发展，并伴有新的裂隙产生，但仍具有一定的连续性，尚未完全破坏。

D-垮落破碎区：顶煤进入完全破坏，裂隙发育充分，丧失连续性而发生冒落成为松散块体，该区内的破碎程度受松散空间和支架阻力的影响较大。

由于工作面的移动特性，顶煤将顺次经过以上四个区，破坏逐渐发展，直到完全破碎而由放煤口放出。

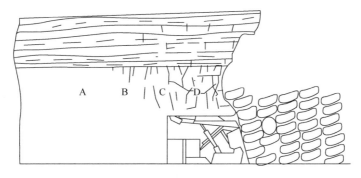

图 7-3 顶煤破坏分区
A-完整区；B-破坏发展区；C-裂隙发育区；D-垮落破碎区

### 7.1.3 放顶煤工艺特点

放顶煤开采的生产效率和煤炭采出率一方面取决于顶煤的冒落是否充分，另一方面则取决于是否能将冒落下来的顶煤尽可能多地顺利放出。因此可以说，在顶煤冒放性较好的条件下，顶煤的采出率及放顶煤效果取决于合理的放顶煤工艺参数的确定。而欲确定合理的放顶煤工艺，则需首先认识顶煤破碎后的运动及放出规律。

1. 顶煤放出规律

根据放矿理论，矿石从采场内是按近似椭球体形状流出来的，即原来所占的空间形状为一个旋转椭球体，如图 7-4 所示。在放矿过程中形成的椭球体称为放出椭球体 1，停止扩展而最终形成的椭球体称为松动椭球体 3，放矿后形成放出漏斗 2 和移动漏斗 4。

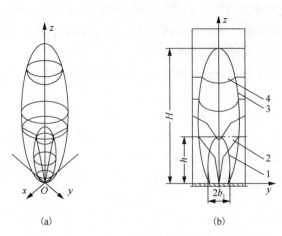

图 7-4 放矿椭球体的概念
1-放出椭球体;2-放出漏斗;3-松动椭球体;4-移动漏斗

假设放顶煤高度为 $h$,则放出椭球体 1 长轴为 $2a$,近似于 $h$,短轴为 $2b_1$。高度为 $h$ 的水平煤岩分界面将下降为一漏斗面 2,由于下降时煤岩的滚动,漏斗面实际上是由一定厚度的混矸层组成的,最大直径近似于 $4b_1$。生产实践表明,放出椭球体短轴与长轴的关系如式(7-2)所示:

$$b_1 = \frac{1}{2}(0.25 \sim 0.3)h \tag{7-2}$$

从理论上讲,放出椭球体表面上的颗粒将大体上同时到达放煤口。放煤的同时,放出椭球体周围的煤岩也将向放煤口移动,充填放煤留下的空间,且与放出椭球体相似,为一松动椭球体,其高度 $H$ 可用式(7-3)表示:

$$H = (2.2 \sim 2.6)h \tag{7-3}$$

放煤口间距的确定如下:放煤口间距 $l$ 对放煤效果有一定的影响,如图 7-5 所示,当 $l > 2b_1$ 时,脊背煤损失大;$l$ 越大,损失越大;当 $l < 2b_1$ 时,脊煤损失小,煤矸石混杂;支架选取后,$l$ 是确定的,要求合理放煤工艺,减少煤损,不增加混矸。

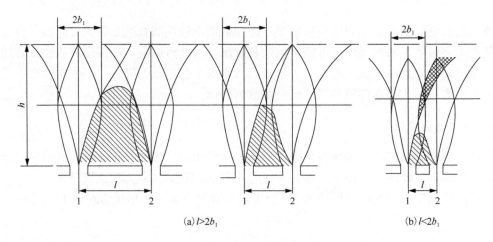

图 7-5 放煤口间距 $l$ 与放煤效果的关系

当放煤高度与放煤口直径的比值 $h/d$<2~3 时,已不再遵循椭球体的放出规律。由试验可知,放出体基本上按漏斗流出。若顶煤厚度过小,将形成类似伪顶的不规则垮落,因此,一般顶煤厚度不应小于 2m。另外,当颗粒过小,湿度过大时,顶煤将难以顺利地连续放出。

2. 放顶煤工艺

放顶煤工艺主要包括初末采放煤工艺、放煤步距、放煤方式和端头放煤等几个问题。

1) 初末采放煤工艺

初采放煤工艺:在煤矿开采初期,为防止顶板垮落对采煤工作面造成的威胁,从切眼至第一次放煤距离一般为 8~12m 不放煤,丢失顶煤量;对于煤质较松软煤层,工作面开切眼沿底板布置,推出切眼 5~6m 直接顶初次来压时,强制放顶煤。目前,大多数综采面采取推出切眼后即做到及时放煤。

末采放煤工艺:综放开采的初期,通常在工作面收作前,提前 20m 左右铺网停止放煤,或沿底板的工作面向上爬至沿顶板时再收作。近些年来在综放开采的实践中普遍缩小了不放顶煤的范围,一般可提前 10m 左右停止放顶煤并铺顶网,要选择合理的停采线位置并保证矸石能够压住金属网。

2) 放煤步距

放煤步距指在工作面推进方向上,前后两次放顶煤之间工作面推进的距离。确定放煤步距原则为:使放出范围内的顶煤充分破碎、松散,提高采出率,降低含矸率。不同放煤步距的放煤效果如图 7-6 所示。

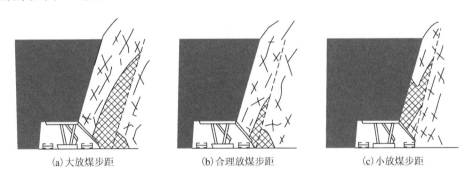

图 7-6 不同放煤步距的放煤效果

放煤步距大,顶煤放不出,煤损大;放煤步距小,煤矸混杂,煤质差。放煤步距太大:顶板方向的矸石先于采空区后方的煤到达放煤口,关口,顶煤放不出;放煤步距太小:采空区方向的矸石先于上部顶煤到达放煤口,顶煤损失部分。放煤步距影响因素有顶煤厚度、顶煤可放性、顶煤冒落时的垮落角、直接顶厚度。当前,生产实践中,截一刀放顶煤一次(顶煤厚度较小);截两刀放顶煤一次(顶煤厚度较大);截三刀放顶煤一次(顶煤厚度较大)。

3) 放煤方式

放煤方式为:放顶煤工作面放煤顺序、次数和放煤量的配合方式。

(1) 多轮、分段、顺序、等量放煤。工作面分 2~3 段;段内同时开启两个相邻放煤口;每次放 1/3~1/2 的顶煤;按顺序循环放煤,直至该段全部放完;再进行下一段放顶煤。或是各段平行作业。

(2) 单轮、多口、顺序、不等量放煤。从工作面一端开始放煤，4 个放煤口，开放面积分别为 1、1/2、1/3、1/4。第 1 个口放完，关闭，按顺序开启第 2、3、4、5 个口，分别为 1、1/2、1/3、1/4、开放，这样每个口一次放完，单轮。

(3) 多轮、间隔、顺序、等量放煤。放煤口放煤顺序为：先放 1#、3#、5#、7#……，每次放 1/3～1/2 的顶煤；后放 2#、4#、6#、8#……，每次放 1/3～1/2 的顶煤；反复两三轮。

(4) 单轮、间隔、多口放煤。先放 1#、3#、5#……，放顶煤，见矸关口，留较大脊背煤；滞后一定距离放 2#、4#、6#……，放出留下脊背煤中的一个椭球体。

4) 端头放煤

随着工作面输送机和支架的不断改进，端头设备布置也不断更新，目前解决端头放煤的途径主要有以下三种：加大巷道断面尺寸，机头机尾置于巷道中，取消过渡支架；使用短机头和短机尾工作面输送机或侧卸式工作面输送机；采用带有高位放煤口的端头支架，实现端头及两巷放顶煤。

## 7.2 综采放顶煤技术

### 7.2.1 采煤方法

二$_1$-13110 综放工作面设计走向长 960m，可采走向长 820m，倾斜长 126.5m，实体煤厚 4.1～5.9m，平均煤厚 5m，倾角 16°～30°。因此二$_1$-13110 综放工作面采用走向长壁后退式综合机械化放顶煤采煤方法。采用 ZFY5000/16/26 型掩护式放顶煤液压支架、ZFG6000/16/30H 放顶煤过渡液压支架支护顶板，全部跨落法处理采空区。

### 7.2.2 采煤工艺

1. 采放工艺

1) 采放高度
工作面煤层厚度 4.1～5.9m，平均煤厚 5m，采煤高度 2.0m，放煤高度 2.1～3.9m。

2) 放煤步距
放煤高度在 3.5m 以下时，采取割一放一，即放煤步距为 0.6m。

3) 工艺流程
割煤→移架→推移前部输送机→放煤→拉移后部输送机。

4) 采煤工艺分述

(1) 割煤。
采煤机以前部输送机为导向在其上行走，牵引为齿轨无链牵引方式。正常割煤时，采煤机前滚筒割顶煤，后滚筒割底煤，每刀 0.6m，割三角煤长度不得低于 25m。

(2) 移架。
工作面移架采用追机作业，分段移架，移架工作滞后煤机距离不得小于 15m，移架步距 0.6m。工作面有片帮冒顶时，采用带压移架、超前支护方式移架，片帮大于 300mm 时，及时伸出顶梁配合护帮板作为临时支护。及时支护顶板与煤壁，移架后必须及时给支架加液，使支架达到初撑力，初撑力不低于 24MPa。

(3) 推前输送机。

推移步距为 0.6m，推移弯曲段长度不得小于 15m，推移时必须依次顺序进行，严禁相向推移，推输送机时可以在输送机运转时推移，机头、机尾推移时必须停机。

(4) 拉后输送机。

待工作面放完煤后，方可拉后输送机，拉移步距 0.6m。

(5) 放煤。

初次放顶煤，合理选定放顶煤支架位置，当工作面初采初放结束后，工作面开始放煤。

① 正常放顶煤。

a. 放煤高度在 3.5m 以下时，采取割一放一。

b. 过渡架不放顶煤(机头 3 架及机尾 3 架)。放顶煤采用多轮循环间隔放煤法进行放煤，放顶煤时，必须按支架编号奇偶数进行分次分批放煤，奇数架放一通排顶煤后，偶数架才能放顶煤，严禁奇偶数支架同批同次放煤。放顶煤时，分三阶段进行，第一阶段以放顶煤 10～15min 为止，第二阶段以所放顶煤中见矸即停，第三阶段以顶煤中含矸量大于 1/3 时，停止放煤。放煤工不得一次将伸缩梁收回最大角度，且放煤过程中尽量不让或少让顶煤流出输送机之外。当有大块煤卡在放煤口影响放煤时，反复摆动尾梁，使大块煤破碎；当发现矸石时，及时将伸缩梁伸出，防止矸石混入煤中。严格执行"见矸关窗"原则，靠近端部的放顶煤要根据后部输送机的煤量适当控制放煤量。

c. 放完煤后，拉后部输送机与推前部输送机相同，分段拉回，拉后部输送机保证其成一条直线。放煤时放煤工要注意观察煤的流动情况，以防大块煤堵住输送机而将输送机压死或拉坏管路，煤放到顶板矸石出现时关窗，在保证煤质的前提下，尽量提高回采率。

② 支架松动放煤。

工作面回收顶煤可利用矿山压力压碎煤体，在移架或放顶煤时支架反复支撑顶煤，使顶煤继续破坏，放顶煤时将顶煤从支架后放出回收，具体如下。

a. 放顶煤时如顶煤不能及时放出，可用支架顶梁和尾梁反复支撑顶煤，使顶煤及时垮落放出。

b. 升降支架顶梁降幅高度不超过侧护板的 2/3，防止支架咬死。

c. 在移架过程中可以反复摆动尾梁破坏顶煤，同时可放少量煤，使尾梁形成少量空间，减少尾部煤矸对支架顶部煤体的支撑，使顶煤形成失稳状态，在矿山压力的作用下支架移架时使顶煤及时垮落，达到回收顶煤的目的。

(6) 各工序质量控制标准见表 7-2，二$_1$-13110 工作面正规循环作业图如图 7-7 所示。

表 7-2　各工序质量控制标准

| 工序名称 | 质量特征 | 技术要求 |
| --- | --- | --- |
| 割煤 | 割煤方式 | 端头斜切进刀，往返一次，割两刀 |
| | 采高均匀 | 采高 2.0m±200mm |
| | 煤壁 | 煤壁直，无伞檐 |
| | 顶底板平 | (1)无台阶；(2)不丢底煤；(3)端面冒落高度<340mm |

续表

| 工序名称 | 质量特征 | 技术要求 |
|---|---|---|
| 移架 | 支架直 | 要成一条直线,偏差<50mm |
| | 支架正 | 支架与顶底板垂直歪斜度<±5° |
| | 顶梁平 | 最大仰俯角<7°,支架顶梁与顶板平行支设,相邻支架错差不超过150mm |
| | 架间距均匀 | 支架中心距1.5m±100mm |
| | 初撑力 | 初撑力≥80%额定值,梁端距≤340mm |
| | 移架步距 | 600mm/次 |
| 推、拉前后输送机 | 输送机直 | 直线段偏差±50mm,弯曲段>25m |
| | 输送机平 | 上下弯曲角度<3° |
| | 输送机与转载机搭接合理 | (1)底链不拉回头煤;(2)转载机搭接高度400mm,长度200mm |
| | 移溜顺序 | 单向顺序推溜 |
| 放煤 | 放煤步距 | 0.6m,一刀一放 |
| | 放煤方式 | 多轮循环间隔放顶煤 |

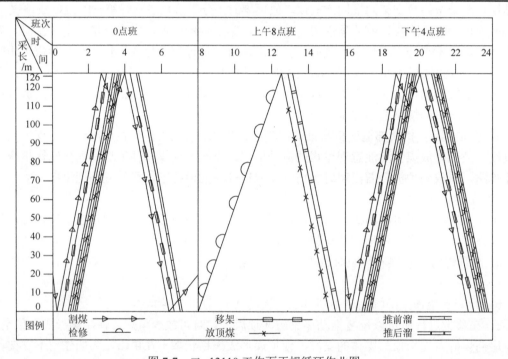

图 7-7  二$_1$-13110 工作面正规循环作业图

(7)采用 MG200/456-QWD 采煤机螺旋滚筒配合 SGZ764/500 型刮板运输机运煤。液压支架后尾梁放出的顶煤直接装入后部 SGZ630/320 型刮板输送机。工作面的架间、机头、机尾及支架的浮煤靠人工装至输送机运走。

2. 采煤机割煤方法

1)工艺说明

采用 MG200/456-QWD 型采煤机端头斜切进刀割三角煤的进刀方式,斜切进刀段长度不得低于 25m,进刀深度 0.6m,具体操作如下。

(1) 采煤机向下(上)割透端头煤壁。

(2) 向上(下)推移刮板输送机,及时依次顺序移架,移架滞后采煤机的距离不大于 15m,将两个滚筒上下位置调换,向上(下)进刀,通过 15m 的弯曲段至 25m 处,使得采煤机达到正常截割深度;顶板破碎段可及时移架,采用带压移架,移架步距 0.6m,滞后采煤机至少 12m 将输送机移向煤壁,并保证输送机弯曲段长度不小于 15m,按要求推移刮板输送机至平直状态。

(3) 将两个滚筒上下位置调换,向下(上)割三角煤至割透端头煤壁。

(4) 割完三角煤以后,将两个滚筒的上下位置调换,采煤机空机返回,进入正常割煤状态。

2) 采煤机正常切割

采煤机进刀方式如图 7-8 所示。

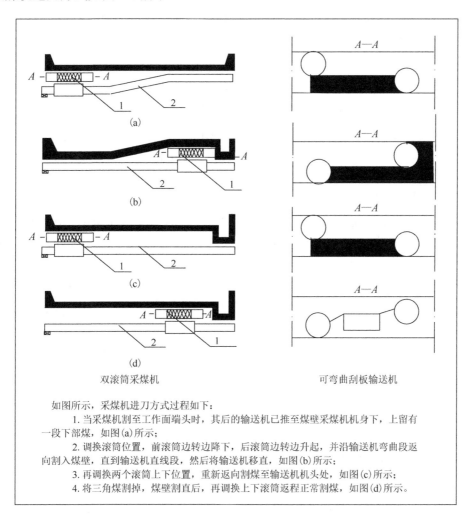

图 7-8 采煤机进刀方式示意图

(1) 采煤机以 2.0～4.0m/min 的速度向上(下)割煤,采煤机正常割煤采用前滚筒在上部、后滚筒在下部的方式。

(2)工作面采煤机采用双向割煤,往返一次割两刀;采煤机牵引方式为交流电牵引。

3. 工作面正规循环生产能力及日已知生产能力计算

二$_1$-13110 综放工作面倾斜长度 126.5m,循环进度 0.6m,核定每天割煤 4 个循环,采用放顶煤回采,容重 1.34t/m³,则工作面循环产量如下。

1)工作面正规循环生产能力

$$W_1 = L_1 \times h \times S \times r \times c \tag{7-4}$$

式中,$W_1$ 为工作面正规循环生产能力,t;$L_1$ 为工作面可采斜长;$S$ 为工作面单个循环进尺,m;$h$ 为工作面采高(平均煤厚);$r$ 为煤的容重;$c$ 为回采率。

工作面可采斜长取 126.5m,工作面单个循环进尺 0.6m,工作面采高平均厚度取 5m,煤的容重取 1.34t/m³,回采率取 93%,按式(7-4)计算工作面正规循环生产能力为 473t。

$$W_1 = L_1 \times h \times S \times r \times c = 126.5 \times 5 \times 0.6 \times 1.34 \times 93\% = 473(t)$$

2)工作面日已知生产能力计算

$$W^1 = 4W_1 \tag{7-5}$$

式中,$W^1$ 为工作面日正规生产能力,t;$W_1$ 为工作面正规循环生产能力,t。

按式(7-5)计算出工作面日正规生产能力为 1892t。

$$W^1 = 4W_1 = 4 \times 473 = 1892(t)$$

4. 工作面伪倾斜计算

为了进一步控制工作面运输机和支架上窜下滑,确保工作面安全生产,根据工作面概况,二$_1$-13110 工作面初采前,下切口标高-266.9m,上切口标高-216.9m,落差 50m,斜长 126.5m,机巷设计走向长 974m,风巷设计走向长 966m,机巷超前风巷 8m,工作面设计伪倾角为 93°,平均煤厚 5m,循环进度 0.6m,切眼坡度为 16°~30°,平均 23°,煤层较稳定,采用走向长壁后退式综合机械化放顶煤采煤方法。通过粘图法计算得出二$_1$-13110 工作面机巷超前风巷长度控制到 8~13m,伪倾角控制到 94°~96°。

### 7.2.3 机电设备配置

1)工作面机械设备配置

工作面机械设备配置表见表 7-3,工作面设备布置图如图 7-9 所示。

2)设备配置情况

(1)采煤机选用 MG200/456-QWD 一部,主要技术参数如下。

采高:1.4~2.6m;电机功率:456kW;截深:600mm;卧底量:467mm;牵引速度:0~7.9~13m/min;牵引方式:机载式交流变频齿轨牵引。

(2)液压支架:切眼倾斜长 126.5m,工作面安装 85 架,选用 ZFY5000/16/26 型掩护式放顶煤液压支架和 ZFG6000/16/30H 型放顶煤过渡液压支架。

① 基本架:ZFY5000/16/26 型 79 架,支撑高度 16~2.6m,单架自重 18.2t,工作阻力 5000kN,支护强度 0.65~0.7MPa,适应采高 1.6~2.6m,底板比压 1.5~2.3MPa。

表 7-3 工作面机械设备配置表

| 序号 | 名称 | 型号 | 数量 | 安装位置 |
|---|---|---|---|---|
| 1 | 掩护式放顶煤液压支架 | ZFY5000/16/26 | 79架 | 切眼 |
| 2 | 放顶煤过渡液压支架 | ZFG6000/16/30H | 6架 | 上、下端头 |
| 3 | 双滚筒采煤机 | MG200/456-QWD | 1部 | 切眼 |
| 4 | 前部刮板输送机 | SGZ764/500 | 1部 | 切眼内煤壁侧 |
| 5 | 后部刮板输送机 | SGZ630/320 | 1部 | 切眼内采空区侧 |
| 6 | 桥式转载机 | SZZ764/200 | 1部 | 机巷 |
| 7 | 乳化液泵 | BRW400/31.5 | 2台 | 风巷外段 |
| 8 | 绞车 | JSDB-16 | 1台 | 风巷 |
| 9 | 回柱绞车 | JSD-20 | 2台 | 机巷、风巷 |
| 10 | 带式输送机 | DTL-1000/2×75 | 2部 | 机巷 |
| 11 | 破碎机 | 2PLF120/150 | 1台 | 机巷 |

② 过渡架：ZFG6000/16/30H 型 6 架，上端头安装 3 架，下端头安装 3 架，支撑高度 1.6～3.0m，单架自重 20.3t，工作阻力 6000kN，支护强度 0.73～0.8MPa，适应采高 1.6～3.0m，底板比压 2.1～2.3MPa。

(3) 工作面刮板输送机两部（前部、后部），其主要技术参数如下。

型号：SGZ764/500（前部）；电机功率：2×250kW；

链速：1.28m/s；设计长度：126.5m；

运输能力：1000t/h；

型号：SGZ630/320（后部）；电机功率：2×160kW；

链速：1.04m/s；设计长度：126.5m；

运输能力：450t/h。

(4) 桥式转载机，其主要技术参数如下。

型号：SZZ764/200；电机功率：200kW；

链速：1.44m/s；设计长度：38m；

运输能力：1000t/h。

(5) 乳化液泵，其主要技术参数如下。

型号：BRW400/31.5；公称流量：400L/min；

公称压力：31.5MPa；电机功率：250kW；

乳化液型号：FE10-5；乳化液配比浓度：3%～5%。

(6) 破碎机，其主要技术参数如下。

型号：2PLF120/150；电机功率：2×200kW；

转速：1480r/min；破碎能力：≤1000t/h；

入料粒度：≤500mm；出料粒度：≤200mm。

3) 设备检修

(1) 严格按照综采队设备班检、日检、周检、月检的内容检修设备，每天必须保证不低于 2h 的检修时间。

(2) 检修工应熟知设备的性能原理，依照设备完好标准检修，确保设备完好率达 95%以上,主要设备必须完好。

(3) 严格按照设备润滑图表进行加油或换油,不准使用不合格的油脂。

(4) 严格执行设备包机管理制度,包机到人,挂牌管理。

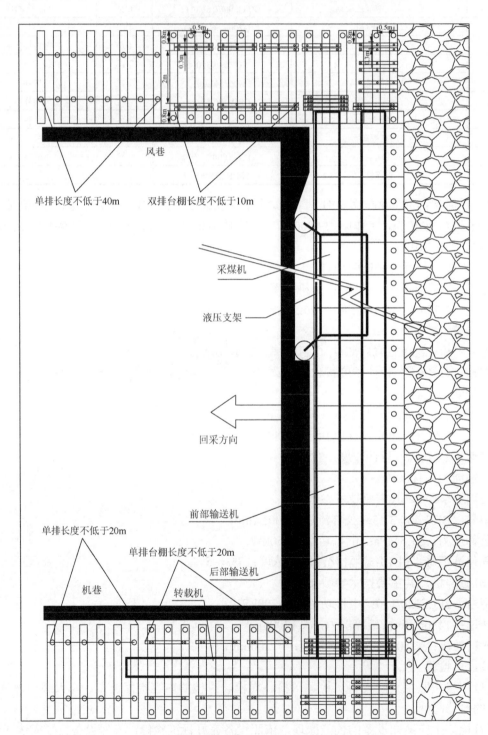

图 7-9  二$_1$-13110 工作面设备布置示意图

## 7.3 工作面顶板控制

### 7.3.1 二$_1$-13110 综放工作面支护设计

（1）二$_1$-13110 综放工作面采用 ZFY5000/16/26 型支护，工作面上下端头各使用 3 架 ZFG6000/16/30H 型支架进行支护。

ZFY5000/16/26 型掩护式放顶煤液压支架主要技术特征及参数见表 7-4；ZFG6000/16/30H 放顶煤过渡液压支架主要技术特征及参数见表 7-5。

表 7-4 ZFY5000/16/26 型掩护式放顶煤液压支架主要技术特征及参数

| 序号 | 项目 | 技术参数 | 单位 | 备注 |
|---|---|---|---|---|
| 1 | 支架高度 | 1600～2600 | mm | 最低/最大高度 |
| 2 | 适应采高 | 1600～2600 | mm | |
| 3 | 中心距 | 1500 | mm | |
| 4 | 工作阻力 | 5000 | kN | $P$=40.6MPa |
| 5 | 初撑力 | 3880 | kN | $P$=31.5MPa |
| 6 | 支架宽度 | 1430～1600 | mm | 最小/最大宽度 |
| 7 | 支护强度 | 0.65～0.7 | MPa | $f$=0.2MPa |
| 8 | 底板平均比压 | 2.5 | MPa | $f$=0.2MPa |
| 9 | 适应工作面倾角 | ≤25 | ° | |
| 10 | 适应走向倾角 | <15 | ° | |
| 11 | 推移步距 | 600 | mm | |
| 12 | 泵站压力 | 31.5 | MPa | |
| 13 | 支架重量 | 18.2 | t | |
| 14 | 操纵方式 | | | 手动本架操纵 |

表 7-5 ZFG6000/16/30H 放顶煤过渡液压支架主要技术特征及参数

| 序号 | 项目 | 技术参数 | 单位 | 备注 |
|---|---|---|---|---|
| 1 | 支架高度 | 1600～3000 | mm | 最低/最大高度 |
| 2 | 适应采高 | 1600～3000 | mm | |
| 3 | 中心距 | 1500 | mm | |
| 4 | 工作阻力 | 6000 | kN | |
| 5 | 初撑力 | 5232 | kN | |
| 6 | 支架宽度 | 1430～1600 | mm | 最小/最大宽度 |
| 7 | 支护强度 | 0.73～0.8 | MPa | |
| 8 | 底板平均比压 | 2.1～2.3 | MPa | |
| 9 | 适应工作面倾角 | ≤25 | ° | |
| 10 | 适应走向倾角 | <15 | ° | |
| 11 | 推移步距 | 600 | mm | |
| 12 | 泵站压力 | 31.5 | MPa | |
| 13 | 支架重量 | 20.3 | t | |
| 14 | 操纵方式 | | | 手动本架操纵 |

(2) 工作面支护设计。

① 按工作面 8 倍最大采高计算顶板岩石对支架的作用力。

支架的支护强度计算公式：

$$P = 8m \times \gamma \times v \times g \tag{7-6}$$

式中，$m$ 为采高，m；$\gamma$ 为顶板岩石容量，kg/m³；$v$ 为单位体积，m³；$g$ 为常数，m/s²。

按式(7-6)计算支架的支护强度，采高 $m$ 取最大值 3m，岩石的容重 $\gamma=2.0\times10^3$kg/m³，$v$ 取 1m³，$g$ 取 10 m/s²，支架的支护强度 $P$ 为 0.48MPa。

$$\begin{aligned}P &= 8m \times r \times v \times g \\ &= 8\times3.0\times2.0\times10^3\times1\times10 \\ &= 0.48\times10^6 \text{(Pa)} \\ &= 0.48 \text{(MPa)}\end{aligned}$$

② 顶板对支架的压力计算。

顶板对支架的压力计算公式：

$$F = P \times l \times b \times \eta \tag{7-7}$$

式中，$l$ 为顶梁长，m；$b$ 为支架宽度，m；$\eta$ 支护效率。

按式(7-7)计算顶板对支架的压力，顶梁长取 3.9m；支架宽度取 1.5m；支护效率取 80%，则顶板对支架的压力为 2246kN。

$$\begin{aligned}F &= P \times l \times b \times \eta \\ &= 0.48\times10^6\times3.9\times1.5\times80\% \\ &= 2246 \text{(kN)}\end{aligned}$$

③ 支护强度验算。

$$F=2246\text{kN} < 5000\text{kN（支架工作阻力）}$$

通过以上计算可知，在正常支护情况下，采煤工作面支护需要支架的支护强度 $P$ 为 0.48MPa，工作阻力为 2246kN/架，而所选 ZFY5000/16/26 型支架工作阻力为 5000kN，支护强度为 0.65～0.7MPa，ZFG6000/16/30H 型支架工作阻力为 6000kN，支护强度为 0.73～0.8MPa，均能满足支护的需要。故选择这种支架是合适的。

### 7.3.2 工作面顶板控制技术

1) 工作面支护

(1) 二₁-13110 综放工作面采用走向长壁后退式综合机械放顶煤采煤方法。采用 ZFY5000/16/26 型液压支架 79 架和 ZFG6000/16/30H 型液压支架 6 架，支护方式为本架操作及时支护。最小控顶距为 3.9m，最大控顶距为 4.5m，根据采煤机滚筒截深(0.6m)，确定移架步距、放顶步距 0.6m，工作面控顶距示意图如图 7-10 所示。

(2) 在正常情况下，随着采煤机向前割煤，顶板或顶煤暴露，这时待采煤机向前行进 4～6m 时，应立即移架，支护已暴露的顶板或顶煤。但当工作面局部发生顶板不稳定，产生片帮、冒顶时，采煤机应停止割煤，将支架伸缩梁护帮板打开，临时支护好顶板，必要时应采取其他临时背板护帮措施，这样不致使顶板事故继续扩大，只有在事故处理好的安全条件下，才能继续割煤。

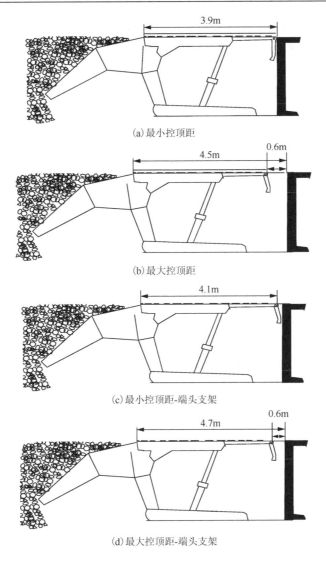

图 7-10 工作面控顶距示意图

2) 支护质量管理

(1) 支架直线偏差不超过 50mm，移架步距为 0.6m。

(2) 支架垂直顶底板，歪扭小于±5°，顶梁与顶板要接触严密，最大仰俯角小于 7°。

(3) 相邻支架顶梁不得有明显错茬(不超过 150mm)，不出现咬架、挤架现象，架间空隙<200mm，当遇断层，确需出现错茬时，应及时采取防止支架歪扭措施，严防支架或侧护板变形或损坏。

(4) 支架初撑力不得低于 24MPa。

(5) 支架与工作面输送机要垂直，其偏差为±5°。

(6) 及时移架，端面距不大于 340mm。

(7) 支架完好，无漏液，不串液，不失效。

(8) 液压支架、单体液压支柱等都必须实行编号管理。

(9) 支架梁端至煤壁顶板冒落高度不大于 300mm。

(10) 工作面支架的安全阀、液控单向阀、截止阀及各种液压管路(包括管路接头及密封)必须完好,若损坏必须及时更换,液压系统杜绝跑冒滴漏,确保完好。

(11) 每次升架后必须达到规定的充液时间,使支架升紧,确保初撑力达到设计规定要求。

(12) 每班必须加强对支架初撑力的验收管理,达不到要求的要严格考核落实。

3) 初次来压及周期来压期间的顶板管理

(1) 工作面初采前,必须按规程要求支设好两巷超前支护。

(2) 工作面基本顶初次来压和周期来压期间,应加强来压的监测预报工作。

(3) 工作面基本顶初次来压前跟班队长必须加强观察,并及时向调度室汇报。

(4) 初采、初放期间,各有关部门要派专人到现场跟班盯岗,严把支护质量和工程质量关,发现问题及时处理。

(5) 初次来压及周期来压期间,采高严格控制在 2m 以下,严禁超高回采。

(6) 必须保证泵站及支架液压系统无跑冒滴漏现象,泵站压力达到 30MPa,工作面支架初撑力不小于 24MPa,单体支柱支护段支柱初撑力不小于 90kN。

(7) 必须加强端头及两巷超前支护,保证安全出口畅通。

(8) 工作面液压支架初撑力不低于 24MPa,升架时要特别注意工作面液压支架的初撑力及液压支架支护状态,确保整体支护强度,防止冒顶。

(9) 工作面支架要随采煤机割煤后及时拉出,并保证前梁接顶严密,若煤壁片帮严重或顶板较为破碎,应在前滚筒割煤后及时伸出伸缩梁护顶,追机打开护帮板护帮,必要时应在割煤前超前拉架。

(10) 初次来压及周期来压期间,应积极组织生产,加快工作面安全推进度,尽快摆脱压力影响。

(11) 必须保证工作面直线度,以防产生局部应力集中。

4) 正常生产时期顶板管理

(1) 液压支架支护要求:工作面应达到动态达标的质量标准化要求,确保"三直、两平、一净、两畅通"的质量要求(三直:煤壁直、输送机直、支架直;两平:顶、底板平;一净:浮煤净;两畅通:上、下安全出口畅通)。

(2) 加强液压支架的支护强度,确保支护质量。

(3) 采煤机割煤后,要及时移架,移架与采煤机后滚筒的距离一般不超过 15m,防止长时间空顶。

(4) 顶板破碎时,采用交错式移架,即隔一架移一架,或采用打开伸缩梁、超前移架(采煤机前滚筒割顶煤后,及时进行移架支护顶板)。

(5) 冒顶区顶板支护:采用长木梁支护,即在支架前梁上架设走向木梁,将其一头搭在支架前梁上(不少于 0.2m),另一头搭接在煤壁侧点柱上。若顶板空顶严重,必须及时摆("井"字形)木垛,接顶严实。

(6) 工作面液压支架严禁歪斜、咬架、挤架、错台,否则要及时调整。

5) 过地质构造带期间的顶板管理

(1) 根据断层资料调整层位、坡度,刮板输送机溜槽垂直弯角≤±3°。

(2) 断层附近要平整过渡,防止支架脱节,工作面高度严禁忽高忽低,并严格按照要求控制采高,相邻支架错差小于150mm,以防挤架、咬架。

(3)采煤机速度控制在1m/min以下,追机机组前滚筒带压擦顶割一架拉一架,移过的支架保证前梁接顶严密,保证初撑力,并及时升起护帮板。

(4)采煤机驾驶人站在距滚筒2.0m以外进行操作,无关人员不得在采煤机机身范围内逗留和作业。

(5)顶板破碎时,应采用超前带压擦顶移架的方式控制顶板,移架后将前梁插板伸出,打出护帮板护帮。在前梁插板伸出情况下拉架过程中,应边拉架边收回前梁插板,支架前移后,将前梁插板完全伸出,打出护帮板护帮。片帮大于0.8m时,在支架顶梁上铺设走向梁,防止端面冒顶。

(6)当煤壁片帮严重,顶梁有漏渣预兆时,必须进行停机处理。

(7)过断层期间,应及时掌握断层落差及延伸方向,并制定出卧底、挑顶尺度,指导安全生产。

(8)加强支架、采煤机、输送机、转载机、胶带输送机、液压系统的检修,严禁带病作业,保证设备的正常运转。

## 7.4 端头及两巷超前顶板控制

### 7.4.1 端头支护

采用ZFG6000/16/30H放顶煤过渡液压支架支护顶板,下端头3架,上端头3架。下端头第一架下帮300mm处采用4.0m长的π型钢梁配合DZ-2800型单体液压支柱,一梁四柱进行支设两排(4根)。风巷距巷道上帮300mm处采用长3.0mπ型钢梁配合DZ-2800型液压单体柱,并延伸至切顶线,π型梁与支架顶梁错差不能超过500mm,加强对此处的支护,机尾与单体柱留一条宽不低于0.8m人行道。如果老塘侧垮落不严实,需沿切顶线打密集支柱支护顶板,支柱间距保持在0.6m±0.1m,采用密集支柱切顶时,两段密集支柱之间必须留有宽0.5m以上的出口。工作面无密集支柱切顶时,使用大板或钢网等物料对切顶线以里进行维护,防止矸石窜出。机巷距巷道下帮300mm处采用长4.0mπ型钢梁配合DZ-2800型液压单体柱,并延伸至放顶线,π形梁与支架顶梁错差不能超过500mm,加强对此处的支护,机尾与单体柱留一条宽不低于0.8m人行道。如果老塘侧垮落不严实,需沿切顶线打密集支柱支护顶板,支柱间距保持在0.6m±0.1m,采用密集支柱切顶时,两段密集支柱之间必须留有宽0.5m以上的出口。工作面无密集支柱切顶时,使用大板或钢网等物料对切顶线以里进行维护,防止矸石窜出。机、风两巷切顶线以上下端头第1架后尾梁插板伸开最后一个孔为准,允许滞后距离为500mm。两梁六柱,迈步前移,单体柱迎山有力,初撑力不低于90kN,若底软,必须穿柱鞋,发现有漏、失效的支柱及时更换,并悬挂防倒绳。

### 7.4.2 机、风两巷支护

(1)机、风两巷超前支护均采用DZ-2800型液压单体支柱和3mU型钢梁进行超前支护,前后要打成一条直线。

(2)风巷超前支护长度不低于 50m，机巷超前支护长度不低于 40m，柱距 1.0m，初撑力不小于 90kN。每根支柱必须吊挂防倒绳，严防倒柱伤人，顶板破碎有裂隙时，柱距应缩小到 0.75m 进行加强支护。

(3)机、风两巷超前支护的架设位置如下。

风巷：距巷道道轨的两侧各架设一排支柱。

机巷：在转载机上、下两侧各架设一排支柱，与转载机要保持 0.2m 或以上的间距。

机、风巷超前支护剖面图如图 7-11 所示。

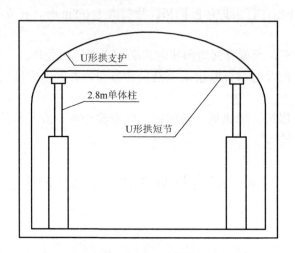

图 7-11 机、风巷超前支护剖面示意图

### 7.4.3 机、风两巷质量控制标准

(1)支柱纵横成线，偏差小于±100mm。

(2)支柱站到实底上，并做到迎山有力，单体柱的初撑力不小于 90kN，不得出现空载支柱，并悬挂防倒绳。

(3)所有单体支柱三用阀方向一致，阀端指向回风侧。

(4)所有单体支柱必须悬挂防倒绳。

(5)不得使用外观破损和失效的单体支柱。

(6)机、风两巷及安全出口的高度不低于 1.8m，人行道宽度不得小于 0.8m，确保畅通无杂物，无空顶、空帮现象。

(7)工作面端头及超前回收的支柱，要按指定位置码放，电缆、水管及其他物料，按指定位置摆放整齐，挂牌管理，严禁乱扔乱放，影响行人及文明生产。

(8)机、风两巷在推进过程中，电缆、水管及时外移，清理杂物，确保文明生产达标。

(9)工作面机、风两巷超前支护，生产期间及时打开水幕喷雾降尘，每班定期进行洒水冲尘，严禁煤尘超限。

### 7.4.4 机、风两巷支架的回撤

机、风巷替棚段超前切眼煤壁侧不低于 4m，采用 2.2m 的 U 型对接钢梁配合 2.8m 架棚，

根据机、风巷情况，高度较低处可配合 2.5m 单体柱架棚，棚距 0.6m。回 U 型拱棚时，先在所回棚梁下用单体柱回掉，然后下梁，人员站在支护牢靠、顶板完好处，使用长柄工具回柱下梁，回一棚架一棚，严禁一次回多棚。

### 7.4.5 备用材料的管理

（1）入井的备用材料必须符合规格要求，否则严禁下井。
（2）备用材料放置在距煤壁 100～200m 范围内并分类码放。
（3）所有备用材料必须挂牌管理，分类摆放，明确专人负责。
（4）备用材料随用随补，严禁短缺，包括回收材料，要求靠巷道一侧摆放整齐，不得影响通风、行人及运输。
（5）工作面存放备用材料必须专材专用，在日常工作中严禁挪用备用材料。备用材料：单体柱 50 根，规格：2.5m/2.8m；π 型梁 20 根，规格：3m/4m；柱鞋 50 块，规格：30cm×40cm；圆木 20 根，规格：2.6m；板梁 30 根，规格：3m；道木 30 根，规格 1.2m；卷网 30 卷，规格：1.2×10m；串杆 300 根，规格：0.8m。

## 7.5 综放工作面生产系统

### 7.5.1 运输系统

（1）运煤系统：工作面采用 SGZ764/500 型前部刮板输送机运输和 SGZ630/320 型后部刮板输送机，机巷采用 SZZ764/200 型桥式转载机（一部）运输，工作面前、后部刮板输送机与机巷桥式转载机搭接，机巷桥式转载机与机巷胶带输送机搭接，经三皮带下山运至胶带运输斜井联络巷，通过胶带运输斜井运到地面。
（2）运输设备的推移方式：工作面前部输送机用液压支架推移千斤顶推、拉，后部输送机用移后溜千斤顶拉；机巷转载机采用自移装置前移。
（3）运料系统：在二$_1$-13110 工作面风巷安设一台 JSDB-16 型绞车用以运送物料。
（4）运煤线路：二$_1$-13110 工作面（前、后）输送机→二$_1$-13110 机巷桥式转载机→二$_1$-13110 机巷胶带输送机→三皮带下山→明斜井联络巷→明斜井→地面。
（5）运料线路：地面→副井口→副井→井底车场→东大巷→三采区主石门→三轨道下山→二$_1$-13110 风巷片盘车场→二$_1$-13110 风巷→工作面；地面→副井口→副井→井底车场→东大巷→三采区主石门→三轨道下山→三轨道下山下车场→二$_1$-13110 机巷→工作面。

### 7.5.2 液压系统

供液由二$_1$-13110 风巷 BRW 400/31.5 型泵站供液→风巷（超前支护）→工作面（支架等）→机巷（超前支护、拉移转载机），管路使用两条液压管路连接，供液主管用 KJ31.5D 高压胶管，回液主管用 KJ38 高压胶管，工作面三通阀门间隔 20m 一个，如表 7-6 所示。
泵站压力不低于 30MPa，乳化液配比浓度不低于 3%～5%；乳化液型号：FE10-5 型；乳化液泵位置：二$_1$-13110 风巷外段无极绳绞车硐室向里 20m 处。

表 7-6　工作面设备参数表

| 序号 | 名称 | 型号 | 数量 | 功率/kW | 电压/V | 备注 |
|---|---|---|---|---|---|---|
| 1 | 双滚筒采煤机 | MG200/456-QWD | 1部 | 456 | 1140 | |
| 2 | 前部刮板输送机 | SGZ764/500 | 1部 | 250×2 | 1140 | |
| 3 | 后部刮板输送机 | SGZ630/320 | 1部 | 160×2 | 1140 | |
| 4 | 桥式转载机 | SZZ764/200 | 1部 | 200 | 1140 | |
| 5 | 稳车 | JSDB-16 | 1台 | 37 | 1140 | 风巷运输用 |
| 6 | 带式输送机 | DTL-1000/2×75 | 2部 | 75×2 | 1140 | 机巷运输 |
| 7 | 乳化液泵 | BRW400/31.5 | 2台 | 200 | 1140 | 一用一备 |
| 8 | 绞车 | JH-20 | 2台 | 18.5 | 1140 | 两巷各1台 |
| 9 | 破碎机 | 2PLF120/150 | 1台 | 160×2 | 1140 | 机巷1台 |

油脂管理如下。

(1) 工作面使用油脂的黏度、燃点、水分、酸值、杂质等，应进行抽样化验，不符合要求的油脂，坚决不能使用，使用中不得任意更换油脂的品种或混用不同品牌、不同品种的油脂。

(2) 使用油脂前必须进行过滤，并设专门的密封油箱保存，换油时要彻底清洗油池，做到无油垢、无水分、无锈蚀、无杂物。

(3) 油箱内壁和油中浸泡的器件表面，禁止涂刷油漆，以防油漆溶解而产生的沉淀物吸入液压系统中。

(4) 确保液压系统油池和各种机箱的密封性能，防止粉尘和其他脏物进入。

(5) 油脂要设专人管理，注油时，要仔细清洗注油器，防止煤粉、岩粉及水进入。

(6) 乳化液的配比浓度必须达到3%～5%。

(7) 泵站和液压系统中各级滤网，过滤器和管路要经常清洗，对乳化液箱每月至少清洗一次。

(8) 存放油脂处，需放置灭火沙箱及不少于2个的灭火器。

(9) 井下存放油脂应在煤尘小、不淋水、安全妥善地点，不得把油脂容器放在电气设备附近。

(10) 发现油质指标不符合规定要求或工作过程中发现油脂分油、变色、发臭等异常现象时，必须立即查明原因，更换新油。

(11) 更换下来的旧油及时升井交油库，严禁泼洒丢弃。

(12) 给设备加油时，设备一定要停止运转且停电闭锁，并及时检查维护好工作地点附近支架、顶板煤帮，加油时附近严禁进行对加油有安全威胁的工作。

### 7.5.3　供电系统

二$_1$-13110综放工作面主要电器设备有采煤机1部、前部输送机1部、后部输送机1部、转载机1部、风巷乳化液泵2台、稳车1台、机巷皮带机2部、破碎机1台。工作面主要技术经济指标如表7-7所示。

表 7-7 工作面主要技术经济指标

| 项目 | | 单位 | 数量 | 项目 | | 单位 | 数量 |
|---|---|---|---|---|---|---|---|
| 工作面指标 | 走向长度 | m | 820 | 顶板管理 | 最大控顶距 | m | 4.5 |
| | 倾斜长度 | m | 126.5 | | 最小控顶距 | m | 3.9 |
| | 煤厚 | m | 4.1/5.9 | | 放煤步距 | m | 0.6 |
| | 采高 | m | 2 | | 移架步距 | m | 0.6 |
| | 可工作面积 | m² | 103730 | | 老空处理 | 全部垮落法 | |
| | 煤层倾角 | ° | 16~30 | 循环指标 | 作业方式 | 两班割煤,半班检修 | |
| | 回采储量 | 万 t | 69.5 | | 循环进度 | m | 0.6 |
| | 可采储量 | 万 t | 64.63 | | | | |
| | 回采率 | % | 95 | | 循环生产能力 | t | 473 |
| | 容重 | t/m³ | 1.34 | | | | |
| | 日进 | m | 2.4 | | 循环个数 | 个 | 4 |
| | 月进 | m | 66 | | | | |
| 顶板管理 | 端头支架 | ZFY5000/16/26 | | | 正规循环率 | % | 93 |
| | 过渡支架 | ZFG6000/16/30H | | | | | |
| | 数量 | 85 | | | 日正规生产能力 | t | 1892 |

## 7.6 综采放顶煤技术效益分析

开展复杂地质条件下综采放顶煤技术研究,不仅可以降低生产成本,提高矿井生产能力,降低工人劳动强度、提高生产效率,提高采面回采的安全系数、提高资源采出率,而且可以推动综采放顶煤回采技术的进步。因此,本项目具有重要的理论意义和实际应用价值。

1) 直接经济效益

2017 年 1~10 月,二$_1$-13110 工作面平均日产约 2000t,悬移支架炮采放顶煤平均日产 1000t,每月增产 3 万 t,按设计回采 12 个月计算,可以实现多出产量:12×3=36(万 t)。

按目前吨煤售价 450 元计算,即可实现新增销售收入:

450 元/t×36 万 t=16200 万元

2) 社会效益

(1) 提高了矿井采面的单产水平,提高了生产效率。

(2) 提高了职工的技术水平,为企业储备了一批新生的技术人才。

(3) 提高了矿井的装备水平,减轻了职工的劳动强度,有效地提高了矿井的安全系数。

(4) 减少了掘进工程量、维修工程量,有效降低了吨煤成本。

(5) 提高了煤炭资源的采出率。

(6) 复杂地质条件下综采放顶煤技术的成功应用,为矿井向高产高效发展奠定了基础。

# 第8章 管理体系优化技术

## 8.1 四优化一提升

"四优化一提升"是指优化矿井布局、优化工程设计、优化生产系统、优化劳动组织，提升"四化"（机械化、自动化、信息化、智能化）水平。"四优化一提升"是煤矿安全技术管理的重要基础工作，既是应对当前严峻经济形势、做稳调优煤炭产业的一项重大举措，也是促进煤矿安全生产、迈向科学产能和科学开采的必由之路。

1. 优化矿井布局

优化生产布局，合理集中生产，加快技术装备升级。2015年暂停了二、四采区的采掘活动，2016年1月底封闭了四采区，2016年5月上旬彻底封闭二下采区。

矿井自2015年以来逐步将采掘工作面的布置向三采区、五采区集中，大大减少通风、运输、排水、系统维护等费用支出，逐步实现"一矿两区两综"生产格局。

自2016年4月开始实现"一矿一区一综"的生产格局，为高产高效矿井建设奠定了基础。

2. 优化工程设计

矿井工程设计是安全生产和工程建设的源头，树立"设计的浪费是最大的浪费"理念，围绕安全生产和经济效益两条主线，找准安全与效益之间的最佳结合点、平衡点，认真进行投入产出分析，充分发挥安全技术经济一体化对于矿井降本增效的支撑作用。优化矿井工程设计，建立煤矿专家咨询评价制度，适时对煤炭建设项目相关工程设计、采区方案及工作面设计等进行经济技术评价和风险评估。

针对施工图、环节改造等设计进行优化，布置"大采长、长走向、大采高、高阻力"工作面，结合安全技术经济一体化指导意见，推广锚网索支护，实现岩巷施工100%全锚网索支护；沿$二_3$煤层顶板施工锚网索支护率保证80%力争100%；加快$二_1$煤层沿底托顶煤上覆采空区掘进锚网索注支护技术研究，力争实现新突破。确保巷道施工一次成巷，杜绝重复翻修，消灭二次投入。

加快推广研究应用综采工作面端头、超前液压支架支护技术，提高安全可靠程度，降低职工劳动强度，减少人员投入，提高劳动效率。

结合徐州中国矿业大学开展充填开采技术的研究及实施，为矿井长远发展奠定基础。

3. 优化生产系统

以矿井现有生产系统为基础，进行系统高效改造，推进系统匹配，重点对矿井通风排水、供电及自动化控制等系统进行优化。推广连续化运输，选用技术先进、安全可靠的提升方式，简化通风系统、提高通风系统可靠性，提高矿井自动化水平，力争实现远程集控、无人值守。

进一步优化现有生产系统，2016年1月底封闭四采区，5月上旬彻底封闭了二下采区，减少通风、排水、系统维护费用，关闭后年节约费用总额约270万元。

原注浆站设备老化，注浆配比不均、注浆能力低，针对该情况对地面注浆站进行了升级改造，实现制浆全程自动化，大大提升了浆液质量和劳动效率，并彻底解决了环境污染问题，为进一步保证区域治理、局部治理效果奠定了坚实基础。

大力推进"机械化换人、自动化减人"工作，实现东翼-143m、-415m水平泵房，变电所及东翼空气压缩机房自动化无人值守，进一步改造主斜井驱动装置，提升运输能力，地面储装运系统实现自动化改造，并全面实现采掘工作面临时排水点排水自动化。

4. 优化劳动组织

矿井2016年产量计划115万t，煤质计划18836.33J。为实现扭亏脱困目标，矿井提出奋斗目标为产量120万t，煤质19673.5J。

(1)围绕年产120万t奋斗目标，在单产创水平上下功夫，综采队放顶煤月单产要稳定在6万t以上，争创8万t水平；综采二队要稳定在5万t以上，争创7万t水平。产量计划逐月分解，逐月考核。

(2)围绕实现采掘正常接替、搬家倒面不停产目标，综掘二$_3$煤层锚网支护和综掘二$_1$煤层架棚支护巷道，月单进稳定在200m以上，争创300m水平；炮掘架棚支护巷道月单进要稳定在150m以上，争创200m水平。进尺计划逐月分解，逐月考核。

(3)超前考虑，合理安排，做好两个接替面二$_1$-13110综放工作面和二$_3$-15010综采工作面的设备选型、检修准备与超前安装调试工作，保证生产战场连续性。

(4)推广煤巷综掘快速掘进技术，应用综掘机、综掘机载锚网索钻机、连续转载胶带机等成套设备，代替掘、锚、支交替作业的普通综掘，保证装载机械化率达到100%，综掘机械化程度达60%，锚网索支护率达80%以上。

(5)出实招、见实效，切实提升队伍素质，狠抓采掘头面动态达标，加强设备检修维护，保证正规循环，提高单产单进水平。

(6)筹划建立一支综采准备队伍，服务于两巷超前支护与综采工作面的安全高效安装和回收，为两支综采队伍安全高效生产奠定坚实基础。

(7)加大源头管控、环节监控力度，加强地面煤场管理，充分发挥筛选系统作用，使原煤发热量在计划18828kJ的基础上再提高了1255.2kJ，达到20083.2kJ。

(8)截至2015年底，矿井在岗职工2526人，截至2016年5月底，在岗职工人数为1772人，共减少在岗职工508人，长期不在岗人员284人。逐步实现了安全高效目标。

5. 提升"四化"水平

通过实施"四优化"活动，不断提升矿井的"四化"(机械化、自动化、信息化、智能化)水平。

(1)持续实施"机械化换人、自动化减人"。进一步加大综采机械化、自动化方面的投入，提高综采工作面支架工作阻力和设备功率，实现综采工作面自动化、大功率、重装备。

(2)进一步加强煤矿自动化、信息化建设。加快智能化矿山建设,大力推广实施远程操作和无人值守,减少岗位作业人员。

(3)建设安全高效科学开采体系。切实加大底板承压水、"三软"煤层开采技术的研究,大力发展煤炭深部开采高端技术等,推动煤矿向安全高效生产方向发展。

(4)形成矿井科学产能支撑保障体系。以安全、高效、绿色为煤炭开采主要研究方向,增加科技投入,健全科技创新体系,建立产学研用一体化的科技创新模式。对重大科研和技术性问题,开展基础性研究和先进适用技术的推广示范工作。以高校为主体,培养高级技术人才和应用技术人才,加强对科技创新人才的培养和引进,形成集团科学产能支撑保障体系。

## 8.2 安全精细化管理

### 8.2.1 "四位一体"安全管控体系

矿井在巩固和提升采煤、掘进、通风、机电、运输、地质灾害防治与测量、安全培训和应急管理的基础上,积极构建安全风险分级管控、闭环隐患排查治理、安全质量达标创建和安全异常信息管理相结合的"四位一体"安全管控体系,强化薄弱环节管理,全面推动矿井安全生产水平持续提升。

1. 安全风险分级管控

矿井严格落实上级要求,结合工作实际,制定下发了《平禹一矿安全风险分级管控工作体系》《平禹一矿重大安全风险管控实施方案》《平禹一矿安全风险分级管控工作制度(试行)》等文件,使全矿各级管理人员都熟知安全风险辨识、评估、管控的流程及相关要求,奠定了工作基础。

一是从超前防范、源头控制、主动预防入手,超前于隐患排查治理,定期开展风险评估评价和危害辨识工作,有效实施对重大危险源的监控;从防止隐患条件产生入手,加强事故的预警、预防、预控工作,控制风险,消除隐患,防范事故。二是建立全面安全风险评估评价和分析制度。坚持以问题和效果为导向,以"查大隐患、治大灾害、防大事故"为目的,立足于大灾害治理,做到大风险可控、大系统可靠。紧紧抓住水害、瓦斯防治这个"牛鼻子",科学制定评估评价方案和要素,明确管理机构,细化工作职责,认真组织月度自查自纠,分系统、分采掘工作面进行安全风险评估评价,按照"安全可控、基本可控、不可控"三类划分评估评价结果,实施分类管理、分级控制。

1)安全风险辨识

(1)安全风险辨识的范围。

安全风险辨识的范围包括矿井地面、井下所有系统及生产经营活动区域和地点。根据安全风险辨识范围,遵循"大小适中、便于分类、功能独立、易于管理、范围清晰"的原则,对生产活动全过程进行风险点排查,重点对煤矿瓦斯、水、火、煤尘、顶板及提升运输系统等容易导致群死群伤的危险因素开展安全风险辨识,形成年度安全风险辨识评估报告。

安全风险辨识系统划分为采煤、开掘、通风、机电运输、地测防治水、其他几个系统。

(2) 安全风险辨识的方法。

对矿井风险点内存在的安全风险进行辨识，结合矿井实际情况采取经验对照分析法和风险点分析法。

经验对照分析法是一种通过对照有关标准、法规、检查表或依靠分析人员的观察分析能力，借助于经验和判断能力直观地评价对象危险性和危害性的方法。为了保证辨识结果的准确性和可靠性，在辨识过程中需要进行现场访谈、观察、交流、询问、查阅有关资料。

风险点分析法通过划分不同作业区域及系统的风险点，对风险点内所有设施设备、岗位人员、环境因素、管理制度进行分析，在对风险点风险分析过程中，按照工作场所环境因素、工作场所设施设备、生产用原料和材料、工器具、工作任务的辨识路线开展风险辨识，辨识期间应进行现场访谈、观察、交流、询问、查阅有关资料，并对现有工作条件下所有场所中存在或潜在的风险全面进行辨识。

(3) 安全风险评估的方法。

采用"作业条件危险性评价法"对安全风险进行定性、定量评价，确定安全风险的风险等级。该方法采用与风险有关的三种因素指标值的乘积来评估操作人员伤亡风险，计算公式为

$$D = L \times E \times C \tag{8-1}$$

式中，$L$ 表示事件发生的可能性；$E$ 表示人员暴露于危险环境中的频繁程度；$C$ 表示可能产生的后果；$D$ 表示危险性。

按危害程度、控制能力和管理层次将安全风险划分为重大安全风险、较大安全风险、一般安全风险和低安全风险四个等级。风险值大于160，确定为重大安全风险；风险值为70～160，为较大安全风险；风险值为20～70，确定为一般安全风险，风险值小于20，为低安全风险，见表8-1。

表8-1 作业条件危险性评价法图表

| 事件发生的可能性($L$) | | 人员暴露于危险环境中的频繁程度($E$) | | 产生的后果($C$) | | 风险等级划分($D$) | |
| --- | --- | --- | --- | --- | --- | --- | --- |
| 分数值 | 可能程度 | 分数值 | 频繁程度 | 分数值 | 后果严重程度 | 风险值 | 危险程度 |
| 10 | 完全可能预料 | 10 | 连续暴露 | 100 | 大灾难，许多人死亡 | ≥320 | 重大安全风险 |
| 6 | 相当可能 | 6 | 每天工作时间暴露 | 40 | 灾难，数人死亡 | 160～320 | |
| 3 | 可能、但不经常 | 3 | 每周一次 | 15 | 非常严重，一人死亡 | 70～160 | 较大安全风险 |
| 1 | 可能性小，完全意外 | 2 | 每月一次 | 7 | 严重，重伤 | 20～70 | 一般安全风险 |
| 0.5 | 极不可能 | 1 | 每年几次 | 3 | 重大，致残 | 10～20 | 低安全风险 |
| 0.2 | 实际不可能 | 0.5 | 非常罕见 | 1 | 引人注目，需要救护 | <10 | |

(4) 安全风险分级管控工作流程。

安全风险的辨识、评估、管控工作流程如图8-1所示。

2) 安全风险辨识评估

采取"1+4"模式开展安全风险辨识评估，即"1次年度辨识"和"4次专项辨识"，并将安全风险辨识评估结果应用于指导生产计划、作业规程、操作规程、灾害预防与处理计划、应急救援预案以及安全技术措施等文件的编制和完善，具体辨识评估要求如下。

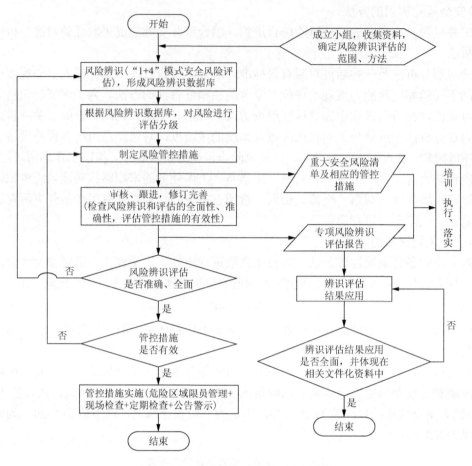

图 8-1 安全风险分级管控工作流程图

(1) 年度安全风险辨识评估。

每年年底由矿长组织各战线负责人和相关业务科室、区队进行年度安全风险辨识,重点对容易导致群死群伤事故的危险因素如水、瓦斯、火、煤尘、顶板、机电运输等进行一次全面、系统的安全风险辨识评估,及时编制年度安全风险辨识评估报告,建立可能引发重特大事故的重大安全风险清单,并制定相应的管控措施,根据辨识评估结果明确下一年的安全工作重点,并指导和完善下一年度生产计划、灾害预防和处理计划、应急救援预案等。

(2) 专项辨识评估。

① 新水平、新采区、新工作面设计前,由总工程师组织相关业务科室,重点对地质条件和隐蔽致灾因素等方面存在的安全风险进行一次专项辨识,辨识评估结果用于完善设计方案,指导生产工艺选择、生产系统布置、设备选型、劳动组织确定等。

② 在生产系统、生产工艺、主要设施设备、重大灾害因素等发生重大变化时,由战线负责人组织相关业务科室、区队,重点对作业环境、生产过程、重大灾害因素和设施设备运行等方面存在的安全风险进行一次专项辨识评估,辨识评估结果用于指导重新编制或修订完善作业规程、操作规程。

③ 启封火区、排放瓦斯、过构造带及石门揭煤等高危作业实施前,新技术、新材料试

验或推广应用前的风险辨识，由战线负责人组织相关副总工程师、业务科室、区队，重点对作业环境、工程技术、设备设施、现场操作等方面存在的安全风险进行一次专项评估，辨识评估结果作为安全技术措施的编制依据。

④ 当发生死亡或涉险事故、出现重大事故隐患或所在省份发生重特大事故后，由矿长组织各战线负责人、业务科室负责人、区队负责人和工程技术人员从吸取事故教训和消除事故隐患的角度，开展一次针对性的专项辨识，辨识评估结果指导用于修订完善设计方案、作业规程、操作规程、安全技术措施等。

3) 安全风险管控

(1) 管控措施。

① 重大安全风险(包含水、火、瓦斯、煤尘、顶板、运输提升等容易导致重特大事故的内容)由矿长组织实施，确定相应的管控措施和工作方案、负责人、完成时间及资金等，并在重大安全风险区域设定作业人数上限。治理完成后，由安检科牵头组织验收后，报单位主要负责人审核签字，由安监科存档备案，并将闭合整改情况报煤电公司和集团相关部门。

② 较大安全风险由区队或战线协助及时组织整改，治理完成后，由战线业务科室组织验收后，报战线负责人审核签字，战线业务科室要存档备查；安监科负责对隐患治理情况进行监督。

③ 一般安全风险和低安全风险由班组负责现场立即治理，治理完成后，由当班安全负责人或班组长验收合格后予以销号；需要区队组织整改的，由区队负责人组织整改；区队负责对隐患治理完成情况进行复查、闭合、销号，并完善相关记录，战线业务科室要指定人员对隐患治理闭合整改情况进行监督检查。

(2) 定期检查。

① 矿长每月组织一次由安全风险辨识评估人员参加的全面检查评估。安监科负责对检查情况进行收集、整理、统计、分析，并形成矿井月度安全风险管控分析报告，并在月度生产经营计划会上进行通报，针对管控过程中出现的问题及时调整和完善管控措施，并结合年度和专项安全风险辨识评估结果，制定次月安全风险管控重点。

② 各战线领导负责人每旬针对本战线分管范围内月度安全风险管控重点实施情况进行一次检查评估，查看管控措施是否符合现场实际，并召开战线工作例会，不断完善和改进管控措施，为下一步工作提供重点，并形成本专业月度安全风险分级管控会议纪要。

③ 安监科对各战线重大安全风险的排查治理、挂牌督办、汇总分析、上报、台账建立等情况进行监督检查，对重点部位、关键环节进行重点抽查；安监科负责复查验收销号、建立台账，闭合管理。

(3) 现场检查。

① 矿领导带班严格按照《煤矿领导带班下井及安全监督检查规定》，根据矿井重大风险和月度安全风险重点监控项目的管控措施落实情况进行监督检查。

② 战线业务科室对所辖区队业务保安负责，做好本专业重大隐患管控措施落实情况的监督检查，发现问题及时上报，并及时调整或更新相应的安全风险管控措施。

③ 基层单位在生产作业前由当班安全第一责任人、班组长、安检员及岗位人员对照本单位安全风险清单对作业区域存在的安全风险进行检查，发现问题及时上报，并及时调整或更新相应的安全风险管控措施。

④ 对于管控过程中发现的问题根据安全风险的种类和整改难易程度，及时组织现场整改或提交给战线分管领导。能现场整改的问题，由区队登记记录；需提交战线分管领导的问题，由所属战线业务科室负责登记，并制定出相应的管控措施。

(4) 公示公告。

安监科牵头，各专业科室配合，利用井口牌板公告存在的重大安全风险、管控责任人和主要管控措施。

(5) 保障措施落实。

① 信息管理。安监科牵头，各专业科室配合，利用矿井安全风险分级管控系统实施矿井安全风险管控信息化管理，实现对安全风险的记录、跟踪、统计、分析、上报等全过程的信息化管理，各专业科室时刻盯紧风险点，一旦发现异常立即处理，确保风险点万无一失。

② 教育培训。安全风险分级管控培训工作由安监科及政工科培训部门牵头负责，从两个层面开展实施，即入井人员和地面关键岗位人员培训以及参与安全风险辨识评估工作的人员培训。

4) 考核奖惩

(1) 未按照风险管控办公室要求组织开展年度辨识评估工作，导致矿井年度辨识评估工作滞后的，对责任单位负责人罚款 300 元；年度辨识结果未按照要求进行应用的，对责任单位负责人罚款 100 元。

(2) 未按照要求开展专项辨识评估，导致专项辨识评估缺项的，对责任单位负责人罚款 300 元。专项辨识评估工作开展不认真，未按照要求对评估结果进行应用的，对责任单位负责人罚款 100 元。

(3) 安全风险分级管控教育培训工作未按照要求开展的，对责任单位负责人罚款 300 元；人员不符合要求的，对责任单位负责人罚款 100 元。

(4) 各单位在开展安全风险分级管控工作过程中，工作不到位，执行落实不力，造成整体工作滞后、安全事故或造成不良影响的，严格进行责任追究。

2. 闭环隐患排查治理

1) 隐患排查治理的责任体系

为确保事故隐患排查治理工作有序开展，并落到实处，由矿安检科对此项工作具体负责；主要负责日常安全生产隐患排查治理、登记、上报监督检查等工作。

(1) 加强组织领导。

按照"党政同责、一岗双责、齐抓共管、失职追责"的要求，健全事故隐患排查治理齐抓共管责任制，成立由矿长和书记任组长的隐患排查治理领导小组。领导小组的主要职责如下。

① 负责矿年度隐患排查，并制定年度隐患治理计划、措施。

② 负责分口每月、每旬、每日的隐患排查，并指定每月、每旬、每日隐患治理措施。

③ 负责矿年度隐患及各分口每月、每旬、每日隐患汇总、整理、公告，并督查隐患治理措施的落实情况。

(2) 各级事故隐患排查治理职责。

矿各生产单位是隐患排查治理的责任主体。矿各单位主要负责人是隐患排查治理的第一责任人，统一组织领导和协调指挥本单位事故隐患排查治理工作；各分管战线负责人对分管范围内的隐患排查治理工作负责；各业务主管科室对本业务范围内的隐患排查治理工作负责；区队长、班组长对本工作区域内的隐患排查治理工作负责；各岗位作业人员对本岗位的隐患排查治理工作负责。矿安检部门是隐患排查治理的监督部门，对隐患排查治理的过程进行全面监督并考核；分管安全副矿长对隐患排查治理负监督检查责任。工会、纪委、团委依法组织职工积极参加本单位的隐患排查工作，负民主管理和监督责任。

(3) 隐患治理。

矿长、分管负责人组织的月、旬事故隐患排查查出的隐患，由对口业务科室负责进行分类、分级存档。一般事故隐患立即安排区队限期整改治理，较大事故隐患由矿长、安全副矿长或分管副矿长召集分管矿领导、相关业务科室及区队按"五落实"原则落实整改。安全科、相关业务科室按要求及时对隐患归档管理，重大事故隐患由矿长组织制定专项治理方案，由矿组织治理。

(4) 隐患登记销号。

各分管负责人、业务科室和区队要对排查出的各类隐患及时跟踪销号，并注明整改责任人、整改时间、验收人和验收情况等内容，做到隐患销号闭合管理。对于已销号的隐患用统一格式以电子、纸质两种形式表格报安全科登记、存档、核查。

2) 事故隐患的排查

(1) 科学编制事故隐患排查计划。

认真开展年度事故隐患排查，科学编制年度事故隐患排查计划，计划要与年度生产作业计划同时编制、同时下发、同时落实，提高隐患排查治理工作的计划性、针对性和时效性，并按照计划严格落实执行。

(2) 事故隐患排查范围。

按照日常排查和定期排查相结合的原则，以矿岗位、班组、区队、战线、矿架构思路，形成矿逐级排查治理体系，及时发现生产建设过程中存在的事故隐患。

① 岗位作业人员作业过程中随时排查事故隐患。

② 生产期间，每天安排管理、技术和安检人员进行巡查，对作业区域开展事故隐患排查。

③ 矿各分管负责人每旬组织相关人员对分管领域进行1次全面的事故隐患排查。

④ 矿长每月至少组织分管负责人及安全、生产、技术等业务科室、生产组织单位(区队)开展一次覆盖生产各系统和各岗位的事故隐患排查，排查前制定工作方案，明确排查时间、方式、范围、内容和参加人员。

(3) 事故隐患的记录与报告。

应建立事故隐患记录报告工作机制，及时记录排查发现的事故隐患，并逐级上报矿、公司相关部门。

① 班组隐患：由当班班长负责收集整理隐患排查治理情况，形成班组隐患排查治理台账，上报至所属区队。

② 区队隐患：由区队安排专人负责收集整理后，形成区队隐患排查治理台账，区队主要负责人必须每天对排查出的隐患制定整改方案，落实治理，并上报至矿主管科室。

③ 战线隐患：由业务主管科室负责隐患排查资料的收集整理，建立战线隐患排查治理台账。查出的隐患由战线负责人每旬组织专题会，分析研究，讨论制定治理方案，并将本旬隐患的治理情况、治理措施、责任人等形成书面材料，经战线负责人审核签字后，报矿安监(检)

④ 矿级隐患：由安监（检）部门建立单位的隐患排查治理台账，并分类登记、编号建档，实行闭合管理。

⑤ 隐患上报：每月 3 日前，将上月月度隐患排查结果、未治理完成的重大隐患及治理进展情况汇总后，由本单位战线业务主管科室分别对口上报公司业务主管处室等相关部门，同时将未完成治理的较大隐患一并上报备案。对出现严重危及安全生产的重大隐患必须在 24h 内上报公司总调度室、安全监管处和业务主管处室（特殊情况必须立即上报）。在上报备案的基础上，对尚未完成治理的危及安全生产的重大隐患，煤矿单位必须制定应急预案，并明确专人负责。

3）事故隐患分级治理

事故隐患治理必须符合责任、措施、资金、时限、预案"五落实"的要求。

(1) 重大事故隐患由矿长组织制定专项治理方案，由矿组织治理，公司对口业务处室协助。矿单位主要负责人负责督办，隐患治理完成后，由矿安检部门牵头组织验收，经区队负责人、业务主管部门、安检部门、战线负责人签字，报单位主要负责人审核签字，由安检部门存档备查，并上报公司业务主管处室存档。公司业务主管处室负责对隐患治理情况进行复查验收予以销号。

(2) 不能立即治理完成的事故隐患，由治理责任单位（部门）主要责任人按照治理方案组织实施。由区队或矿战线协助及时组织治理，战线业务主管科室负责督办、验收，合格并经整改负责人、区队负责人、相关业务主管部门验收人签字，报战线负责人审核签字，由战线业务主管科室存档备查；矿安检部门负责对隐患治理情况进行复查验收予以销号。

(3) 能够立即治理完成的事故隐患，由班组负责现场立即治理，隐患治理完成后，由当班安全负责人或班组长验收合格后予以销号，区队负责对隐患治理完成情况进行复查、督办，各战线业务主管科室指定人员对隐患治理完成情况进行抽查验收予以销号。

(4) 不安全行为：员工个人应以自我约束为前提，自觉遵守作业标准，远离不安全行为；煤矿单位应建立健全不安全行为管理办法，遏制各类不安全行为的发生；公司业务处室等安全管理人员现场发现不安全行为，根据不安全行为的严重程度，可采取教育、批评、处罚等责任追究措施，并对责任追究情况进行落实。

(5) 矿各生产组织单位对日常所排查出的事故隐患要编制相对应的技术措施，并落实到位；对治理过程危险性较大的事故隐患，治理过程中现场有专人指挥，并设置警示标识；安检员现场监督。

4）事故隐患排查治理监督管理

(1) 治理督办。矿安检科室事故隐患治理的督办部门，安检科科长是第一责任者，各业务区（科）科长是各分管领域事故隐患治理督办的第一责任人，切实履行好治理督办责任。安检科及业务科室对日常自查、上级有关安全监察督查、集团季度安全监察督查、包矿安全督查、安全绩效考核、安全评价、安全生产标准化专业评比、重点安全检查（监察）、专项（专业、专家）安全检查、安全"八条线"检查等查出的各类隐患和问题，要按照"五定""四签字"的原则进行落实治理，并纳入隐患排查治理台账。

(2) 督办升级。对不能按规定时限完成治理的事故隐患，及时提高督办层级、发出提级督办警示，加大治理的督促力度。事故隐患治理完成后，相应的验收责任单位应当及时对事故隐患治理结果进行验收,验收合格后解除督办、予以销号。

(3)验收销号。矿各业务科室、区队分别建立矿井、战线和本单位隐患排查治理台账(安检科台账包括上级挂牌督办隐患台账)。根据台账隐患内容跟踪治理,必须按照"谁验收、谁复查、谁签字、谁负责"的原则逐项整改销号。

(4)公示监督。煤矿单位针对存在的重大事故隐患应当在煤矿井口显著位置公告,一般事故隐患可以在涉及的区(队)办公区域公告或在班前会上通报;事故隐患公告必须包括隐患主要内容、治理时限和责任人员等内容,重大事故隐患公告还应标明停产停工范围。

(5)举报奖励。经核实的事故隐患举报,按照矿相关文件,对举报人进行奖励。

5)事故隐患治理保障措施

(1)按照集团整体部署,矿统一使用集团事故隐患排查治理信息系统平台,即安全管理信息化平台隐患管理系统。实施对事故隐患排查治理记录统计、过程跟踪、逾期报警、信息上报的信息化管理。

(2)持续改进事故隐患排查治理工作,矿长每月组织召开事故隐患治理会议,对一般事故隐患、较大事故隐患和重大事故隐患的治理情况进行通报,分析事故产生的原因,提出加强事故隐患排查治理的措施,编制月度事故隐患分析报告。

(3)根据矿年度事故隐患排查治理工作安排,按照《企业安全生产费用提取和使用管理办法》(财企〔2012〕16号)提取和使用安全费用,实行专款专用,每年在安全生产费用提取中留设专项资金,专门用于隐患排查治理。

(4)各生产组织单位应采取多种方式宣传事故隐患排查治理工作制度和工作要求,将事故隐患排查治理能力建设纳入职工日常培训范围,并根据不同岗位开展针对性培训,提高全体从业人员的事故隐患排查治理能力。

(5)宣传科、职教中心负责事故隐患排查治理宣传教育工作的协调、监督与考核;职教中心要认真编制专项培训计划、内容、教案,保证每年至少组织安全管理技术人员进行一次事故隐患治理方面的专项培训,并保证培训记录齐全、考核到位。

6)隐患排查治理工作考核

(1)将事故隐患排查治理工作纳入矿各级安全生产绩效考核体系,进行日常监督考核。

(2)对各级事故隐患排查存在弄虚作假、应查未查、应改未改、应停产未停产、应追究未追究的,对责任单位罚款5000元,对责任者罚款500元;对各级事故隐患排查卡、台账不规范、分级分类存在问题的,对责任单位罚款1000元,对责任者罚款300元。隐患排查弄虚作假者责令其在安办会上做检查,隐患分级分类不清者责令其在安检部门学习3天。

(3)出现安全质量隐患被上级部门停产、停运、停止作业的,每次扣单位安全工资20%,直至扣完;凡现场存在危及安全生产较大隐患时,跟班干部或班组长不主动及时停产处理隐患、冒险继续作业被安检部门或矿领导责令停产的,每次扣单位安全工资20000元,对跟班干部或班组长罚款1000元并责令其进矿"三违"学习班学习3天;凡一个月内累计出现两次的,跟班干部在安办会上作检查。存在直接威胁安全生产重大隐患不整改而继续组织生产的,扣责任单位安全工资30%。

(4)出现安全质量隐患被集团及以上部门罚款的,矿加倍处罚,罚款数额的20%(最高不超过30000元)由施工单位副科级以上干部及首席工程师、业务区(科)负责人及战线副总工程师承担。

(5) 对战线事故隐患排查剖析，安全意识差，存在隐患排查不到位的，对单位党政主要负责人各罚款 500 元。

(6) 对矿每周所排定的安全监控重点，业务区科不按规定盯岗或不排查隐患，未填写监控记录的，对责任人罚款 300 元；对业务区科所排查事故隐患施工单位不及时整改的，对跟班干部罚款 300 元。

(7) 存在事故隐患被矿检查人员责令限期治理的，未按期整改或整改不合格的，加倍罚款。

(8) 按照"重患必停、有患必究"的原则，对查出的重大隐患、较大隐患、一般隐患，分别对负有责任的单位和责任者给予追究处理。其中：发现重大隐患的对责任单位罚款 10 万元，对责任者罚款 1 万元；发现较大隐患的对责任单位罚款 1 万元，对责任者罚款 1000 元；发现一般隐患的对责任单位罚款 2000 元，对责任者罚款 200 元。

(9) 重大隐患隐瞒不报的，对负有责任的相关责任人从重处分或者处理。

(10) 对查出的隐患治理不及时或不到位，导致发生安全事故的，按照规定标准上升一个等级进行追究。

3. 安全质量达标创建

坚持"安全、标准、整洁、适用"的原则，坚定"在坚持中巩固，在巩固中细化，持续发力推进，全面精细达标"的创建思路，持之以恒、强力推进质量达标创建工作。要继续巩固五采区创建成果，持续提升三采区创建水平，二$_1$-15040 综放工作面要创建集团公司级示范化采煤工作面，二$_1$-15050 机风巷和三轨道下延要创建集团公司级示范化开掘工作面，五采区要创建集团公司示范化采区。通过安全质量达标创建，全面提升现场作业环境的安全可靠程度。

4. 安全异常信息管理

安全异常信息主要是指：矿井生产过程中发生的安全异常信息，包括机电运输专业、一通三防及防突专业、地测防治水专业、采煤专业、开掘专业等五类信息；威胁矿井安全生产的外部供电、通信、供水等方面的安全异常信息；威胁矿井安全生产的极端天气、地震等方面的安全异常信息。

1) 安全异常信息的汇报内容

(1) 机电运输专业。

① 矿井及重要负荷单回路供电。

② 主、副井及乘人系统运行异常。

③ 大型固定设备技术测定及探伤等有重大缺陷。

④ 主要通风机故障单机运转。

⑤ 矿井主排水系统故障不能负担正常涌水量。

⑥ 危及安全的其他安全异常信息。

(2) 一通三防及防突专业。

① 采掘工作面出现明显的煤与瓦斯突出及冲击地压预兆，包括中度以上喷孔、响煤炮或其他明显预兆。

② 瓦斯高值或超限。

③ 一氧化碳超标(放炮除外)。

④ 监测监控系统异常,包括:a.井上主要通风机或井下局部通风机监测显示停风;b.风门监测显示敞开;c.矿井监控系统全部无记录或部分无记录;d.监控系统相关设备未按规定检测、校验、维护保养导致数据传输不正常的。

⑤ 危及安全的其他安全异常信息。

(3)地测防治水专业。

① 矿井涌水量达到预警水量(矿井排水系统联合试运的正常排水量)。

② 暴雨天气,可能发生洪水淹井。

③ 探水钻孔阀门损毁,涌水难以控制。

④ 采掘工作面有突水征兆。

⑤ 危及安全的其他安全异常信息。

(4)采煤专业。

以下情况同时出现2处以上(含2处)的,必须上报。

① 工作面掉顶严重,高度超过0.5m、连续长度超过5m。

② 工作面切顶严重,台阶下沉超过0.5m、连续长度超过5m。

③ 采面煤壁严重片帮,深度超过1.5m、连续长度超过5m。

④ 工作面支架连续5架严重钻底或挤架。

⑤ 工作面两端头老塘侧局部悬顶面积大(面积大于2m×5m)。

⑥ 危及安全的其他安全异常信息。

(5)开掘专业。

① 开掘工作面在一个生产班内顶板连续发出响声。

② 顶板离层明显,出现裂缝、顶板掉渣。

③ 巷道压力增大片帮严重。

④ 支架变形严重甚至断裂。

⑤ 危及安全的其他安全异常信息。

2)安全异常信息处置的责任主体

矿井是本矿安全异常信息汇报和处置的责任主体,负责本矿井安全异常信息的收集、撤人、汇报、处置、建档、跟踪、销号七个环节的工作。矿长是本矿井安全异常信息汇报和处置工作的第一责任人,分管副职对业务范围内的安全异常信息的汇报和处置工作负责。

矿井调度室是安全异常信息汇报和处置的指挥中心。调度及业务保安部门,均需建立安全异常信息台账,对所登记的安全异常信息要求做到实时监控、跟踪落实,直至安全异常信息消除。

3)安全异常信息的处置

(1)当矿井生产过程发生安全异常信息时,现场管理人员(带班领导、跟班干部、班组长)、瓦检员等,必须第一时间发出停止作业、撤人的命令,指挥现场人员撤到安全地点,同时向矿井调度室汇报。

(2)矿井调度室值班人员接到生产现场或其他安全异常信息的汇报后,须在20min内用电话分别向矿井值班领导、主要领导及分管领导、集团总调度室、生产技术处(调度)、安监局区域分管安监处等单位和人员汇报,同时须按照矿井值班领导的指示,立即通知受到安全威胁的人员撤离危险区域。之后须在 30min 内把安全异常信息填写到相应的安全异常信息汇报表中。

(3)由矿井值班领导安排人员对安全异常信息进一步核实，矿井总工程师负责牵头完善相关措施，矿井分管副职牵头组织对安全异常信息进行处置，直至安全异常信息消除。

### 8.2.2 安全生产标准化管理

按照国家煤矿安全监察局、河南省煤炭工业管理办公室和中国平煤神马集团关于安全生产标准化工作的一系列重要指示和要求，平禹一矿以贯彻执行《煤矿安全生产标准化考核定级办法(试行)》及《煤矿安全生产标准化基本要求及评分办法(试行)》（以下简称新标准）为切入点，积极构建风险分级管控、隐患排查治理、安全质量达标和安全异常信息管理相结合的"四位一体"安全管控体系，持续推进矿井安全生产标准化建设，全面提高安全生产标准化管理水平，夯实矿井安全根基。

矿井牢固树立红线意识，坚持依法依规管矿治矿，坚定集团"三不四可"安全指导思想，持续推进"三基三抓一追究"安全管理模式，严格落实"做于细，成于严，严细成就安全"工作理念，不断提升安全管理严细化水平，抓执行、严考核、重实效，全面推进安全生产标准化建设，全方位夯实矿井安全根基，确保矿井安全态势持续平稳。

(1)强化宣贯培训，提升标准意识。

为使矿井全体员工真正做到知标准、懂标准、用标准，我们加强宣传、强化培训、持续推进，确保了新标准学习到位、理解到位、贯彻到位。一是利用矿井微信平台、广播、电视、会议、条幅、大屏幕、牌板等载体，多措并举，强化宣传，营造了全矿学习贯彻新标准的浓厚氛围。二是行文下发了《平禹一矿学习宣传贯彻煤矿安全生产标准化实施方案》（平禹一〔2017〕47 号），制定学习计划，分专业授课、分层次培训，全员参与、注重实效，闭卷考试结果与本人安全风险抵押金连挂，考试不及格，一律脱岗再学习、再考试，直至合格方可上岗。三是每周确定一个学习主题，利用周一学习日、三班班前会等时间不间断持续推进，确保全员把新标准内化于心、外化于行。通过一系列行之有效的措施，职工自觉学习、主动贯彻，标准意识大幅提升，"把标准当习惯"的思维正在养成。

(2)细化责任，重点推进，全面提升。

矿井认真贯彻落实国家安全生产监督管理总局等《关于大力推进煤矿安全生产标准化建设工作的通知》要求，及时修订印发了矿井《关于加强 2017 年安全生产标准化工作的安排意见》（平禹一〔2017〕75 号），成立了以矿长、党委书记为组长，副矿长为副组长，副总工程师和业务科室负责人为成员的安全生产标准化工作领导小组，对新标准十一个专业达标创建工作进行了责任划分，严格对照标准查漏补缺，扎实推进各项工作的开展。在巩固和提升采煤、掘进、通风、机电、运输、地质灾害防治与测量、安全培训和应急管理的基础上，着力构建"四位一体"安全管控体系，强化薄弱环节管理，全面推动矿井安全生产标准化水平持续提升。

① 健全管理机制，认真开展安全风险分级管控。矿井严格落实上级要求，结合工作实际，制定下发了《平禹一矿安全风险分级管控工作体系》《平禹一矿重大安全风险管控实施方案》《平禹一矿安全风险分级管控工作制度(试行)》等文件，使全矿各级管理人员都熟知安全风险辨识、评估、管控的流程及相关要求，奠定了工作基础。一是结合矿井实际，对水、瓦

斯、顶板、煤尘、火、提升运输六个方面存在的重大安全风险进行全面排查、分析和评估，建立矿井重大安全风险清单、绘制风险管控流程图，制定相应的防控措施，并编制年度安全风险辨识评估报告，指导日常安全生产。二是严格落实安全风险定期检查分析制度，认真开展月检查分析和旬检查分析。月检查分析由矿长组织，战线矿长参加，业务科室和区队具体落实，对矿井重大安全风险管控措施落实情况和管控效果进行检查分析，及时调整完善管控措施，并根据年度和专项安全风险辨识评估结果，布置月度安全风险管控重点。旬检查分析由分管矿长组织，每旬对分管范围内月度安全风险管控重点实施情况和管控措施落实情况进行一次检查分析，不断改进完善管控措施。三是结合矿井生产情况，组织开展了登封市兴峪煤业有限公司"1·4"煤与瓦斯突出事故、鹤煤十矿"3·10"透水事故专项辨识及矿井特殊工作作业专项辨识，制定完善了管控措施，保证了施工安全。

② 强化超前防范，做真做实隐患超前排查治理。矿井牢固树立"事故可防可控"理念，对照新标准要求，制定下发了《平禹一矿事故隐患排查治理工作责任体系》（平禹一〔2017〕84号）和《平禹一矿事故隐患年度排查计划》（平禹一〔2017〕86号）。提出了隐患排查治理"四个转变"工作理念(即从要我查向我要查、主动查转变；从查一般隐患向查大系统、治大灾害、除大隐患、防大事故与查一般隐患并重转变；从查物的不安状态向查物的不安状态与人的不安行为并重转变；从隐患事后查处向隐患事前消灭转变)，抓超前、抓苗头、抓细节，严格落实"五级"隐患排查制度(矿井、战线、区队、班组、岗位)和"六位一体"隐患闭合整改制度(排查、记录、上报、整改、销号、考核)，特别是每月的矿井全面安全自查自纠工作，均由矿长、安全矿长亲自主持召开专题会议，细化自查方案，责任明确到人，矿级领导分组全部参加会议，并亲自组织召开本组自查专题会议，带头查隐患、查"三违"，同时要求基层区队正职与检查小组一起到现场参与排查，确保隐患问题及时整改落实。同时，定期由矿长组织召开月度事故隐患治理专题会议，对当月矿井自查、上级检查出的各类隐患治理情况进行通报，分析事故隐患原因，提出整改措施方案，并按时编制月度事故隐患统计分析报告。

③ 全面推进实施，全方位提升安全生产标准化管理水平。新标准实施以来，矿井高度重视，学习与整改并重，通过不断学习、整改、再学习、再整改，有效促进了新旧标准的无缝衔接。一是自2017年3月中旬始，矿井要求各战线对照新旧标准差异，对地面资料、井下生产现场进行全面排查，对原有规章制度、图纸资料、台账进行了规范，并对井下个别不符合新标准的设备设施、器械用具进行了整改。二是自2017年5月始，矿井组织各专业对照新标准进行月度自查并模拟打分，打分结果不与工资考核连挂，但要求必须把所有问题暴露出来，确保问题整改在新标准正式实施之前，这一举措取得了良好成效。三是在对照新标准整改问题过程中，矿井领导高度重视，多次组织召开专题会议，针对自检问题，下发会议纪要，明确时间节点、明确责任分工、明确资金保障，确保了整改效果，达到了预期目标。四是补齐工作短板，确保各专业齐头并进。矿井在自查后将职业卫生列为整改重点，成立职业病危害防治办公室，配备专职人员、健全工作机制、全面加强管理，并提出了"四个确保"工作要求，即确保危害项目监测定期组织；确保防护设施、警示标识规范设置；确保劳保用品正常供应、规范使用；确保职工对职业危害认识到位。

(3) 持之以恒推进安全生产标准化创建工作，全面夯实安全根基。

矿井始终坚定安全生产标准化创建工作的决心和信心，持之以恒、强力推进安全生产标准化创建工作，同时还结合矿井实际，大力推动技术创新，有效促进了安全生产标准化创建水平的提升。2017年以来，矿井创建工作成效突出，"三软"煤层综放安全高效回采工艺、本煤层高压深孔注水工艺等科技创新成果被推广应用，得到了集团、许平煤业有限公司的认可。

① 持续发力推进，提升安全生产标准化水平。矿井牢固树立"干一天煤矿抓一天标准化，干一辈子煤矿抓一辈子标准化"的工作理念，坚持"安全、标准、整洁、适用"的原则，确立了"在坚持中巩固，在巩固中细化，持续发力推进，全面精细达标"的创建思路，根据年初规划的工作目标和实施方案，严格按照标准和时间节点有序推进。在创建过程中，要求所有达标创建工程，一律严格按照国家和行业标准开工建设与把关验收，并坚持动态检查与综合检查相结合，严格按照标准对工程质量进行监督，每天安排专人现场巡检，发现质量不合格立即停产整顿。同时，针对动态保持最为困难的采掘头面，矿井牢固树立不达标不生产的工作理念，加大动态监督检查力度，发现工程质量不达标和重复隐患，立即停产整改，并严肃追究问责，除追究现场管理人员责任外，还要上追区队、战线和安全监管部门主要领导责任，确保创建工作取得实效。

② 强化水害治理，建成水害治理示范化矿井。平禹一矿属水文地质极复杂类型矿井，水害治理工作是矿井隐蔽致灾因素防控的重心。按照"浅部帷幕、中部疏放、局部加固、系统保障"灰岩水治理技术路线，按规定配备专业化队伍和专业技术人员，全面提升装备水平，持之以恒，持续推进水害治理工作，实现了"由局部治理到局部治理和区域治理相结合的转变；由单一治理到综合治理的转变；由措施治理到工程治理的转变；由被动治理到主动防治的转变"。目前，矿井五采区最深部-415m水平水压在2.0MPa以下，三采区最深部-330m水平水压在0.8MPa以下，均达到了安全可控状态。2017年5月，平禹一矿国家级水害治理示范工程建设项目顺利通过验收，矿井已连续九年实现安全生产，消除了水害事故。

③ 注重技术创新，促进安全生产标准化创建。

平禹一矿地质条件复杂，井下涌水量大，煤层"三软"特征典型，是长期制约矿井安全生产标准化工作的重要因素。对此，矿井紧盯问题"症结"，加强技术创新，注重实践实效，研究探索出了一套行之有效的技术工艺，破解了难题，促进了矿井安全生产标准化工作创建。一是研究实施采掘工作面高压深孔煤层注水技术。认真研究确定钻孔布置的位置、间距、倾角、孔深以及注水压力、注水量等相关参数，现场严格执行落实。通过注水，大大降低了粉尘产生量，特别是提高了煤体塑性，有效控制了片帮、漏顶，为矿井安全高效生产奠定了坚实基础。二是研究实施综放工作面上下端头"U型钢组合梁+π型梁+单体柱"联合支护方式，不仅节约了大量坑木投入，更有效地提升了支护强度，保证了安全生产。三是升级改造地面注浆系统，实施底板注浆加固新技术。实现计算机控制，注浆作业过程机械化、自动化、智能化，大幅降低了职工的劳动强度，全面提升了底板注浆加固的质量和效果。四是风水联动喷雾装置、风门连锁自动阻车装置、气动道岔装置等一系列"五小"创新也为矿井标准化动态达标作出了积极贡献。

(4) 推进严细化管理，严格考核，严厉问责。

矿井坚定"做于细，成于严，严细成就安全"工作理念，严格落实各级安全生产主体责任，提升工作理念、提高工作标准、强化执行落实、严格责任追究，不断提升安全管理严细化水平，有效促进安全生产标准化创建工作的深入开展。

① 严格现场管控，强化标准执行。矿井高度重视工作标准的建立和执行，建立健全了各专业《安全生产标准化考核办法》，并全面加强现场盯控，重点整治"把习惯当标准行为"，确保标准严格执行落实在现场。要求区队班组长、跟班队干、业务科室管理人员到现场必须"五带"，即"携带笔、记录本、尺子、小线、粉笔"，对现场施工质量存在的问题，及时发现，及时整改，并记录在案。同时，关键工程还要安排区队正职、科室管理人员三班跟班盯控，确保标准执行到位。

② 严格考核验收，兑现考核奖惩。矿井严格执行安全生产标准化旬检月评制度。每旬由安监科牵头，各业务科室和区队负责人参加，对照新标准进行全面检查，现场通报问题和检查结果，现场由区队和业务科室制定整改措施；每月底结合三旬检查结果进行综合评比，考评结果与区队工效、区队管理人员工资系数、业务科室绩效及相关管理人员安全抵押金连挂，按照文件规定严格奖惩，并在当月工资中兑现到位。做到奖惩结合，激励与约束并重，有效提升了各级管理人员安全生产标准化创建工作的责任感和积极性。

③ 严厉追究，问责到位。矿井坚持安全生产标准化一票否决制度。对现场管理混乱、工程质量低劣、存在严重安全隐患的生产施工作业地点，予以停产处理，并严格责任追究。对工作标准低、执行不力、创建效果差，在上级或矿井月度考核倒数第一的单位正职，在矿井月度工作会上做检查，并进行电视曝光；连续两个月倒数第一，组织诫勉谈话；连续三个月倒数第一，直接先免职再问责。

## 8.2.3 安全绩效考核评价

为牢固树立"三不四可"指导思想，坚定"三零"目标，持续推进"三基三抓一追究"管理模式，进一步健全完善安全绩效考核评价体系，充分发挥激励约束机制作用，实现矿井安全稳定和谐发展，矿井制定出台了《平禹煤电公司一矿安全生产绩效考核办法》，月度考核，月度兑现，考核每月25日开始。

1) 考核办法

(1) 采用集中检查考核和日常监督检查考核相结合，全面排查与专项、专业检查相结合，动态检查与静态检查相结合的方法，坚持过程考核与结果考核并重的原则。

(2) 矿井安监科每月组织一次全面安全排查和安全生产绩效全面考核，每周组织一次专项、专业检查。

(3) 日常检查主要包括矿井领导、相关业务科室日常下井发现和查出的问题以及上级领导部门检查的问题，安监科安全检查员每天巡检发现的问题。

(4) 上级绩效考核并入矿井绩效考核结果。

(5) 安全绩效结构工资实行月度考核兑现。

2) 评分办法

安全绩效考核评分按照《平禹一矿安全生产绩效全面考核评分办法》执行。

3) 加强约束激励机制

(1) 坚持"安全要抓什么就考核什么"的原则，以问题、效果和目标为导向，进一步完善"三三三一"安全生产绩效考核方式方法，统筹整合、科学设定考核项目、考核要素，加大直接危及安全生产重大事项的考核权重。健全完善安全绩效考核办法，增强刚性考核，改进方式方法，做到由查资料向查现场转变，由查过程向查效果转变，由自上而下向自下而上反查转变,着力查现场落实和现场效果,以查现场的工作落实,逐级反查安全管理的缺陷和责任落实,全面推进层级化绩效考核制度落实。

(2) 继续推行全员安全风险抵押约束激励机制。实行安全互保联保与安全风险抵押挂钩考核,确保互保联保人员做到"四个相互":相互提醒、相互照顾、相互监督、相互保证。同时必须做到"四不伤害":不伤害自己、不伤害别人、自己不被别人伤害、保护别人不被伤害,实现基层区队无重伤、班(组)无轻伤、个人无"三违"行为。

(3) 加大安全奖惩力度。矿井在财务科建立安全奖励基金账户,安全奖励基金专款专用、不得挪用。由安监科负责完善奖惩办法,经主管安全领导审查,提交矿井审议,经矿长审批,由经营管理科、人力资源科、财务科、安监科负责落实办理有关手续。每月组织召开一次安全奖惩考核会议,公布安全奖罚考核结果,安排安全重点工作,促进矿井整体安全发展。

(4) 严格责任追究制度。坚持安全保证金和隐患排查治理责任倒查追究制度,"重患必停、有患必究",依责尽职、依责追究,抓住不落实的事,追究不落实的人,对发现应查未查、应改未改、重复隐患、重大隐患、应追究未追究的,严肃追究问责,强力提升安全执行力。认真制订责任追究实施细则,逐级明确责任追究内容,切实解决责任追究边界不清晰的问题。严格执行事故和重大隐患报告制度,对瞒报、谎报、漏报、迟报行为,一律从严查处和问责。

(5) 严格执行安全"一票否决"制度。对发生重伤或二级以上非伤亡事故单位和因安全事故受到处分或处理的个人,取消其当年评先及其他表彰资格;因安全事故受到处分或处理的干部,在规定周期内不得提拔任用。

4) 考核奖罚

(1) 基层单位安全生产绩效考核结果与单位工资挂钩,实行月度考核,月度兑现。

采掘区队基准分为 85 分,井下生产辅助区队基准分为 90 分,达到基准分的,得该项权重基准分值,每增加(减少)1 分,增加(减少)该项权重分值 1 分。

(2) 矿井各单位安全绩效考核与上级(集团)对矿井检查安全生产绩效挂钩考核,基准分为 85 分。

上级对矿井考核得分在 85 分(含 85 分)以上的,按以下标准执行。

① 采掘区队(含安全战线):每扣 1 分扣减所在区队管理人员系数 0.05,扣减业务科室本职工作 0.5 分。

② 辅助区队:每扣 1 分扣减所在区队管理人员系数 0.1,扣减业务科室本职工作 1 分。

③ 政工、管理科室及地面单位:每扣 1 分扣减所在区队管理人员系数 0.1,扣减业务科室本职工作 2 分。

上级对矿井考核得分在 85 分以下的,按上述标准对责任单位及科室加倍扣减。

(3) 每月组织一次矿井奖惩会议,各单位有异议者在三天内提出申请,进行更改、纠正,三天后不予更改、纠正。

(4) 经营管理科、人力资源科、财务科依据考核结果,按安全绩效工资挂钩标准进行月度兑现。

## 8.3 坚持正规循环作业

正规循环作业就是在定员、定额、定时、定质量、定安全的要求下完成一个循环的全部工序的作业，并周而复始地完成规定的循环次数。

掘进(开拓)正规循环作业指按照掘进(开拓)作业规程中循环图表的安排，配备一定的工种及定员，在掘进、支护工作面按照规定的时间，保质保量地完成所规定的任务，并保证周而复始地、不间断地进行掘进(开拓)的作业方法。

采煤工作面正规循环作业指根据采煤工作面的生产过程，配备一定的工种及定员，按照采煤作业规程中循环图表的安排在规定的时间内按质、按量、安全地完成工作面落煤、装煤、运煤、支护和采空区处理等工序的全过程，并保证周而复始地、不间断地进行采煤的作业方法。

### 8.3.1 正规循环作业的意义

(1)组织正规循环作业是遵循生产规律，有计划、按比例、均衡地完成生产任务的基础。循环性是煤矿采掘生产组织的客观规律；循环进度及日循环数是构成产量和进尺的基础。一个矿井的可采储量、设计同采煤层、分煤层的可采储量及其占总可采储量的比例是决定矿井产量、分煤层产量的自然因素。在安排生产时，必须遵循这一客观规律才能实现有计划按比例开采，均衡完成生产任务。否则将造成各种失调，如开采程序混乱，采掘比例失调，质量不稳定，产量不均衡，巷道失修等。采掘工作面组织正规循环作业是有计划按比例均衡生产的必要条件。

(2)采掘工作面组织正规循环作业是统一意志，充分调动一切积极因素，取得良好经济效益的科学手段。它要求在规定时间内，使工作面达到规定的推进度，各工序、各工种、每个人都要在规定的时间内完成规定定额，在时间上、空间上又要有严密的科学性和节奏性。由于岗位和职责固定，从操作上必然是一天比一天熟练，技术水平一天比一天提高，使吨煤成本降低，从而提高经济效益。

(3)组织正规循环作业是加快采掘工作面进度，提高产量、进尺、劳动生产率所必需的。煤矿存在着两种作业方式，一种为正规循环作业；另一种为自由作业。它们的区别就是正规循环作业的起点就是终点，而且在工序的时间和空间安排上是明确的，人员的岗位是固定的。反之，经过一昼夜终点不能回到起点作业工序，就称为自由作业，会造成一系列混乱。尤其对工作面的推进度和劳动生产率的影响最为明显。因为工作面的推进度，是权衡各方面因素确定的，是需经过各方面的努力和协调配合才能达到，所以月累计的正规循环进度必然大于自由作业累计进度。自由作业必然引起两种工时的损失：一是自由作业造成生产班与准备班的班次变更和各种工时损失；二是由作业中各工种专业变更后效率降低所折算的工时损失。在正规循环作业为基础定员、定额的条件下，这种工时损失也必然使工作面的推进度和劳动生产率大为降低。加快工作面推进度，是提高单位工作面产量、提高劳动生产率和改善工作面其他各项技术经济指标最有效最经济的措施。

### 8.3.2 采煤、掘进(开拓)工作面正规循环作业标准

1)采煤工作面正规循环作业标准
(1)作业规程和循环图表要具有科学性和可行性，要完成规定的正规循环率。
(2)完成作业规程中规定的产量、进度、效率、主要材料消耗、工作面煤炭采出率等指标。

(3) 工作面工程质量合格，机电设备完好率不低于 90%。
(4) 安全生产，杜绝人身伤亡等重大事故。
2) 掘进(开拓)工作面正规循环作业标准
(1) 作业规程和循环图表要具有科学性和可行性，要完成规定的正规循环率。
(2) 完成作业计划所规定的进度、效率和主要材料消耗等技术经济指标。
(3) 工程质量合格，机电设备完好率不低于 90%。
(4) 安全生产，杜绝人身伤亡等重大事故。

### 8.3.3 实现正规循环作业的管理措施

(1) 强化培训，提高作业人员的责任心和业务素质。

各采掘队组必须通过各种形式和方法加强对本单位作业人员的业务技术培训，不断提高作业人员技能水平和工作责任感，使之既懂生产、精技术、通安全、熟管理，又有团队协作精神，形成合力。同时作业人员也要严格执行各项规章制度，通过业务技能培训，提高自身岗位操作技能，做到上标准岗，干标准活。依托集团公司的"三个 100%"学习，通过落实规范管理，使广大职工形成上岗讲规范、工程讲标准的良好习惯，解决好正规循环作业中人的因素。

(2) 建立健全操作标准和生产责任制。

各采掘队组必须建立健全操作标准和生产责任制，明确规定作业人员在生产工作中的具体任务、责任和权利，做到一岗一责制，使生产工作事事有人管、人人有专责、办事有标准、工作有检查、职责明确，从而把与生产有关的各项工序同作业人员连接、协调起来，形成一个严密高效的管理责任系统。

(3) 正规循环作业实行目标管理。

为了实现正规循环作业的有序进行，必须注重各环节目标的制定、分解、实施、考核、保证五个方面。目标的制定要切合实际，要在公司总体目标的指导下，形成个人向班组、班组向队组、队组向公司负责的层次管理。

(4) 依靠科技手段，提高作业循环图表的可实施性。

正规循环作业图表的编制必须从实际出发，施工过程中必须严格按照图表作业。同时，应根据条件变化及时调整，使正规循环作业图表真正起到指导施工的作用，保证正规循环率。

(5) 确保正规循环，严抓施工质量。

对于质量管理必须坚持"小班自检、队组日检、职能科室抽检、矿井旬检"的四级管理制度，对于不合格的工程质量要坚决返工。

认真落实班长现场第一责任人的管理要求，对各个环节进行把关，队级管理人员进行走动式检查考核，坚持自查总评与班组长工资挂钩，对检查提出的问题，认真做到当天落实不留隐患。

生产技术科建立技术档案，并实行"质量责任追究制"，凡发现在施工中存在偷工减料、质量低劣等现象，将严肃处理。

(6) 确保正规循环，抓好工序管理。

认真研究每个工作面的作业工序，合理编排作业流程，科学整合各工序工作量，严格定员，对可能影响正规循环作业组织的因素增强预见性，对处置非正常作业进行计划安排，确保各项工作内容在规定时间内完成。各采掘队组要进一步细化各工种、各岗位的责任范围，分工要细致、清晰。管理人员要掌握工序管理标准，在班前会上明确本班的任务量和注意事项，让每个职工都按照工序管理标准及要求找准自己的位置，明白自己应该干什么，应该怎么干，为正规循环作业的实现奠定基础。

(7) 分析前移，不断完善。

队组要建立正规循环统计表，使完整的作业过程得以体现，实施日记录、旬总结的动态管理，尽早发现影响原因并及时纠正。

(8) 强化设备管理，以良好的运行状态保证循环率。

基层生产队组必须进一步完善本单位设备检修制度，充分落实包机制，最大限度地减少因设备因素影响正规循环作业的现象。机电部加强对设备检修工作的检查力度，并针对影响正规循环作业的环节和因素提出合理化改进。

(9) 建立激励机制，严格奖惩，促进正规循环作业水平的提高。

### 8.3.4 正规循环作业考核办法

(1) 矿井各采、掘队组必须严格按照本单位作业规程或措施中的正规循环作业图表进行组织施工，当生产中遇到地质等条件发生变化的情况时，施工队组必须根据实际变化情况上报矿井有关单位，并按要求及时对月度正规循环作业图表进行修订，确保正规循环率不低于80%。各队组技术员必须做好本单位正规循环作业图表的编制、审核工作。

(2) 矿井各采、掘队组必须在当月25日前将下月正规循环作业图表上报调度室、生产技术科，地质条件变化或其他外界因素发生变化时要及时修订、及时上报。对迟报的单位每推迟一天按1000元进行累计处罚。

(3) 调度室建立正规循环作业考核记录专项台账，每天对各队组正规循环作业的执行情况、辅助单位的影响情况进行填表统计，及时解决生产组织中存在的问题。

生产技术科每月对队组正规循环作业率完成情况书面汇总、分析，同时上报矿领导，汇报材料必须真实。

(4) 生产技术科、调度室不定时组织抽查，发现一次未按正规循环作业图表组织施工的，按违章论处；发现一次上级工序质量未达要求就组织下道工序施工的，酌情否决其进尺；发现上报正规循环作业次数与实际不符的，将按照有关规定予以处罚。

(5) 调度室、生产技术科每季度进行一次正规循环作业评比，对前三名给予相应奖励(正规循环率低于80%的不得奖，正规循环率低于75%的，每降低1%按相应比例处罚)。

### 8.3.5 实施正规循环作业的效果

矿井合理安排月度生产，科学优化劳动组织，采掘专业各单位严格正规循环作业，使各班组之间不抢产、不脱产，留出充足的时间去组织生产、检修设备、抓好工作面工程质量，大力推行标准化作业，保障采掘平衡。

2017年采煤战线优化回采工艺、科学组织生产，坚持正规循环作业，以稳产促高产，二$_1$-13110综放工作面月正规循环作业率达到97%以上，平均月单产达到8万t水平，创造了建矿以来最高纪录，达到了集团同类条件领先水平，正常生产月份年人均工效突破600t水平。

## 8.4 经营精细化管理

2013年以来,面对严峻的煤炭形势和困难,引导全矿员工牢固树立"人人都是经营者、岗位就是效益源"的理念,向管理要效益。矿井在"强经营、控成本、保供应、深挖潜"等方面做了大量工作,实施精细化管理,全力确保各项工作有序推进。

### 8.4.1 刚性的经营管理考核体系

为确保全年指标任务圆满完成,经营管理专业大力强化考核职能,制定平禹一矿工效挂钩考核办法和绩效考核办法,把经营考核作为开展好一切工作的主线和基础来抓。

《河南平禹煤电公司一矿经营管理考核办法》对全矿各单位及管理人员的工作内容进行了细化、量化和目标化,直接与个人及单位工资挂钩,做到"严、细、实、广"。通过经济杠杆,有效调动了广大干部职工的劳动积极性和主动性。

(1)"严"体现在不免扣罚,严格按照规定执行。每月由职能科室将负责考核项目的完成情况,按时报经营管理科考核办,考核手续必须经验收人员、分线领导和矿领导签字。考核办按照工效挂钩和绩效考核内容,对管理层(业务职能科室)、操作层(基层区队)所设挂钩考核项目和权重进行对应分类制表,根据考核办法进行奖罚,考核结果报经营矿长、矿长审批后执行。

(2)"细"体现在制定各种严密的考核制度,使考核工作真正落实到方方面面。①工效考核:采煤队与产量挂钩,开掘队、防治水队与进尺挂钩,综采准备队与单项工程、维修工作量挂钩,通风维修队与单项工程、维修工作量及岗位工资挂钩,机运区队、评估放炮队按岗位核定工资总额,地面单位实行包岗包资,安装回收队实行打运、回收计件工资。②绩效考核:采掘、井下生产辅助区队与安全绩效、成本、生产任务、出勤工数、质量标准化建设和文明生产挂钩;地面单位及机关科室与安全绩效、产量、进尺、煤质、成本、本职工作等指标挂钩,形成了立体、交叉式的考核体系。例如,经营管理科、财务科不但与上述指标挂钩外,还与材料控制和利润指标挂钩等。

(3)"实"体现在考核工作真正落到实处。加强考核力量,勤检查、常督促,认真执行考核办法,做到奖罚统一,工资确认兑现。例如,2017年11月,综采队回收物资没有达到回收要求,罚款15260元,但是,材料费有结余,奖励4027元;掘进队风泵使用造成多台损坏和其他日常情况,罚款6400元,但在扩修工程中主动复用井下旧卡兰,奖励400元等。

(4)"广"就是把考核波及全矿各系统、各单位,使每个科室、每个单位、每个人,层层有指标,人人有责任。考核单位涉及13个科室和14个区队,考核要素涉及12项,考核内容细化到38项,构建起"矿井考核区队、区队考核班组、班组考核个人"的三级管理层次。

### 8.4.2 人力资源优化

按照"控总量、调结构、精用工"原则,围绕精简机构和提高工效两条主线,推进人力资源管理工作再升级。

1)优化劳动组织

一是按照岗位"能兼则兼、能并则并、一岗多能、兼并结合"的原则,优化调整岗位人员，撤销非必要岗位，合并工作量不饱满岗位。相继撤销治安队监控室、北风井门卫、明斜井门卫、井口信息室、瓦斯抽放站、煤场司泵工等岗位，为井下输送 26 名岗位人员。

二是积极推行"三大合并"。按照"职能相近、业务相关"的原则，对"区队、科室、相近工作岗位"进行合并，实现人员精干。矿井生产区队由 14 个减少到 13 个，业务科室由 13 个增加到 14 个。例如，对综合维修厂合并，人员结构更加精干，技术人员优势得到了明显发挥。

2) 减员提效

按照"一矿一区一综"的生产格局，劳资科结合生产组织调整情况，开展极限定编定岗定员，对富余人员逐步稳妥地进行分流：一是对到期的劳务工进行辞退，2016 年以来清退劳务工 327 人。二是对年龄到期的中层干部执行协理政策。截至 2017 年 11 月底，矿井内部退养 119 人。三是对年龄偏大或自谋出路创业的职工，根据去产能政策，对 26 人签订了转岗再就业协议。四是用足上级优惠政策，鼓励职工走出矿井，到集团内部其他非煤单位和煤电公司新增岗位就业，截至 2017 年 11 月底，为 33 名职工办理了调动手续。五是受客观原因限制，对暂时不能解除劳动合同的，采取停止缴纳社会保险费和停止支付薪酬待遇的手段，减少企业损失。六是对符合解除劳动合同的人员，依法终止、解除劳动合同。2016 年以来，对 57 名长期旷工的正式工，办理了解除劳动关系手续。

3) 提高工效

一是落实集团公司弹性工作制。地面单位节假日按照矿井岗位设置，实行轮休，每月减少工资投入 6 万余元。

二是机关科室执行"周四工作制"。生产科室按照每月 18 工进行控制，政工、管理科室按照每月 16 工进行控制，每月减少工资投入 3 万余元。

三是严格执行出勤总量控制措施。制定各单位出勤计划，严控出勤工数，每月仅此项减少出勤 2200 工，减少工资投入 33 万元。

四是提高单位工时工效。人力资源科每旬通报各单位入井时间，入井时间达不到矿井规定时间的，除对正职处罚外，还要进行折工。经统计，矿井平均入井时间达到 8h 以上，劳动工效有效得到了提高。

## 8.4.3　严格控制经营重点

日常经营管理中严格控制材料管理、电费管理、工资管理和生产组织管理等消耗重点环节，全面提升经济效益。

1) 严格控制材料管理

坚持推行"吨煤材料费与主要物资消耗定额指标"双向控制，要求经营管理科、物管中心建立健全领用台账，严格审批手续，对所有用料一律凭计划审批，每月对各单位的材料消耗进行考核，节奖超罚，分析原因。特别是对"数量少、金额大，数量多、金额小"的物资，重点进行把关盯控，定期对材料消耗进行分析，每月对主要材料考核一次，如电缆、钢丝绳、运输胶带、卡兰、连杆、锚具、螺栓等。截至 2017 年 11 月底，吨煤材料 39.05 元，较公司年初确定材料指标 45.35 元/t，吨煤减少 6.3 元。

进一步优化系统，节约材料支出。例如，副井底北码和五采区平台的铺制，由水泥改为机砖，单项工程减少投入 4.38 万元，且能重复再利用。要求经管科、机电科对地面区域用电，全覆盖安装电表并将地面单位电费指标进行分解,列入月度计划,严格计量考核,减少电费支出。

在 2016 年整合资源成立综修厂基础上,进一步拓展综修厂修旧范围,加大维修和改制数量。要求人力资源科、经营管理科制定加工修理定额单价,打破大锅饭工资分配体制,转向多劳多得的工资分配体制,实现多劳多得,工作能效得到了极大发挥。截至 2017 年 11 月底,加工维修近 498 种,加工维修数量 62889 件(次)。另外,充分利用综合维修厂职能作用,对回收的机电设备、配件、支护材料、五小电器、专用工具等进行整修或自制加工。如对 U 型钢支架进行修复,对变形卡缆挤压整形,对拉力钩加热整形焊接。利用报废 U 型钢支架,代替枕木铺设道轨、加工制作锚索盘;利用报废运输带加工成条状,吊挂风水管路;利用废旧工字钢腿,加工锚索梁等。

充分利用公司物资调剂平台,积极沟通协调,克服困难,调拨物资材料,最大化减少新品投入。截至 2017 年 11 月底,调剂各类物资设备 289 种,调拨金额 887 万元。

要求经营管理科加大矿井各类物资设备回收复用力度,将回收计划列入矿井月度计划当中,按月对各区队物资回收情况进行考核,极大地节省了材料费用支出。截至 2017 年 11 月底,物资材料回收 601 万元;复用 958 万元;修旧利废 718 万元。

2) 严格控制电费管理

对于能够计量的地面生产区域和生活区域,全覆盖安装电表,由责任单位负责看管,实行计量计价,每月对地面各单位下达用电控制指标,节奖超罚,奖罚对等,若造成损坏或被盗等情况,按原值的 3 倍进行赔偿。对于不能够计量的井下生产用电,与机电部门、生产调度部门协同沟通,采取了特殊措施,主要有:一是制定削峰填谷时间表,在泵房、绞车房、皮带机头等地点张贴悬挂,在保证安全前提下,教育关键岗位人员尽可能在平谷时段开机,每月由机电科对峰谷电量进行统计考核。二是严控东井大皮带运行时间,每天 8 点至 12 点为检修时间,12 点至 15 点为皮带运行时间,使用单位在开皮带前必须由跟班队长提前半小时向生产调度汇报。三是根据生产状况,合理调整主扇单、双级运行,合理调整井下采掘头面用电负荷,降低电能消耗。正常情况下,在交接班时间要求副井提升集中上下人,每罐乘坐 24 人,避免轻载或空载运行。

2017 年全年吨煤电耗 80.13kW·h,同比下降 13.58kW·h,降幅 14.49%。

3) 严格控制工资管理

矿井工资考核实行精细化管理,贯穿于费用控制各个环节,主要以考核促落实,以考核促管理,以考核促提升,从而在费用控制方面得到加强。工资考核坚持"安全第一,按劳分配,效率效益优先,兼顾公平"的原则,实现在岗职工平均收入与矿井经济效益同步浮动。矿井月度考核共有 4 个大项、45 个中项和 218 个小项。

(1)中层干部岗位绩效工资考核分为管理科室绩效考核和基层区队绩效考核两部分。管理科室绩效考核与"安全绩效、经营指标、生产任务、煤质管理、安全生产标准化和本职任务"指标挂钩;基层区队绩效考核与管理科室指标相同,但考核挂钩比例有所调整,另外增加有文明生产指标、出勤工数指标、安全事故考核指标等。

(2)区队工效挂钩工资考核,同基层区队绩效考核,但指标权重比例有所调整。

(3)除上述所列指标外,对日常管理工作督查出的问题也进行连挂,主要有日常安全管理奖罚、文明生产考核奖罚、安全生产质量标准化考核奖罚、设备管理考核、电费管理、机电设备防失爆管理、生产事故奖罚、两堂一舍考核、地面卫生考核、环保制度考核、一通三防考核、自救器巡查奖罚、安全教育培训考核、安全文化建设考核、五强区队考核、材料费指标考核、物资管理考核、修旧利废考核、矿井生产任务劳动竞赛奖罚19项指标任务联挂。

4) 严格控制生产组织管理

结合生产实际和村庄压煤等情况，矿井进一步优化生产布局，由原来"两区两综"生产布局果断过渡到"一区一综"生产布局。在生产组织方面，合理选型采煤设备，根据平禹一矿二$_1$煤层特点，对采面支架和端头架进行科学配套，有效防止煤壁片帮及支架下扎、挤架、咬架等现象发生，提高了工作面整体生产能力。通过强化现场管理，认真落实煤层注水、采面上下端头及两巷超前支护、强制检修等有效措施，二$_1$-13110综放工作面实现了正规循环作业，实现了质量标准化动态达标。

大力开展劳动竞赛活动，制定单产、单进创水平奖励办法，激发干部职工的生产积极性。紧紧围绕提高综合机械化装备水平的要求，坚持多上装备少上人。积极采取"钢轨枕与无极绳绞车"搭配结合，实现掘进机巷工作面机轨合一运输，彻底解决运料难问题，降低劳动强度，确保采掘接替正常。

## 8.5 管理体系优化的成效

(1) 安全生产形势持续稳定。始终坚定"三不四可"安全指导思想，持续推进"三基三抓一追究"安全管理模式，以健全完善"三位一体"安全管控体系为重心，强力推进安全严细化管理，确保了矿井安全态势持续平稳。

(2) 主要经营指标超额完成。许平煤业有限公司下达2017年产量计划72万t，1～11月累计完成74.4万t，完成年度计划的103.3%。许平煤业有限公司下达2017年营业收入计划2.8亿元，1～11月累计完成3.12亿元，完成年度计划的111.4%。1～10月，利润完成3021.8万元，较2016年同期-6254.24万元扭亏增利9276.04万元。

(3) 现场管理水平得到有效增强。2017年初以来，矿井持之以恒、强力推进质量标准化创建工作，成功举办了集团公司、许平煤业有限公司在平禹一矿召开的"综采安全高效、掘进质量标准化、机电运输质量标准化、煤层深孔注水"等现场观摩会，矿井质量标准化整体水平得到提升。

(4) 劳动工效得到大幅提高。矿井达到了优化劳动组织、减少用工数量、提高效率效益的目标。截至2017年11月底，在岗职工较2016年同期减少543人；在岗人均效率到达54t/(月·人)，全年工效已高于集团规定水平，累计达648t/(年·人)，在集团整个小规模矿井中处于领先水平。

(5) 吨煤成本得到有效控制。截至2017年10月底，成本完成304.49元/t(不含财务费用132.2元)，较年初煤电公司下达的328.82元/t减少24.33元/t。

# 第9章 研究成果与效果

## 9.1 研究的主要成果

平禹一矿根据矿井地质条件和煤层赋存条件，在分析国内外研究现状的基础上，通过理论分析和现场实践系统地研究了极复杂水文地质条件下"三软"煤层安全高效开采的关键技术，并进行了现场应用，取得了以下成果。

(1) 极复杂水文地质条件下"三软"煤层大流量底板承压水治理技术。通过对底板注浆加固机理分析，结合平禹一矿底板承压水实际，研究了帷幕注浆、疏水降压、局部底板注浆加固封堵技术，成功解决了"三软"煤层大流量底板承压水危害的技术难题。为平禹一矿实现安全生产奠定了坚实的基础，同时，使受水害威胁的煤炭可采储量得到了解放，大大提高了煤炭资源的回采率。

(2) 煤体加固和煤尘治理的深孔注水技术。通过对煤层注水除尘及固结的微观机理研究，结合平禹一矿二$_1$煤层的特性，研究了本煤层深孔注水技术，成功解决了"三软"煤层掘进和回采过程中的片帮难题，为实现矿井的快速掘进和高效回采铺平了道路。此外，煤层深孔注水还可以有效地治理"三软"煤层掘进和回采过程中的煤尘过大的问题，极大地改善了掘进和回采工作面的工作环境，保障了工人的健康。

(3) "三软"煤层沿底托顶煤安全快速掘进支护及补强加固综合技术。根据数值模拟研究结果、巷道顶板岩性破碎程度和现场实践经验，创造性地研究了顶板上绳加固技术、煤帮锚索补强加固技术、注浆锚索加固技术和掘进期间超前煤层深孔高压注水辅助技术，既有效地控制了巷道顶板及两帮煤岩体，实现了安全快速掘进，又降低了掘进期间的煤层产尘量，改善了掘进作业环境。

(4) 破碎顶板大断面巷道快速掘进的浅固深注技术。针对破碎顶板大断面巷道支护难的技术难题，研究提出了浅部注胶加固破碎顶板为一整体，然后实施注浆锚索加固，从而解决了难于支护的技术难题，成功解决了二$_1$-15040切眼的支护，实现了采面综采设备的顺利安装。

(5) "三软"煤层综采放顶煤技术。在底板承压水治理和深孔注水技术的基础上，结合平禹一矿二$_1$煤层的赋存条件，系统地研究了"三软"煤层综采放顶煤技术，包括采煤方法、采煤工艺、设备选型、工作面顶板控制技术、端头及两巷超前顶板控制技术、工作面生产系统等。有效地解决了极复杂水文地质条件下"三软"煤层高产高效回采的技术难题，确保矿井实现了安全高效生产。

(6) 管理体系的优化技术。通过对矿井管理体系的优化，开展了"四优化一提升"，奠定了安全高效的基础；建立了"四位一体"的安全管控体系，实现了安全风险分级管控、闭环隐患排查治理、安全质量达标创建和安全异常信息管理；开展了安全生产标准化管理，提高了管理水平；健全了安全绩效考核评价体系，激发了矿井全员的积极性和创造性；大力推进经营精细管理，提升了企业的综合效益。

## 9.2 研究的创新点

本书运用理论分析、数值模拟和现场试验的方法，历经几年的现场实践，在极复杂水文地质条件下"三软"煤层安全高效开采的几个关键技术方面取得了突破。

(1)超过 4MPa 的大流量底板承压水的综合治理技术——浅部帷幕注浆、中部疏水降压、局部注浆加固技术，成功解决了困扰平禹一矿多年的水害威胁。

(2)本煤层深孔注水技术。通过优化深孔注水的施工工艺，推广使用该技术，提高了煤体的强度，成功解决了煤层片帮冒顶的难题，同时，极大地降低了掘进和回采工作面的粉尘浓度，改善了工作环境。

(3)"三软"煤层沿底托顶煤安全快速掘进支护及补强加固综合技术——顶板上绳加固、某巷帮锚索补强加固、工作面壁后注浆加固和掘进期间超前煤层深孔高压注水辅助技术，成功解决了"三软"煤层巷道支护难、掘进慢的技术难题，极大地提高了掘进效率。

(4)破碎顶板大断面巷道快速掘进的浅固深注技术。浅部注胶将破碎顶板加固为一整体，深部采用注浆锚索进一步加强支护，成功解决了破碎顶板大断面巷道难于支护、掘进效率低的技术难题，大大提高了掘进效率。

## 9.3 取得的效益

1)安全效益

平禹一矿通过采用极复杂水文地质条件下"三软"煤层安全高效开采的关键技术，实现了矿井的安全高效生产。具体来说，主要体现在以下几个方面。

(1)帷幕注浆、疏水降压、局部底板注浆加固封堵技术有效地治理了大流量底板承压水害，消除了水害对掘进和回采工作的威胁，自 2008 年以来，矿井未发生过突水事故，实现了矿井的安全生产。

(2)本煤层深孔注水技术，提高了煤体强度，解决了"三软"煤层掘进和回采过程中的片帮难题，确保了作业人员的人身安全；而且煤层深孔注水还有效地治理了"三软"煤层掘进和回采过程中的煤尘问题，降尘率达到了 63.3%，有力地保障了工人的健康。

(3)沿底托顶煤安全快速掘进支护及补强加固综合技术增加了巷道围岩顶板的完整性，巷道支护强度增加，有效地控制了巷道空顶片帮等隐患，掘进工作面由原来的每月掘进平均0m，提高到每月平均 220m，月最高掘进 240m，实现了安全快速掘进。

(4)浅固深注技术有效地解决了破碎顶板大断面巷道支护的技术难题，不仅提高了巷道的掘进速度，还大大减少了巷道的维修量。

(5)综采放顶煤技术有效地控制了巷道的片帮、冒顶，基本杜绝了工作面的伤亡事故，同时极大地降低了工人的劳动强度，提高了工人工作的积极性，有效地减少了人为失误，实现了安全生产。

(6)管理体系的优化不仅保障了安全生产的稳定，而且提升了安全管理的水平，产生了巨大的经济效益。

2) 经济效益

(1) 平禹一矿自开始采用本书的研究成果后,实现了安全高效生产。掘进工作面掘进速度由原来的每月平均掘进 80m,提高到每月平均掘进 220m,效率提高了 175%。

(2) 二$_1$-13110 综放工作面 2017 年 1～10 月平均日产约 2000t,原来的悬移支架炮采放顶煤平均日产 1000t,每月增产 3 万 t,按设计回采 12 个月计算,可以实现多出产量: 12×3=36(万 t)。

按目前吨煤售价 450 元计算,即可实现新增销售收入:

$$450 \text{ 元/t} \times 36 \text{ 万 t} = 16200 \text{ 万元}$$

(3) 劳动工效得到大幅提高。矿井达到了优化劳动组织、减少用工数量、提高效率效益的目标。截至 2017 年 11 月底,在岗职工较 2016 年同期减少 543 人;在岗人均效率达到 54t/(月·人),全年工效已高于集团规定水平,累计达 648t/(年·人),在集团整个小规模矿井中处于领先水平。

(4) 吨煤成本得到有效控制。截至 2017 年 10 月底,成本完成 304.49 元/t(不含财务费用 132.2 元),较年初煤电公司下达的 328.82 元/t 减少 24.33 元/t。

# 参 考 文 献

白海波,2008. 奥陶系顶部岩层渗流力学特性及作为隔水关键层应用研究[D]. 徐州：中国矿业大学.
白矛,刘天泉,1999. 孔隙裂隙弹性理论及应用导论[M]. 北京：石油工业出版社.
柏建彪,侯朝炯,杜木民,等,2001. 复合顶板极软煤层巷道锚杆支护技术研究[J]. 岩石力学与工程学报,（1）：53-56.
布雷斯 B H G,布朗 E T,1990. 地下采矿岩石力学[M]. 冯树仁等,译. 北京：煤炭工业出版社.
曹树刚,邹德均,白燕杰,等,2011. 近距离"三软"薄煤层群回采巷道围岩控制[J]. 采矿与安全工程学报,28(4)：524-529.
陈炎光,陆士良,1994. 中国煤矿巷道围岩控制[M]. 徐州：中国矿业大学出版社.
丁开舟,孙海良,王新义,等,2006. 大倾角、大断面三软突出危险煤层复合顶板巷道支护技术[J]. 煤矿支护,（2）：39-40.
高延法,施龙青,娄华君,等,1999. 底板突水规律与突水优势面[M]. 徐州：中国矿业大学出版社.
郭惟嘉,1989. 底板突水系数概念及其应用[J]. 河北煤炭,15(2)：56-60.
侯朝炯,1989. 巷道金属支架[M]. 北京：煤炭工业出版社.
侯朝炯,2002. 煤巷锚杆支护的关键理论与技术[J]. 矿山压力与顶板管理,（1）：2.
侯朝炯,勾攀峰,2000. 巷道锚杆支护围岩强化机理研究[J]. 岩石力学与工程学报,19(3)：40-43.
侯朝炯,郭励生,等,1999. 煤巷锚杆支护[M]. 徐州：中国矿业大学出版社.
贾明魁,马念杰,2003. 深井"三软"煤层窄煤柱护巷锚网支护技术研究[J]. 矿山压力与顶板管理,（4）：35-37.
贾宗谦,2012. 综放工作面动压注水防尘技术研究[D]. 太原：太原理工大学.
焦杨,章新喜,孔凡成,2014. 潮湿细粒煤聚团碰撞分离的物理过程和微观力学机制[J]. 煤炭学报,（10）：2092-2099.
金太,席京德,蒋金泉,2000. 缓倾斜厚煤层开采矿山压力与岩层控制[M]. 徐州：中国矿业大学出版社.
靳钟铭,2000. 放顶煤开采理论与技术[M]. 北京：煤炭工业出版社.
康红普,王金华,2007. 煤巷锚杆支护理论与成套技术[M]. 北京：煤炭工业出版社.
康红普,王金华,林健,2010. 煤矿巷道锚杆支护应用实例分析[J]. 岩石力学与工程学报,29(4)：649-664.
黎水泉,徐秉业,段永刚,2001. 裂缝性油藏流固耦合渗流. 计算力学学报,18(2)：133-137.
李白英,1986. 采动矿压与底板突水的研究[J]. 煤田地质勘探,10(6)：30-36.
李白英,1999. 预防矿井底板突水的"下三带"理论及其发展与应用[J]. 山东科技大学学报,18(4)：11-18.
李崇训,1981. 煤层注水与采空区灌水防尘[M]. 北京：煤炭工业出版社.
李桂臣,2008. 软弱夹层顶板巷道围岩稳定与安全控制研究[D]. 徐州：中国矿业大学.
李见波,2016. 双高煤层底板注浆加固工作面突水机制及防治机理研究[D]. 北京：中国矿业大学.
李金奎,李学彬,刘东生,等,2009. "三软"煤层巷道锚网喷联合支护的数值模拟[J]. 西安科技大学学报,29(3)：270-274.
李滕滕,2017. 注水对软煤固结力学性质影响的试验研究[D]. 安徽：安徽理工大学.
李新德,2001. 锚杆支护在三软沿空煤巷中的应用[J]. 矿山压力与顶板管理,（2）：47-51.
李元,刘刚,龙景奎,2011. 深部巷道预应力协同支护数值分析[J]. 采矿与安全工程学报,28(12)：204-213.
李战军,汪旭光,郑炳旭,2004. 水预湿被爆体降低爆破粉尘机理研究[J]. 爆破,（3）：21-23,39.
凌建明,蒋爵光,傅永生,1992. 非贯通裂隙岩体力学特性的损伤力学分析[J]. 岩石力学与工程学报,（4）：373.
刘倡清,冯晓光,2012. "三软"厚煤层顺槽支护技术研究[J]. 西安科技大学学报,32(1)：40-44.
刘刚,龙景奎,刘学强,等,2012. 巷道稳定的协同学原理及应用技术[J]. 煤炭学报,37(12)：1975-1981.

刘一博，白云虎，侯建国，2011．浅谈综采放顶煤开采的发展及存在的问题与对策[J]．煤矿安全，42(6)：160-162．

龙景奎，蒋斌松，刘刚，等，2012．巷道围岩协同锚固系统及其作用机理研究与应用[J]．煤炭学报，37(3)：372-378．

陆士良，汤雷，杨新安，1998．锚杆锚固力与锚固技术[M]．北京：煤炭工业出版社．

马其华，樊克恭，郭忠平，等，1998．锚杆支护技术发展前景与制约因素[J]．中国煤炭，24(5)：21-24

孟宪义，程东全，勾攀峰，等，2011．"三软"煤层回采巷道钻孔卸压参数研究[J]．河南理工大学学报（自然科学版），30(5)：529-533．

浦海，2007．保水采煤的隔水关键层模型及力学分析与应用[D]．徐州：中国矿业大学．

漆泰岳，2002．锚杆与围岩相互作用的数值模拟[M]．徐州：中国矿业大学出版社．

钱鸣高，缪协兴，许家林，2003．岩层控制的关键层理论[M]．徐州：中国矿业大学出版社．

钱鸣高，石平五，许家林，等，2010．矿山压力与岩层控制[M]．徐州：中国矿业大学出版社．

乔庆煌，朱应江，2005．中厚"三软"煤层回采工作面顶板的综合治理[J]．煤矿安全，(11)：40-42．

施龙青，韩进，2004．底板突水机制及预测预报[M]．北京：中国矿业大学出版社．

斯列萨列夫 B，1983．国外矿山防治水技术的发展与实践[R]．北京：冶金矿山设计院．

王成绪，王红梅，2004．煤矿防治水理论与实践的思考[J]．煤田地质与勘探，32(zl)：100-103．

王经明，1999．承压水沿底板递进导升机理的模拟与观测[J]．岩土工程学报，5(21)：546-550．

王勇．2012."三软"倾斜煤层沿空留巷巷旁支护技术研究[D]．重庆：重庆大学硕士学位论文．

王作宇，刘鸿泉，1993．承压水上采煤[M]．北京：煤炭工业出版社．

王作宇，刘鸿泉，王培彝，等，1994．承压水上采煤学科理论与实践[J]．煤炭学报，19(1)：40-48．

谢和平，1990．岩石混凝土损伤力学[M]．徐州：中国矿业大学出版社．

徐金海，诸化坤，2004．"三软"煤层巷道支护方式及围岩控制效果分析[J]．中国矿业大学学报，33(1)：55-58．

许学汉，王杰，1991．煤矿突水预报研究[M]．北京：地质出版社．

阎海珠，1998．利用突水系数指导带压开采的实践[J]．河北煤炭，21(4)：28-30．

杨建辉，杨万斌，付跃升，1999．煤巷板裂结构顶板分层稳定跨距分析[J]．煤炭科学技术，27(8)：46-48．

杨米加，张农，1998．破裂岩体注浆加固后本构模型的研究[J]．金属矿山，(5)：11-13．

杨胜强，2007．粉尘防治理论及技术[M]．徐州：中国矿业大学出版社．

杨双锁，曹建平，2010．锚杆受力演变机理及其与合理锚固长度的相关性[J]．采矿与安全工程学报，27(1)：1-7．

杨振复，罗恩波，1995．放顶煤开采技术与放顶煤液压支架[M]．北京：煤炭工业出版社．

尹尚先，王尚旭，2006．不同尺度下岩层渗透性与地应力的关系及机理[J]．中国科学 D 辑：地球科学，36(5)：472-480．

负东风，王晨阳，苏普正，等，2010．大倾角软顶软煤回采巷道支护技术研究[J]．煤炭科学技术，38(10)：13-16．

张光耀，李振华，岳世权，2005．"三软"煤层炮采放顶煤工作面矿压规律研究[J]．河南理工大学学报（自然科学版），(4)：275-277．

张国锋，于世波，李国峰，等，2011．巨厚煤层"三软"回采巷道恒阻让压互补支护技术研究[J]．岩石力学与工程学报，30(8)：1619-1626．

张金才，张玉卓，刘天泉，1997．岩体渗流与煤层底板突水[M]．北京：地质出版社．

张农，侯朝炯，王培荣，1999．深井"三软"煤巷锚杆支护技术研究[J]．岩石力学与工程学报，18(4)：437-440．

赵阳升，胡耀青，2004．承压水上采煤理论与技术[M]．北京：煤炭工业出版社．

BARENBLATT G I, ZHELTOV I P, KOCHINA I N,1960. Basic concepts in the theory of seepage of homogeneous liquids in fissured rocks/strata[J]. Journal of applied mathematic mechanisms, (24): 1268-1303.

BIOT M A. 1955. Theory of elasticity and consolidation for a porous anisotropic solid[J]. Journal of applied physics, 26: 182-185.

BRUNO M S, DORFMANN A, LAO K, 2001. Coupled particle and fluid flow modeling of fracture and slurry injection in weakly consolidated granular media[C]// Rock Mechanics in the National Interest[S. l.] Swets Zeitinger Lisse, 173-180.

CHARLEZ P A,1991. Rock mechanics (II: petroleum applications) [M]. Paris: Technical Publisher.

CHENG H D, 1997. Material coefficients of anisotropic poroelasticity[J]. International journal of rock mechanics & mining sciences, 34 (2), 199-205.

CORMERY F, 1994. Contribution to modelling of microcracks induced damage and associated localisation phenomenon [D]. Poitiers: University of Poitiers.

GERARD C M, 1982. Equivalent elastic model of a rock mass consisting of orthorhombic layers [J]. International journal of rock mechanics and mining sciences & geomechanics abstracts, 19(1):9-14.

GIDLEY J L, HOLDITCH S A, NIERODE D E, et al, 1989. Recent advances in hydraulic fracture[J]. Society petroleum engineering monograph, 452:119-204.

GOODDY D C, DARLING W G, ABESSER C, et al, 2006. Using chlorofluorocarbons (CFCs) and sulphur hexafluoride (SF6) to characterise groundwater movement and residence time in a lowland Chalk catchment[J]. Journal of hydrology, 330(1-2): 44-52.

HALM D, DRAGON A, 1996. A model of anisotropic damage by mesocrack growth unilateral effect[J]. International journal of damage mechanics, 5(4): 384-402.

HULT J,1974. Topics in applied continuum mechanics[M]. Springer Vienna: 137-155.

KACHANOV L M, AKAD J, 1958. Mauk SSSR[R]. Otd. Tekh. Nauk, 26-31.

KUSCER D,1991. Hydrological regime of the water inrush into the Kotredez Coal Mine(Slovenia, Yugoslavia)[J]. Mine Water and the Environment, 10(1):93-102.

LUBARDA V A, KRAJCINOVIC D,1993. Damage tensor and the crack density distribution[J]. International journal of solids & structures, 1993, 30(20):2859-2877.

MIRONENKO V, STRELSKY F,1993. Hydrogeomechanical problems in mining[J]. Mine water and the environment, 12(1):35-40.

MOTYKA J, BOSCH A P,1985. Karstic phenomena in calcareous-dolomitic rocks and their influence over the inrushes of water in lead-tine mines in Olkusz region (South of Poland) [J]. International journal of mine, 4(4):1-12.

MURDOCH L C, SLACK W W. 2002.Forms of hydraulic fractures in shallow fine-grained formations[J]. Journal of geotechnical & geoenvironmental engineering, 128(6):479-487.

NOGHABAI K. 1999. Discrete versus smeared versus element-embedded crack models on ring problem[J]. Journal of engineering mechanics, 125(6):307-314.

ODA M. 1986. An equivalent continuum model for coupled stress and fluid flow analysis in jointed rock masses [J]. Water resources research, 22(7): 1945-1956.

PLUMMER L N, RUPERT M G, BUSENBERG E, et al, 2000. Age of irrigation water in groundwater from the Snake River Plain aquifer South Central Idaho[J] . Ground water, 38 :264-283.

RICE J R, CLEARY M P,1976.Some basic stress diffusion solutions for fluid-saturated elastic porous media with compressible constituents[J]. Reviews of geophysics and space physics, 14: 227-241.

SAMMARCO O, 1986. Spontaneous inrushes of water in underground mines[J]. International journal of mine water, 5(2):29-42.

SANTOS C F, BIENIAWSKI Z T,1989.Floor design in underground coalmines [J]. Rock mechanics and rock engineering, 22(4):249-271.

SAYERS C M, KACHANOV M, 1991. A simple technique for finding effective elastic constants of cracked solids for arbitrary crack orientation statistics[J].International journal of solids & structures, 27 (6), 671-680.

SHAO J F, 1998. Poroelastic behaviour of brittle rock materials with anisotropic damage[J]. Mechanics of materials, 30:41-53.

THOMPSON G M, HAYES J M, DAVIS S N, 1974. Fluorocarbon tracers in hydrology[J]. Geophysical research letters, 1:177-180.

THOMPSON M, WILLIS J R. 1991. A reformulation of the equations of anisotropic poroelasticity[J]. Journal of applied mechanics, 211(5047):612-616.

VALKO P, ECONOMIDES M J. 1994. Propagation of hydraulically induced fractures-a continuum damage mechanics approach[J]. International journal of rock mechanics and mining sciences and geomechanics abstracts, 31(3): 221-229.

VEATCH R W. 1983a. Overview of current hydraulic fracture design and treatment technology-part 1[J]. Journal of petroleum technology, (3):677-687.

VEATCH R W. 1983b. Overview of current hydraulic fracture design and treatment technology-Part 2[J]. Journal of petroleum technology, (4):853-863.

YURTSEVER M, GAT J R, 1981. Stable isotope hydrology: deuterium and oxygen-18 in the water cycle[J]. IAEA technical reports series, 210:103-142.